国家出版基金项目
NATIONAL PUBLICATION FOUNDATION

"十四五"时期国家重点出版物出版专项规划项目

航天质量系统工程丛书

航天质量系统工程管理思考与实践

杨双进　杨兆军　鲍智文　编著

中国宇航出版社
CAPH
·北京·

图书在版编目（CIP）数据

航天质量系统工程管理思考与实践 / 杨双进，杨兆军，鲍智文编著. -- 北京：中国宇航出版社，2023.12
（航天质量系统工程丛书）
ISBN 978-7-5159-2318-5

Ⅰ.①航… Ⅱ.①杨… ②杨… ③鲍…… Ⅲ.①航天系统工程－质量管理－教材 Ⅳ.①V57

中国版本图书馆 CIP 数据核字(2023)第 227451 号

责任编辑 张丹丹　朱琳琳　**封面设计** 王晓武

出版 发行	中国宇航出版社		
社址	北京市阜成路 8 号　邮编 100830 (010)68768548	版次	2023 年 12 月第 1 版 2023 年 12 月第 1 次印刷
网址	www.caphbook.com	规格	787×1092
发行部	(010)68767386　(010)68371900 (010)68767382　(010)88100613 (传真)	开本	1/16
		印张	20.75
零售店	读者服务部 (010)68371105	字数	505 千字
		书号	ISBN 978-7-5159-2318-5
承印	天津画中画印刷有限公司	定价	98.00 元

本书如有印装质量问题，可与发行部联系调换

航天科技图书出版基金简介

航天科技图书出版基金是由中国航天科技集团公司于2007年设立的，旨在鼓励航天科技人员著书立说，不断积累和传承航天科技知识，为航天事业提供知识储备和技术支持，繁荣航天科技图书出版工作，促进航天事业又好又快地发展。基金资助项目由航天科技图书出版基金评审委员会审定，由中国宇航出版社出版。

申请出版基金资助的项目包括航天基础理论著作，航天工程技术著作，航天科技工具书，航天型号管理经验与管理思想集萃，世界航天各学科前沿技术发展译著以及有代表性的科研生产、经营管理译著，向社会公众普及航天知识、宣传航天文化的优秀读物等。出版基金每年评审1～2次，资助20～30项。

欢迎广大作者积极申请航天科技图书出版基金。可以登录中国航天科技国际交流中心网站，点击“通知公告”专栏查询详情并下载基金申请表；也可以通过电话、信函索取申报指南和基金申请表。

网址：http：//www.ccastic.spacechina.com

电话：（010）68767205，68767805

前　言

中国航天在艰苦奋斗、攻坚克难、勇攀高峰的伟大征程中，孕育了“三敢”“三严”“十六字方针”“严慎细实”等独具特色的航天质量文化，构筑了支撑航天发展的质量之魂，有力支撑了以两弹一星、载人航天、探月工程、北斗导航和火星探测为代表的一系列重大任务的圆满完成。新时期，航天科技已全面开启航天强国建设新征程，锚定“推动航天强国建设、支撑世界一流军队建设、建成世界一流航天企业集团”的发展战略，以及“高质量保证成功、高效率完成任务、高效益推动航天强国和国防建设”的发展要求，发布了《“质量强企”行动计划——助推航天强国、质量强国建设的质量发展路线图》，提出了质量管理从“精细”到“精益”再到“卓越”的转型发展路线图。航天质量从精细到精益再到卓越的转型之路，从形式上讲，是由过程到结果的升华；从方法上讲，是由定性到定量的转型；从价值上讲，是由增量到增值的导向；从目标上讲，是由对标到引领的追求。

实现航天质量管理从精细到精益再到卓越的转型发展之路是一个循序渐进的过程。为此，近年来航天科技相继印发了《航天精益质量管理体系建设方案》等一系列新时期质量管理方面的顶层文件和要求，奠定了体系化抓质量工作的基础，正式开启了航天质量管理工作从精细到精益的转型发展之路。新时期航天精益质量管理体系的总体策划，正是始于对航天质量系统工程管理的探索和实践。

本书名称为《航天质量系统工程管理思考与实践》，撰写的核心意图是将新时期航天质量管理从精细到精益的转型发展之路，从系统工程的角度加以解读，主要内容是介绍新时期航天质量管理工作的总体考虑、核心做法和最佳实践。本书中提到的航天质量系统工程管理，其核心思想是以工程系统成功和组织成功为目标，运用航天系统工程的思想，以高质量保证成功、高效率完成任务、高效益推动航天强国和国防建设为目标，以实现价值流的持续优化、快速响应顾客要求为标志，在精细的基础上，提升过程价值，精准投放时间、成本和精力，优化流程，避免浪费，注重质量效能，注重先进技术和方法手段的运用，提高效率和效益；主要途径是面向工程，构建以技术风险识别和精益过程控制为核心的航天精益产品保证工作模式和方法；面向组织，构建融合战略层、组织层、项目层、产品层、数据层五个模块的横向到边、纵向到底的科学高效的航天精益质量管理体系；面向过程，构建以“三个面向”质量分析为代表的一系列行之有效的航天质量管理技术方法和工具手段，持续改进过程质量和结果质量。

本书共分4章26节。

第1章“航天质量系统工程管理思维”，是本书的理论基础，为本书提供纲领性指引，共有3节，主要介绍了质量基本内涵的再认识、航天质量管理探索发展之路、航天质量系统工程管理的内涵。

第2章“基于系统工程的航天精益质量管理体系建设”，是本书的体系基础，为本书提供总体思路，共有7节，主要介绍了航天精益质量管理体系的总体建设思路、战略层建设及运行、组织层建设及运行、项目层建设及运行、产品层建设及运行、数据层建设及运行和管控运行模式。

第3章“航天质量系统工程管理方法的创新实践”，是本书的技术实践做法，为本书提供方法及案例实例，共有9节，主要介绍了以高质量保证成功为核心引领质量管理创新发展、以技术风险为主线实施全过程风险辨识与控制、以“三个面向”为重点拓展质量问题归零的内涵、以产品化转型为契机推动质量管理模式变革、以合格率提升和稳定性控制为重点提升产品质量、以质量为中心提升航天型号全级次供应商管理水平、以卓越标准体系建设为引领不断提升质量管理水平、以评估为手段推进航天精益质量管理体系的持续改进、以一体化质量监督为保障促进质量管理要求的末端落实等创新做法。

第4章“航天质量系统工程的管理实践”，是本书的管理实践做法，为本书提供方法及案例实例，共有7节，主要介绍了航天电子精益质量管理体系建设实践、液体火箭发动机产品保证体系建设实践、面向专业产品发展的产品化工作实践、航天产品合格率与稳定性提升实践、航天产品标准化建设实践、航天型号风险辨识与控制实践、航天工程质量管理数字化创新与实践等实践做法。

本书突出新时期航天质量管理特点，注重对航天质量系统工程管理创新成果和工程实践的介绍，所列方法已经过航天工程检验，是新时期航天工程实践的结晶，可供从事大型复杂系统项目管理、质量管理的技术人员和管理人员学习使用，并可作为航天各级各类人员质量专业培训教材。

本书由杨双进、杨兆军、鲍智文编著。按照章节顺序，贾纯锋、岳盼想、王禹铭、胡思明、赵春章、梁丰爽、李胜、范艳清、段波、史楠楠、贾丰胜、苗宇涛、凌贸易、李孝鹏、刘雨、尹玉明、刘明全、袁硕、李辉、王俊才、陈强、杨晓明、赵继红、张迪、王艳红、曾梓航、王志峰、戈强、曲宏芬、唐科、王晶燕、王珺、唐俊杰、石倩等参加了撰稿。严泽想、余斌、于潇、王卫东、熊焕、顾长鸿、任立明、卿寿松、李京苑、余后满、胡振亚、姚竹贤、胡云、刘波、冶元菲、顾敏等同志提出了许多宝贵意见，没有上述同志们的参加和大力支持，不可能完成本书的写作，在此向他们表示衷心感谢！

进入新时期，航天质量管理在不断发展和完善，加上作者水平有限，不当之处在所难免，恳请广大读者批评指正。

杨双进

2023年6月

目 录

第1章
航天质量系统工程管理思维

正确理解和把握质量的基本内涵是做好质量工作的基础和前提。在实际工作中，我们经常会遇到这样和那样的尴尬情景：这不是质量问题，这是技术认识问题！这不是产品质量问题，这是用户使用问题！这个问题和我没关系，这是上游/下游的责任！这不是我的工作，这是质量部门的事……这些问题究其原因是对质量内涵的认识出现偏差，导致要么把质量工作与技术工作截然分开，把质量工作形式化；要么把质量问题狭义化，以便撇清责任。因此，正确理解和把握质量的基本内涵，无论是对管理工作者，还是对技术人员、具体操作人员等都至关重要。对“质量”内涵的认识偏差，会带来责任偏差、工作偏差和产品偏差。

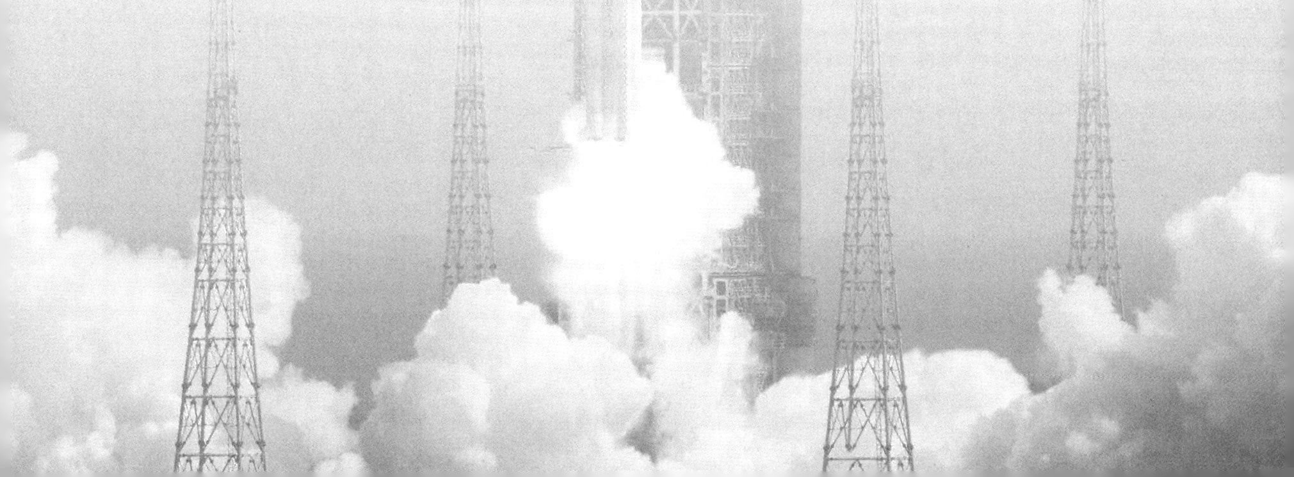

1.1　质量基本内涵的再认识

1.1.1　对质量的理解

GB/T 19000—2016/ISO 9000：2015 中对质量的定义为：质量是客体的一组固有特性满足要求的程度。

这里的“客体”是指可感知或可想象到的任何事物，包括：产品、服务、过程、人员、组织、体系、资源等。客体可以是物质的，也可以是非物质的或想象的。

“要求”是指明示的、通常隐含的或必须履行的需求或期望。其中，明示的要求一般是指在合同、任务书、标准或技术规格书中的要求；隐含的要求是指单位、顾客和其他相关方的习惯或一般做法，所考虑的需求和期望是不言而喻的；必须履行的要求是指法律法规、行政规章和强制性标准规定中的要求。

“特性”是指可区分的特征。可以是固有的或赋予的，也可以是定性的或定量的，类别包括物理的、感官的、行为的、时间的、人因功效的、功能的，等等。其中，质量特性是指与要求有关的、客体的固有特性，“固有”意味着本身就存在的，尤其是那种永久的特性。产品质量特性包括满足要求的功能特性和可靠性、维修性、安全性、测试性、保障性等特性。赋予客体的特性（如客体的价格）不是它们的质量特性。

从该定义看，似乎“质量”是可以定量描述的：针对客体，把客体的固有特性找出来，加以识别并分别予以度量，就可以实现对客体的定量度量。但是事实往往事与愿违，这种度量质量的方法和理念，可能是有效的、有用的，但不是充分的，即使可度量的质量水平很高，用户也不一定认可、满意。质量内涵中除了具有可定量描述的部分外，还有不可定量描述的部分，这部分更是质量的本质内涵。

1.1.1.1　质量内涵

质量内涵应聚焦为“质量是客体满足顾客期望的结果”。“顾客”可以是一个特定群体，也可以是一个广泛群体。如果“客体”面向的是一个特定群体，那么“顾客”就是这一特定群体；如果“客体”面向的是一个广泛群体，那么广泛群体的普遍性期望就是客体的质量内涵。

“期望”既可以细分为定性期望和定量期望，也可以细分为个性化期望和群体性期望。如果“客体”面向的是个体化客户，那么就需要辨识客户的个体期望；如果“客体”面向的是群体化客户，那么既要辨识群体化客户的普遍性期望，也要辨识群体化客户中个体化群体的个体化期望。

“结果”要体现在定量达标，包括超越期望。

“顾客期望”具有时变性，昨天的期望不等于今天的期望，今天的期望不等于明天的期望。辨识期望是一个动态过程，因此“质量”也具有时变性特征，即昨天质量好，不等于今天质量好，今天质量好不等于明天质量还好。质量是在辨识人的期望中不断提升。

1.1.1.2 质量工作

质量工作就是为达到顾客期望结果的过程活动。因此质量工作的概念是广义的，而非狭义的，是全员而非部分人员专有的，也是全过程的，而非单点和一成不变的。

辨识“顾客期望”的工作是质量工作的首要工作，不能正确、科学地辨识“顾客期望”，将会导致质量工作始终处于盲目状态。将“顾客期望”转化为具体的质量工作目标和工作准则是做好质量工作的先决条件。构建满足“顾客期望”的实现路径是质量工作的关键。全过程有效实施、迭代递进是质量工作的实质内容。

1.1.1.3 质量责任

所有影响满足“顾客期望”目标实现的相关人员、相关组织的相关责任即为质量责任。质量责任具有全员性，质量不仅是高层管理者和质量部门的事，更是组织各方面、各部门、各环节工作质量的综合反映。任何一个环节、任何一个人的工作质量都会不同程度地直接或间接地影响产品质量或服务质量。

按照系统工程的理论和方法体系，质量责任的分解和落实需要应用系统工程的思想和理论去指导分解落实。质量责任的分解具有系统性、整体性、协同性和明晰性。孤立、单点式地讨论质量责任，不适应复杂系统质量责任的分解和落实。

1）质量责任贯穿全过程。产品质量有一个产生、形成和实现的过程，这个过程是由多个相互联系、相互影响的环节所组成的，每一个环节都对产品质量产生或大或小的影响，因此需要控制影响质量的所有环节和因素。

2）质量责任可分为直接责任和间接责任。组织中的每一个部门、每一位员工都应明确规定他们的具体任务、应承担的责任和权力范围，做到事事有人管，人人有专责，办事有标准，考核有依据，任何部门和员工均应直接承担自己行为的后果，即直接责任，并应承担与之有特定联系的他人行为的后果，即间接责任。

3）质量责任可分为主要责任和次要责任。在多个相关方共同承担的质量责任中，其工作质量对产品或服务质量影响的程度有大小之分，其中影响程度大的承担相对较重的责任，即主要责任，影响程度小的承担相对较轻的责任，即次要责任。

4）质量责任可分为技术责任和管理责任。技术和管理的岗位不同，工作内容及其侧重点自然也不同，技术责任侧重于技术活动的运作，与技术活动有关的人、机、料、法、环、测都要达到要求，通过有效的手段和决策，保证技术结果和数据准确；管理责任侧重于对管理体系运行的保证和维护，包括对管理规定的健全、对不符合情况的监控、对客户要求的关注、内外部审核、改进跟踪等。

5）质量责任可分为领导责任和执行责任。领导部门或人员应在职责范围内，对其所辖的单位、部门或工作人员的履职能力和行为负领导责任，执行部门或人员应对具体承办的任务，按照个体分内应做的事情，各司其职，各负其责，履行执行责任。

6）质量责任可分为设计责任和制造责任等。负责设计的部门或人员，应对其产品或服务的设计质量负责，对所设计产品或服务进行风险识别与控制、技术状态控制；负责制造的部门或人员，应对其产品或服务的制造质量负责，对生产过程中特殊过程和关键工序进行识别与确认，按规定的程序、方法和要求进行作业，杜绝不合格产品流入下道工序。

1.1.2　质量属性

按照质量是“客体的一组固有特性满足要求的程度”这一定义，对质量特性进行识别和展开，是一种质量属性分类的常规方法，相关教材都有这方面较为全面和系统的论述。

然而，若从“质量是客体满足顾客期望的结果”这一基本概念出发，从发起到过程，再到结果，可将质量分成思维质量、行为质量、结果质量三方面的属性，如图 1-1 所示。

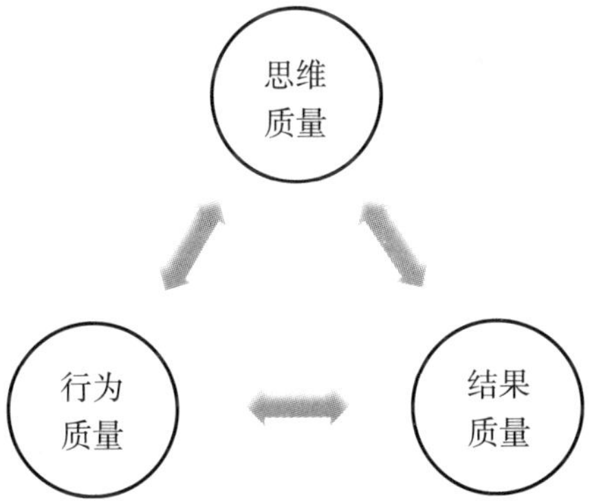

图 1-1　质量属性

1.1.2.1　思维质量

思维是人脑对客观事物的本质属性和内部规律性的间接概括和反映。思维能力是人们间接概括认识客观事物的能力，是能力的核心，是构成一切学习实践活动的最重要因素。“思维活跃于疑路的交叉点。”学贵于思，思起于疑，没有问题就无以思维。思维总是从解决问题开始的。通过“发现问题—分析问题（提出假设）—创造性地提出解决问题的方案—自我质疑方案—再思考验证方案”等步骤去充分发挥主体的想象力和主观能动性。

思维方法是人们进行科学研究的手段，是使思维活动通往客观真理的途径和桥梁。科学史上大量的事实证明，没有正确的思维方法，往往就没有科学上的新发现：没有分类法和归纳法，就没有门捷列夫的元素周期表；没有理想实验方法和演绎法，就没有爱因斯坦的相对论；没有模型方法，就没有原子世界微观结构的发现；没有类比和模拟法，就没有维纳的控制论。掌握了基本的思维方法，并实际运用于认识和实践，就能使我们的思维能力发生跨层次的飞跃。

思维层次决定思维质量，信仰决定思想的方向。有的人，由于信仰淡薄导致思想混乱、思维能力欠缺，对于大事也是人云亦云，随波逐流，没有主见。有的人，看似聪明，其实是小聪明。由于思想深度不够，面对千变万化的世界，常常盲目蛮干，深陷迷雾。提升思维的质量，是加强洞察力与思辨能力的有效途径。

1.1.2.2　行为质量

每个人的言行举止，都是思想与观念的呈现。“纸上得来终觉浅，绝知此事要躬行。”一个人的境界再高，胸怀再广，眼界再宽，如果缺乏执行力，一切都是空的。那些夸夸其谈、脚步只停在空想和空谈上的人，到头来只是“空对空”。信仰之后的攻修，不只是信仰的证明，也是信仰的一部分。必须要有坚定的意志力，做到知行合一，才算一名真正的信士。

行为质量是一组固有行为特征及其行动满足要求的度量程度，是人们对产品质量、工作质量、服务质量等的实际反映或行动表现，是思维质量的外在表现。行为受认知成分和情感成分的影响，又有其独立地位。行为质量直接作用于工作质量、产品质量和服务质量。行为质量不仅受思维质量的制约，还和客观环境、生理机制、社会因素密切相关。

工作方法是指人们在实践的过程中为达到一定目的和效果所采取的办法和手段。最简单的工作方法和逻辑思路就是 PDCA 循环，即凡事有计划、有执行、有结果、有改进、有记录，过程中时刻体现目标驱动和事实为证。

思维决定行动，行动决定结果；思维方法决定工作方法，工作方法决定工作结果。

1.1.2.3　结果质量

现今社会，质量已不再仅仅包含狭义的产品和服务的质量，也不再仅仅包含工作质量，“质量”已经成为“追求卓越的经营质量”的代名词。“质量”将以追求“组织的效率效益最大化和顾客的价值最大化”为目标，作为组织一种系统运营的“全面质量”。

结果质量指过程的产出质量，即顾客满意、产品和服务、财务和市场、人力资源、组织有效性和社会责任的实际产出。企业作为一个经营组织，其运营体系是由围绕组织的业务流程所设立的各管理职能模块组成的，而企业是否能够永续经营，取决于组织能否正确地做正确的事。

"卓越绩效模式"中，领导作用、战略及以顾客和市场为中心组成"领导三要素"，以人为本、过程管理及经营结果组成"结果三要素"。其中"领导三要素"强调高层领导在组织所处的特定环境中，通过制定以顾客和市场为中心的战略，为组织谋划长远未来，关注的是组织如何做正确的事。而"结果三要素"则强调如何充分调动组织中人的积极性和能动性，通过组织中的人在各个业务流程中发挥作用和规范过程管理，高效地实现组织所追求的经营结果，关注的是组织如何正确地做事，解决的是效率和效果的问题。

思维质量和行为质量共同作用决定结果质量，结果质量反映思维质量和行为质量。结果质量是整体的、唯一的、最终的。

1.1.3　质量度量

质量可从高度、广度、深度三个维度展开，质量属性的三维度量方法如图 1-2 所示。

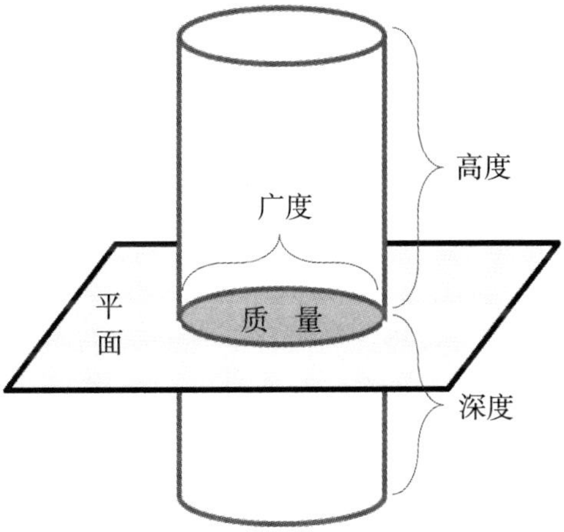

图 1-2　质量属性的三维度量方法

1.1.3.1　思维质量的度量

（1）思维的高度

质量思维的高度即大局观和前瞻性，具体体现在：

1）质量在一个主体或组织文化中所处的位置，是核心位置还是边缘位置。

2）质量组织系统在企业组织中所处的位置，是核心位置还是从属位置。

3）质量问题的预防是主动作为还是被动救火。

（2）思维的广度

质量思维的广度即涉及的对象范围，具体体现在：

1）质量的形成过程，是只涉及生产或作业过程的质量管理，还是也涉及设计过程和使用过程的全过程质量管理。

2）质量的参与程度，是只覆盖质量管理人员，还是覆盖企业组织中的全体人员。

3）质量的管理角度，是只限于产品层面，还是理念、组织、制度、过程、资源和监管等各要素全覆盖。

（3）思维的深度

质量思维的深度即能否触及事物最深层的本质，具体体现在：

1）预防导向的思维，即质量工作的重点是否从“事后把关”转移到“事前预防”。

2）问题导向的思维，即质量管理过程是否以问题为导向，定期检视工作质量，及时发现问题、解决问题；是否只关注了导致问题发生的直接原因，忽视或回避了问题的根本原因。

3）目标（结果）导向的思维，即质量工作是否站在目标（结果）的角度思考问题，以目标（结果）来优化过程，以过程来保障目标（结果）。

1.1.3.2 行为质量的度量

（1）行为的高度

行为质量的高度即高公共性，由质量思维的高度决定，具体体现在：

1）质量行为的地位，是企业核心价值体系中的一个至关重要的角色，还是微不足道的附属品。

2）质量行为的状态，是貌合神离，还是已上升到制度层面和道德层面的责任感。

3）质量行为的模式，是简单的模仿，还是具有鲜明的企业特征，长期稳定。

（2）行为的广度

行为质量的广度即高开放性，由质量思维的广度决定，具体体现在：

1）质量行为的覆盖面，是简单的个体行为，还是在目标的引导下，趋于一致的团队和组织行为。

2）质量行为的方式，是刻板而保守，还是通过群体在质量实践活动中的主观努力，能够发生积极的演变。

3）质量行为的风格，是只顾眼前，还是细致、周全，追求高超境界地做事。

（3）行为的深度

行为质量的深度即高继承性，由质量思维的深度决定，具体体现在：

1）质量行为的内在亲和力，是简单粗暴，还是在保持和发扬优良传统的同时，还能激发出群体成员的持续创新精神。

2）质量行为的意识形态，是被动作为，还是高度自觉，积极主动地维护质量文化的权威。

3）质量行为的目的，是要追求短期利益，还是追求质量卓越和更大的社会效益。

1.1.3.3　结果质量的度量

（1）结果的高度

思维质量和行为质量构成过程质量，过程质量决定结果质量。质量经营结果的高度，即战略一致性具体体现在：

1）质量结果的评价要点，在于是否与质量目标、历史水平以及行业、标杆、竞争对手的绩效水平进行了比较，与组织的战略决策是否相一致。

2）质量结果的评价维度，在于是否体现了对"过程"运行状况和效率的评价，其绩效水平是否体现了竞争地位和卓越程度。

3）质量结果的评价方法，在于是否考虑了纵向发展趋势、改进速度，以及横向对比是否与组织的发展方向、改进重点相一致。

（2）结果的广度

质量经营结果的广度即质量结果评价范围的广泛性和整体性，具体体现在：

1）质量结果的评价内容，是仅限于产品质量的评价，还是也涉及顾客与市场、资源管理、过程管理、组织的治理与改进等方方面面。

2）质量结果的评价方式，是否体现了过程改进得到广泛共享。

3）质量结果的评价分值，是否为一个基于总绩效的综合值，同时考虑改进的速度及该评价内容对组织的重要度。

（3）结果的深度

质量经营结果的深度即可持续发展性，具体体现在：

1）质量结果的评价指标，是否体现结果导向，关注关键的结果。

2）质量结果的评价细则，能否体现为组织关键的利益相关方创造价值，并平衡相互之间的利益。

3）质量结果的评价目的，是对问题的被动反应，还是通过长短期目标绩效的评审对实施可持续发展的相关因素的结果加以确认。

1.2　航天质量管理探索发展之路

由质量的基本内涵可以看出，质量是一个组织的文化与理念、技术与产品、人员与管理、手段与条件的综合反映。质量管理是航天工程管理持续优化改进的主要载体，也是航天综合实力和能力的集中反映。回顾中国航天事业的发展，航天质量管理是中国航天事业发展的一个缩影。只有将质量工作覆盖全员、全要素、全过程，并持续改进形成与形势任务相匹配的质量能力，航天事业才能健康顺利发展。

1.2.1 自我探索之路

从航天创业初期到20世纪70年代末，航天质量管理以自我探索、填补空白为主，建立了初步的质量管理制度，航天质量文化逐步形成。

1.2.1.1 “三敢”“三严”“十六字方针”奠定航天质量文化的根基

1956年，中国航天事业刚刚起步，国防部第五研究院成立后，针对新中国成立初期我国经济力量和工业基础薄弱、科学技术落后、管理经验缺乏的情况，根据聂荣臻元帅的提议，毛泽东主席批准了“自力更生为主，力争外援和利用资本主义国家已有的科学成果”的建院方针和“集中力量，形成拳头，组织全国大协作”的工作方针。

1960年，苏联中止对我国的援助，我国的导弹仿制工作处于艰难境地，国防部第五研究院提出了“自力更生，发奋图强，争一口气，突破从仿制到独立设计这一关”的口号。1961年，国防部第五研究院倡导在研制工作中树立“敢想、敢说、敢干”（“三敢”）和“严肃、严格、严密”（“三严”）的科学态度，在尖端科技工作中既要发挥敢为人先的创新精神，也要做到一丝不苟、扎扎实实地按照科学规律要求完成任务，一切工作要严格保证质量。

1966年，针对首次“两弹结合”陆地飞行试验，周恩来总理提出了“严肃认真，周到细致，稳妥可靠，万无一失”的“十六字方针”。敢于实施全球首次“两弹结合”飞行试验，是中国航天人对“三敢”作风的鲜活体现，周总理的“十六字方针”，是对“三严”作风的进一步升华。周总理反复强调，要按照客观规律办事，坚持严格的科学态度；要加强管理，遵守各种必要的规章制度；要过细地工作，切实保证产品质量。“十六字方针”在航天战线深入人心，高度概括了航天科技工作者应具备的工作态度和工作作风，成为航天后续科研生产的根本遵循和永恒的质量座右铭，贯穿于航天科研工作始终，在今天作为产品研制生产及质量管理工作的指导思想，仍然发挥着巨大作用，彰显着无限价值。

1.2.1.2 钱学森系统工程思想在航天型号研制管理中逐步落地

国防部第五研究院成立之初，中国航天人开始摸索航天研制规律。按照钱学森系统工程思想成立了总体室和九个专业研究室，每一系列型号成立了总体设计部，在此基础上，总体设计部设计的是系统的“总体”，是系统的“总体方案”，是实现整个系统的“技术途径”。设置总设计师系统，形成层层技术指挥责任体系，建立起以总体为核心的科研生产组织体系；钱学森亲自带领研究型号管理的核心“研制程序”，提出了中国导弹的“研制八大阶段”和超前开展的“预先研究”等概念和内容，建立了以预先研究阶段和研制阶段为特征的研制程序管理体系；同时，钱学森将“计划协调管理技术（PERT）”在全航天推广，完善了计划组织调度管理体系，更有效地利用有限的人力、物力和财力资源，加快了导弹和火箭的研制与试验进度。

1962 年，我国自主设计的近程运载火箭首飞失败。这次失败表明，当时的技术、理论和方法体系等还存在很多不适应，如何迈过从仿制到自主研制这道坎，是当时最突出的问题。在对失败深刻反思后，提出了“三强调”，即“强调按研制程序、强调发挥总体作用、强调充分的地面试验”，“三强调”在随后的实践中进一步概括为：“严格按研制程序办事、一切通过总体、一切通过地面试验”。

在此基础上，根据《关于自然科学研究机构当前工作的十四条意见（草案）》［即“科研十四条”，由国家科学技术委员会（科委）党组、中国科学院党组编制，党中央于 1961 年 7 月 19 日批转］精神，系统总结型号研制规律、科研工作程序和以科研为中心的工作经验，制定发布了《国防部第五研究院暂行条例（草案）》（又称“老五院七十条”），提出建立和加强技术责任制，建立技术指挥员制度和技术指挥线，建立型号总设计师制度，强调按研制程序办事，进一步确立总体技术抓总地位，强化系统工程协同设计和地面试验的充分验证。“老五院七十条”奠定了航天系统工程管理的基本框架，国防部第五研究院的工作进一步走上正规化、科学化，对航天事业初期的建设和发展起到了重要作用。

1.2.1.3　产品过程质量控制基本制度开始构建

这一时期，航天型号研制处于自主设计、自主攻关、解决有无的实物产品研制阶段。设计质量主要靠设计师以及校对、审核和批准三级审签制度保证，同时强调校对与设计负同等责任，强化审核和批准的把关职能。在制造过程中推行质量检验和验收，发布了检验工作技术条令，制定了《试验工厂技术检验工作暂行规定》，设立了技术检验组织，到 1964 年“中近程”火箭研制成功时，建立起了多种专业检验、技术业务管理渠道畅通的质量检验管理系统，初步形成了适合航天产品生产的质量检验管理模式。

中国航天质量管理同样遵循了质量管理的基本发展规律，在这一阶段也逐步由产品检验阶段向过程质量控制迈进，质量控制制度得到初步建立，制定了《质量工作管理制度》，推行复查制、留名制、双岗制、三检制等八项制度，颁布《计量工作管理暂行办法》，相继建立了多余物控制、工具管理、班前会、重复故障预防等制度；在大型试验中提出了“两想”质量管理方法（后称为“双想”），用于防范隐患，预防质量风险；在整个研制过程中落实责任制，有效提升了全员的责任心，保证了整个系统工程的运行不存在质量责任的盲区。

1.2.1.4 专业方法和专业机构开始应用于产品质量保证

新中国成立初期，中国工业基础薄弱，与航天高技术、高可靠性的要求差距很大，航天元器件研制和应用领域存在许多矛盾，针对解决远程运载火箭型号用元器件质量问题，在国防科工委组织领导下，国防科工委、四机部、七机部共同研究提出了元器件“七专”（专人、专机、专料、专批、专检、专技、专卡）的质量控制与反馈的管理办法，落实元器件“三定”（定品种规格、定生产厂家、定技术条件），制定了一套元器件筛选条件，在国家工业基础和生产力薄弱的国情下确保了元器件产品的高质量。

当时，以钱学森为代表的老一辈科学家已经认识到，质量与可靠性技术基础薄弱已经成为制约航天发展的重要问题。1965 年，按照钱学森的提议，先后组建了航天标准化专业所和质量控制研究所（这是全国第一个有关质量、可靠性的专门研究所）等专业技术机构，负责研究型号标准化工作的方向和方法，组织制定型号专业标准技术，开展质量与可靠性技术方法研究与推广，培养建立质量控制队伍等。通过努力，航天型号研制逐步走上标准化、规范化、专业化之路，质量与可靠性技术方法在航天型号上得到了初步应用，为航天的持续健康发展奠定了质量可靠性技术基础。

从航天创业初期到 20 世纪 70 年代末这一阶段，经过第一代航天人的不懈努力，通过自力更生、积极探索，形成了以“三敢”“三严”为代表的航天工作作风，树立了以“十六字方针”为代表的航天质量理念，基于钱学森系统工程思想的技术和管理体制基本建立，产品过程质量管理要求开始建立，产品质量保证工作的专业化平稳起步，有力支撑了中国航天从仿制向自主研制迈进。

1.2.2 规范管理之路

从 20 世纪 70 年代末到 90 年代末，航天质量工作以强化管理为主，摸索规范管理之路，航天质量管理开始与国际先进方法接轨，并探索实践具有中国航天特色的质量工作方法，奠定了航天质量管理体系基础。

1.2.2.1 借鉴国外经验推行全面质量管理（TQM）

从 1978 年开始，航天系统学习和借鉴国外质量管理的先进方法，开始推行全面质量管理工作，开展全员培训、“质量月活动”、群众性的质量管理小组活动以及创优质产品活动，引入统计质量管理的工具和方法。

各单位逐步建立了质量管理组织，负责全面质量管理的策划和推进工作，各重点型号开始制定并实施可靠性保证大纲，有效地促进了单位和型号质量与可靠性管理水平的提高，保证了航天产品的质量和大型试验的成功。在此期间，《航天工业部全面质量管理暂行条例》发布实施，标志着航天工业进入了有组织、有计划地开展质量管理和质量保证的新阶段。

1.2.2.2　贯彻《军工产品质量管理条例》，推进法治管理

1987 年，《军工产品质量管理条例》颁布实施，国防科技工业开始依据本条例开展质量保证体系考核、达标活动。本条例的实施是航天工业进入规范化质量管理的里程碑，为今后的质量管理工作发展奠定了基础。1989 年，《航空航天工业部质量管理规定》发布，这是第一次以“部令”形式发布的质量法规性文件。

1996 年，《质量管理和质量保证》国家军用系列标准发布实施，标志着质量管理进入体系化建设阶段，系列标准作为军工产品承制单位质量体系认证的依据，航天产品承制单位开始了单位质量保证体系建设，航天产品质量管理要求得以进一步细化和量化，从而更具指导性、实操性。

1998 年，《航天产品质量保证要求》制定并发布，规范了航天行业各单位的质量体系建设和运行，把产品保证与质量管理更紧密结合起来，进一步提高了单位的质量保证能力。

1.2.2.3　以可靠性为代表的产品质量保证工作得到加强

面对航天技术从试验阶段向应用阶段的转变，结合重点工程“三抓”任务（向太平洋发射远程运载火箭、发射试验通信卫星、进行水下发射运载火箭的试验）开展质量保证活动。航天制定并实施质量管理改革方案，提出了“单位抓质量体系建设，型号抓产品保证，质量专业抓基础建设”的质量工作总体思路，从单位、型号和专业维度进一步明晰了质量责任，让各层级抓质量工作做到有的放矢。

20 世纪 90 年代，航天工业引进欧美产品保证技术和管理，采用请进来、走出去的方式学习产品保证，陆续翻译出版了 ESA、NASA 的产品保证标准，在中巴资源卫星研制中全面采用ESA的产品保证管理模式，在“鑫诺一号”卫星国际合作中也开展了产品保证工作，同时，制定了《航天产品保证大纲要求》《航天产品质量保证要求》《航天产品可靠性保证要求》等一系列产品保证标准，产品保证工作系统初步形成。

1993 年，航天工业总公司颁布了《航天型号可靠性管理暂行规定》，各重点型号将可靠性工作作为型号总体设计重要内容，开始制定并实施可靠性保证大纲，编制了《“三F”技术培训教材》（“三 F”即 FMEA、FTA、FRACAS）；建立了一套严明的设计工作制度（技术岗位责任制、图样管理制度等），采取了元器件筛选、整机老炼、产品验收、失效分析、设计鉴定答辩、表格化等一系列技术和管理措施；在载人航天工程中开始系统实施软件工程化管理；印发《型号用元器件“五统一”管理办法》，要求总公司、研究院、部 / 所 / 厂三级实行元器件“五统一”管理，并颁布了相应的系列标准；颁布实施技术状态管理标准，对航天产品研制技术状态的管理进行了系统描述和规定。

1.2.2.4 创新强化航天特色的质量管理方法

1992 年 3 月 22 日，长征二号捆绑式运载火箭发射由美国休斯公司制造的澳大利亚 B1 通信卫星时，因火箭一级发动机点火不正常，发射中止。此次故障既暴露出产品过程质量失控问题，也暴露出产品可靠性设计存在缺陷。这次发射是中国航天第一次在全世界面前公开亮相，发射故障令中国航天人刻骨铭心，后来航天工业总公司把这一天确定为“航天质量日”。

1996 年，中国航天接连发生了“2·15”和“8·18”两次重大失利，航天面临着失败不起、没有退路、只能成功的质量最低谷，航天在思想、作风、纪律和质量管理方面存在的诸多突出问题，暴露在计划经济向市场经济的转型中。面对严峻挑战，航天人深刻反思，积极研究解决方案，狠抓强化管理，制定并发布了《强化科研生产管理的若干意见（试行）》（简称“72 条”）、《强化型号质量管理的若干要求》（简称“28 条”），提出并实施了“质量问题归零双五条”（以上统一简称“航天 110 条”）、派驻质量监督代表制度等一系列具有中国航天特色和鲜明时代特征的质量举措。其中，“28 条”从设计、生产、检测、元器件、原材料、标准件和软件等方面，提出了 28 条针对性的强制措施，对航天科研生产质量工作影响深远；“质量问题归零双五条”成为航天独创的以问题为导向的质量管理法宝，并在日后发展形成了国家标准和首项航天科研生产管理领域的国际标准。

为扭转质量被动局面，航天工业总公司同步实施了质量专项技改，组建了四个元器件可靠性保证中心，一个软件评测中心，两个软件检测站，一个可靠性与安全性研究中心，一个材料及工艺研究中心等专业质量保证机构。同期，成立了无损检测工艺技术中心、环境可靠性试验与检测中心、航天质量信息中心，组建了航天质量管理、可靠性标准化技术委员会，成立了航天质量协会，质量基础能力得到大幅跃升。在深刻反思和认真总结 40 多年来的成功经验和失败教训的基础上，提出了质量振兴计划，简称“四个三”（提出从源头抓起、实施质量问题归零、改进质量体系的三个方面要求；从执行、监督、奖惩三个方面进行落实；严格按照三个层次要求做；从人力资源、技术手段和专业机构三个方面来保证），体现了从源头抓起、防止质量问题产生的理念。

在航天处于质量最低谷时期，各级领导深刻认识到狠抓思想作风纪律的重要性，各级领导率先垂范，从产品过程质量原始记录等基础工作入手，狠抓各级质量责任制的落实，有力地促进了全线思想作风的转变，有力推动了各项质量规章制度的落实。通过出台一系列强化型号质量管理和质量基础能力的措施，并结合重点型号狠抓贯彻实施，航天质量工作取得了明显的效果。自 1996 年 10 月 20 日第 43 次发射，至 2011 年 8 月 16 日第 144 次发射，长征系列运载火箭连续成功 102 次，创造了运载火箭连续成功的第一个里程碑。可以说，从 1995 年到 1997 年出台的一系列强化航天质量管理的举措，创新并发展了航天型号系统工程的管理体系与方法，彰显了中国航天人攻坚克难的勇气和能力，丰富了中国航天质量管理的内涵，重塑了中国航天质量文化。

从 20 世纪 70 年代末到 90 年代末这一阶段，中国航天质量管理积极学习借鉴国内外先进经验，在型号工程实践中，建立了全面质量管理基础能力，形成了全面质量管理的理念，以航天传统精神和“两弹一星”精神为载体，将质量第一的方针和以质量为中心的原则深入人心，质量管理逐步走向法治化轨道。以强化管理为抓手，创新航天质量管理方法，有效应对市场经济转型冲击，走出了航天质量形势的最低谷，同时航天产品质量与可靠性逐步得到提高，航天质量管理迈上了一个新台阶。

1.2.3　完善发展之路

从 1999 年中国航天科技集团有限公司（以下简称“航天科技集团”）成立至今，按照坚持完善发展的原则，贯彻钱学森的系统工程思想，航天质量工作向系统化、精细化发展，形成了具有中国航天特色的质量管理方法体系。

1.2.3.1　系统推进航天质量文化建设

1999 年，航天工业总公司改组，航天科技集团成立，标志着中国航天科技工业按照社会主义市场经济发展的要求进入了一个全新的发展阶段。2003 年，航天科技集团制定发布了《中国航天科技集团质量文化建设纲要》和《中国航天科技集团质量文化手册》，提出了“质量是政治、质量是生命、质量是效益”的质量理念，丰富发展了航天质量文化内涵，倡导“严慎细实”的工作作风。推动“质量意识、风险意识、责任意识”的全面落实，将“航天零缺陷”作为航天质量文化的核心和精髓，高标准、严要求，坚持以人为本，不断培养和提升航天员工质量文化素养。

2004 年 9 月，某型号飞行失利。故障分析表明，表征实物产品质量的指标体系、过程检验检测指标不能真实反映产品实际质量状况，暴露出航天型号从研制为主向研制与批产并重转型中的不适应。为铭记这次惨痛教训，警钟长鸣，航天科技集团将 9 月 21 日确定为“航天科技集团质量日”。此后，航天科技集团陆续以“9・21 质量日”大会、质量月活动、质量警示录、航天质量论坛、质量分析例会、航天质量奖、6S 管理、星级现场评价等多种方式，开展丰富的群众质量文化活动，持续深化质量文化建设。

1.2.3.2　健全航天型号精细化质量管理要求制度标准

2009 年，航天科技集团系统总结 1996 年以来航天质量管理做法经验，结合当时“三高”（型号研制、业务运行质量可靠性高要求，研制、发射、飞行任务高密度，参与研制的人员变化高动态）、“两重”（国家重大工程责任重，多型号并举任务重）的新形势要求，制定并发布了《航天型号精细化质量管理要求》（简称“新 28 条”），在完善质量体系、强化全过程质量控制和质量基础建设三方面提出了重点工作措施，建立了集团公司、研究院、部 / 所 / 厂、研究室（车间）、班组分级的质量分析例会制度，推进产品数据包管理以及产品成功数据包络分析工作，加强外包外协质量管控，完善技术评审、质量问题归零、可靠性、测试覆盖性、量化控制等工作要求，深化通用质量特性的设计分析和验证等。“新 28 条”的出台及相关配套制度标准的逐步完善，标志着航天科技集团质量管理工作向精细量化的转变。

为推进“新 28 条”要求的有效贯彻实施，总结和推广质量管理最佳实践，发现薄弱环节，实施质量改进，航天科技集团建立了集团公司、研究院、部 / 所 / 厂三级联动的质量管理体系评价和持续改进工作机制。从 2009 年起，按年度开展质量管理体系评估工作，有力推进了航天精细化质量管理制度和标准要求的落实，并成为军工企业集团实施质量管理体系持续改进的典范。

2013 年，航天科技集团荣获首届中国质量奖，以航天质量文化为牵引、航天型号精细化质量管理要求为主体、航天型号任务实践为基础的航天质量管理得到各方高度认可。

1.2.3.3 以载人航天工程任务为牵引，深化质量与可靠性、安全性工作

这一时期，以载人航天工程为代表的航天重大工程任务相继实施并进入关键阶段，航天科研生产从以研制为主向研制、批产并重转变，航天器实现从无人到载人的转变，卫星组网成为新模式。航天科技集团坚持从源头抓起，预防为主，全过程控制，确保方案正确合理可行、设计简捷正确可靠、系统协调匹配兼容、试验充分覆盖有效、产品受控合格稳定、操作准确协同无误。

2003 年，神舟五号飞船发射成功并安全返回地面，标志着中国成为世界上第三个能独立开展载人航天活动的国家。结合载人航天工程高可靠性、高安全性要求，载人航天工程全面实施了软件工程化管理，系统开展可靠性、安全性的设计分析与验证，加严电子元器件保证要求和标准，开展技术成熟度评价，建立载人航天专项标准等。这些质量与可靠性工作的创新性探索与实践，促使航天质量与可靠性、安全性工作跃上了一个新台阶，也为全面提升航天质量能力提供了示范，“载人意识”、“载人标准”、载人航天精神也进一步丰富了航天质量文化的内涵。

这一时期，在航天器领域，全面实施航天产品保证工作，在产品保证组织、队伍、文件、标准、技术支撑机构建设与技术研究等方面进行了有益的探索和实践，初步建立了航天器产品保证组织管理和标准文件体系。

2010 年，首次由航天科技集团组织行业内外专家对重大工程型号、首飞型号开展独

立评估，以降低重大技术风险，确保任务成功。此后，也相继开展了多个重大型号和首飞型号的独立评估，取得了良好效果，有力地保障了载人航天、月球探测、长征七号、长征十一号等重大任务的圆满完成。

2013 年，航天科技集团在型号长期实践的基础上，制定《航天型号技术风险分析与控制要求》，各型号围绕产品、技术、操作、管理等方面，开展各阶段的技术风险分析与控制工作，并在型号各阶段迭代进行。提出并应用了质量交集分析、飞行时序动作分析、飞行事件保证链分析、飞行成功子样数据包络分析、单点故障模式分析、“五环节”分析、“九新”分析、产品数据包建设、产品成熟度评价、数字化仿真等新方法新工具，并形成相关标准和实施指南，提升了风险识别与控制能力和水平。

1.2.3.4　实施专项工程、夯实质量基础

针对制约质量能力提升的短板、薄弱环节和共性问题，航天科技集团坚持问题导向，立足当前，瞄准长远，实施了系列专项工程。

2010 年，航天科技集团启动了工艺振兴计划，通过落实责任、加大投入，聚焦设计工艺实现、工艺关键过程控制、新工艺攻关等环节，突破了一大批技术瓶颈，提升了工艺技术创新能力，提高了工艺队伍整体水平，提升了产品制造能力。

2011 年，航天科技集团开始实施航天标准化工程，统筹构建集团公司统一的标准体系，推进重大专项工程和重点型号的标准化总体策划以及重点领域标准的制修订，形成岗位、型号和产品标准化工作模式，建立标准化师序列，主导制定一系列国际标准，成为航天国际标准制定的主力军，不断夯实质量基础，提升中国航天国际影响力。

2014 年，航天科技集团开始实施为期三年（2015—2017 年）的航天质量提升工程，以瓶颈突破、精品塑造、用户满意和基础夯实等 4 个工程为抓手，持续深入推进航天精细化质量管理，解决突出问题，弥补能力短板，进一步提升落实产品全寿命周期各项要求的质量管理能力。

以“产品去型号化、型号去任务化”为目标，推进航天产品工程建设，开展产品型谱体系建设、产品成熟度提升与评价、产品货架建设与货架产品管理，为航天型号缩短研制周期、改善研制效益、提高质量与可靠性、加速技术创新等发挥了重要作用。

1.2.3.5　坚持高质量发展，助推科研生产管理模式转型升级

2018 年，航天科技集团第七次工作会明确提出了“全面建成高质量发展的世界一流航天企业集团，有效支撑世界一流军队建设，推动我国全面建成世界航天强国”的目标，以及“高质量保证成功、高效率完成任务、高效益推动航天强国和国防建设”的总体要求。按照第七次工作会确定的“三高”“双一流”目标，航天科技集团主动推进质量工作的深化改革，在顶层质量战略、标准体系建设、供应商与物资管理、工艺和技术基础、

质量监督等方面提出并实施一系列重大创新举措。

在质量管理方面，发布了“质量强企”行动计划，对标世界一流，提出了航天质量工作从精细到精益再到卓越的转型升级路线图，明确了2020年、2030年和2045年三个阶段主要目标和重点任务；印发了《航天型号科研生产质量管理规定》，从顶层系统规定了航天型号质量管理的基本要素和工作要求；提出了航天科技集团质量监督一体化建设方案和管理办法，对航天科技集团质量监督人员实施“统一队伍、统一要求、统一管理”，以重大型号为主，兼顾一般型号，专职独立有效开展质量监督工作；发布了“三个面向”质量分析工作指南，为航天科技集团所属各单位、各型号开展以“三个面向”为抓手进行持续改进提供了指导方法。

在工艺与技术基础方面，提出了航天科技集团标准体系建设方案，明确了新型企业标准体系建设的总体目标和阶段目标，重构了新型标准体系框架，部署了体系设计、体系建设、体系运行三个部分13项重点任务；制定了《航天产品合格率与稳定性控制工作方案》，明确提出利用3年时间，形成对包括关键单机（部组件）、机构产品和结构件的单机产品合格率与稳定性控制的有效机制，建立航天产品合格率与稳定性控制的指标评价体系；印发了《新时期产品化工作总体方案》，构建了产品化管理体系建设、航天一流产品体系和卓越过程建设、产品化技术与信息基础保障体系建设一体的航天科技集团新时期产品化工作架构。

在供应商与物资管理方面，提出了《航天型号供应商管理及体系建设指导意见》，按照“系统完整、科学有效、规范严格”的基本原则，确立了实现“全领域、全级次、全过程、全要素”覆盖的总体目标，提出并开展了“三个一”示范工程，将型号按产品结构树逐级展开，产品再按照生产流程逐级分解，梳理本单位主要产品及其配套的各级产品和相关过程的配套关系、责任关系和执行规范，做到“配套关系清楚、责任关系清楚、执行规范清楚”。

从航天科技集团成立至今，面对持续增长的研制与批产任务，航天科技集团坚持问题导向，以质量管理的精细、量化为抓手，以风险管控为重点，以体系化建设及持续改进为手段，质量管理持续改进创新，质量基础能力持续提升，迈过了由陆到海、由研制到批产、由单星到多星等多道门槛。2020年5月至2023年5月长征运载火箭实现145次连续成功，创造了中国航天史上第二个连续成功的里程碑，形成了具有中国航天特色的质量管理方法体系。

航天发展的历史是一部技术创新史，也是一部质量管理能力提升史，一部航天科研生产管理发展史。质量管理是科研生产管理的重要组成部分，没有科研生产管理的发展，就没有质量管理发展的动力；同样，没有质量管理的进步和发展，科研生产管理的发展就没有基础，也不会实现。

回顾历史，中国航天质量管理遵循坚持、完善、创新发展的原则，在不断的探索实践中走过了一条具有中国航天特色的质量管理之路，支撑了航天从仿制到自主研制，从研制到批产，从无人到载人，从单星到星座组网，从近地到深空探测的发展，形成了独特的、有影响力的航天质量文化和质量管理体系。

1.2.4　未来奋斗之路

在 60 多年的发展历程中，中国航天始终坚持质量第一，坚持“质量是政治，质量是生命，质量是效益”的工作理念，质量是实现任务成功的根本保障。新时期，着眼航天强国和国防建设新目标，航天科技集团提出了“高质量保证成功、高效率完成任务、高效益推动航天强国和国防建设”的发展目标（“三高”发展）。“高质量保证成功”是一切工作的基础和前提，也就是说没有成功就没有一切，“高效率完成任务”是在高质量保证成功的基础上，实现完成任务的高效率，“高效益推动航天强国和国防建设”就是在高质量和高效率的基础上，最终要体现在组织效益、用户效益和国家效益的保证和提升上。因此高质量是基础和前提，高效率是手段和路径，高效益是目的和目标。

当前，航天强国建设已进入新的发展阶段，呈现新的特征，面临新的挑战，实现高质量、高效率、高效益发展目标，意义重大，影响深远，这也是航天质量系统工程管理保驾护航的根本目标。航天人要在坚持并弘扬航天优秀质量文化和质量理念、坚持行之有效的质量工作方法、坚持严格的质量工作制度标准和工作原则的基础上，守好底线、超越标线、奋进高线，在坚持中实践，在实践中完善和丰富航天质量文化和航天质量工作方法。以“创新、发展”为时代责任，主动作为，迎接新时代航天质量工作的新挑战，不断推动质量理念创新、质量工作方法和手段创新、质量管理体系创新；在创新中不断总结提炼，丰富和发展新时代航天质量新文化、新方法、新体系，打造航天质量新能力。

2019 年，航天科技集团发布了《“质量强企”行动计划——助推航天强国、质量强国建设的质量发展路线图》，明确了未来一个时期航天科技集团质量工作的指导思想、原则、目标和任务，提出了推动航天科技集团质量工作从精细到精益到卓越的转变，实现从先进到一流再到领先的战略方向。航天质量从精细到精益再到卓越的转型之路，从形式上讲，是由过程到结果的升华；从方法上讲，是由定性到定量的转型；从价值上讲，是由增量到增值的导向；从目标上讲，是由对标到引领的追求。其中：

1）航天质量的“精细”是以确保成功为目标，以过程控制标准化、规范化、精细化为标志。航天的精细，首先体现在细，细到管理的每一个环节、工作的每一个流程、软件的每一个符号、电路的每一个极性、状态的每一个细小变化，在细的基础上追求精，要不惜一切保成功，高质量保证成功。

2）航天质量的“精益”是以高质量保证成功、高效率完成任务、高效益推动航天强国和国防建设为目标，以实现价值流的持续优化、快速响应顾客要求为标志。航天的精益，就是要在精细的基础上，提升过程价值，精准投放时间、成本和精力，优化流程，避免浪费，注重质量效能，注重先进技术和方法手段的运用，提高效率和效益。

3）航天质量的“卓越”是以全面建成高质量发展的世界一流航天企业集团，有效支撑世界一流军队建设为目标，以形成具有世界知名度和影响力的航天质量品牌为标志。航天的卓越，是在精益的基础上，进一步对标世界一流企业，查找管理、流程、产品技术指标等方面存在的差距，设立标杆，打造一流产品，创建一流品牌，整体超越，最终实现标杆引领，构建世界一流宇航企业。

实现航天质量从精细到精益再到卓越的转型发展之路是一个循序渐进的过程。当前，航天质量管理正处于从精细到精益的转型关键期。新时代航天精益质量管理体系的总体设计始于航天质量系统工程管理的建设。

1.3 航天质量系统工程管理的内涵

1.3.1 航天系统工程管理

在介绍航天质量系统工程管理的内涵本质之前，有必要回顾一下在航天工程系统研制过程中，传承已久的钱学森系统工程思想在航天工程领域的实践——航天系统工程管理。

航天工程系统是指在航天领域实施的某个具体的工程。之所以称为工程系统，是因为这一工程由很多部分组成，而且这些组成部分并不是各自独立的，它们之间具有紧密的关联性，即整个工程具有系统性。所有的组成部分构成了工程系统，这些组成部分包括各个系统及其部件，建造过程中的所有环节，工程所需要的各种资源，以及确保工程顺利实施的支持系统。从最终结果来看，工程系统是最终交付给工程需求者的客观存在物。

航天系统工程并不是工程系统本身，而是对工程系统所要达到的目标和实现该目标的措施进行整体研究，并对工程系统进行建造及运营的过程。对于巨大的、复杂的工程系统，其工程目标的实现必须有技术保障和管理保障。工程系统侧重于技术保障，系统工程则侧重于管理保障。在需求方提出工程目标后，会同时产生一个工程系统和一个伴生的系统工程。在时间上，两者是同时产生的；在运行过程中，两者是共同发展的。工程系统的建造和系统工程的运行共同保证了工程目标的实现，是实现工程目标的两个支柱。

事实上，航天工程系统研制作为一项需要跨部门、跨领域、跨行业协作的综合性活动，几乎需要相关的所有单位和职能部门都参与进来。以部门分工和职能化为基础的组织结构，天然存在两面性。一方面，部门分工和职能化是企业组织结构的基础，是企业发展的必然选择；另一方面，职能分工必然使员工形成部门意识，习惯从部门角度看待和处理问题，形成职能化壁垒，容易带来部门之间协作和协调的种种困难。航天工程系统的尖端技术具有探索性和创造性特点，表现在技术和工程的管理上，就是需要集中，需要有严格的技术责任制，需要建立强有力的、有权威的指挥系统。如何借助强有力的指挥系统，打破职能化组织架构的壁垒，实现航天系统工程保成功的终极目标，是航天工程系统成功实施的关键。

总体牵头是实现整体优化的重要手段，是航天系统工程管理的特色模式。航天系统工程是对型号工程系统从方案可行性论证、方案设计、工程设计、工程研制到设计定型和生产的全过程，在技术、计划、组织、进度、质量等方面，对人、财、物、技术、信息与知识六个基本要素实施管理。航天型号工程总体设计部，是为适应型号工程系统研制的特点而建立的。由于航天型号工程技术的复杂性和研制过程各种因素的多变性，适时地进行技术协调和控制显得特别重要。而这种协调和控制涉及多种专业技术，靠行政管理部门难以完成，靠少数专家、总设计师去处理也难以应付。所以，必须要有一个掌握多种专业技术、多种科学知识、具有丰富研制实际经验的高科技队伍来承担，这就是总体设计部。

总体设计部由熟悉系统各方面专业知识的技术人员组成，并由知识面比较宽广的专家负责领导。总体设计部设计的是系统的“总体”，是系统的“总体方案”，是实现整个系统的“技术途径”。总体设计部一般不承担具体部件的设计，但却是整个系统研制工作中必不可少的技术抓总单位。总体设计部把系统作为它所从属的更大系统的组成部分进行研制，对它的所有技术要求都首先从实现这个更大系统技术协调的角度来考虑；总体设计部把系统作为若干分系统有机结合成的整体来设计，对每个分系统的技术要求都首先从实现整个系统技术协调的角度来考虑；总体设计部对研制过程中分系统与分系统之间的矛盾、分系统与系统之间的矛盾，都首先根据总体协调的需要来选择解决方案，然后留给分系统研制单位或总体设计部自身去实施。概括起来，总体设计部的职责，一是站在总体最优的角度设计“总体方案”；二是构建整个系统的“技术实现途径”；三是分解技术任务和技术责任，交由分系统和专业单位去完成；四是负责技术兜底，无法分解下去的技术任务，由总体设计部自身去实施。

整体而言，从组织结构上，航天系统工程体现在从总体到系统、从系统到产品、从产品到专业保证的系统工程组织架构体系。即首先是总体设计部从需求以及大系统约束条件出发，经过分析权衡得到系统顶层体系结构和功能、性能要求；然后根据研制对象的特点，把系统结构和功能要求逐级分解到分系统和单机，使它们成为成千上万的研制任务，参与单位和人员的具体工作；再经过从部件、分系统到系统逐级协调、设计、集成与充分的地面试验等专业保证过程，最后得到满足使用要求的系统产品，实现系统整体功能和性能的

“1+1>2”。按照系统工程思想构建组织体系是实践系统工程思想的一大创举，按照系统工程思想构建的组织体系也是将系统工程由理论转变为现实的根本保证。

从研制模式上，航天系统工程则体现在以“V”模型为主的系统集成、产品开发、设计验证等系统工程研制模式，如图 1-3 所示。“V”模型的左侧代表从用户需求出发，自上而下从系统、分系统到单机的层层定义和分解活动；“V”模型的右侧则代表单机和分系统自下而上进行集成和试验，最后得到经过验证的系统，体现了系统分解和综合集成的系统工程思想。整个研制模式体现了航天系统开发过程的科学规律，保证了一个长周期的研制过程能够分阶段对目标进行跟踪和控制，使研制过程能够有序展开。

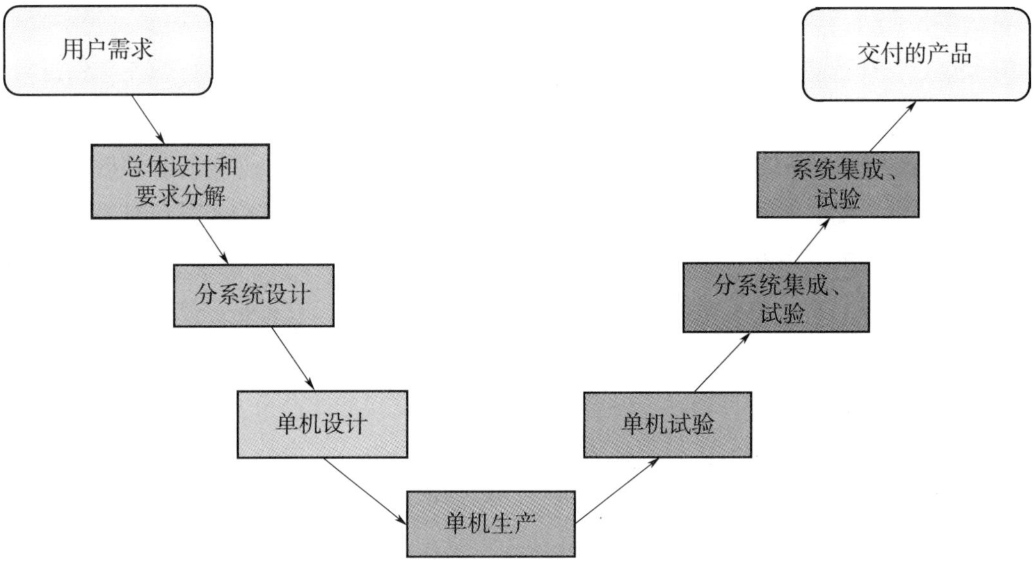

图 1-3　系统工程中的“V”模型

从总体到系统，从系统到产品，从设计到生产再到试验以及基础支撑保障的完整结构构成的完整实践，体现了一种科学方法，这种科学方法就是“系统工程”。“系统工程”是组织管理“系统”的规划、研究、设计、制造、试验和使用的科学方法，是一种对所有“系统”都具有普遍意义的科学方法。我国国防尖端技术的实践，已经证明了这一方法的科学性。在中国航天事业 60 余年的发展历程中，无论是航天的发展战略、发展规划、预先研究、型号研制，还是计划、人才、物资、经费等各项管理工作，都始终贯穿着系统工程的理念、体系与方法，运用着系统工程来实施科学管理。同样，航天质量管理是航天系统工程实践中贯彻始终的核心组成部分。

1.3.2　航天质量系统工程管理的基本内涵

与航天系统工程的产生类似，航天工程系统的特点决定了航天质量工作的复杂性和艰巨性。航天质量系统工程管理是钱学森航天系统工程管理的重要组成部分，钱学森在最初的系统工程技术中就提出了质量保障系统工程、标准系统工程、计量系统工程等概念。

事实上，正如在 1.2 节航天质量管理探索发展之路中所提到的，航天质量工作在航天事业建立之初，在规章制度方面，制定规范航天科研生产和质量工作的顶层文件——《国防部第五研究院暂行条例（草案）》，建立过程质量控制制度体系，推行复查制、留名制、双岗制、三检制等质量控制与反馈制度；在科研管理方面，按型号建立总体设计部，形成层层技术指挥责任体系，构建设计师系统和行政指挥系统两条指挥线，建立以预先研究阶段和研制阶段为特征的研制程序管理体系；在思想作风方面，提出"两个一切"（一切通过总体、一切通过地面试验）工作原则，形成以"三敢""三严"为代表的航天工作作风，树立以"十六字方针"为代表的航天质量理念；在流程优化方面，建立科研生产计划协调管理系统，统管科研生产计划协调管理；在专业能力建设方面，组建质量专业技术机构，研究标准化工作方法，制定专业标准技术，开展质量与可靠性技术方法研究与推广，培养建立质量控制队伍和质量管理能力。这一系列活动的开展无不践行着钱学森系统工程思想，既明确了航天科研生产的责任制与研制程序，为航天型号研制和生产工作按规律办事提供了依据，又优化了对流程的管理，使体制机构与任务相适应，为确保航天型号工程质量提供了坚实保障，使航天质量管理工作成为航天系统工程管理不可或缺的组成部分。

由此可见，航天质量系统工程管理就是以工程系统成功和组织成功为目标，运用航天系统工程的思想方法，面向工程、面向组织、面向过程开展的质量管控、能力建设和持续改进等质量管理工作。

新时期，航天质量系统工程管理的主要任务是：面向工程系统，构建以技术风险识别和精益过程控制为核心的航天精益产品保证工作模式和方法；面向组织，构建融合战略层、组织层、项目层、产品层、数据层五个模块的横向到边、纵向到底的科学高效的航天精益质量管理体系；面向过程，构建以"三个面向"质量分析为代表的一系列行之有效的航天质量管理技术方法和工具手段，持续提升过程质量、工作质量和结果质量。

航天质量系统工程管理通过运用系统思维，将面向集团公司、研究院、部 / 所 / 厂三级组织以及型号、产品的质量管理作为一个有机整体统筹建设、协调推进；通过整合组织与环境、顾客要求及相关方需求，为质量工作开展提供战略引领和明确目标；通过坚持并弘扬航天优秀质量文化，将全体员工的思维质量、行为质量和结果质量贯穿始终；通过航天型号科研生产质量工作的"全员、全要素、全过程、全数据"管理，全面提升质量治理水平和高质量保证成功的能力；通过常态化进行质量管理体系评估、航天型号独立评估以及"三个面向"质量分析，持续改进航天组织质量和型号工程质量；通过实践中完善和丰富的航天质量管理技术方法和工具手段，不断夯实质量基础能力，并最终实现质量战略、质量要求在组织、型号、产品层面的一以贯之，实现组织、型号、产品之间质量工作的协调协同，实现质量管理体系的一体化管控，实现航天组织和产品的持续成功。

（1）组织质量

GB/T 19004—2020/ISO 9004：2018 中对组织质量的定义为：为了实现持续成功，组织的固有特性满足其顾客和其他相关方需求和期望的程度。哪些因素与实现持续成功相关由组织决定。

按照系统工程建设思路，航天组织在其组织架构上有其特殊性和创新性，采用三级管理模式，集团公司总部为第一层级，各研究院、专业公司、直属单位为第二层级，各研究院下属部 / 所 / 厂、子公司为第三层级。研究院在职能划分的基础上分为总体院和专业院，下属部 / 所 / 厂分为总体部、专业所、生产厂。

集团公司总部负责技术创新体系建设和科技资源配置等顶层规划、统筹协调与组织管理，组织集团公司层面的技术创新研发机构，承担跨技术领域、跨研究单位、跨用户部门的技术发展战略研究和体系、大系统论证。总体院建有系统级研发中心，是集成创新、系统创新和技术抓总的核心单位。专业院及其所建立的研发中心负责引领专业技术领域的创新发展。专业公司建有专业研发机构，与各研究院的系统及专业研发机构合作，重点加强技术、产品和系统解决方案的研发能力。直属单位是战略决策与大系统论证、技术基础保障、技术创新信息与知识产权服务的支撑与服务单位。

航天组织的质量，即在集团公司通过质量战略方向的引领、质量战略目标的确定体现国家利益至上；通过综合集成利益相关方需求和价值取向，确定工程任务质量目标，确保用户价值最大化；通过以顾客为中心的质量文化子系统，指导集团公司所有的质量活动和质量决策，确保质量理念一致；通过集团公司、研究院、部 / 所 / 厂三级质量组织与责任子系统的全员覆盖，确保质量工作科学、规范、有效实施；通过全面、专业、一流的质量基础能力子系统，为质量工作的有效运行提供资源保障和专业支撑；通过全领域、全级次、全过程、全要素的供应商管理子系统，为航天型号工作提供合格供应商和协作配套管理；通过面向集团公司各级、各环节的质量数字化信息化应用子系统，推动质量工作精细量化控制；通过独立、权威的质量验证与评价子系统，为航天型号提供质量验证与评价的方法和手段；通过集团公司各级质量监督子系统，实施预防式监督和过程改进；通过集团公司各级质量制度与标准子系统，推动集团公司“依法治质”。

（2）产品质量

产品质量是指产品的固有特性满足组织相关方要求的程度。产品是过程的结果，产品的固有特性在产品形成过程中获得，过程质量决定了产品质量。不同的产品有不同的实现过程，同一产品在不同组织的实现过程也不会完全相同。

航天产品一般指运载火箭、航天器、地面设备、软件等产品及其组成部分，以及在此基础上构成的范围更广的航天工程系统，如探月工程、北斗工程、载人航天工程等，既包括“硬件产品”，也包括“软件产品”。硬件产品按产品的结构层次分为：系统、分系统、单机、部组件、基础产品；按产品的复杂程度分为：简单产品、复杂产品；按产品的适用范围分为：专用件、通用件、借用件、共用件、标准件、外购件、备件、附件；按产品的重要程度分为：关键件、重要件、一般件。软件产品可以从任务类型、软件用途、运行载体、软件来源、软件规模以及软件重要程度等不同的维度进行分类。

航天产品的质量，在于通过航天组织控制航天产品的研制生产过程，从而控制航天产品的固有特性，也就控制顾客及相关方的满意程度。航天组织在策划、建立质量管理体系时，通过认识、确定、比较、分析、优化等活动识别并控制自己的“过程”，使过程受控，并有效地实现所策划的过程结果；通过运用 PDCA 方法，将过程展开为策划（P）、实施（D）、检查（C）、处置（A）的循环过程，每一次循环都是在一个新的基础上的提升；通过运用“过程方法”，将活动和相关资源作为过程进行管理，高效地实现过程的预期结果；通过管理的系统方法，将这些过程组合成一个系统，有效和高效地实现系统的目标。

1.3.3　航天质量系统工程管理的核心特征

1.3.3.1　系统性

航天质量系统工程管理强调以系统的观点来管理整个组织的质量工作及其关键过程，要求各级领导干部都要有系统的质量思维能力，用系统的质量思维来看待所从事的高风险的航天事业，用系统的质量思维来有效指导质量工作。以高质量可持续发展的战略目标为导向，立足提升航天科技集团整体质量保证能力，统筹各级组织和供应商、各类型号和产品、质量管理各要素，推进航天科技集团整体质量治理能力建设。通过将风险意识贯彻始终，牢牢把握确保成功的主动权；通过刚性的制度和严格的奖惩，确保质量要求的真正落地；通过辨识和抓住质量工作的各种重大关系和主要矛盾，实现质量管理工作系统最优；通过创新的理念、创新的方法以及创新的手段，达到整体水平最佳。

1.3.3.2　整体性

航天质量系统工程管理是运用系统思维，将面向集团公司、研究院、部 / 所 / 厂三级组织，协作配套产品供应商，以及型号、产品的质量管理作为一个有机整体统筹建设，实现质量战略、要求在组织、型号、产品层面的一以贯之，强调把所有承担航天任务的单位、人员、环节等看成一个整体，制定共同的战略目标和行动计划，依托从整体角度构建的一体化质量管理体系的有效运行和实施，确保战略目标的实现和行动的一致；通过以体系构建为导向的系统性设计，建立质量保证流程，实现质量体系与科研生产模式的整体协同，实现航天科技集团内外承研、承制单位、人员、环节等的协调协同，以提升航天科技集团整体的质量管控能力；通过适时科学有效的约束和监督检查改进机制，调整实际工作与战略目标之间的偏差，实现质量工作项目与型号科研生产流程的有机融合，以取得最佳质量效益。

1.3.3.3 目的性

航天质量系统工程管理强调一切质量工作的意义在于确保组织及产品高质量保证成功，组织所有活动都是以相关方需求为出发点，最终达到顾客和其他相关方满意的目的，各子系统的目的最终都是以主要利益相关方综合满意与共赢为核心，打造通力合作的“高质量保证成功”。成功是最终目的，没有成功就没有一切，质量是通往成功的必然选择，没有质量也就没有成功，质量工作的目标在于以最佳的质量路径实现成功，各项活动均依据质量目标的要求，按照策划、实施、检查和处置（PDCA）循环展开，进行系统管理。航天质量系统工程管理的目的就是确保航天组织按照用户期望和总体规定的要求高质量高效率地完成任务、实现质量目标，并通过建设科学规范高效的航天组织、制定一流的产品标准规范、实施精益过程产品保证等，满足相关方对航天产品的各项要求，超越用户期望，实现高质量成功。

1.3.3.4 实践性

从实践论观点来看，航天质量系统工程管理作为复杂的社会实践，有明确的目的性和组织性，又有高度的综合性、系统性和动态性。航天质量工作是一个创新的过程，也是一个实践过程，实现成功的良好愿望要靠不断的探索、创新和实践，明确我们在科研生产质量工作的各个阶段应该干什么、不能干什么；通过严明的质量纪律文化，落实全员质量责任制，树立“每一位员工的工作都关系到一发箭、一颗星（船、器）的成败”的质量意识；时刻秉持开放融合的态度，在实践中探索成功的规律，将质量意识、质量文化、质量制度标准有效融入产品实现过程、融入组织管理流程，最终实现质量管理水平的提升。

1.3.3.5 协调性

航天质量系统工程管理的“协调性”是指组织运作质量管理体系的各部门、各环节和各要素之间是相互协调的。航天科技工业具有高技术、高风险的典型特征，国防现代化建设和航天应用领域的发展进程承受不起航天产品质量事故带来的损失。航天型号风险管控贯穿型号科研生产全过程，不是哪一个人、哪一个岗位、哪一个部门的事，其与每个人所承担的任务密切相关，与每个人的岗位职责密切相关。航天质量系统工程管理的协调性体现在质量战略目标和质量管理要求按照组织层级、项目层级、产品层级的贯通协调，集团公司总部职能部门之间、研究院之间、同类产品之间质量工作职能的协调协同，集团公司、研究院、部 / 所 / 厂三级质量管理体系的协调协同，集团内部单位质量管控与外部供应商质量管控流程的协调协同，组织综合质量管理与项目质量管理的协调协同，以及型号队伍、产品保证队伍与专业机构的协调协同等。

1.3.3.6　开放性

航天工程的长期实践表明，在成功的背后依然蕴含着巨大风险，有些成功其实是差一点点失败！“凡事豫则立，不豫则废”，航天工程技术难度大、协作配套复杂，只有准确认识和把握问题，才能彻底解决问题。航天质量系统工程管理的开放性体现在：通过不断学习借鉴质量管理的先进经验、方法，不断提高风险防范的意识和能力；通过以问题为导向，总结经验，反思教训，不断提高认识问题、分析问题、解决问题的能力；通过以目标为导向，对标提升，不断提高全体员工和组织的质量综合能力。随着认知水平持续更新迭代，知识的掌握与利用水平的不断提高，航天质量管理系统的内涵和外延不断拓展，子系统之间的联系方式也在破与立中不断更新，子系统的结构也随着系统的演变而不断改变，子系统的种类也随之发生变化。

1.3.4　航天质量系统工程管理的工作准则

中国航天在 60 多年的发展历程中，取得了以“两弹一星”、载人航天和月球探测为代表的辉煌成就。中国航天的成就，得益于航天人把握航天大型复杂系统的研制规律，探索、建立、实践了具有中国航天特色的质量系统工程管理，坚持、完善、发展了适应航天工程“高质量、高可靠、一次成功”要求的质量工作准则。中国航天特色的质量工作准则，是以系统工程理论和方法为指导、以航天重大工程任务为牵引，在不断总结经验教训的基础上进行的理论和管理创新，是中国航天事业发展过程中形成的宝贵财富。

1.3.4.1　注重质量文化引领

中国航天事业创建伊始，就确立了“严肃的态度、严格的要求、严密的方法”的“三严”作风；1966 年，周恩来总理进一步提出了“严肃认真、周到细致、稳妥可靠、万无一失”的“十六字方针”；航天科技集团成立以来，按照坚持、完善、发展的原则，形成了具有当代中国航天特色的“严慎细实”的工作作风。从“三严”作风到“十六字方针”，再到“严慎细实”，航天质量文化的精髓在与时俱进中得到传承。

准则 1：持续推进质量文化建设，成功在每个人手中

习近平总书记强调：“要坚持质量至上，把质量问题摆在关系官兵生命、关系战争胜负的高度来认识，贯彻质量就是生命、质量就是胜算的理念。”中国航天始终贯彻质量是政治、质量是生命、质量是效益的质量理念，持续开展全员质量文化建设。

1）坚持质量至上，要体现全员性，更要体现在管理者身上，质量文化首先是企业领导，尤其是“一把手”质量理念、质量意识和质量行为的体现。

2）管理者应将质量放在企业发展的战略高度去亲自策划与推动，不以牺牲质量而谋求短期的利益。

3）全员要培养质量至上的质量意识，“我的工作我保证，我的质量我负责”，成功在每个人手中。

准则 2：个体与组织相统一的“零缺陷”，才会由理念变为实践

中国航天的“零缺陷”理念是当代航天人牢记周总理的“十六字方针”，结合新的形势和任务而逐步形成的。中国航天的“零缺陷”一是追求各项工作第一次就把事情做对、做好，二是力求产品实现过程各环节、各零部件、各项操作全面优质、准确无误，三是要求最终产品全面满足顾客需求、航天任务圆满完成。

1）要树立航天品质是最高质量标准的意识，养成践行最高标准的工作行为，第一次就把事情做对、做好，是每一个人必须践行的工作准则。

2）一个组织践行“零缺陷”，不能仅仅建立在个体践行“零缺陷”的代数叠加上，组织应为员工践行“零缺陷”建立行为准则、工作标准并提供培训，建立有效的基于流程的纠错机制，只有全员的工作质量的提升和组织的科学保证，才能真正实现“零缺陷”。

3）要坚持“三不放过”原则，工作未做完不放过，产品、工作有缺陷不放过，结果有疑点不放过。

准则 3：质量工作是价值创造过程，高质量才有高效益

航天产品的质量，事关国家地位和荣誉，事关国家安全和强国战略，事关企业的生存和发展。航天工程高风险、高投入、一次成功等突出特点，决定了航天工程必须以质量求效益，追求高质量就是追求高效益。一次发射任务的失利，绝不仅仅是经济上的损失，还可能关乎企业的声誉和生存，甚至是国家的安全。

1）要树立质量工作不是浪费而是创造价值的理念，质量价值的体现是现实的，更是长远的。

2）要关注质量损失的直接经济损失，更要关注长远的损失，并建立潜在的灾难性损失的预警机制。

3）质量工作是需要成本的，管理者要将口号、要求物化为具体工作并提供资源保证，以简单的削减成本为由而弱化质量，早晚得为质量损失埋单。

准则 4：倡导技术民主，创造求真务实的组织氛围

技术民主是中国航天创建之初就倡导形成的创新文化，也是航天事业在 60 多年发展历程中积累的宝贵经验。中国航天在解决技术难题的过程中，既提倡敢想、敢说、敢干，又提倡实事求是、科学分析，允许人们抱怀疑态度，提出自己的看法，进行探讨。倡导技术民主，是弥补个体知识短板的重要手段，是确保航天产品质量和任务成功的团队保障。

1）要鼓励并激励员工敢于提问题、提建议，对主动发现问题、积极提出解决问题或改进工作的建议的员工，应及时鼓励和激励。

2）正视问题是党性，发现问题是水平，解决问题是能力，对此领导更应带头示范，才能引导组织成员培养正确观念。

3）技术方案确定，要建立在各方充分讨论、论证，多因素权衡，多方案综合对比分析上，组织应建立科学、民主的技术决策机制，既要避免行政决策包办技术论证，又要避免技术论证代替行政决策。

4）技术方案一旦确定，基本上决定了系统、产品的固有可靠性，也决定了系统和产品的可实现性，更决定了系统和产品的成本。组织应建立系统和产品技术方案论证，并评价、确定评审机制，避免因个人偏好或单一团队或单位的因素而导致技术方案以局部最优代替全局（整体）最优。

1.3.4.2　注重系统工程思维

实践证明，系统工程思维是中国航天事业成功的法宝，也是中国航天事业的思想精髓。中国航天质量管理的发展，正是以系统工程理论和方法为指导，以航天重大工程任务为牵引，以“坚持、完善、发展”为原则，在不断总结经验和吸取教训的基础上进行理论和管理创新，实现质量管理能力的跨越式发展。

准则 5：要从流程与组织上强化质量工作的系统性

航天工程是复杂的系统工程，质量工作要着眼系统工程质量，就要用系统工程的理论、方法策划与实施工程的质量管理，必须要突出质量工作的系统性、全局性与协调性。

1）航天工程的结构体系划分是质量工作的载体，也是各级、各层次质量保证的主体，在突出落实“谁的产品谁负责、谁的工作谁负责”的同时，也必须强调上游对下游的把关责任。

2）总体要对全系统的最终质量负总责，即总体责任；总体应将总体责任分解成具体的直接责任，并逐级分解，总体责任并不代替产品单位的直接与主体责任。

3）管理者应建立组织、工程的质量责任体系和工作流程体系，并有效辨识流程中关键点的故障模式。如果在流程中存在某一关键工作只有一个人负责，或多项关键工作仅由一个人负责，那么该流程一定是脆弱的，一旦工作出现质量问题，势必导致产品质量出问题，甚至系统瘫痪。

4）FME（C）A、关键特性的分析方法不仅适用于产品质量控制，也适用于流程和组织健壮性分析。产品设计师、工艺师对产品负责，管理者应对流程及组织的健壮性负责，流程与组织脆弱而导致的问题，一定是系统性问题。

准则 6：在执行“双五条”归零标准的基础上，识别问题的系统性原因更重要

质量问题归零是指对设计、生产、试验、服务中出现的质量问题，从技术上、管理上分析问题产生的原因、机理，并采取纠正和预防措施，以避免问题重复发生的活动。航天质量问题“双五条”归零标准，是航天质量工作的法宝，质量问题归零不仅仅是事后行为，更是从源头抓起的一个新的循环。

1）技术归零工作，要更加关注和搞透质量问题发生的机理，只有搞清机理，措施才能真正有效。

2）统计表明，85% 的质量问题是由于系统性的原因造成的，只有 15% 是由于具体岗位的原因造成的。管理者应对系统性原因负主体责任，并建立有效辨识系统性原因的机制。

3）管理者应建立面向产品、面向流程、面向组织的质量分析机制，动态辨识系统性的技术原因、系统性的管理原因，主要管理者要亲自示范带动才会事半功倍。

1.3.4.3 注重全过程的管控

牢固树立“细节决定成败”的理念，强调“关注细节、科学量化”的基本原则，对研制、生产、试验和交付后服务全过程进行严格、精细的质量控制。

准则 7：风险的辨识与管控是一项贯穿于型号全寿命周期的技术和管理活动

航天型号是高风险工程，预防风险、尽早识别与控制风险一直是航天型号研制管理工作的重点。为贯彻航天质量管理“预防为主、源头抓起”的原则，型号研制初期就系统地开展顶层策划，围绕产品研制、生产、试验、使用等全寿命周期开展系统的策划和风险分析工作，防控风险。

1）型号设计师系统应对技术风险的辨识与管控负主体责任，型号行政指挥系统对型号的管理风险负主体责任。

2）各级组织管理者对本组织交付的产品及为型号提供的资源保障所存在的风险负主体责任。

3）各级组织、各类人员应按职责辨识存在的技术风险和管理风险，并逐级确认评价；系统、产品、研制流程中存在的故障模式发生的可能性及后果影响程度，是辨识和管控型号风险的工作主线。

4）项目负责人应对本项目的技术和管理风险进行综合分析与评价，组织的最高管理者应根据项目的研制流程建立把关确认和批准放行的有效机制，并创造条件针对关键、重要专业领域或产品建立独立、专业化的风险评价机制，以支撑最高管理者的决策。

准则 8：注重以产品可靠性为中心的系统性设计工作

航天产品系统构成复杂，高新技术比重大，研制协作面广，经历的发射条件和使用环境复杂，影响成败因素多、风险大。在航天产品研制过程中，始终遵循“可靠性是设计出来”的理念，从源头抓系统、产品可靠性设计和验证工作。

1）系统、产品设计要突出以可靠性设计为中心的原则。高的固有设计可靠性是实现高安全性的基础和前提，也会提高“六性”工作的效率与效益，事半功倍。

2）基于故障模式的设计是可靠性设计的核心。要全面辨识系统、产品的故障模式，对故障模式进行系统分析。如果未能有效辨识影响成败的故障模式，且在系统设计上没有消除该故障模式的设计措施，或在系统实际应用中也没有有效的应对措施，则一旦该故障模式发生，后果一定是灾难性的。在航天型号失败的案例中，能找到诸多类型的故障案例。

3）准确、正确定义和描述清楚系统、产品的任务剖面，是全面辨识故障模式的基础。任务剖面的描述，不仅要描述清楚系统、产品的功能要求，更要描述清楚系统、产品的力、热、电、磁等环境，既要包括系统、产品外部环境，也要包括分系统、产品的内部环境。

准则 9：不仅要关注结果，更要关注过程

航天“零缺陷”质量，要求在产品研制、生产、试验的每一个环节都要竭尽全力。结果是由过程保证的，过程决定结果，只关注结果、不关注过程的导向，质量不可持续。

1）航天产品的实现活动是由一系列相互关联的过程组成的，应辨识、分解出每一个子过程，并使每一个子过程具备可度量、可监视的条件。

2）要提高对关键过程的关注程度，只有过程可信，结果才是可信的、牢固的。

3）一次成功，并不代表过程合理、科学，每一次失败一定是某一个或多个过程出现了问题。

4）组织应具有过程持续改进能力，要注重由结果追溯过程的合理性并持续改进；从质量、效率、效益三个维度评价过程的合理性，并保持资源配置与过程实现的匹配协调。

准则 10：产品合格是底线，质量一致性和稳定性是根本

近年来，随着航天型号研制任务的急剧增加，原有的多品种、小批量的“作坊式”“作品式”质量管控模式，以及通过“精挑细选”“矬子里拔将军”确保装机产品合格的工作模式，已难以适应产品大规模、批量化生产的需要。大规模工业化生产，产品合格是底线，质量一致性和稳定性是根本。

1）应建立产品质量一致性（稳定性）的控制方法，控制方法不应是事后检验的，而应是过程的方法。

2）工作一致性是实现产品质量一致性的基础，工作一致性的依据就是要针对同一种、同一类工作要有统一的标准作为依据，并不折不扣地执行；经验型、习惯型或人为要求的随意性势必破坏产品质量一致性的基础。

3）管理者应致力于主导建立工作一致性的标准、规范，并保持不断完善和持续改进。

4）产品合格，并不能代表产品质量一致。应建立能够评价质量一致性的数据包，并建立一致性分析的定量评价模型。应针对过程的离散和波动，建立实时的包络分析和离散与波动的原因分析机制，并持续改进。

5）从产品实现的初始阶段，就应建立起针对人、机、料、法、环、测的过程监视测量方法，并实时进行波动与包络分析，应实时采集监视与测量数据，确保数据的真实性与时效性。

准则 11：基于双赢的供应商管理是保证产品质量持续稳定可靠的重要基础

航天是复杂的系统工程，需要各方大力协同。航天技术的发展、产品的质量与可靠性、进度与成本控制，乃至航天型号任务的成功，都与供应商紧密相关。随着我国航天事业的高速发展，航天供应商数量越来越多，其中任何一家供应商的产品出现问题，都有可能影响航天型号总体任务的完成。要想确保航天产品质量持续稳定可靠，就必须建立基于双赢的供应商管理模式。

1）组织管理者对供应商管理体系建设负主体责任，要实施“全领域、全级次、全过程、全要素”供应商管理，做到横向一致、纵向贯通，才能实现产品质量无盲点，管理无盲区。

2）建立在诚信、产品质量稳定并持续提升基础上的双赢是航天供应商管理的核心。双赢不代表不进行淘汰，建立科学、动态的淘汰机制才能更好地促进双赢的实现和长期、良性发展。

3）应树立整体利益最优的观念，既不能为局部的利益最大而牺牲整体的利益，也不能只顾上游利益而损害下游利益。

4）上、下游应建立良好的战略合作关系，建立并保持统一的价值观，以保持提供的产品质量持续稳定可靠。航天产品供应商的价值观应以提供高质量的产品为核心，而不是以追求局部利益最大化为核心。

1.3.4.4 注重人的重要作用

员工是最重要的资源，建立有利于提高员工质量意识和履行岗位职责能力的机制，以高素质的员工完成高质量的工作，以高质量的工作保证高质量的产品，以高质量的产品确保型号任务的高成功率。

准则 12：人是影响产品质量的第一因素

人是影响产品质量的决定性因素，提高产品质量最终要依靠员工的素质。

1）员工有意识是前提，有能力是保证。在不断培养全员质量意识的同时，还要持续培养和提升员工履行岗位职责的能力。

2）不同的岗位人员，对应的质量思维能力和质量责任能力有不同要求，组织和管理者应针对不同岗位的人员建立差异化的培养、训练机制。

3）岗位人员自身应在实践中树立自我培养的意识和能力，应在实践中以问题为导向提升分析、判断、改进的意识和能力；基于自己没有问题而查找问题的思维与工作是质量改进与提升的阻碍。

4）衡量与判断一个人或一个组织质量意识最直接的途径是：当出现问题时，是全局性的眼睛向内分析问题，还是眼睛向外找理由。

准则 13：领导的作用最为关键和重要

领导是质量管理体系建立和运行的关键，GB/T 19001—2016/ISO 9001：2015《质量管理体系　要求》中明确各级领导应建立统一的宗旨和方向，并创造全员积极参与实现组织质量目标的条件。航天质量管理工作，一直强调领导的作用，是“一把手”工程。

1）建立统一的宗旨、方向和目标，是组织最高管理者的首责，也是各级领导者（管理者）的共同责任，靠最高管理者组织确立并推动，靠各级管理者组织实施，靠一线员工共同实践并实现目标。

2）领导（管理者）在推动实施过程中应率先垂范，用实际行动和案例向员工和用户证明自己是质量承诺的践行者和坚决维护者。

3）具体岗位人员的质量意识和能力主要影响系统和组织的局部，领导（管理者）的质量意识和能力会更多地影响到系统和组织的全局。如果组织内个别岗位人员的质量意识和能力不足，主要责任在个体人员；但如果组织的质量意识和能力普遍不足，主要责任在组织的领导（管理者）。

准则 14：组织与岗位人员均应有清晰可度量的质量目标

质量目标是指组织在质量方面为满足要求和持续改进质量管理体系有效性方面的承诺和追求的目标。ISO 9001 强调，质量目标的制定，要以系统论思想为指导，从组织总的质量目标出发，去协调组织各个部门乃至每个人的活动。清晰可度量的质量目标，能够确保组织与岗位人员的工作清晰、目标明确、考核有据。

1）应首先清晰定义组织与岗位的“产品”是什么，要围绕“产品”确定质量目标；其中，组织的“产品”是组织的质量保证能力，用组织的质量保证能力来支撑和保障具体产品质量目标的实现。

2）应定义和描述清楚管理者的产品是什么，管理者的产品是管理者所负责的组织，管理者应对组织质量保证能力目标的实现负主体责任。具体产品问题背后，都隐藏着组织的系统性问题，管理者应负责辨识并改进和提升组织能力。

3）质量目标不仅应包含具体产品的质量目标，还应包含工作质量目标。

4）岗位质量目标重点保证“做事”的质量，组织的质量目标重点是“寻规律”，改进流程和组织体系，提升持续提高质量水平的能力。

1.3.4.5　注重质量基础工作

狭义的质量基础一般指质量技术基础，涵盖计量、标准、认证认可、检验检测等方面；

广义的质量基础涉及组织各个方面的基础能力。中国航天一直非常重视质量基础工作，通过强化制度建设和资源保障条件建设，不断提高质量基础保障能力，为型号研制生产提供质量保障和技术支持。

准则 15：抓基础是质量工作的永恒主题

1）质量技术基础是质量工作传统的基础工作，也是企业基础能力建设的重要组成部分，需要常抓不懈。

2）影响质量基础的不仅局限于技术基础，还涉及组织的各个方面。如果组织存在基础能力的短板，则会直接或间接地影响产品及工作质量。

3）抓基础，既要突出目标导向，也要突出问题导向。目标导向包括企业目标、产品目标以及工作质量目标等；问题导向应突出过程问题的归零及原因的深度分析，实现回归基础、提升能力。

4）管理者应以长远的观点，而非短期观点看待基础工作的投入，要善于投入和挖掘各种资源，进行基础能力建设，以支撑组织的长远目标。

航天质量工作的 15 条准则从质量文化、系统工程思维、过程管控、人的作用、质量基础 5 个方面指导航天型号研制生产工作。质量是航天永恒的主题，中国航天特色的质量工作准则，将秉承“继承、完善、发展”的原则，不断优化和改进，助推航天质量管理由精细到精益再到卓越转型升级，实现高质量保证成功、高效率完成任务、高效益推动航天强国建设和国防建设的奋斗目标。

第2章

基于系统工程的航天精益质量管理体系建设

面向复杂巨系统的组织建设本身就是一项系统工程，支撑组织建设和组织高效运行的质量管理体系建设更是组织建设的核心内容之一，对于航天系统显得尤为突出。基于系统工程理论构建的航天三级法人体制覆盖了从总体到系统，从系统到产品，从专业技术支撑到质量专业保证的技术与指挥管理体系。面对三级法人体制下的大型航天企业集团，覆盖全企业集团的质量体系是什么，怎么构建全企业集团高效、协同、一体的企业集团质量管理体系，成为新时期支撑企业集团高质量转型的重要命题。航天精益质量管理体系正是以回答上述命题为切入点，基于系统工程构建的新时期航天企业集团质量管理体系。

2.1　总体建设思路

质量管理体系是在质量方面指挥、控制及实现的体系，覆盖了质量工作的组织和队伍、制度和标准、流程和方法以及资源保障等方面，是企业管理体系的重要组成部分。质量管理体系建设是组织的一项战略决策，能够帮助其提高整体绩效，为推动可持续发展奠定良好基础。放眼全球，世界一流企业都有与之相适应的科学高效的质量管理体系。我国航天事业发展至今，已经形成了具有航天特色及推广价值的质量管理有效做法和成功经验，构建了航天质量管理体系，为保证航天产品和服务质量奠定了基础。但是，从提升整体效能的角度考虑，航天质量管理体系还存在质量管理整体效率效益不高，质量管理的完备性、精准性、规范性、协同性、有效性不够等问题，迫切需要以构建新时期航天质量管理体系为突破口，创新新体制下航天质量管理模式。航天精益质量管理体系是以实现集团公司质量管理工作从精细到精益转变为根本出发点，运用精益管理、流程再造、系统工程、一体化管理、数据驱动等理念、方法和技术，形成的架构科学、流程受控、协同高效、持续改进的新时期航天质量管理新模式。建设航天精益质量管理体系是在新形势、新任务、新挑战下，航天科技集团全面系统落实新时代质量管理体系建设要求，进一步提升质量管理的科学性和有效性，确保用户满意、确保组织持续成功、确保高质量发展的重要举措。

2.1.1　建设目标

航天精益质量管理体系以习近平新时代中国特色社会主义思想为指引，立足装备质量建设和国防科技工业质量发展需求，深化供给侧结构性改革，按照航天科技集团“双一流”战略目标和“三高”发展目标要求，贯彻落实航天科研生产模式转型升级的工作部署，构建新时期航天精益质量管理体系，不断丰富和发展航天质量管理新理念、新模式、新方法、新体系，提升航天科技集团质量管理整体效能，实现质量工作价值最大化，助力航天强国、质量强国建设。其建设目标是：

建设“架构科学、流程优化、协同高效、持续改进”的航天精益质量管理体系，实现航天精益质量管理体系与航天科研生产模式的整体协同；实现集团公司、研究院、部 / 所 / 厂三级质量管理体系的协调协同；实现航天型号科研生产质量工作的“全员、全要素、全过程、全数据”管理；实现航天科技集团质量管理工作从精细到精益的转变，适应新时期航天型号常态化高强密度发射和研制生产产业化发展需要；全面提升航天科技集团质量管理水平和高质量保证成功的能力，打造世界一流的先进质量管理体系，形成具有示范引领作用和国际影响力的航天质量品牌。

2.1.2 建设原则

（1）坚持、完善、创新、发展

以“坚持、完善”为基本准则，坚持并弘扬航天优秀质量文化，坚持行之有效的质量制度与标准；在坚持中实践，在实践中完善和丰富航天质量文化和航天质量工作方法，持续改进三级质量管理体系，不断夯实航天质量基础能力。以“创新、发展”为时代责任，主动作为，迎接新时代航天质量工作的新挑战，不断推动质量理念创新、质量工作方法和手段创新、质量管理体系创新；在创新中不断总结提炼，丰富和发展新时代航天质量管理体系的新内涵，打造航天质量管理新能力。

（2）全员、全要素、全过程、全数据管理

质量管理活动覆盖科研生产的各部门、各岗位和各类人员，覆盖理念、组织、过程、资源和监管等质量管理各要素，覆盖工程、型号、项目等各核心领域，覆盖系统、分系统、单机、部组件和基础产品等各级各类产品，覆盖产品预研、研制、批产和售后等全过程。坚持流程驱动、数据驱动管理，运用科学有效的方法和信息化手段，持续优化流程体系，推动型号产品全寿命周期表征实物质量和工作质量的全数据的采集、分析和利用，不断提升质量策划、质量控制、质量改进、质量预警和质量决策的数字化、智能化水平。

（3）“横向”“纵向”的协调协同

建立“横向覆盖、纵向贯通”的矩阵式一体化质量管理体系，将集团公司质量战略，按照组织层、项目层、产品层，自上而下一以贯之。实现集团公司、研究院、部 / 所 / 厂三级质量管理的协调协同，集团内部单位质量管控与外部供应商质量管控的协调协同，组织综合质量管理与项目质量管理的协调协同，实现型号队伍、产品保证队伍与专业机构的协调协同，有效解决质量管理不够协同、质量管理体系“两张皮”、内外管控不一致等突出问题。

（4）“文化引领”与“基础保障”并重

坚持以航天质量文化为引领，弘扬“质量是政治、质量是生命、质量是效益”的质量理念，持续强化全员的质量意识、风险意识和责任意识。注重质量制度和标准体系建设，努力建立“横向一致、纵向到底”的质量管理制度体系和标准规范体系；注重质量基础能力的保障作用，不断夯实航天型号全级次供应商质量管控和风险管控能力、航天产品质量检测和验证评价能力、航天质量大数据分析处理能力等共性基础能力。突出基于流程驱动的“航天精益产品保证”，强化基于质量基础能力的“专业质量保证”，形成独立共享、融入流程、满足需求的质量专业保证能力，形成先进适用的质量与可靠性技术方法，打造

“型号 + 单位 + 专业机构”通力合作的“高质量保证成功”的质量管理模式。

2.1.3　建设思路

航天精益质量管理体系是以高效支撑集团公司“双一流”战略目标和“三高”发展目标的实现为中心，将集团公司、研究院、部 / 所 / 厂三级组织作为一个有机整体，以现有的研究院和部 / 所 / 厂质量管理体系为抓手，从集团公司整体质量保证能力提升角度考虑，紧密围绕“一个中心”“两条主线”，运用系统工程的思想，将理念、组织、过程、资源、监管等质量管理全要素进行有机融合，按照一体化的思路及精益质量管理要求把能力做强，把面向项目的过程做实，把基础产品做牢，进一步规范化、系统化集团公司整体质量管理体系。通过航天精益质量管理体系建设，进一步提升各级组织质量管理体系的适宜性、有效性以及与上下级的协同性，进一步推动集团公司各级组织、项目、产品的质量管理能力建设，推动集团公司质量治理能力全面提升，为装备建设提供坚强质量保障。其中：

1）一个中心：即以高效支撑集团公司“三高”发展目标和“双一流”战略目标的实现为中心，构建形成航天精益质量管理体系。

2）两条主线：实现横、纵两个方向一体化的航天精益质量管理，做到横向覆盖、纵向贯通。其中：纵向一体化主要是衔接装备和国防科技工业质量治理要求，将集团公司质量管理要求，从战略层、组织层、项目层、产品层、数据层一以贯之，同时在组织层级（集团公司、研究院、部 / 所 / 厂）、产品层级（系统、分系统、单机、部组件、基础产品）一以贯之。横向一体化是实现集团公司总部职能部门之间、研究院之间、同类产品之间、质量管理体系各工作系统之间质量工作的有序协同。

2.1.4　基本特征

航天精益质量管理体系是以实现集团公司质量管理工作从精细到精益转变为根本出发点，运用精益管理、流程再造、系统工程、一体化管理、数据驱动等理念、方法和技术，形成的架构科学、流程受控、协同高效、持续改进的新时期航天质量管理新模式，其基本特征如下：

（1）体系一体化

运用系统思维，将面向集团公司三级组织以及型号、产品的质量管理作为一个有机整体统筹建设，实现质量战略、要求在组织、型号、产品层面的一以贯之，实现组织、型号、产品之间质量工作的协调协同，实现体系的一体化管控。

（2）管控精准化

坚持目标导向、问题导向和结果导向，围绕型号全寿命周期管理、型号产品双驱动和差异化管控的发展需求，精准识别面向组织、面向项目、面向产品质量管控的短板和薄弱环节，以提升质量管控的效率效益为标尺，精准思维、靶向施策、精确发力，提高质量管控的精准性，优化质量成本，提升管理效能。

（3）流程价值化

围绕核心业务流程开展质量工作流程价值分析，识别质量工作流程增值环节，识别浪费和不足，对质量工作流程进行优化，着力消除流程的非增值环节，确定流程绩效度量评价指标和方法，实现价值流程有序高效流动，使价值增值最大化。

（4）运行信息化

充分利用信息化手段支撑航天精益质量管理体系的建设、运行及评价，推进面向组织、型号、产品质量管控的信息化，持续提高表征产品、过程和工作质量数据的采集、分析和利用水平，提升质量策划、质量控制、质量保证、质量改进以及质量决策的数据驱动能力。

（5）改进持续化

以需求为牵引持续完善航天精益质量管理体系，健全面向组织、面向产品、面向过程的质量监督评价与持续改进机制，持续提升体系一体化、管控精准化、流程价值化和支撑信息化水平，不断提高过程绩效、组织能力、用户满意度及产品与服务质量。

2.1.5 总体架构

航天精益质量管理体系架构如图 2-1 所示。

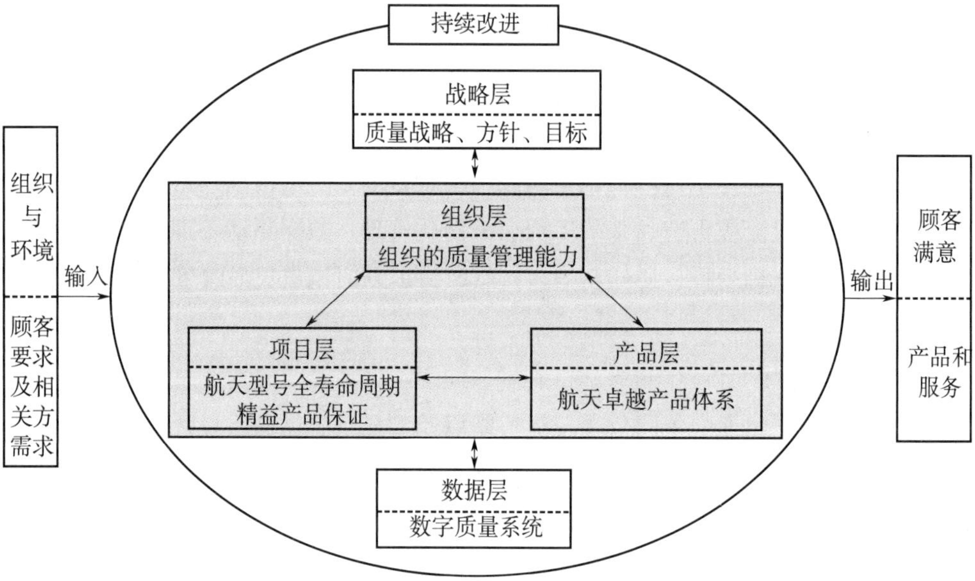

图 2-1 航天精益质量管理体系架构

航天精益质量管理体系的输入包括：组织与环境、顾客要求及相关方需求；输出包括：顾客满意、产品和服务。

航天精益质量管理体系的主体部分包括战略层、组织层、项目层、产品层、数据层 5 个模块，组织层、项目层、产品层落实并支撑战略层要求，数据层承接并支撑战略层、组织层、项目层、产品层的需求，5 个模块协同运行，实现全员、全要素、全过程、全数据质量管理，确保航天产品全寿命周期质量满足要求。

持续改进贯穿于航天精益质量管理体系建设及运行的始终，在战略层、组织层、项目层、产品层及数据层常态化开展质量管理体系的监视、测量、评价和改进，确保航天精益质量管理体系的适宜性、充分性和有效性。

2.2　战略层建设及运行

2.2.1　战略层的架构

战略层是航天精益质量管理体系的统揽，落实质量管理体系总体设计要求，在“双一流”战略目标和“三高”发展要求的指导下，为组织层、项目层、产品层、数据层质量工作开展提供战略引领和明确目标。战略层的架构如图 2-2 所示。

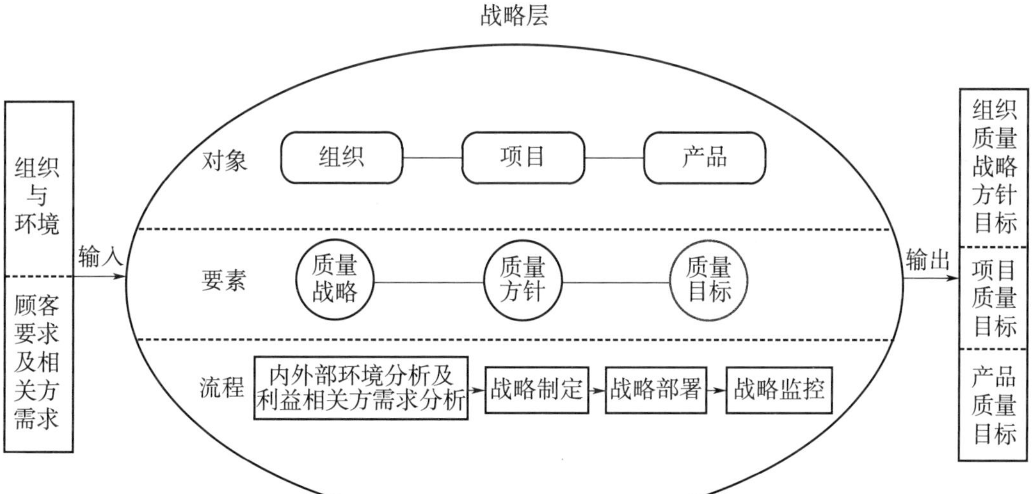

图 2-2　战略层架构图

战略层以组织与环境、顾客要求及相关方需求为输入，面向组织层、项目层、产品层、数据层的质量管理需求，以质量战略、质量方针、质量目标的制定和落实为重点，输出组织质量战略方针目标、项目质量目标、产品质量目标。

战略层的主要流程包括：内外部环境分析及利益相关方需求分析、战略制定、战略部署、战略监控等。

战略层的质量战略、质量方针、质量目标按组织层级、项目层级、产品层级自上而下分解落实，自下而上逐级支撑。

2.2.2 战略层的作用对象

良好的组织管理能力往往表现为具有战略思维、组织策划能力、协调能力、全局意识。中国航天是国家战略性先导产业，是综合国力、科技实力、国防实力的重要体现，肩负着富国强军、建设航天强国的使命责任。从20世纪50年代中期，出于确保国家安全的长远考虑，以毛泽东主席为代表的中华人民共和国最高领导层做出了发展独立自主的航天科技工业的重大战略决策。从那一刻起，航天事业就紧密地和国家的战略联系在一起。尽管历史环境已沧海桑田，但航天科技集团作为航天事业的主导力量，在新的历史时期仍牢记历史使命，把党和国家交付的战略任务放在最重要的位置，从不动摇。

新时期，习近平总书记指出，要“切实把推动发展的立足点转到提高质量和效益上来”。党的二十大报告明确提出质量强国、航天强国的国家战略，同时提出了“质量变革、效率变革、动力变革”，把“质量”“航天”提高到了前所未有的高度。中共中央、国务院提出了关于开展质量提升行动的指导意见，印发了《质量强国建设纲要》，国资委制定了《关于中央企业开展质量提升行动的实施意见》。正在推进的新时代质量管理体系建设，以推进质量管理实现“四个转变”为目标，从建设理念、总体目标、体系架构、建设模式和基本步骤等方面提出了新时代质量管理体系建设工作要求。

航天科技集团坚决贯彻落实质量强国、航天强国的一系列战略部署，明确提出了“全面建成高质量发展的世界一流航天企业集团，有效支撑世界一流军队建设，推动我国全面建成世界航天强国”的战略目标，以及“高质量保证成功、高效率完成任务、高效益推动航天强国和国防建设”的发展要求；发布了《“质量强企”行动计划——助推航天强国、质量强国建设的质量发展路线图》，提出了航天科技集团质量管理从精细到精益再到卓越的转型发展路线图。

航天精益质量管理体系战略层对标航天强国和质量强国要求，以组织全局为管理对象来确定组织发展的远景和总体目标，规定组织总的行动纲领。它的作用对象是组织的总体活动，所追求的是组织的总体效果。虽然这种管理过程也包括组织的局部活动，但这些局部活动是作为总体活动的有机组成在战略管理中出现的。具体地说，航天精益质量管理体系战略层不是强调组织某一单位或某一职能部门的重要性，而是通过制定组织的使命、目标和战略来协调各单位、各部门自身的表现，是各单位、各部门对实现组织使命、目标、战略的贡献大小，充分体现了航天质量系统工程管理的整体性、系统性、目的性和协调性。

与此同时，虽然航天精益质量管理体系战略层是以组织外部环境和内部条件的当前情况为出发点进行统筹规划的，并且对组织当前的生产经营活动有指导、限制作用，但其更主要的是面向未来的管理，在迅速变化和竞争性的环境中，组织要想取得持续成功，必须对未来的变化采取前瞻性和预应性的态势。即通过不断发展进步，树立先进质量发展理念，努力构建具有世界引领和示范作用的航天质量管理理论方法体系、标准和质量文化，打造卓越航天质量品牌，持续提升质量管理水平和产品质量水平，为实现科技强国、航天强国、质量强国，为实现中国梦、强军梦做出新的贡献，体现了航天质量系统工程管理的实践性和开放性。

项目是为创造独特的产品、服务或成果而进行的，需要逐渐细化的临时性工作。为了实现战略目标，需要选择一系列正确的项目，并且对项目的优先顺序进行排列。项目管理就是要在充分考虑相关方需求和风险的前提下，在规定的范围、时间、成本和质量下完成项目，以满足相关方对项目的利益追求。根据组织的质量战略方针目标逐渐细化为项目质量目标和产品质量目标，项目的实现和组织的日常运营相互支持、相互协调，共同为组织的经营和战略目标服务。

2.2.3　战略层的构成要素

基于以上因素，航天精益质量管理体系战略层由质量战略、质量方针、质量目标三个方面构成。质量战略是组织经营总战略的组成部分，是组织在质量方面全局性、长期性、根本性的谋划，它以质量的战略目标为核心，是在对组织自身质量竞争条件（如所处的世界市场竞争环境及今后的发展趋向）的正确预测的基础上制定的；质量方针是组织经营总方针的组成部分，是组织的最高管理者正式发布的关于质量方面的全部意图和方向，为质量目标的制定和评审提供基础和框架；质量目标是组织在质量方面所追求的目标，需要与质量方针和组织持续改进的承诺相一致，在相关的职能和各层级上由上而下逐级展开，以达到由下而上的逐级保证。

2.2.3.1　航天精益质量管理体系质量战略

航天精益质量管理体系质量战略即以“双一流”战略目标和“三高”发展目标为引领，坚持“三个惟有”，推动质量工作从精细到精益再到卓越的转变。

这里，“双一流”即前面提到的全面建成高质量发展的世界一流航天企业集团，有效支撑世界一流军队建设，推动我国全面建成世界航天强国；“三高”即高质量保证成功，高效率完成任务，高效益推动航天强国和国防建设；“三个惟有”即惟有成功才能专注发展，惟有奋斗才能实现发展，惟有创新才能持续发展。

2.2.3.2 质量方针

航天精益质量管理体系的质量方针为“一次成功、预防为主；精细精益、持续改进；顾客满意、追求卓越”。质量方针表明了航天科技集团的质量宗旨、方向和承诺，体现了当代航天科技工业与时俱进的质量观，是航天科技集团发展方针的有机组成部分。

“一次成功”是航天产品研制生产树立的理念和追求的目标，追求一次成功，不仅要追求最终产品的“零缺陷”，每项工作、每个零部件的“零缺陷”都是航天产品一次成功的基础，第一次就把事情做好就是最佳效益。

“预防为主”是指产品研制生产要从源头抓起，进行系统策划，合理配置资源，采取有效措施，消除质量隐患，防止质量问题的发生。这是实施质量管理最经济、最有效的途径。

“精细精益”强调“细化、量化、优化”的原则，将要求细化分解落实到全员、落实到流程、落实到岗位，做到管理规范、过程精细、顾客满意、高质精益。

“持续改进”是通过不断地改进与创新，提高质量水平和经济效益，满足用户日益增长的需求和期望，追求卓越的过程。

组织建立、实施和持续改进质量管理体系的一个重要目标就是增强顾客满意，顾客满意的信息是评价组织质量管理体系绩效的重要方面。

追求卓越是指树立一流的敬业精神，培养一流的员工队伍，建立一流的管理体系，建立一流的工作环境，提供一流的优质产品，追求一流的卓越业绩。

2.2.3.3 质量目标

航天精益质量管理体系质量目标是在“双一流”战略目标和“三高”发展目标要求的指导下，为引领各层级工作制定的。如图 2-3 所示，质量目标分为三个阶段。

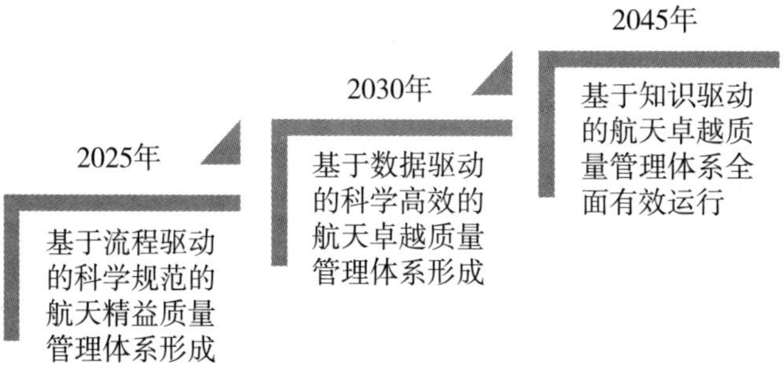

图 2-3 航天精益质量管理体系质量目标

到 2025 年，基于流程驱动的科学规范的航天精益质量管理体系形成。航天科技集团质量管理水平、质量基础保障能力和产品质量竞争力达到世界先进水平，实现高质量保证成功；航天技术应用和服务产业重点领域达到国内领先水平。航天重大工程任务圆满成功，单机产品质量合格率与稳定性达到世界同类产品先进水平，航天整体质量与可靠性水平进入世界先进行列。

到 2030 年，基于数据驱动的科学高效的航天卓越质量管理体系形成。构建起在世界上具有一定影响力和引领作用的中国航天质量管理体系，航天科技集团质量管理水平、质量基础保障能力和产品质量竞争力达到世界一流水平；航天技术应用和服务产业重点领域达到世界先进水平。航天重大工程任务圆满成功，航天任务发射成功率达到世界先进水平，航天装备的作战效能、作战适用性、在役适用性和体系适用性满足装备实战需求。

到 2045 年，基于知识驱动的航天卓越质量管理体系全面有效运行。构建起世界领先的中国航天质量管理理论方法体系和质量基础能力，航天标准影响力和引导力世界领先，形成具有世界知名度和影响力的航天产品品牌体系。航天工程任务成功率稳定在高水平，航天产品的质量与可靠性水平和航天装备的作战效能、作战适用性、在役适用性和体系适用性达到世界领先水平。

2.2.4　战略层的运行流程

航天精益质量管理体系战略层的运行流程主要包括战略分析、战略制定、战略部署以及战略监控四项活动，其中：

战略分析的过程是明确组织“我在哪儿”，具体工作包括内外部环境分析及利益相关方需求分析，其目的是了解组织所处的环境和相对竞争地位，确定组织的使命和目标，是组织战略制定和评估的依据。

战略制定的过程是明确组织“走向何处”，可以从对组织整体目标的保障、对中下层管理人员积极性的发挥以及组织各部门战略方案的协调等多个角度考虑，选择自上而下、自下而上或上下结合的方法来制定战略决策。

战略部署的过程是明确组织“如何前往”，即将战略转化为行动的过程，主要涉及的问题包括：如何在组织内部各部门和各层级之间分配及使用现有的资源；为了实现组织目标，还需要获得哪些外部资源以及如何使用；为了实现既定的战略目标，需要对组织结构做哪些调整；如何处理可能出现的利益再分配与组织文化的适应问题，如何进行组织文化管理，以确保组织战略的成功实施等。

战略监控的过程是评价组织“效果如何”，即通过评价组织的经营业绩，审视战略的科学性和有效性，视组织情况的发展变化进行战略调整，以保证战略对组织经营管理进行指导的有效性。

航天科技集团成立了不同层级的战略决策、咨询（审议）、管理和研究机构，不断建立健全战略管理的组织体系，并不断完善其运作机制，使战略管理有专门的力量去执行。

航天科技集团形成了以集团公司、主要成员单位为主的两级战略管理体系，建立健全相应的战略管理的组织机构和管理制度，确立战略管理的运行模式和工作流程，不断提高战略实施的组织能力、纠偏能力、风险防范能力、补救处理能力和动态管理能力，提升集团公司的科学决策与管理能力，确保集团公司战略规划的落实与整体战略目标的实现。

集团公司战略管理委员会是集团公司设立的议事机构，主要负责审议集团公司的发展战略、中长期综合规划，审查集团公司所属主要成员单位的发展战略、中长期规划，审议集团公司及主要成员单位重大改革调整方案、资源优化配置方案，以及对其他影响集团公司发展的重大事项进行研究。

集团主要成员单位（研究院、公司）是集团的战略实施机构，在集团总体战略的指导下，集团主要成员单位（研究院、公司）对自身核心能力与市场机遇进行科学分析，拟定本单位的经营业务发展战略和实施方案，上报集团公司审批后负责执行，并接受集团公司的战略监督与评估。各成员单位根据本单位发展战略，确立科学的资源配置方案和流程管理制度，完善绩效考核体系以保障战略规划的落实，建立战略偏离预警机制以保证企业始终沿着战略方向健康发展。

2.3 组织层建设及运行

2.3.1 组织层的架构

组织层是航天精益质量管理体系的建设主体，落实装备和国防科技工业质量治理要求、装备全寿命周期质量管理要求、质量基础能力要求，与新时代质量管理体系建设中的管理层、执行层建设要求相衔接，与各装备部领域的质量管理体系有机衔接，为项目层、产品层、数据层质量工作的实施提供体系和基础保障。组织层的架构如图 2-4 所示。

组织层以组织质量战略、方针、目标为输入，面向集团公司、研究院、部 / 所 / 厂三级组织，以质量文化、质量组织与责任、质量制度与标准、质量基础能力、质量监督、供应商管理、质量验证与评价、质量数字化信息化应用等建设为重点，输出满足需求的质量管理能力。

组织层的主要流程包括：确定过程、确定方法、资源部署、运行监控、体系改进等。

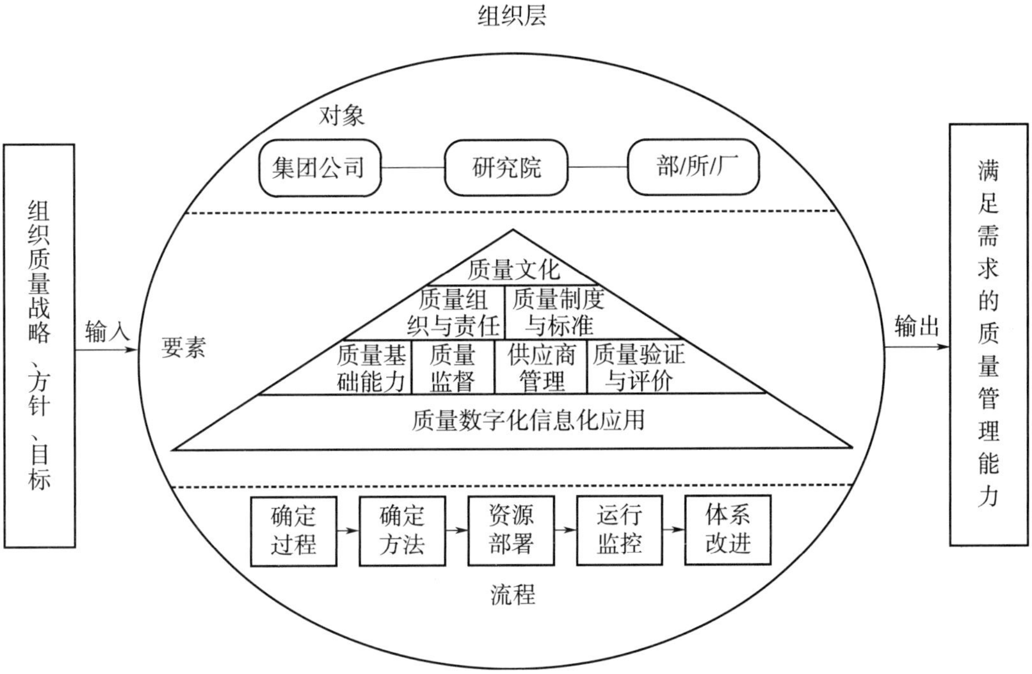

图 2-4　组织层架构图

组织层中各工作系统贯穿集团公司、研究院、部 / 所 / 厂三级组织，打造一体化能力，上下一条线，全局一盘棋，实现面向组织的质量管理能力整体提升，保证业务流程的高质量运行、组织的高质量发展。

2.3.2　组织层的作用对象

航天精益质量管理体系组织层以集团公司、研究院、部 / 所 / 厂三级为作用对象，航天科技集团组织架构采用三级管理模式，集团公司总部为第一层级，各研究院、专业公司、直属单位为第二层级，各研究院下属部 / 所 / 厂、子公司为第三层级。

集团公司总部负责总体策划和组织实施集团公司精益质量管理体系建设及持续改进，开展贯穿集团公司、研究院、部 / 所 / 厂三级组织的质量管理各工作系统的总体方案制定以及运行管控，组织实施集团公司质量基础能力建设，构建集团公司质量基础能力体系。通过高质量保证成功指标体系的构建和实施，引导研究院和部 / 所 / 厂以质量文化为先导，落实好航天“零缺陷”质量理念，运用好质量能力评价与认证系统和质量监督系统，同时构建集团公司上下一体的支撑质量管理的数据层，以过程质量数据的实时监控和深入应用为切入点，切实提升各层级组织绩效和保证成功的基础能力。

研究院负责落实总体方案要求，开展质量管理各工作系统的管理、建设、运行工作，协调各工作系统建设过程中与上下级的接口关系，持续完善研究院整体质量管理体系，提升研究院整体质量保证能力。研究院重点以部 / 所 / 厂质量管理体系的现场迭代评估为抓手，以各型号科研生产与质量管理的最佳实践为重点，有效固化完善体系和流程标准规范，从横向一致维度切实提升整个体系运行的有效性。

部 / 所 / 厂是质量管理各工作系统建设工作的实施主体，负责本组织范围内各工作系统的建设与运行工作，持续提升本单位质量管理体系有效性。部 / 所 / 厂更多以管理评审、内外部审核、质量问题“三个面向”为主导，通过质量制度与标准系统完成持续改进成果固化，同时进行研制流程架构和本级质量管理体系的持续优化。

2.3.3 组织层的构成要素

航天精益质量管理体系组织层由质量文化、质量组织与责任、质量制度与标准、质量基础能力、质量监督、供应商管理、质量验证与评价、质量数字化信息化应用 8 个系统构成。

2.3.3.1 质量文化系统

质量文化系统是航天科技集团全体员工在质量方面所共识的理念、价值观和行为规范及其物化表现的总和，是航天科技集团质量工作的灵魂，沉淀了几代航天人对航天任务成功经验的总结提炼和失败教训的深刻反思，为航天精益质量管理体系的有效运行提供思想引领和动力保证。

质量文化体系由精神内涵、行为规范、物化体现三个层面组成。质量体系的精神内涵包括指导思想、质量理念、质量价值观等；质量文化体系的行为规范包括质量工作的制度、标准和规范；质量文化体系的物化体现包括科研生产环境、设备设施等。航天质量文化体系如图 2-5 所示。

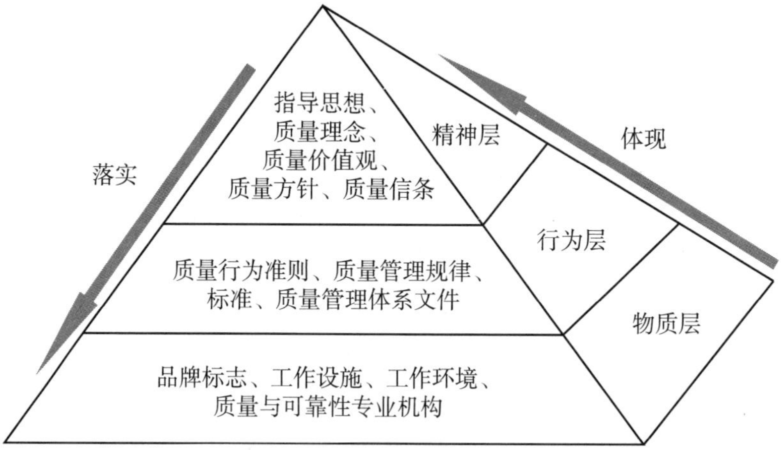

图 2-5 航天质量文化体系

质量文化系统建设是在传承弘扬航天“三大精神”、践行工匠精神和科学家精神的基础上，总结航天质量工作实践，凝炼新时期航天质量文化的新内涵，将质量意识、风险意识、责任意识有机融入航天科研生产管理中，落实到全员、全要素、全过程。质量文化系统建设目标是：形成与“双一流”目标和“三高”发展要求相适应的新时期集团公司质量文化理念、价值观、行为规范及质量文化品牌并一以贯之，推进质量管理载体向业务流程体系转变，质量管理方法向系统工程方法转变，质量管理主体向全类型组织转变。

（1）集团公司质量文化系统建设的主要任务

集团公司质量文化系统建设的主要任务包括：以支撑“双一流”目标和“三高”发展要求为出发点，开展集团公司质量文化系统总体规划，制定集团公司质量文化建设纲要，编制集团公司质量文化手册；布局质量文化在精神层、行为层、物质层的发展路线，形成集团公司共同的质量理念、价值观、行为准则；建立集团公司质量文化品牌建设与管理的工作机制，确保质量文化建设的统一性和一以贯之。

1）质量文化体系总体规划。以支撑“三高”“双一流”的统一目标为出发点，开展质量文化体系总体规划。制定质量文化建设纲要，编制质量文化手册，建立与集团公司发展目标相适应的质量文化建设目标，布局质量文化在精神层、行为层、物质层的发展路线，形成集团公司共同的质量理念、价值观、行为准则。通过质量文化体系的总体设计，实现质量文化的统一性和一以贯之。

2）质量理念的传承和发展。以理念为先导推进质量文化系统建设，继承航天传统精神、“两弹一星”精神和载人航天精神“三大精神”，始终坚持“质量是政治，质量是生命，质量是效益”的质量意识，始终保持“如履薄冰、如临深渊”的风险意识，始终强化“每一位员工的工作跟一发箭、一颗星（船、器）的成败密切相关，责任在身上、质量在手中”的责任意识。同时，与时俱进凝炼适应新形势需求，具有时代特征的质量理念，不断丰富航天质量文化的内核。

3）深化全员质量文化活动。推进质量文化贯彻实施载体建设，通过压准压实质量责任、开展“三个面向”质量分析、组织集团公司“质量日”活动、举办航天质量论坛、开展常态化案例和形势教育、生产现场星级建设与评价等特色活动，营造良好的质量文化氛围，切实将集团公司质量文化固化到规章制度和标准规范中，渗透到员工的思想和行动中，落实到科研生产和管理实践中，转化为高质量的工作和高质量的产品。

4）打造航天质量文化品牌。努力建设具有世界引领和示范作用的航天质量文化，打造卓越的航天质量品牌。建立集团公司质量文化品牌建设与管理的工作机制，规范质量文化标识，将质量文化贯彻到各级组织、各岗位、全过程。通过书籍、影视、展示平台、文化基地等多种方式凝炼和推广航天质量文化。推进“中国质量奖”和有关评奖项目的申报评选工作，树立质量标杆，提高质量工作的效率和效益。

（2）研究院质量文化系统建设的主要任务

研究院质量文化系统建设的主要任务包括：按照集团公司统一要求，以理念为先导推进研究院质量文化建设；结合研究院自身历史沿革和奋斗历程，凝炼适应新形势需求、具有时代特征的质量理念；制定本级质量文化建设的实施方案及评估机制，对质量文化建设实施效果进行检查和评价，确保研究院整体质量文化建设符合集团公司质量文化系统的总体要求。

（3）部 / 所 / 厂质量文化系统建设的主要任务

部 / 所 / 厂质量文化系统建设的主要任务包括：落实集团公司、研究院质量文化建设的工作要求，结合自身任务特点，建立本单位质量文化系统；强化集团公司质量理念、价值观和行为准则的落实，铸牢全员质量意识、风险意识、责任意识；开展形式多样的质量文化宣传推广活动，深化群众性质量文化活动，营造良好的质量文化氛围，切实将质量文化渗透到员工的思想和行动中，落实到科研生产和管理实践中。

2.3.3.2 质量组织与责任系统

质量组织与责任系统是面向组织、面向型号、面向产品的质量管理工作的组织机构、队伍，是航天科技集团开展质量工作策划与实施的主体，为航天精益质量管理体系的有效运行提供组织保障。

质量组织与责任系统建设是通过压准压实三级组织质量责任，健全型号系统质量管理组织队伍，强化质量专业队伍建设，推进质量培训工作，建立与新时代科研生产管理体系相适应的质量组织与责任系统。质量组织与责任系统的建设目标是：形成与新科研生产管理体系相适应的组织健全、责任清晰、队伍完备、能力过硬、运行高效的集团公司质量管理组织与责任系统。

（1）集团公司质量组织与责任系统建设的主要任务

集团公司质量组织与责任系统建设的主要任务包括：从集团公司整体发展战略和任务特点系统性布局集团公司质量管理组织；明确集团公司各级组织、部门、岗位以及型号各级各类人员、专业机构和专家组等质量责任，指导研究院、部 / 所 / 厂建立质量责任体系；强化集团公司各部门质量管控和质量监督管理责任；制定集团公司质量专业队伍管理制度，明确质量专业队伍人才发展序列；制定集团公司质量培训制度，发布各类人员质量知识体系大纲和培训教材。

1）压准压实三级责任。基于集团公司三级组织架构和各级的职责定位建设集团公司、研究院、部 / 所 / 厂三级质量管理组织并明确责任体系。质量管理组织系统建设应确保相关部门、岗位质量职责明确，上下级以及横向之间接口关系清晰，配置在数量和能力上满足需要的专业人员，质量管理部门独立行使职权。自上而下质量要求逐级分解、细化落实，自下而上质量工作逐级支撑保障，确保质量目标实现。按照对重大型号运营管控、对一般型号战略管控的思路和要求，强化集团公司的质量管控和监督管理责任；研究院对院本级质量管理体系以及院整体质量保证能力和最终交付产品负总责；部 / 所 / 厂对本单位质量管理体系以及产品横向技术流程一致性、技术状态一致性、质量保证措施一致性负主体责任，对交付产品以及采购产品（集团公司外部供方）质量负责。

2）健全型号系统质量管理组织。根据型号任务特点，健全型号质量管理组织，明确型号各级产品的质量管理人员，开展质量工作策划、组织实施和质量监督。针对研制类型号，建立产品保证队伍，系统实施产品保证。各单位应为有型号工程经验的人员充实到型号质量专业队伍提供政策支持。型号两总对本型号质量责任的纵向传递负主体责任。

3）强化质量专业队伍建设。集团公司和各研究院制定质量专业队伍管理制度，明确质量专业队伍人才发展序列。建设集团公司和研究院两级质量与可靠性管理以及质量技术、可靠性、工艺、软件、元器件、计量以及型号质量师等专业队伍，健全专业人员资格管理制度，做实专业人员的成长晋升通道，实现专业人员持证上岗。发掘和培养质量以及可靠性专业领军人才。完善质量与可靠性专家体系及管理机制，组建各级质量专家团队，充分发挥质量专家队伍在技术把关、技术和管理咨询、质量问题归零、技术方法推广、质量可靠性复核与监督评价等方面的作用。

4）推进质量培训工作。遵循统一要求、分级实施、分类培训的原则，面向主业科研生产有关的领导和管理人员、科技人员、技能人员和质量专业人员，系统化、制度化、规范化、常态化开展集团公司质量培训。健全集团公司质量培训制度，组建质量培训师资队伍，发布各类人员质量知识体系大纲和培训教材，建立各级科研生产管理和一线岗位人员的上岗、在岗质量培训机制，确保主业科研生产相关人员 100% 经过质量培训上岗。强化质量形势教育和质量案例培训，持续提升全员质量意识、风险意识和责任意识。

（2）研究院质量组织与责任系统建设的主要任务

研究院质量组织与责任系统建设的主要任务包括：建立研究院级质量组织与责任系统，以型号任务为中心，优化组织机构；系统梳理研究院质量责任体系，保障各级人员的质量职责落实到位；建立院级质量专业队伍，做实专业人员的成长晋升通道，建立院级质量专家团队；建立质量考核评价机制；根据任务情况策划并开展院级质量培训。

（3）部 / 所 / 厂质量组织与责任系统建设的主要任务

部 / 所 / 厂质量组织与责任系统建设的主要任务包括：落实集团公司和研究院的相关要求，根据承担任务特点，健全本单位质量管理组织并开展质量培训工作。

2.3.3.3　质量制度与标准系统

质量制度与标准系统是航天科技集团质量管理方法和经验的固化，是质量工作的依据和准绳，也是航天科技集团质量管理水平、核心竞争力以及企业治理现代化的重要体现，为航天精益质量管理体系的有效运行提供“法治”基础。

质量制度与标准系统建设通过聚焦航天科研生产模式转型和航天一体化质量管理体系建设的需要，建立健全“航天科研生产质量管理规定”支撑性质量规章制度和标准体系，推进集团公司新型标准体系建设，推动实现“一个 CASC，一套标准”。质量制度与标准系统建设的目标是：建立与科研生产管理制度体系相融合的“纵向到底、横向一致”系统，完整、先进的集团公司质量制度与标准体系。航天质量制度与标准系统如图 2-6 所示。

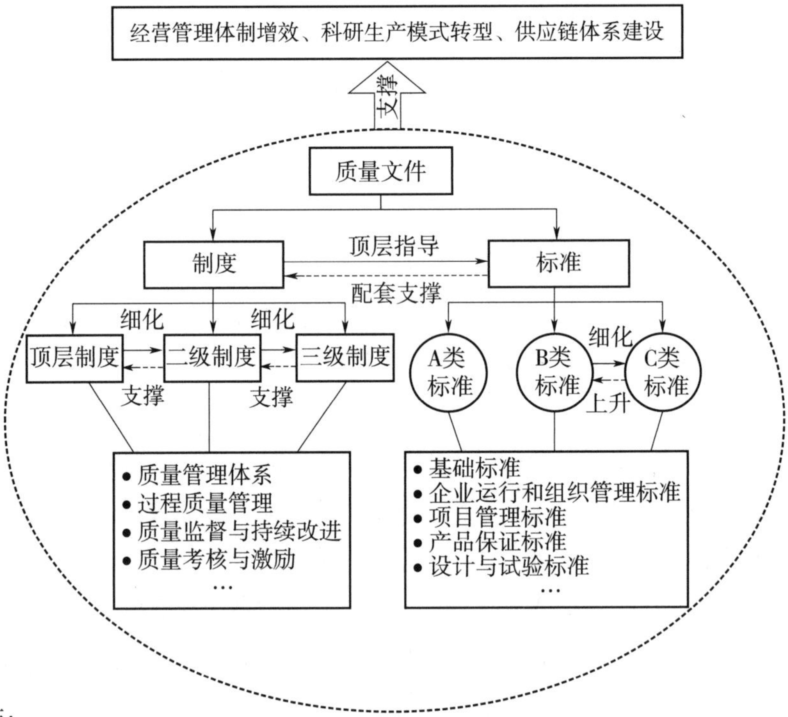

注：
A类标准：全集团必须共同遵循的通用要求和面向组织的管理要求
B类标准：面向产品和专业，在集团公司范围内通用的标准
C类标准：结合单位、型号特点，对B类标准进行补充和细化的相关标准

图 2-6　航天质量制度与标准系统

（1）集团公司质量制度与标准系统建设的主要任务

集团公司质量制度与标准系统建设的主要任务包括：贯彻国家、上级质量工作要求，统一管理和组织推动质量制度与标准系统建设；建立集团公司质量制度体系，覆盖集团公司一体化质量管理体系中各子系统建设与运行管理要求；开展质量标准体系建设总体设计，构建与集团公司质量制度相协调的质量管理标准体系；研究确定标准分类管理准则及动态管理机制，建立健全以“A+B+C”为核心的标准体系。

1）A 类标准是航天科技集团必须共同遵循的通用要求和面向组织的管理要求，集团公司、研究院、部 / 所 / 厂必须统一执行，该类标准由集团公司统筹主导制定，确保唯一。

2）B 类标准是面向产品和专业，在集团公司范围内通用的标准，可细分为 BⅠ类、BⅡ类，其中：BⅠ类标准是型号科研生产涉及的产品保证标准及基础产品、专业产品的产品规范和验收标准等，这些标准在航天科技集团范围内必须统一，是各单位开展产品验收的依据；BⅡ类标准是在型号设计、生产制造、总装集成、测试试验等环节中通用性强的专业技术（过程）标准，该类标准允许各单位结合实际特点和过程要求，对标准进行细化。

3）C 类标准是结合单位、型号特点，对 B 类标准进行补充和细化的相关标准，主要包括研究院、部 / 所 / 厂标准（含三大规范）和适用的工程专项规范，以及适应市场和产业需求制定的团体标准。C 类标准可根据适用范围的扩大，视情况上升为 B 类标准。

（2）研究院质量制度与标准系统建设的主要任务

研究院质量制度与标准系统建设的主要任务包括：落实集团公司质量制度与标准建设的总体要求，建立院级质量规章制度，与上级质量制度及工作要求有机衔接；负责本院范围内的标准化工作，参与集团公司标准体系建设，完成本院业务领域标准整合优化及缺项标准制定；强化质量制度、标准的动态管理，注重与集团公司质量制度与标准的协同。

（3）部 / 所 / 厂质量制度与标准系统建设的主要任务

部 / 所 / 厂质量制度与标准系统建设的主要任务包括：细化落实集团公司、研究院质量制度与标准系统建设的工作要求，结合本单位任务特点建立质量规章制度；进行企业标准体系设计，负责专业 / 产品领域的标准建设，开展标准内容和技术指标的细化量化；及时总结固化成熟经验和有效做法形成标准，实现标准体系的更新维护和动态管理；负责相应领域标准实施的部署、推动和检查。

2.3.3.4　质量基础能力系统

质量基础能力系统是新时代质量基础能力的组成部分，是支撑航天质量管理的技术方法、工具手段等，是航天科技集团质量工作的根基，为航天精益质量管理体系的有效运行提供技术支撑和基础保障。

质量基础能力系统建设是通过构建先进的质量与可靠性专业技术体系，为集团公司质量管理体系的建设及运行提供技术方法、工具手段、经验范例、解决方案和过程支持。质量基础能力系统的建设目标是：形成与网络化、信息化相适应的先进、科学、高效、适用的质量基础能力系统。

1）集团公司质量基础能力系统建设的主要内容包括：制定集团公司质量专业技术发展战略和路线，建立质量专业技术体系；大力开展质量专业技术的研究、试点和推广应用；整合和提升质量专业技术咨询和服务能力，开展面向单位和型号的质量技术监督与评价。

2）研究院质量基础能力系统建设的主要内容包括：结合承担型号任务特点，规划设计研究院层面的质量专业技术机构布局；开展质量专业技术的研究和工具开发；开展研究成果的试点、推广应用和最佳实践总结，开展质量专业技术培训和交流；支撑集团公司开展面向单位和型号的质量技术监督与评价。

3）部 / 所 / 厂质量基础能力系统建设的主要内容包括：落实上级质量基础能力建设工作要求，结合本单位型号产品特点，开展产品全寿命周期面向研制阶段、面向质量管理专业、面向产品实现流程的质量技术体系研究；开展关键质量管控技术的攻关和推广应用，组织开展质量专业技术培训和交流。

2.3.3.5　质量监督系统

质量监督系统是航天科技集团各级面向组织、面向产品、面向过程的实施独立、权威、科学、高效质量监督的组织、队伍及工作机制，是航天科技集团各级开展质量管控、推动实现预防式监管的重要力量，也是支撑质量评价和质量决策的重要手段。

质量监督系统建设是要面向组织、型号的质量保证需求，构建独立、权威、规范的集团公司、研究院、部 / 所 / 厂各级的质量监督组织。质量监督系统建设目标是：建立机制健全、队伍完备、工作有效的独立、权威、科学、高效的集团公司质量监督系统，高质量开展航天质量监督工作。集团公司质量监督系统如图 2-7 所示。

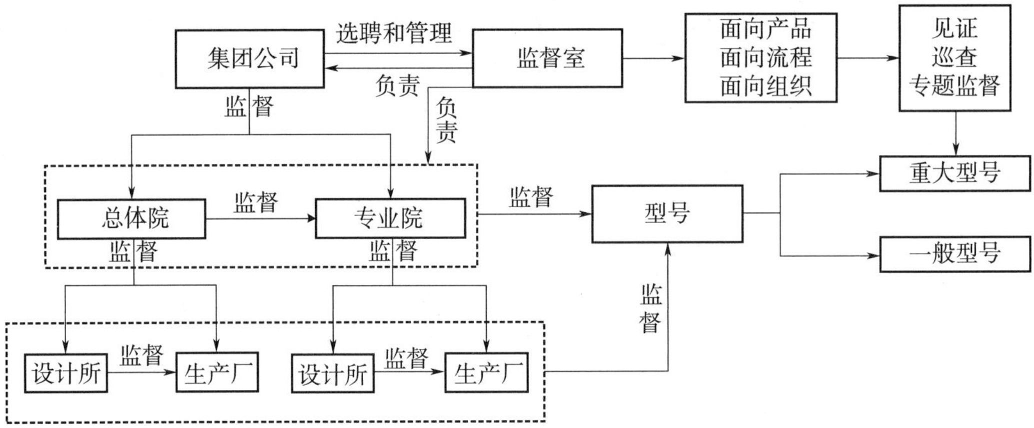

图 2-7　集团公司质量监督系统

（1）集团公司质量监督系统建设的主要任务

集团公司质量监督系统建设的主要任务包括：建立健全一体化质量监督组织和工作机制，面向重大型号，建立专职、独立的质量监督队伍，采用见证、巡视和专题监督等方式开展质量监督，面向三级组织，实施集团公司质量管理体系评估；完善新时期科研生产模式转型和新技术应用环境下质量监督方式方法；推进质量监督信息化平台建设，充分利用信息化手段提高质量监督的效率；探索独立专业技术评价与质量监督工作协同共促方式，不断提升质量监督效能。

（2）研究院质量监督系统建设的主要任务

研究院质量监督系统建设的主要任务包括：落实集团公司质量监督工作要求，组建专、兼职的质量监督队伍，建立院级质量监督的制度规范；院级质量监督工作应与集团公司级一体化质量监督工作、研究院科研生产和质量管理工作有机协同，面向所属单位及承担项目任务开展常态化独立质量监督。

（3）部 / 所 / 厂质量监督系统建设的主要任务

部 / 所 / 厂质量监督系统建设的主要任务包括：落实集团公司、研究院质量监督工作要求，建立部 / 所 / 厂质量监督制度；针对型号研制过程开展质量监督；常态化开展本单位质量管理体系运行状态监视、过程监控、绩效评测和风险评估，驱动体系的有效改进。

2.3.3.6　供应商管理系统

供应商管理系统是航天科技集团实施全领域、全级次、全过程、全要素供应商管理的平台，是推动航天科技集团型号科研生产体系优化升级和高质量发展，确保各级各类供应商交付产品和服务质量的重要基石。

供应商管理系统建设是通过对内外部供应商实施全领域、全级次、全过程、全要素管理，构建新时代航天型号供应商管理体系和开放型科研生产体系，强化以质量为中心的航天型号供应商管理工作。供应商管理系统的建设目标是：建立全领域、全级次、全过程、全要素的供应商管理工作系统。集团公司供应商管理系统如图 2-8 所示。

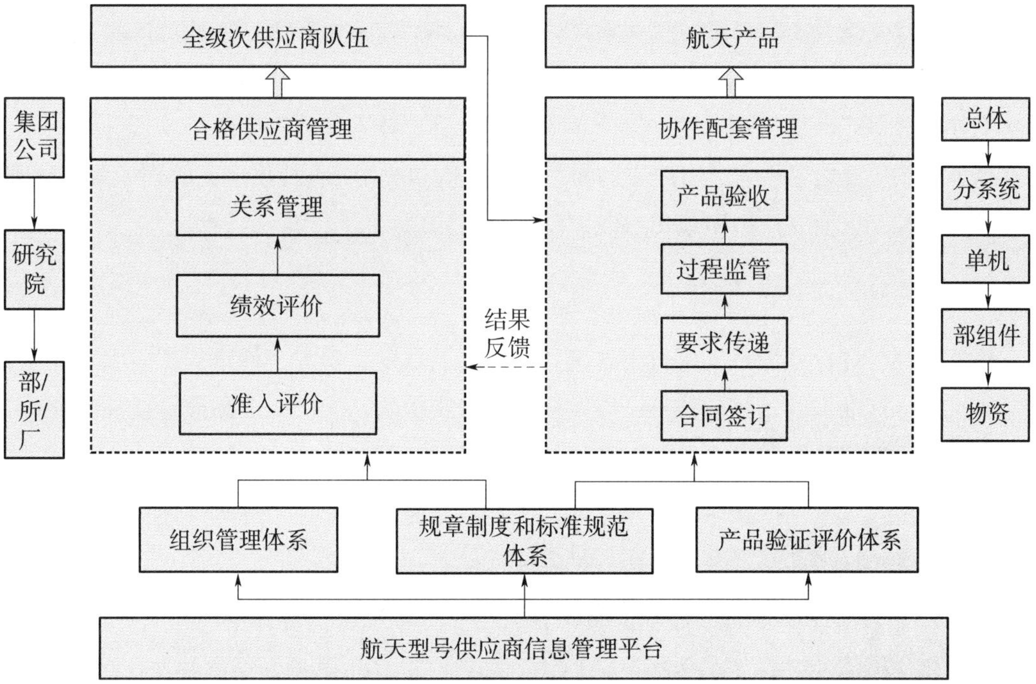

图 2-8　集团公司供应商管理系统

（1）集团公司供应商管理系统建设的主要任务

集团公司供应商管理系统建设的主要任务包括：成立供应链管理委员会，明确供应商管理的主管部门，归口航天型号供应商管理工作；设立供应商管理支撑机构，成立供应商培训与评价中心，牵头组织实施供应商的培训、评价和审核等工作；依托有关研究院、部 / 所 / 厂，成立航天特殊过程、基础产品供应商评价中心，对特殊过程和基础产品统一开展评价和认定；制定航天型号供应商管理办法，完善航天型号协作配套管理办法、外包外协单位质量评价及认证机制，开展型号物资管理体系顶层策划和推动建设；搭建航天型号供应商信息管理平台，实现信息共享。

（2）研究院供应商管理系统建设的主要任务

研究院供应商管理系统建设的主要任务包括：落实集团公司供应商质量管理工作总体要求，建立院级供应商管理系统，建立供应商组织管理体系，明确供应商管理的主管领导和主管部门；建立供应商管理队伍，结合型号任务特点建立研究院供应商管理制度，建立健全供应商管理标准规范体系，支撑合格供应商管理、协作配套管理各项工作；统一同级同类产品（过程）质量保证要求，并建立有效的全级次传递机制；建立院级供应商信息平台，对院级合格供应商信息进行集中管理，定期数据交互实现数据同步。

（3）部 / 所 / 厂供应商管理系统建设的主要任务

部 / 所 / 厂供应商管理系统建设的主要任务包括：落实集团公司、研究院供应商管理工作要求，结合本单位产品特点建立配套的供应商管理制度；对供应商实施分级分类管理，采取科学有效手段，不断加强合格供应商履约绩效评价、关系管理、供应链风险分析等工作，提高供应商管理水平；规范开展外包外协，组织推进外包外协产品的产品化工作，严格落实外包外协产品责任制；建立健全本单位物资管理体系，按规定组织物资采购工作；建立本单位供应商信息平台，加强信息和大数据分析和应用，查找供应商管理的薄弱环节，实施风险管控，全面支撑集团公司、研究院供应商管理。

2.3.3.7　质量验证与评价系统

质量验证与评价系统是支撑航天各级各类产品的认定、验收、评审、试验鉴定等工作的专业机构、标准规范、数据信息，以及配套的管理机制，为航天产品质量验证与评价工作的专业化、规范化开展，确保航天产品的质量提供专业支撑。

质量验证与评价系统建设是通过建立健全航天产品质量验证与评价专业机构、标准规范、数据信息，以及配套的管理机制，推进航天质量工作的专业化、规范化，为航天产品保证工作提供质量验证与评价的方法和手段。质量验证与评价系统的建设目标是：形成多学科综合、技术先进、功能独立、纳入型号研制流程的质量验证与评价系统，为各级各类航天产品研制转段、交付验收、出厂评审、试验鉴定等工作提供权威的技术支撑。集团公司质量验证与评价系统如图 2-9 所示。

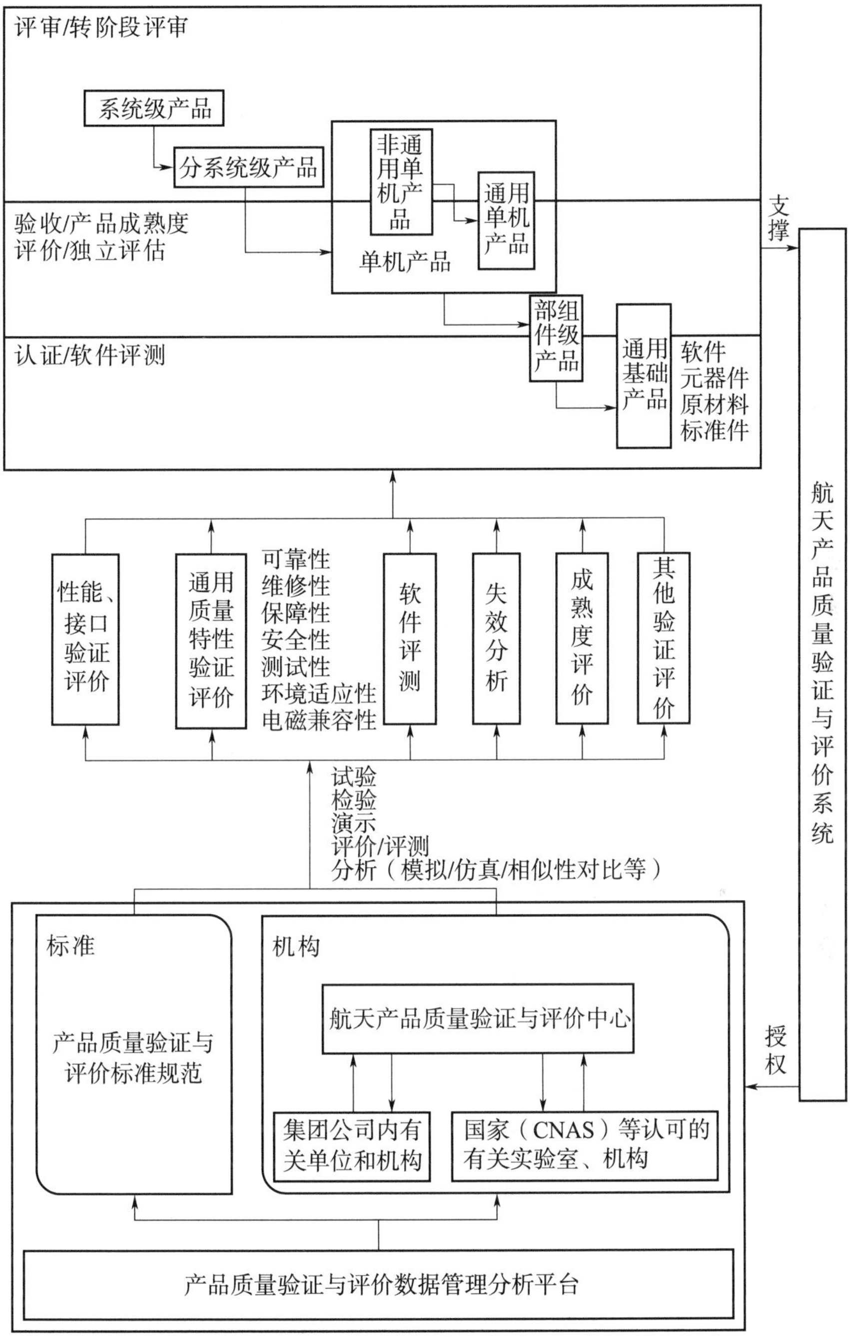

图 2-9　质量验证与评价系统

（1）集团公司质量验证与评价系统建设的主要任务

集团公司质量验证与评价系统建设的主要任务包括：统筹推进质量验证与评价机构建设，组建航天产品质量验证与评价中心；统一授权认定专业验证评价和试验检测机构，承担相关的试验、检测、检验、仿真、分析等验证评价工作，制修订有关标准规范；建立覆盖各级各类产品（过程）质量验证与评价规范体系，明确质量能力评价数据采集、传递、分析、共享的有关要求；建立产品质量能力评价数据库和数据管理分析信息平台，支撑质量验证与评价相关工作。

（2）研究院质量验证与评价系统建设的主要任务

研究院质量验证与评价系统建设的主要任务包括：落实集团公司质量验证与评价工作的总体要求，完善通用基础产品认证机制；在产品研发、应用验证、批产验证、产品认证试点的基础上，逐步推进通用基础产品认证机制，对所属单位质量验证与评价的配合工作进行监督评价。

（3）部/所/厂质量验证与评价系统建设的主要任务

部/所/厂质量验证与评价系统建设的主要任务包括：落实上级质量验证与评价工作要求，配合完成质量验证与评价工作，并根据结果进行动态优化，规范产品验收和评审工作；逐步将通用质量特性专项评估、潜通路仿真评价、产品成熟度评价等工作，纳入型号研制流程，发挥其在关键节点的把关作用。

2.3.3.8 质量数字化信息化应用系统

质量数字化信息化应用系统是航天科技集团各级基于质量业务全领域、产品研制全流程、型号组成全结构的质量数据，应用相关数字化、信息化软件工具，开展面向组织/项目/产品的质量风险识别、过程精益质量管控和持续改进。

质量数字化信息化应用系统建设是要面向航天科技集团各级在质量管理活动的各个环节，利用计算机、大数据、人工智能等现代化信息技术，获取、处理、传输和应用全过程质量数据。质量数字化信息化应用系统的建设目标是：建设覆盖航天科技集团各级组织和质量管理全要素、产品保证各专业，贯穿航天型号全寿命周期的质量数字化、信息化、智能化系统，以信息化手段全面积累型号产品全寿命周期重要阶段和节点的量化数据，实现全寿命周期质量数据的有效采集、分析和利用，提高对过程量化控制和质量管理智能决策的信息化支持能力。质量数字化信息化应用系统如图 2-10 所示。

（1）集团公司质量数字化信息化应用系统建设的主要任务

集团公司质量数字化信息化应用系统建设的主要任务包括：建立集团公司和研究院两级质量数据中心，开发和应用质量大数据分析和挖掘工具，开展基于大数据的质量分析与评价，提升集团公司和各研究院对型号和产品质量风险的识别与把控能力；搭建贯穿集团公司、研究院、部/所/厂和全级次供应商各级的质量数字化信息化智能化管理工具平台，形成科学可信、运行有效的基于 MBSE 的数字化质量管控系统，强化全过程质量管控能力、风险预警和风险管控能力；完善基于质量问题数据库的质量问题归零和举一反三的闭环反馈机制，提升质量基础信息的共享能力和质量综合分析的智能化能力。

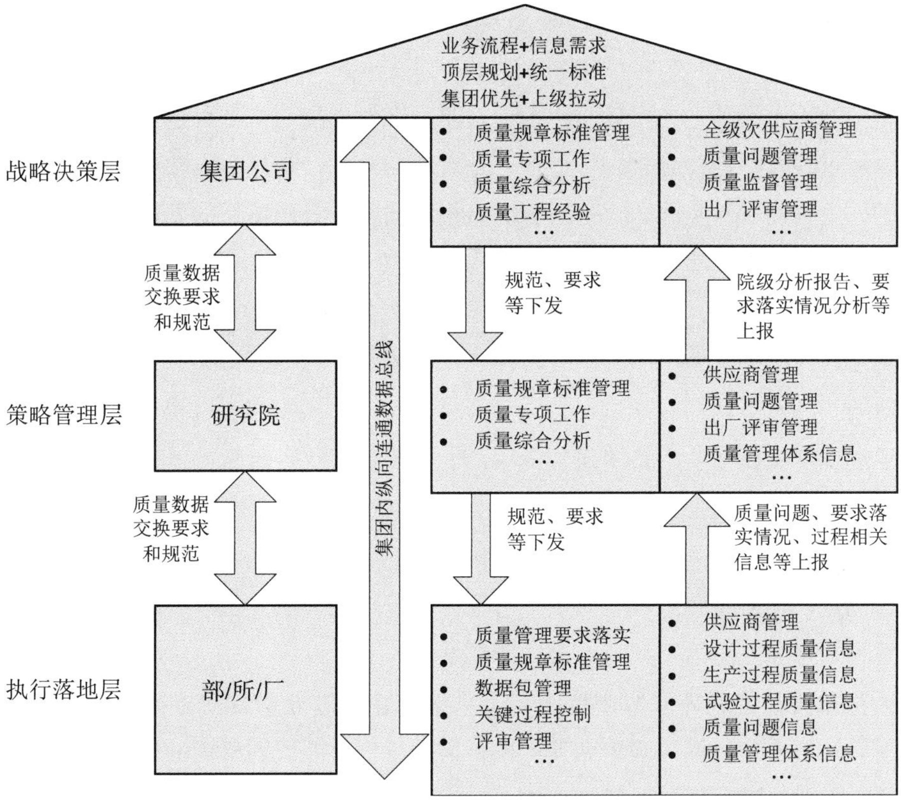

图 2-10　质量数字化信息化应用系统

（2）研究院质量数字化信息化应用系统建设的主要任务

研究院质量数字化信息化应用系统建设的主要任务包括：贯彻、执行上级关于质量数字化信息化应用工作的总体要求，根据型号任务和研究院发展战略需要，制定研究院质量数字化信息化应用工作规划和管理制度；开展研究院数据中心建设，开展院级质量信息与数据综合分析，改进和强化所属单位质量数字化信息化应用工作的指导、监督和考核，并为其工作开展提供资源保障；完善基于结构化数据的产品电子数据包，实现产品数据包的电子化，有效支撑产品质量确认、评审和验收工作。

（3）部 / 所 / 厂质量数字化信息化应用系统建设的主要任务

部 / 所 / 厂质量数字化信息化应用系统建设的主要任务包括：落实上级质量数字化信息化应用工作要求，采集、分析、利用本单位质量信息与数据；推进型号总装车间、重点单机产品总成总测车间和精密制造车间等实现产品在线自动化检测、在线质量确认，实现产品电子数据包的在线生成。

2.3.4　组织层的运行流程

航天精益质量管理体系组织层的运行流程主要包括：确定过程、确定方法、资源部署、运行监控、体系改进，等等。这里的“过程”是指利用输入实现预期结果的相互关联或相互作用的一组活动。

组织中的所有活动，如设计、生产、检验、交付产品……都可以看成是过程。所有工作都可以从过程入手进行分析，“过程”是事物的共性，是过程方法和管理的系统方法的共同基础，也是建立、实施、评价所有类型组织的质量管理体系的共同基础和途径。过程有输入、输出、资源、活动四大要素。过程需要识别、控制、评价、改进，才能使过程最高质量地达到过程要求，使输出、输入之比大于 1，从而使过程增值。

产品是过程的结果，产品的固有特性在产品形成过程中获得，过程质量决定了产品质量。不同的产品有不同的实现过程，同一产品在不同组织的实现过程也不会完全相同。组织控制了过程，就控制了产品的固有特性，也就控制了顾客的满意程度。

同时在各系统中，过程的关联性和相互作用都是过程之间的相关关系。在这种关系中，许多要素从纵向、横向、不同层次、不同角度纵横交错，影响着整个系统的功能。因此必须将过程优化，整体构造出一个有效、有序的质量管理体系，从系统的功能、目标、有效性、效率和效益等方面运用系统方法构造体系。

航天精益质量管理体系组织层中各子系统在建设过程中首先根据组织既定的质量战略、质量方针、质量目标，确定为其实现所需的过程，即识别所需的重要的工作项目。在策划、建立质量管理体系时，通过认识、确定、比较、分析、优化等活动识别并控制自己的“过程”，使过程受控，并有效地实现所策划的过程结果；通过运用 PDCA 方法，将一个个过程展开为策划（P）、实施（D）、检查（C）、处置（A）的循环过程，每一次循环都是在一个新的基础上的提升；通过运用“过程方法”，将活动和相关资源作为过程进行管理，高效地实现过程的预期结果；通过质量管理的系统工程方法，将这些过程组合成一个系统，有效和高效地实现系统的目标。按照系统工程方法构建的航天精益质量管理体系，有利于在系统的高度，确定质量管理体系的系统功能、协调性、有序性、反应能力和自我完善能力，从而提高管理的有效性和效率。

2.4 项目层建设及运行

2.4.1 项目层的架构

项目层是航天精益质量管理体系要求在型号层面的具体落实，承接新时代质量管理体系建设中基于流程、基于数据的项目全寿命周期管理要求，推进质量管理要求与项目管理过程充分融合的航天精益产品保证工作。航天精益产品保证是新时期航天科技集团各级按照产品保证工作的模式和方法，通过构建产品保证队伍直接负责、组织职能和专业化团队机构横向支撑的矩阵式项目质量管理工作体系，以技术风险识别和精益过程控制为核心，在产品设计、生产、试验、发射、交付、使用等全过程实施的一系列有计划、有组织的技术和管理活动，在保证产品质量要求和用户期望的同时，不断提升质量工作的效率和效益。项目层的架构如图 2-11 所示。

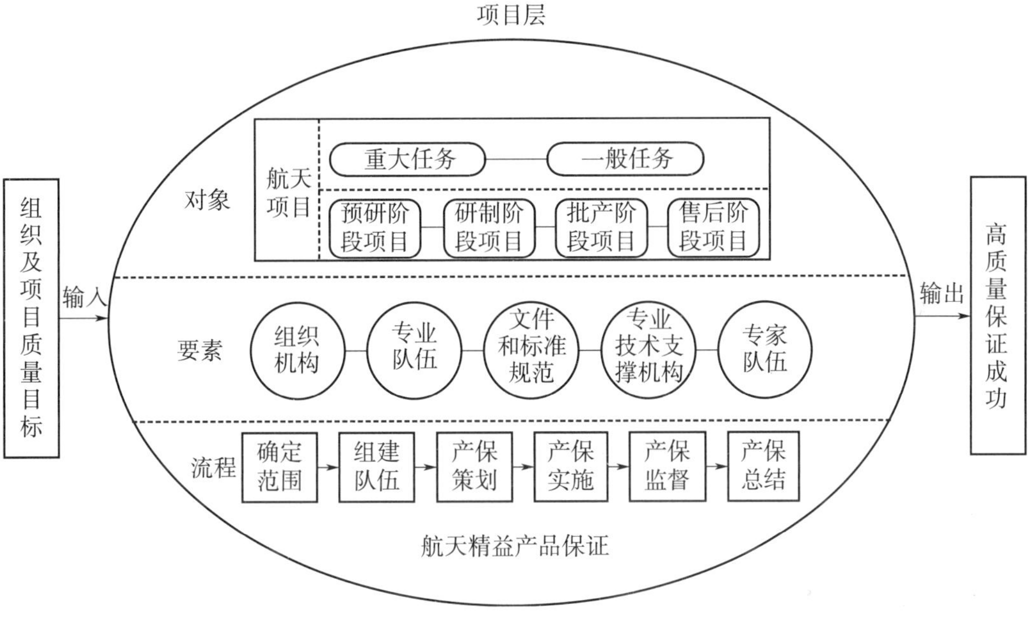

图 2-11　项目层架构图

项目层是以组织及项目质量目标为输入，面向航天项目，以组织机构、专业队伍、文件和标准规范、专业技术支撑机构和专家队伍等建设为重点，以实施全寿命周期的航天精益产品保证为路径，输出高质量保证成功的结果。

项目层的主要流程包括：确定范围、组建队伍、产保策划、产保实施、产保监督、产保总结等。

项目层是在组织层质量管理的基础上，针对不同领域、不同研制阶段的特点，分类实施航天精益产品保证工作，确保型号产品方案正确合理可行、设计简捷正确可靠、系统协调匹配兼容、试验充分覆盖有效、产品受控合格稳定、操作准确协同无误。研制阶段实施以技术风险管控为重点的精益产品保证工作。批产阶段实施以产品质量稳定性与一致性为重点的精益产品保证工作。售后服务阶段通过建立健全型号产品售后服务体系，实施以用户满意为重点的精益产品保证工作。对于处于预先研究阶段的有重大工程背景的先期技术开发类项目、重大演示验证项目，参照型号研制阶段开展精益产品保证工作。

2.4.2 项目层的作用对象

航天精益质量管理体系项目层以航天项目（产品）为作用对象，通过一种基于项目管理、面向复杂航天产品的质量管理模式和方法——航天精益产品保证，以技术风险识别和精益过程控制为核心，在产品设计、生产、试验、发射、交付、使用等全过程实施一系列有计划、有组织的技术和管理活动。

2.4.2.1 航天工程项目分类

（1）按研制规模

航天项目根据研制规模和任务大小可分为重大任务和一般任务。重大任务是指国家重大工程、科技重大专项、重大预先研究项目，以及其他对集团公司有重大意义的任务；一般任务是指除重大任务之外的任务。

重大任务和一般任务清单由集团公司负责制定并实行动态管理，重大任务结合成熟度和任务量等可以参照一般任务模式进行管理；一般任务的首飞、重大失利后的复飞等可以视其重要程度参照重大任务模式进行管理。

（2）按研制程序

航天项目根据研制程序，又可分为预先研究项目、研制阶段项目、批产阶段项目、售后阶段项目。

① 预先研究项目

预先研究项目一般分为应用基础研究、应用研究和先期技术开发三类。

应用基础研究包括国家自然科学基金、国家安全重大基础研究计划等项目，通过开展探索新思想、新概念、新原理等研究活动，为探索新型装备提供理论依据和基本知识。

应用研究包括国防基础科研、共用技术、专用技术等项目，运用应用基础研究或者其他科学研究的成果，研究新思想、新概念、新原理应用于装备的可行性与实用性，为研究新型装备提供技术储备。

先期技术开发包括国家科技重大专项、背景项目、演示验证等，利用应用基础研究、应用研究的成果，通过部件或者分系统原型进行综合集成，演示验证关键技术的可行性和有效性，为研制新型型号和改进成熟型号提供实用的技术成果。

预先研究项目主要用于强化技术攻关和自主创新，努力提高技术成熟度，为型号应用奠定良好基础。

② 研制阶段项目

研制阶段项目实行分阶段管理，一般按照方案阶段、初样阶段、正样（试样）阶段逐步开展研制。本阶段研制工作结束并通过转阶段评审后，方可进入下一阶段。成熟度较高的型号，可以在此基础上优化研制阶段。用户有特殊要求并符合研制规律的，可以按照其研制要求执行。商业航天可以适应市场要求，采用灵活适用的研制模式。

方案阶段应完成原理性试验、突破关键技术，开展多方案比较和优化设计，加强技术统筹和技术经济分析，强化基于型谱和货架产品选用的方案设计，优先采用国产化原材料、元器件、部组件等产品，完成方案设计及转阶段评审。

初样阶段应完成初样设计和初样产品生产，完成各新研单机、分系统测试和试验，完成总装、测试和大型地面试验，必要时完成初样飞行试验，完成初样研制转阶段评审。

正样（试样）阶段应完成正样（试样）设计，完成产品生产、总装、测试、大型地面试验和飞行试验，完成正样（试样）研制阶段评审。

根据用户试验鉴定要求，在立项之后需配合用户编制鉴定定型试验总方案，在研制阶段需配合用户开展性能试验和状态鉴定及相关工作，完成小批量试制，配合用户开展应用试验及相关工作，完成定型。

研制阶段项目主要强化产品保证工作，加强全寿命周期的通用质量特性设计，对技术、质量、进度、成本等风险进行综合分析和控制，支持通用产品不断提升产品成熟度，开展面向批生产要求的工艺流程和工艺布局优化。

③ 批产阶段项目

按照批产状态，强化生产基线，以质量保证、产品成熟度提升和效率提升为主导，完成产品批产与交付。建立生产线，加强批产工艺的细化、量化和标准化，对“人、机、料、法、环、测”实施有效控制，保证质量稳定性和产品一致性。装备应完成批产抽检飞行试验。航天器和运载火箭等根据任务数量和计划安排，进行组批生产。

④ 售后阶段项目

坚持以客户需求为导向，以用户满意为宗旨，推进建立产业深度融合的售后服务保障机制与合作模式，为用户提供全方位、专业化的售后服务。

开展航天器在轨型号技术支持与保障，包括健康运行评估、应急处置、任务变轨支持、优化使用支持、拓展试验支持、延寿和离轨支持等工作；需地面交付的航天器和运载火箭按用户要求，配合做好测试、发射服务保障等工作。配合用户开展使用培训、改进升级、使用和维修保障、延寿策划与实施等工作。

2.4.2.2　航天项目管理模式

航天科技集团实行集团公司、研究院、部 / 所 / 厂三级管理体制。集团公司是战略决策中心、资源配置中心、国家重大工程管理中心、风险防控中心；各研究院是科研生产任务组织实施的责任主体；各部 / 所 / 厂是完成科研生产任务的实施主体。

（1）预先研究项目管理模式

应用基础研究和应用研究实施课题制管理，先期技术开发实施项目制管理，重大背景项目可以参照型号研制管理模式实施。

集团公司负责技术创新体系的顶层策划、技术发展战略与规划的论证制定；负责组织重大预先研究项目的论证、立项、年度计划制定、实施与监督；负责科技创新任务考核。各研究院负责根据集团公司技术发展布局，按独立性、完整性、专业性、系统性原则并结合实际发展需求，建设本单位技术创新体系，加强协同创新和体系化创新，对预研项目论证、立项、实施、验收全过程进行管理。任务抓总院组织任务配套院协同开展相关重大预先研究项目的论证与实施。

应用研究类项目以课题验收为标志，验收后根据型号需求和技术成熟度转入型号研制阶段。先期技术开发类项目以完成集成演示验证试验和验收为标志，根据总体安排组织型号立项论证。成熟度较高的项目可以适当缩短或跨越预研阶段，直接开展工程研制。

（2）研制阶段项目管理模式

研制阶段项目遵循系统思维与系统工程方法，实行矩阵式项目管理。集团公司负责型号研制的重大节点计划制定和考核，对重大任务研制过程中的立项、转阶段、飞行试验等里程碑节点，以及重大技术方案确定、重大短线任务协调、重大质量问题处理、重大共性问题协调等重大事项进行管控。各研究院按项目管理模式组织型号研制，采用系统工程方法，充分发挥总体作用，策划研制方案，制定技术流程、产品保证流程、技术安全流程和计划流程，并严格执行。各部 / 所 / 厂按合同、计划和技术要求完成本单位承担的产品研制任务。

装备型号以通过定型为标志，待批产任务明确后转入批产阶段。航天器、运载火箭以完成状态鉴定或用户认可为标志，视情况转入组批生产。

（3）批产阶段项目管理模式

集团公司负责型号批产任务重大节点计划的制定和考核，对重大问题进行协调。批产任务抓总院负责组织批产任务的实施。各研究院建立基于产品管理和质量保证的批产管理模式，具备条件的可以实施领域内跨型号组批生产。各总体部 / 所 / 厂负责型号批产任务的具体组织实施，对计划、质量、风险等要素进行管控；各专业部 / 所 / 厂按合同、计划和技术要求负责完成本单位承担的批产任务。

装备型号、航天器和运载火箭以产品正式交付用户为标志，转入售后阶段。

（4）售后阶段项目管理模式

集团公司负责重大保障任务实施计划的制定和考核，对重大事项进行协调。任务抓总院抓总负责售后服务，组织任务配套单位完成售后服务保障工作。各研究院建立售后服务制度与规范，加强资源保证，建立售后信息反馈机制。

2.4.2.3　航天项目管理职责

（1）集团公司管理职责

对集团公司科研生产任务负总责，负责航天科研生产总体发展战略与规划制定；负责科研生产管理体系建设和顶层规章制度制定；负责科研生产总体布局和重大资源配置；负责对科研生产任务实施以战略管控为主的差异化管控，其中对重大任务实施运营管控，对各院任务实施情况进行监督管理和考核评价。

（2）研究院管理职责

对本院承担的科研生产任务负全责，负责科研生产任务全过程的组织实施与管理。任务抓总院负责抓总任务综合计划和资源的统筹协调，对抓总任务负全责；任务配套院负责完成配套任务的组织实施工作，对配套任务负全责。院长是本院科研生产任务第一责任人。

（3）部 / 所 / 厂管理职责

对本单位承担的科研生产任务负全责，按职责分工承担技术抓总、产品研制与生产、集成、测试与试验等组织实施工作。总体部 / 所 / 厂负责体系论证、总体设计、技术抓总和系统集成；专业部 / 所 / 厂负责承担专业与产品发展、产品研制生产，提供合格产品。部 / 所 / 厂长是本单位科研生产任务第一责任人。

（4）型号两总管理职责

型号管理实行两总负责制，负责型号研制任务全过程管理；负责型号批产任务的抽检飞行试验及重大质量技术问题处理；负责型号售后阶段重大技术问题处理。总指挥是本型号第一责任人，根据集团公司和任务抓总院授权对本型号相关的人、财、物等进行管理，对研制过程的质量、进度、成本等实行有效管理；总设计师是技术总负责人，对技术工作负全责。

系列（领域）两总负责组织制定本系列（领域）发展规划，推动市场开拓，对本系列（领域）型号项目实行监督检查。

（5）产品负责人管理职责

产品管理实行产品负责人（产品首席专家）制，产品负责人是本专业产品管理第一责任人，负责本专业产品发展规划、产品体系建设、通用产品管理及产品实现过程管控等工作，对产品技术状态、质量、成本等实行有效管理。

2.4.3　项目层的构成要素

航天精益质量管理体系项目层的航天精益产品保证工作体系，围绕项目（产品）战略目标的实现，依据项目（产品）研制阶段及特点，通过建立工作制度、明确工作职责、健全工作队伍、制定标准规范、完善保障条件，将产品保证各要素在产品实现全过程中予以精准落实；同时，通过过程监督与专业评价，形成基于数据的产品、过程和组织的持续改进机制。

2.4.3.1 航天产品保证与产品质量保证的关系

产品质量保证和产品保证产生于质量管理发展不同时期，目前，在我国航天领域都有应用，由于对两者的基本概念和内涵的理解和认识不同，不同单位在实践过程中存在认识上的差异，甚至一定程度上的争鸣。

（1）产品质量保证与产品保证的产生发展

从国外发展看，1959 年，美军标 MIL-Q-9858A《质量保证大纲》颁布，这是最早关于产品质量保证的标准文件，要求军品承制企业制定和保持一个与其经营管理、技术规程相一致的质量保证体系。20 世纪 60 年代至 80 年代，美国通过高性能战斗机、载人登月、航天飞机、核动力航空母舰等高技术复杂系统的研制，在不断解决产品质量问题的过程中，可靠性、维修性、安全性、软件质量保证以及元器件、材料和工艺保证等相关技术产生并应用，积累了丰富的高风险复杂系统质量与可靠性保证经验，并以此为基础建立了产品保证技术。1986 年美国发布了军用标准 DOD-STD-2107《承包商产品保证大纲要求》，提出了“产品保证”的概念，要求负责重大军事装备研制的承包商制定并实施产品保证大纲。而后，NASA 将“产品保证”进一步发展为“安全与任务保证”。在 80 年代后期，欧空局在借鉴 NASA 成功经验基础上，在欧洲宇航企业全面推行产品保证工作，并逐渐形成了一套完整的产品保证标准体系。“产品保证”成为保证复杂高风险项目质量的一套科学系统的方法。

从国内发展看，1987 年，《军工产品质量管理条例》发布实施，提出开展质保体系考核，并首次在国防军工领域引入了“产品质量保证”的概念。多年来，航天科技集团坚持实施产品质量保证，并不断扩展产品质量保证的内涵、完善产品质量保证的方法，将可靠性、安全性保证，软件保证、元器件质量保证等纳入型号质量保证的范畴，形成了较为完善的型号质量保证体系。随着国防科技工业加强对外合作和技术引进工作，在 20 世纪 90 年代初，航天系统在型号科研生产管理中引进了国外空间项目产品保证管理的思路，“产品保证”的概念也随之引入，并在中巴资源卫星、中法鑫诺卫星等国际合作项目中实践应用。1991 年，航天系统制定了航天产品保证大纲要求，把产品保证管理的各项工作综合成为一个完整体系。1995 年，当时出台的航天质量管理改革方案中，提出了“实现产品保证工作系统化”的工作目标，进一步推动了产品保证工作的实施。在这一时期，航天系统陆续跟踪、翻译了 NASA、ESA 产品保证系列标准，并制定发布了航天产品质量保证要求、航天产品可靠性保证要求等一系列航天产品保证标准，组建了产品保证专业机构和专家组。2001 年，有研究院提出“成立产品保证部，推行产品保证模式”。2004 年，有研究院总体单位提出推行产品保证，并在 2012 年开始在航天器主要研制单位全面推行产品保证工作。近年来，也有研究院开始探索实践产品保证。因此，在航天型号质量工作领域客观上形成了两种称谓，“型号（产品）质量保证”和“产品保证”。

（2）产品质量保证与产品保证的内涵分析

① 产品质量保证的内涵

美国国防部在 1978 年制定的 DOD 4155.1《质量大纲》中对“质量保证”的定义是：为使产品和服务符合规定的技术要求，并且达到满意的性能而采取的全部有计划的、系统的、必要的措施，以提供适当的置信度。在 ISO 不同阶段发布的质量管理体系标准中，对质量保证也有定义，基本相同，2000 年颁布的 ISO 9000《质量管理体系　基础和术语》中对“质量保证”的定义为“质量管理的一部分，致力于提供质量要求会得到满足的信任”，后续新版标准中对“质量保证”定义没有变化。

从国内看，在产品质量保证大纲要求中提到了“产品质量保证”，其中产品质量保证大纲主要内容包括：质量工作原则与质量目标，管理职责，文件和记录的控制，质量信息管理，技术状态管理，人员培训和资格考核，顾客沟通，设计过程质量控制，采购质量控制，试制和生产过程质量控制。某院发布实施的《强化产品质量保证工作实施要求》文件中提出“产品质量保证是以航天质量文化和质量体系为基础，为使航天产品实现规定的质量特性要求，在产品研制、生产、飞行试验全过程中，围绕产品质量保证要素，有组织、有计划开展的一系列技术与管理相结合的质量活动及采取的质量控制措施，通过系统的策划、必要的资源配置和有效的过程管控，保证产品质量达到规定的目标，满足用户要求”。其界定的产品质量保证的工作项目包括：质量保证、通用质量特性保证（包括可靠性保证、安全性保证、维修性保证、保障性保证、测试性保证、环境适应性保证等）、元器件保证、材料及工艺保证、软件产品保证等。

② 产品保证的内涵

美国最早提出并持续发展产品保证的概念。针对复杂的航天工程项目，NASA 将“产品保证”概念也逐渐拓展为“安全与任务保证”。NASA 和美国国防部组织编写的《实用空间系统项目管理》一书中提出，“安全与任务保证”是一种有计划、增值的系统方法，是项目管理的重要组成部分并融入整个工程项目，贯穿项目全寿命周期各阶段和系统的各产品层级，其作用是保证任务在规定的期限内无故障地实施，并满足预定的性能要求，减少寿命期内任务风险。NASA 安全与任务保证的工作项目包括质量保证、质量工程、技术状态管理、安全工程、可靠性工程、软件保证、元器件工程、材料工程和试验、失效分析、独立评估和评审等。NASA 的安全与任务保证是紧密围绕航天工程任务成功，把管理与工程有机结合，突出系统性、规范化、工程化、专业性和独立性等特点。

欧洲空间标准化协会在其 1996 年 4 月发布的 ECSS-P-001A《术语汇编》中，对产品保证提出了如下定义：产品保证是一门关于研究、策划并实施一系列活动，以保证项目的设计、控制、方法和技术使产品达到满意的质量水平的学科。ESA 产品保证的内涵和范围随着航天工程的发展也在不断发展，尤其是参加 NASA 牵头实施的国际空间站（ISS）项目以来，其进一步加强了风险管理和安全性工作。目前，ESA 产品保证的工作项目包括产品保证管理、质量保证、可信性（可靠性、可用性、维修性）保证、安全性保证、EEE（电子、电气和机电）元器件保证、材料零件和工艺保证、软件产品保证等。ESA 以产品保证的形式进行各类项目的质量管理，尽管开展了一些大型工程项目，但是在完成这些工程项目时，ESA 只是作为组织协调方将工程项目分解为小项目，这些小项目由各个成员国分别完成。ESA 的“产品保证”以面向项目为主，与 NASA 面向工程的安全与任务保证在对象上有一定差异，因此，ESA 虽然在内容上纳入了安全性保证，但名称上仍然沿用“产品保证”，而 NASA 为了突出航天复杂工程系统的管理，在顶层名称上发展为“安全与任务保证”，基本上不再使用“产品保证”术语。

我国航天是在学习借鉴国外“产品保证”概念的基础上形成的相关概念。航天产品保证要求中对“产品保证”的定义：“产品保证是为使人们确信产品达到规定的质量要求，在产品研制、生产全过程所进行的一系列有计划、有组织的技术和管理活动。”产品保证的范围包括产品保证管理、质量保证、可靠性保证、维修性保证、安全性保证、元器件保证、机械零件材料和工艺保证、软件产品保证。在航天部分研究院也对“产品保证”工作进行了定义和明确，如宇航型号产品保证通用要求中提出，产品保证的工作项目包括：产品保证管理，质量保证，可靠性、维修性、测试性、保障性保证，安全性保证，空间环境适应性保证，电气、电子和机电元器件保证，材料、机械零件和工艺保证，软件产品保证，地面支持设备保证，生产阶段产品保证等。

NASA、ESA 都采用了产品保证的概念，同时，NASA 将产品保证的概念发展为以工程任务目标为导向的“安全与任务保证”。我国航天部分研究院在型号质量工作中也采用了产品保证的概念，就现状看，国内外对产品保证目标、内涵和工作项目的认识基本一致。产品保证是针对高风险的航天型号项目开展的质量保证活动，是复杂高风险型项目管理中实施质量管理的一种有效模式。产品保证的出发点是项目、型号或产品，它所要解决的是在完成某个具体项目、研制某种具体产品的过程中如何保证产品质量的问题。产品保证是针对某一特定产品的，全过程的、跨单位的一组技术和管理活动，是通过制定和实施该产品的产品保证大纲来进行的。产品保证的目标是：保证产品完成规定的任务目标，保证它们安全、可用、可靠；支持工程项目风险管理，对技术风险进行充分的鉴别、评价、预防和控制；提高工程项目的效益。

产品质量保证是国内军工行业在特定历史背景下形成的概念。我国航天大部分研究院在型号质量工作中采用了产品质量保证的概念，并不断丰富完善产品质量保证工作的内涵，扩大了传统质量保证的应用范畴，其所涉及的工作项目与产品保证的工作内容基本一致，只是在组织管理模式上有一定的差异。同时，目前我国航天实施产品保证、产品质量保证的研究院其涉及范围既有研制类型号，也有批产类型号，在应用对象上没有本质区别，只是概念称谓上有所不同。

由此可见，从发展演变看，产品保证和产品质量保证的概念都是质量工作发展到一定阶段的产物，并且其各自的内涵也在不断丰富和发展。到现阶段，无论从应用对象还是具体工作项目，两者核心内容基本一致。

2.4.3.2　航天精益产品保证组织机构

（1）集团公司

集团公司负责建立健全航天精益产品保证工作顶层管理要求及配套的标准规范体系，统筹集团公司精益产品保证专业技术支撑机构和专家队伍建设，对各单位、各型号产品保证工作推进情况进行监督、指导和评价。

（2）研究院

各研究院贯彻落实集团公司及有关上级、用户的要求，负责本院航天精益产品保证工作体系的建设和运行；对所属单位、型号产品保证工作推进情况进行监督、指导和评价。

（3）部 / 所 / 厂

各部 / 所 / 厂贯彻落实集团公司、研究院等上级和用户要求，负责本单位航天精益产品保证工作体系的建设和运行；确保产品保证工作在本单位各领域、各阶段产品中得到有效落实，推进本单位同类、同等级产品相关标准和要求的横向一致。

（4）型号两总

型号总指挥是本型号产品保证工作的第一责任人，负责型号产品保证要求的分解和纵向传递，协调落实本型号产品保证工作所需资源，对技术、质量、进度等风险进行综合分析和决策；型号总设计师对本型号产品保证相关技术活动的正确性和全面性负责。

（5）产品保证队伍

各级产品保证队伍是型号工程技术队伍的重要组成部分，接受型号两总和单位产品保证管理部门的双重领导，负责产品保证工作的策划和实施，系统开展质量保证、通用质量特性保证、工艺保证、元器件保证、软件保证、材料与机械零件保证等各项工作，确保产品保证活动和要求得到有计划的管理和控制。

（6）专业技术支撑机构

各级专业技术支撑机构负责建立相应专业产品保证工作的流程和内容、标准规范体系、方法工具、工程基础数据库等；为型号任务提供产品保证专业技术支持服务，按专业开展产品质量验证与评价；为型号工程技术队伍提供专业培训。

2.4.3.3 航天精益产品保证工作内容

（1）产品保证要素

航天精益产品保证的要素包括：产品保证管理、质量保证、通用质量特性保证（可靠性保证、维修性保证、安全性保证、保障性保证、测试性保证、环境适应性保证等）、工艺保证、元器件保证、软件保证、材料与机械零件保证等。各单位、各型号可综合考虑产品类型、研制阶段和技术成熟程度等实际情况，对上述要素进行裁剪与补充。

（2）研制阶段产品保证

产品研制阶段遵循精益设计、精益管理的理念，实施以技术风险管控为重点的精益产品保证工作。以技术风险的全面识别与控制为主线，加强全寿命周期以可靠性为重点的通用质量特性的设计、分析和验证工作，对技术、质量、进度、成本等风险进行综合分析和控制，支持通用产品不断提升产品成熟度，开展面向批产要求的工艺流程和工艺布局优化，在确保功能性能指标实现的同时，提升产品的可制造性、可测试性和经济性。

（3）批产阶段产品保证

产品批产阶段遵循精益生产、精益管理的理念，实施以产品质量稳定性与一致性为重点的精益产品保证工作。产品研制生产单位以质量保证、产品成熟度提升和效率提升为主导，加强生产过程质量控制各要素的管理，在持续提升产品的合格率和稳定性的同时，减少生产过程中产生的缺陷和浪费，提高批产工作的效率和效益。

（4）售后服务阶段产品保证

售后服务阶段借鉴精益管理的理念，通过建立健全售后服务体系，实施以用户满意为重点的精益产品保证工作。主要是通过优化售后服务流程，在确保交付产品完好、运行稳定及用户满意的同时，采用科学合理的方法改进售后服务保证的策略和方式方法，实现精准的售后服务保证，提高售后服务工作的效率和效益。

（5）预先研究阶段产品保证

对于处于预先研究阶段的有重大工程背景的先期技术开发类项目、重大演示验证项目，可参照研制阶段开展精益产品保证工作。

2.4.3.4 航天精益产品保证工作队伍

（1）产品保证主管部门

各研究院、部/所/厂负责明确产品保证主管部门，健全航天精益产品保证方面的工作职能，组织本单位航天精益产品保证工作全面规范开展。

（2）产品保证队伍构成

各单位、各型号结合产品研制、批产及售后服务实际和产品化工作要求，按照精干高效的原则，科学合理配置产品保证队伍。产品保证队伍一般包括产品保证经理和产品保证工程师等，主要负责产品保证大纲、产品保证计划、产品保证要求在各级产品承研单位和研制全过程得到有效贯彻和落实。

（3）产品保证队伍配置

对于重大、新研和复杂高风险型号总体、关键分系统，成熟型号、通用平台以及承担多个相同分系统任务的单位，可设置产品保证经理；对于技术难度大的新研单机、重要单机、关键单机，按需可设置单机产品保证工程师。

（4）产品保证专家组

各研究院、部 / 所 / 厂根据本单位任务特点，按专业设置产品保证专家组。

2.4.3.5　航天精益产品保证标准文件体系

（1）产品保证标准体系

集团公司结合新型标准体系建设，建立健全由国标、国军标、行业标准、集团标准等构成的航天精益产品保证标准规范体系。各研究院、部 / 所 / 厂在集团公司标准体系基础上，结合单位实际，建立健全本单位产品保证标准体系。

（2）产品保证文件体系

各研究院、部 / 所 / 厂根据实际情况建立健全航天精益产品保证文件体系，明确产品保证通用要求、专用要求和通用模板，各级产品据此形成产品保证大纲、计划和要求，确保产品保证策划系统全面，产品保证工作规范有序开展，与产品质量有关的风险得到有效识别和控制。

2.4.3.6　航天精益产品保证专业技术支撑机构

（1）集团公司级产品保证专业技术支撑机构

集团公司结合航天产品质量验证与评价能力建设工作，统筹集团公司级通用质量特性、软件、元器件、材料、工艺、特殊过程等专业技术支撑机构建设。经集团公司授权后，统一开展相关试验、检测、检验、仿真、分析、评价等工作。

（2）研究院和部 / 所 / 厂产品保证专业技术支撑机构

各研究院、部 / 所 / 厂在集团公司级专业技术支撑机构的基础上，根据需要补充建设相应的专业技术支撑机构，明确其在产品保证工作体系中的职责和工作任务，并将相关工作纳入型号研制流程。原则上，各单位优先选择使用集团公司级专业技术支撑机构；对于已经明确由集团公司统筹建设的专业技术支撑机构，原则上各单位不再重复建设。

（3）集团公司产品保证技术支撑总体单位

集团公司明确推进航天精益产品保证工作的技术支撑总体单位，协助集团公司推进航天精益产品保证各项工作；协助开展航天产品质量验证与评价工作；负责集团公司航天精益产品保证工作通用标准规范、培训教材的编制工作，对各单位、各型号产品保证专业人员进行培训。

2.4.3.7 航天全级次供应商产品保证

（1）全级次供应商产品保证工作要求

各单位按照航天供应商管理规定等有关要求，面向航天型号全级次供应商推进产品保证工作，逐级落实航天精益产品保证工作各项要求。

（2）产品保证要求传递和监督

外协任务提出单位根据外协任务特点和要求制定产品保证专用要求，与经合理剪裁的产品保证通用要求一起，作为外协任务合同中的必备附件传递到外协供方；对外协供方产品保证要求落实情况，以及外协供方再次外协任务的产品保证要求落实情况进行监督检查，确保产品保证要求的逐级传递和末端落实。

（3）外协单位产品保证能力评价

外协任务提出单位对承担任务的外协供方进行产品保证能力评价，并建立准入和退出机制。对首次承担任务的外协供方，必须进行产品保证能力评价，评价合格后方能承担任务；在外协合同实施过程中，要对外协供方进行定期评价；对质量问题多发的外协供方，要根据情况开展专项检查。

2.4.3.8 基于数据的监督评价和持续改进

（1）产品保证数据要求

各级产品承研承制单位按照相关要求对产品数据包工作进行系统策划，依托信息化手段，实现产品数据的实时采集与确认，并随产品实现过程形成覆盖产品全寿命周期的数据包；强化产品数据包的管理，确保产品数据包的完整性、正确性和可追溯性，产品保证数据应能反映产品实现全过程的质量状态及产品保证工作要求落实情况。产品交付验收过程中，产品接收方应对产品交付数据包进行检查和确认。

（2）监督评价与持续改进

各级产品承研承制单位建立基于产品保证数据的产品、过程和组织的持续改进机制。各方依据职责，基于产品保证实施全过程的各类数据，对产品保证相关要素的落实情况及产品保证工作的管理实施情况进行过程监督和专业评价；强化对产品数据和管理数据的分析和应用，支撑产品研制过程的正向检查确认，支撑产品、过程和组织的持续改进。

2.4.4 项目层的运行流程

航天精益质量管理体系项目层的运行流程包括：确定范围、组建队伍、产品保证策划、产品保证实施、产品保证监督、产品保证总结 6 个方面的内容。

（1）确定范围

正如上一节所说，产品是过程的结果，产品发生问题必然是产品研制生产过程存在问题。在产品研制过程中，相关风险没有得到有效识别和控制，导致问题的发生。产品保证着力于产品实现过程保证，通过保证过程的正确性保证最终产品满足要求。

航天精益质量管理体系项目层通过航天精益产品保证提升项目管理能力，推进质量要求一线落实，将研制过程中影响产品质量、带来型号风险隐患的因素识别、提取出来，建立全要素质量工作程序和方法。在研制过程中，针对识别出的质量工作要素，设置刚性的质量控制点，纳入研制流程。

（2）组建队伍

通过建立专业的产品保证队伍形成严密规范的产品实现过程保证程序、标准、工具；产品保证队伍根据严密规范的产品保证程序、标准、工具，指导和监督型号研制队伍正向识别和控制风险，避免技术与管理问题发生；通过产品实现过程的正向风险识别与管控，实现产品一次开发成功和生产稳定高效；通过组织知识的系统全面规范运用，杜绝一般性问题和重复性问题的发生，让队伍的精力聚焦于吃透新技术特性和开展新技术新产品风险控制方法研究，逐步形成良性循环；通过产品保证队伍能力的不断提升，标准规范的不断完善，程序、方法、工具的不断改进，实现组织产品保证能力的不断提高；牵引组织的质量基础技术、设施设备、手段方法的不断改进和发展。

（3）产品保证策划

在产品研制各阶段初期，分别开展产品保证策划，确定适应具体情况的产品保证活动，形成产品保证大纲、产品保证要求和产品保证计划，三者相关内容应协调、统一。

产品保证大纲是实现产品研制预定质量目标的纲领和质量行为准则，也是对用户产品保证要求的承诺。大纲明确了型号研制的质量目标、产品保证组织及其职责、质量要求和措施，所需配备的资源等保障条件。各型号负责确保大纲贯彻到型号研制的各个阶段，落实到每个相关组织和人员，实现全过程、多层面、多方位的质量控制。

依据产品保证大纲进行系统策划，形成产品保证计划和对承制单位的产品保证要求。紧密结合产品研制技术流程制定的产品保证计划明确了产品保证各项活动的内容、时机、措施、责任人及实施结果，将产品保证工作项目纳入型号计划管理中，并得到用户认可，实现质量控制的及时性和针对性。对各承制单位的产品保证要求，以合同形式传递到各相关组织，并确保落实到位，实现多层次、多方位质量控制的一致性。

组织方（承制方）负责适时修订产品保证策划文件，以反映产品的进展或合同要求的变化、产品制造方法的变化或质量保证措施的变化。产品保证策划文件的修改应重新履行审批程序。

（4）产品保证实施

产品保证实施专业化、矩阵式管理模式，型号产品保证工作与型号工程研制紧密结合和相互联系，有效开展型号项目产品保证活动。

型号产品保证经理、型号专业产品保证工程师以型号产品保证大纲为抓手，从纵向着力抓好型号配套产品的产品保证工作，对型号负责；各单位产品保证工程师、专业产品保证工程师以产品保证大纲或实施细则为抓手，从横向着力抓好单位产品的产品保证工作，对单位负责。

实施型号产品保证应做到“同步策划产品保证流程、同步制定产品保证计划、同步实施产品保证过程、同步生成产品数据包”。在型号转阶段时，组织产品保证大纲、产品保证计划、产品保证要求（按需）的修订、完善，并重新组织评审。

各级专业产品保证工程师根据本级产品保证大纲要求，按需制定专业产品保证大纲和计划，策划明确专业产品保证要求。各级产品保证工程师、专业产品保证工程师按产品保证大纲、产品保证计划、产品保证要求，组织实施产品保证活动。

（5）产品保证监督

各级产品保证人员在型号研制过程中参与产品实现过程活动，与型号研制人员保持良好沟通，履行职责，发现问题及时预警并加以指导，按照技术文件和产品保证要求严格把关，对不符合要求的环节立即叫停，及时纠正，有效控制风险。

型号研制过程中，各级专业产品保证工程师负责及时参与技术流程的制定，按照专业产品保证大纲要求，按产品研制计划节点，组织开展各项专业产品保证活动和过程的监督检查，对专业技术进行技术把关，汇总收集形成本专业产品数据包。

各级型号研制人员需要熟悉、了解和掌握产品保证的各项要求，按产品保证大纲、产品保证计划要求，按策划的过程类文件要求、数据包要求形成各项过程类文件及数据包，确保型号研制过程有记录、可追溯。

（6）产品保证总结

各级产品承制单位在产品转阶段、产品交付或出厂、发射场发射试验等重要节点，各级产品保证人员组织开展产品保证情况的确认，对产品保证工作进行阶段性总结，编制产品保证报告。

单机产品交付、转阶段时，专业所单机级产品保证工程师负责编制单机产品保证报告，专业产品保证工程师参与编制，研究室负责人审核，型号产品负责人批准。

分系统产品交付、转阶段、出厂时，分系统级产品保证工程师负责编制分系统产品保证报告，研究室负责人审核，型号领域产品保证工程师会签，型号产品负责人批准。

型号转阶段、出厂时，型号专业产品保证工程师负责编制各专业产品保证报告，型号产品保证经理审核，按型号转阶段、出厂评审要求，由型号总师或总指挥批准；型号产品保证经理编制型号产品保证报告，报型号总师审核，型号总指挥批准。

型号产品保证经理日常业务工作对型号总指挥负责，接受型号总指挥领导，重大问题可直接向院领导汇报。型号专业产品保证工程师在型号产品保证经理的组织下开展型号专业产品保证工作，接受型号产品保证经理领导。

各专业所、总装单位产品保证人员日常业务工作对上一级产品保证工程师负责，对所属部门（研究室）领导负责；接受上一级产品保证工程师的业务指导，接受所属部门（研究室）、型号行政指挥的领导。对于重大问题可直接向单位行政正职汇报。

2.5　产品层建设及运行

2.5.1　产品层的架构

产品层是航天精益质量管理体系要求在产品层面的具体落实，以产品为对象，对产品开发、生产、质量管理、产品定型和应用等过程进行优化，以满足航天产品高性能、高可靠、高质量要求的综合性工程技术与管理工作。通过持续推进产品化实践，推进各层级产品“标准化、通用化、产品化”，开展产品型谱优化升级、产品成熟度提升、产品选用等工作，形成与航天型号发展相适应的新时期产品化工作模式，提升产品生产过程的总体效能和面向产品的质量保证能力，实现航天型号科研生产能力的全面提升。产品层的架构如图 2-12 所示。

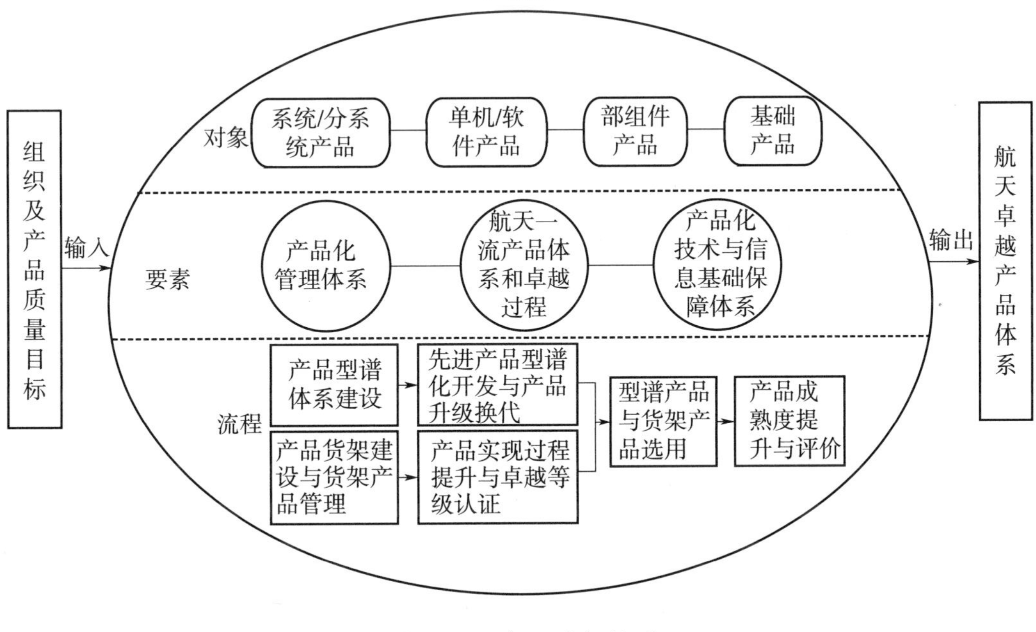

图 2-12　产品层架构图

产品层以组织及产品质量目标为输入，以产品化工作为核心，涉及系统 / 分系统产品、单机 / 软件产品、部组件产品、基础产品 4 个层次，以产品化管理体系、航天一流产品体系和卓越过程、产品化技术与信息基础保障体系等建设为重点，实现领域级产品型谱化、系列化，系统级产品平台化、架构化、标准化，单机产品通用化，部组件与基础产品货架化，输出航天卓越产品体系。

产品层的主要流程包括：产品型谱体系建设、先进产品型谱化开发与产品升级换代、产品货架建设与货架产品管理、产品实现过程提升与卓越等级认证、型谱产品与货架产品选用、产品成熟度提升与评价等。

2.5.2 产品层的作用对象

产品层对象主要包括宇航和装备两大领域，涉及系统 / 分系统产品、单机 / 软件产品、部组件产品、基础产品 4 个层次，覆盖设计、生产、试验、售后等各个过程，包含航天科技集团各单位所有产品和航天科技集团外配套单位相关产品。

（1）系统 / 分系统产品

系统 / 分系统产品包括卫星（含卫星公用平台）、运载火箭及各个分系统。按照平台化的思路在系统 / 分系统层面开展工作，总体单位负责开展系统 / 分系统构型研究和型谱建设，开展系统级产品成熟度提升，推进系统级产品设计和售后实现过程的卓越等级提升，推进卫星平台化、运载火箭去任务化，部段通用化、舱段集成化模块化、接口标准化、测试设备通用化发展。制定横向一致的产品环境试验要求和验收标准，按型号任务需求开展通用产品选用、批量采购和组织级验收。集成制造（总装集成）单位负责生产实现过程的卓越等级提升，负责装配生产线建设，优化装配工艺布局与流程，实现分段独立测试，基地总装总测，协同总体单位开展系统级产品成熟度提升。

（2）单机 / 软件产品

单机 / 软件产品包括机械太阳翼、飞轮、星敏感器、测控应答机、蓄电池组、推力器、星载计算机、行波管放大器、卫星适配器、火箭发动机、箭载计算机、激光惯组、火工装置、分离装置及相关软件等产品。按照通用化的思路在单机层面开展工作，深入开展产品型谱、产品成熟度、产品实现过程卓越等级提升等工作，形成货架产品目录，供型号直接选用。开展软件结构化设计，建立标准化重用软件模块库，提高软件复用水平。产品设计单位主要负责专业产品的型谱化发展、产品成熟度提升、设计过程卓越建设，主动联合总体单位，优化压缩产品规格，设计科学合理的型谱规划；生产单位主要负责开展产品生产线建设，提升产品生产实现过程卓越等级，协同设计单位进行产品规格压缩。

（3）部组件产品

部组件产品包括壳段、壁板、支架等承力构件或整体加工的大型部件，机箱、电路板等组成单机的部组件。按照模块化思路开展工作，设计单位负责优化压缩部组件类型和规格，形成部组件产品型谱，加强模块化部组件在单机和型号产品的应用，提高共用率；生产单位主要负责严格工艺选用，加强工艺统型，建设部组件生产单元，提升部组件产品生产合格率和稳定性。

（4）基础产品

基础产品包括标准件、紧固件、基础机电产品、原材料、元器件（含接插件）等。结合供应商管理与体系建设开展工作，按照标准生产的基础产品重点解决执行标准横向不一致的问题，可供多用户选用；非标的基础产品重点解决产品成熟度提升、产品规范制定、产品实现过程卓越等级提升等问题，逐步转为按照标准生产的标准件。基础产品使用单位负责压缩种类与规格，提高国产化率，执行规范的供应商准入管理，统一产品质量保证要求并有效传递；基础产品生产单位应通过集团公司统一组织的认定。

2.5.3　产品层的构成要素

产品层构成要素主要包括产品化管理体系建设、航天一流产品体系和卓越过程建设、产品化技术与信息基础保障体系建设 3 个方面。航天产品以航天型号发展需求为牵引，建立与之相适应的航天产品化工作管理模式，构建覆盖全面的产品化制度规范体系，建立高效协同的工作体系，打造一流产品体系和卓越过程，完善产品化技术与信息基础保障体系。

1）产品化管理体系建设包括制度体系建设、标准体系建设、工作体系建设等工作。制度体系按照一级制度（政策类）、二级制度（约束类）、三级制度（操作类）进行建设；标准体系分为技术标准、产品标准、工作标准；工作体系包括队伍建设、考核评估、奖励激励、计划与目标管理。

2）航天一流产品体系和卓越过程建设包括产品型谱体系建设、产品成熟度提升与评价、产品实现过程提升与卓越等级认证、产品货架建设与货架产品管理、型谱产品与货架产品选用、新产品开发与产品升级换代等工作。

3）产品化技术与信息基础保障体系建设包括产品化技术研究、信息化建设、数据库建设与大数据应用、产品化培训等工作。

2.5.4　产品层的运行流程

产品层运行流程主要包括产品型谱管理、产品成熟度管理、产品实现过程提升管理、产品货架管理、产品选用管理等方面内容。

（1）产品型谱管理

各研制单位开展型谱规划，编制产品型谱研究报告，各院组织审查。集团公司主管部门分批进行符合性审查，定期发布产品型谱简表。各研制单位依据产品型谱开展新研产品开发，动态更新产品型谱信息。

（2）产品成熟度管理

各研制单位开展产品规范编制、薄弱环节改进、补充试验验证等工作，持续提升产品成熟度。按照“统一管理、分级负责”的原则，开展产品成熟度评价，结果报集团公司备案。

（3）产品实现过程提升管理

各研制单位围绕产品设计、生产、试验、售后等过程，开展产品实现过程信息化、数字化、智能化先进方法工具的使用，推动产品实现过程从精细、精益到卓越的跨越发展。

（4）产品货架管理

各研制单位根据“通用性、成熟性、型谱化、批量化”原则，编制货架产品推荐清单，经集团公司遴选审查，形成集团公司货架产品目录，定期发布和维护。

（5）产品选用管理

型号从立项论证开始进行产品选用策划，优先选货架产品和型谱产品，严格控制选用型谱外产品。型号队伍在立项时编制产品选用报告，集团公司定期对型号和单位产品选用工作进行评估。

2.6 数据层建设及运行

2.6.1 数据层的架构

数据层是航天精益质量管理体系的基础支撑层级，承接战略层、组织层、项目层、产品层等 4 个层级的数据需求，提供数据应用支撑。数据层是对组织的主要数据类型及来源、数据资产以及数据管理资源的结构及交互的描述，进行总体数据架构设计，实现整个体系架构中数据流自下而上和自上而下双向合理有序的流动和应用。数据层架构如图 2-13 所示。

数据层以战略层、组织层、项目层、产品层数据应用需求为输入，包括面向组织的质量数据、面向项目的质量数据、面向产品的质量数据等三类数据，以数据管理和元数据标准规范、数据采集和处理工具、数据库等建设为重点，输出满足各层级质量管理需求的数字质量系统。

数据层的主要流程主要包括：数据资源规划、历史数据治理、数据采集与处理、数据库建设、数据管理与维护、数据分析和应用等。

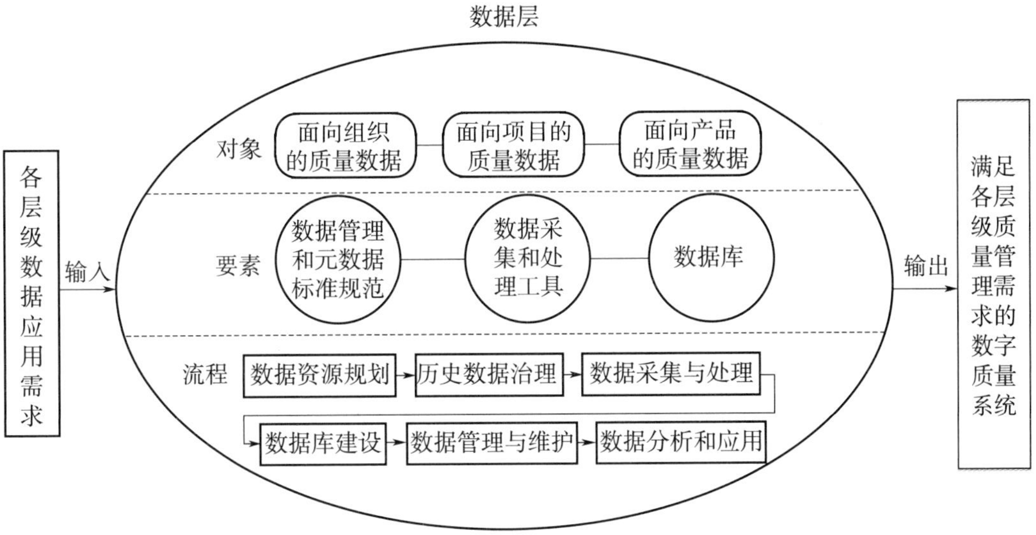

图 2-13　数据层架构图

数据层以集团公司、研究院两级质量数据中心建设为牵引，统一质量数据标准，打通数据传递链条，利用数字质量系统充分发挥质量数据在产品质量验证与评价、质量改进、质量风险预警、质量决策等方面的作用，提升高质量保证成功的在线风险预警能力，提升研制全寿命周期质量管控数字化水平，提高综合质量管理的信息化和智能化水平。

2.6.2　数据层的作用对象

航天精益质量管理体系数据层以航天精益质量管理体系建设为牵引，以集团公司、研究院两级质量数据中心建设和产品数据包建设为主线，利用大数据等先进的信息技术，建成覆盖全领域、全级次、全过程的航天数字化质量管理系统，实现全集团质量数据的互通、共用和共享，实现型号和产品质量数据可采集、可视、可追踪、可应用，持续提升质量管理工作的信息化、产品研制过程质量管控的数字化、型号质量风险防控的可视化、产品质量验证与评价工作的可量化、质量管理决策的科学化。

航天精益质量管理体系数据层包括：面向组织的质量数据、面向项目的质量数据以及面向产品的质量数据 3 个方面的内容。

面向组织的质量数据是集团公司、研究院、部 / 所 / 厂三级组织质量管理业务运行过程所形成的有关质量战略目标、质量文化、质量制度标准、质量基础能力、质量监督等方面的数据；充分利用信息化和数字化手段，围绕质量管理业务工作的工作流和质量数据采集、管理、应用的数据流，推进面向组织的质量数据采集与应用，实现航天科技集团质量管理工作的信息化，助推质量管理精准、高效发展。

面向项目的质量数据是航天型号产品在实施精益产品保证活动中，形成的有关产品设计、生产、试验、发射、交付、使用等全过程的型号质量数据。通过开发智能化、数字化、可视化的风险识别、分析与管控工具，集团公司实现重点型号、各研究院实现主管所有型号质量风险分析与控制的可视化，通过面向项目的质量数据的采集与应用，提高型号质量风险预防、科学管控与快速纠正能力。

面向产品的质量数据是宇航等领域在推进产品化实践中，形成的有关各层级产品的设计、生产、试验、售后等各个过程的产品化相关质量数据。以数据驱动为核心升级量化研制过程质量管控工作，通过提升质量数据分析处理能力，在产品研制过程中大力推进产品数据包和数据分析工具的应用，实现产品数据包电子化采集与结构化管理，提升精细、量化质量管控水平。

航天精益质量管理体系数据层建设通过数字化手段创新产品质量验证新方法，推广建模与仿真技术，强化产品质量验证实现虚拟仿真验证的技术手段，提升仿真验证置信度。研究可量化的质量评价方法，开展高质量保证成功评价指标体系研究，实现型号、产品、单位 3 个方面在线智能量化评价。利用大数据、智能决策等技术，有效识别质量管控的薄弱环节，以“数据 - 信息 - 知识”的数据应用和知识提取为基础，为质量决策提供数字化、智能化的决策支持，提高质量决策的科学化水平。

2.6.3 数据层的构成要素

航天精益质量管理体系数据层以数据管理和元数据标准规范、数据采集和处理工具、数据库等建设为重点，以全面建成质量业务独立运行与科研生产互联协同的集团公司数字质量系统（一套系统）为目标，以质量数据产品建设与数字质量运营分析为主线（两条主线），在集团公司、研究院、部 / 所 / 厂三级开展贯通建设（三级贯通），支撑战略层、组织层、项目层、产品层的体系建设与运行融合（四维融合），通过推进建设标准、数据、平台、工具、互联环境等要素（五类要素），实现全员、全要素、全过程、全数据的管理。

“一套系统”是指集团公司数字质量系统，涵盖型号产品的质量业务工作，作为集团公司、研究院、部 / 所 / 厂三级质量数据的唯一出口。

“两条主线”是指围绕“质量数据产品”与“数字质量运营”，开展系统建设。开展型号产品质量数据的电子化采集与结构化管理，实现“全数据”的管理；结合应用需求，开展质量数据的分析应用，实现基于数据的业务运营与风险管控。

“三级贯通”是指集团公司、研究院、部 / 所 / 厂三级分布建设，打通集团公司、研究院、部 / 所 / 厂的三级数据，实现“两级质量数据中心 + 电子数据包”的互联贯通。集团公司重点建设“质量业务系统 + 集团公司质量数据中心”，研究院以“院级质量数据中心”建设为核心，逐步涵盖院级质量业务，部 / 所 / 厂以电子数据包系统建设为核心，逐步涵盖部 / 所 / 厂级质量业务。

“四维融合”是指以航天精益质量管理体系建设为主要输入，融合战略层、组织层、项目层、产品层的数据管理与应用。以系统建设，完善数据层的基础支持能力，将战略层、组织层、项目层、产品层的需求通过数据形式显性化，通过数据管理和应用，支撑航天精益管理体系的建设与运行。

“五类要素”是指围绕标准制定、数据采集与治理、平台开发、工具研发、互联环境搭建等内容，逐步推进系统建设。标准是前提，数据是核心，平台是重点，工具是关键，互联环境是支撑，按照集团公司统筹规划，统一数据标准，整合数据资源，依托平台管理，借助工具分析应用，实现纵向数据贯通、横向业务应用，助力型号产品科研生产质量管理能力的转型升级。

集团公司数字质量系统建设的总体布局为“两级质量数据中心 + 电子数据包管理系统”。集团公司重点建设集团级质量数据中心，各研究院重点建设院级质量数据中心，各部 / 所 / 厂重点建设电子数据包系统。集团公司数字质量系统布局架构如图 2-14 所示。

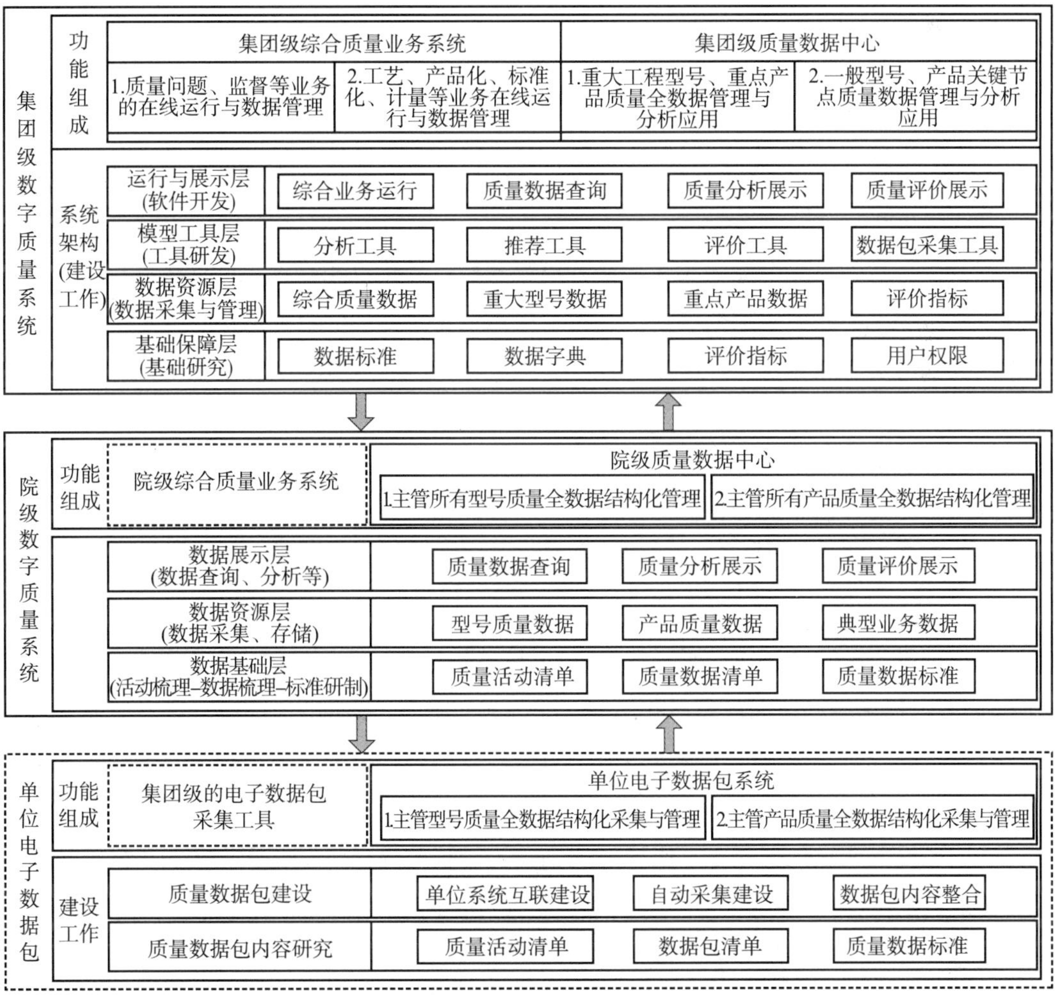

图 2-14　集团公司数字质量系统布局架构示意图

集团公司级重点以三级共用质量系统和集团公司质量数据中心建设为主，围绕集团公司精益质量管理体系建设，制定集团公司质量数据标准、建设集团公司质量数据库、开发质量数据应用工具，围绕三级共用的质量业务系统（重点以集团公司级的质量业务为主）、型号产品质量数据管理、型号产品质量状况展示等内容建设，实现集团公司对型号产品质量风险的识别与把控。

研究院重点以院级质量数据中心建设为主，围绕院内共用质量业务系统、院主管型号产品质量数据、型号产品质量状况展示等内容建设。

部 / 所 / 厂重点以产品电子数据包建设为主，围绕单位质量业务系统、型号产品全流程质量数据相关系统、型号产品质量状况展示等内容建设。

2.6.4 数据层的运行流程

航天精益质量管理体系数据层的主要流程包括：数据资源规划、历史数据治理、数据采集与处理、数据库建设、数据管理与维护、数据分析和应用等，借助满足各层级质量管理需求的数字质量系统加以运行。

2.6.4.1 数据资源规划

集团公司数字质量系统建设围绕航天精益质量管理体系的项目层、产品层等建设需求，以集团公司主管的重点型号与重点产品为试点突破，分析界定面向型号、面向产品的质量业务工作，梳理相应的质量数据需求，建立质量数据目录；研究制定满足集团公司应用需求的质量数据系列标准，各研究院、部 / 所 / 厂拓展建设质量数据标准内容，用于指导两级质量数据中心全面建设；开展型号、产品的质量数据源头采集与传输整合，优先建设满足集团公司应用需求的型号、产品质量数据资源；组织开展历史质量数据治理，完善集团公司和院两级质量数据中心建设内容，丰富完善面向组织、面向型号、面向产品、面向基础和综合管理的质量数据资源。

（1）质量数据目录建设

聚焦集团公司“四大中心”职能定位、航天精益质量管理体系建设与运行需求，各研究院、相关部 / 所 / 厂组织开展面向型号、面向产品、面向组织、面向基础和综合管理的质量数据目录建设。围绕航天精益质量管理体系项目层建设内容，各研究院分析界定重大型号在研制、批产、售后等各阶段的质量业务活动，梳理分析型号质量业务活动相关的质量数据对象，建立面向型号的质量数据目录；围绕航天精益质量管理体系产品层建设内容，各研究院指导相关部 / 所 / 厂分析界定重点产品质量业务活动，梳理分析产品质量业务活动的相关质量数据对象，建立面向产品的质量数据目录；围绕航天精益质量管理体系组织层建设内容，研究院指导相关部 / 所 / 厂分析界定组织质量业务活动，以组织质量能力评价为导向，梳理分析组织量业务活动的相关质量数据对象，建立面向组织的质量数据目录；围绕集团公司共性基础能力体系建设，各研究院指导相关的软件评测、环境试验、元器件评测等技术机构，优化型号产品研制生产过程的质量业务活动，界定分析相关的质量数据对象，建立面向基础和综合管理的质量数据目录。

（2）质量数据系列标准编制

围绕集团公司航天精益质量管理体系建设需求与“四大中心”职能需求，集团公司组织开展型号、产品质量数据标准的制定，形成质量数据系列标准；按照提出的型号质量数据目录，各研究院收集现有的各项质量数据采集模板，配合开展型号质量数据标准制定，建设相关型号质量数据采集内容的数据字典；按照提出的产品质量数据目录，相关部 / 所 / 厂采集现有各项质量数据采集模板，配合开展产品质量数据标准制定，建设相关产品质量数据采集内容的数据字典。

（3）质量数据标准内容拓展

遵循集团公司提出的质量数据系列标准，各研究院结合本院管理特点，拓展质量数据采集内容，完善形成本院质量数据目录与标准，作为院级质量数据中心的数据需求；各部 / 所 / 厂依据集团公司和研究院质量数据目录与标准，拓展形成满足本单位电子数据包建设的质量数据目录。

（4）质量数据采集与整合

各研究院按照集团公司提出的质量数据系列标准，组织开展重点型号的质量数据内容采集，整合形成面向型号的质量数据资源；各研究院组织相关部 / 所 / 厂开展重点产品的质量数据内容采集，整合形成面向产品的质量数据资源。

（5）历史质量数据治理入库

集团公司组织各研究院、相关单位开展相关型号、产品的历史质量数据治理工作，按照型号、产品质量数据标准，提出历史质量数据治理措施与治理要求，研发质量数据治理工具；各研究院按照集团公司提出的治理措施与治理要求，开发主管型号、主管产品的历史质量数据治理工具，组织相关部 / 所 / 厂开展结构化数据的清洗、非结构化数据的标注与特征提取，规范历史质量数据入库，不断完善历史质量数据资源，丰富集团公司和院两级质量数据中心核心数据。

2.6.4.2　三级系统贯通

以“两级质量数据中心 + 电子数据包”建设为核心，围绕集团公司顶层系统需求，各研究院、部 / 所 / 厂提出本级、本单位系统需求，优先开展集团公司顶层系统构建，选取重点型号进行建设，各研究院、各单位围绕试点型号全数据贯通，建设院级质量数据中心，部 / 所 / 厂开发或部署电子数据包系统，实现集团公司、研究院、部 / 所 / 厂三级系统贯通建设。

（1）分级提出系统功能

对接集团公司顶层系统业务需求，各研究院提出院级质量数据中心功能需求，尤其围绕重点型号贯通建设，各研究院提出型号全数据贯通建设的系统需求。各部/所/厂依据本单位建设方案，如果直接部署采用集团公司质量数据采集工具，则提出相应的系统部署需求；如果自主建设本单位电子数据包系统，则围绕集团公司顶层系统需求和院级质量数据中心需求，提出本单位电子数据包系统建设需求，并符合集团公司相关要求与数据标准。

（2）优先搭建顶层系统

集团公司组织开展顶层系统的开发建设，围绕集团公司质量业务、集团公司质量数据中心、质量数据应用等功能，先行建设三级共用业务功能、重点型号全数据贯通建设功能等，依据提出的业务需求，逐步开发完善集团公司顶层系统功能。

（3）开发共用采集工具

集团公司围绕型号产品共用质量数据目录，开发建设满足集团公司需求的质量数据采集工具，供相关单位部署应用，提高集团公司数字质量系统建设功效。

（4）对接贯通三级系统

对接集团公司顶层系统的贯通需求，各研究院组织开展院级质量数据中心的开发建设，先行建设重点型号全数据贯通建设功能，分布开展院级质量数据中心的开发建设，组织相关部/所/厂开展本院内部系统的贯通建设，完成对接集团公司顶层系统的贯通建设。部/所/厂按照集团公司顶层系统的贯通需求，结合本单位信息化建设基础，自主开发本单位电子数据包系统，或自主配置集团公司质量数据共用采集工具，完善电子数据包建设。

2.6.4.3 数据中心建设

集团公司、研究院、部/所/厂在重点型号全数据贯通建设的基础上，按照各级、各单位的业务需求，完善各级系统功能，实现主管质量全数据的结构化采集和在线化管理。围绕集团公司总部典型应用场景，集团公司组织开展质量分析工具的研发，集团公司、研究院、部/所/厂三级系统可以自主部署相关分析工具，或者二次开发部署，完善质量数据中心功能。各研究院组织本院质量数据中心与主管部/所/厂电子数据包系统的互联整合，自主对接集团公司顶层系统，全面建成上下互联的两级质量数据中心。

（1）研发质量分析工具

聚焦集团公司质量数据应用典型场景，开展多维统计展示、质量数据智能比对、质量风险管控、质量评价等关键技术攻关，提出分析算法，突破质量数据应用的技术瓶颈。集团公司组织研发质量分析工具，并开展试点应用，不断完善分析工具的应用功能。

（2）完善顶层系统功能

集团公司组织完善三级共用业务功能、集团公司质量数据中心功能等，完善集团公司顶层系统业务功能和数据管理功能。集团公司顶层系统统一部署分析工具，利用集团公司和研究院两级质量数据中心的数据，开展质量数据的多元分析应用。

（3）完善院级质量数据中心

各研究院围绕本院提出的建设方案和系统需求，完善院级质量数据中心建设内容，根据实际情况，完善院级质量业务管理功能模块，实现研究院级主管全型号、全产品质量数据的综合管理和院级质量业务在线运行。各研究院围绕本院质量管理需求，可以自主部署集团公司顶层系统开发的质量分析工具，也可以二次开发或自主开发部署，促进院级质量数据的综合应用。

（4）完善电子数据包系统

各部 / 所 / 厂围绕本单位提出的建设方案，自主应用集团公司开发的质量数据共用采集工具，实现产品研制生产过程质量数据的结构化采集；部 / 所 / 厂也可以依据集团公司和院级质量数据需求，开发建设本单位电子数据包系统，实现单位内质量数据的结构化采集、集成化管理与自主化应用。

（5）全面建成两级质量数据中心

各研究院组织开展本院主管部 / 所 / 厂电子数据包系统的整合建设，形成院级质量数据中心与各部 / 所 / 厂电子数据包的贯通建设；各研究院组织本院质量数据中心与集团公司顶层系统的贯通建设，全面建成上下互联的两级质量数据中心，促进集团公司质量管理模式的改进创新。

2.6.4.4　系统运维管理

逐步完善各级系统用户权限，支撑集团公司全员质量业务的在线开展与运行；组织系统测试验收与综合运维，实现集团公司数字质量系统支持航天精益质量管理体系的科学运行，促进型号科研生产转型升级。

（1）完善部署用户权限

按照集团公司信息化要求，提出集团公司顶层系统用户权限，在线分配用户访问权限，实现集团公司顶层系统的有效运行。各研究院、部 / 所 / 厂提出本级、本单位系统的用户权限，在线分配用户访问权限，实现本级、本单位系统的有效运行，保证集团公司领导和相关用户能够访问院级和部 / 所 / 厂系统的有关功能。

（2）系统测试与运维

按照集团公司信息化要求，开展集团公司数字质量系统整体测试，以政策指导，促进型号产品质量数据的在线采集、管理与分析，通过数字质量系统的运行与运维，促进航天精益质量管理体系的长期有效运行。

2.7 管控运行模式

2.7.1 三级管控管理

航天精益质量管理体系的管控运行是由集团公司、研究院、部 / 所 / 厂三级组织来实现的，如图 2-15 所示。

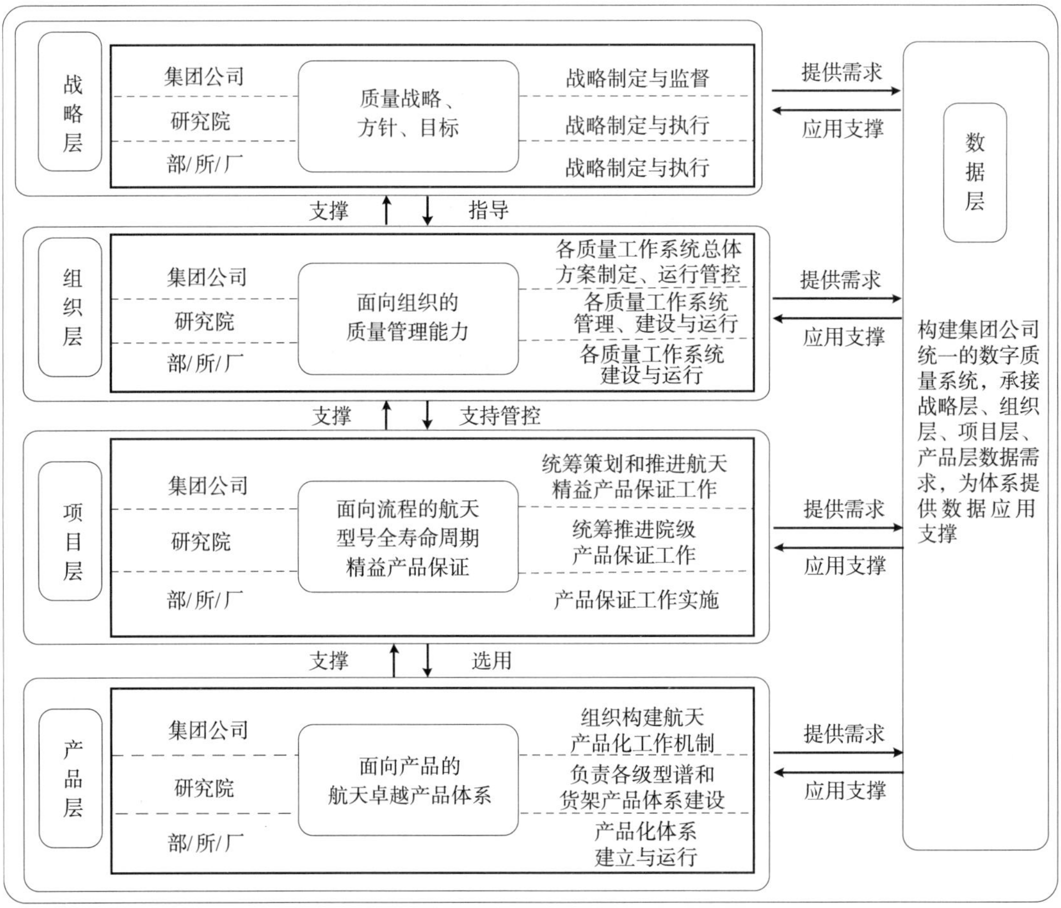

图 2-15　航天精益质量管理体系管控运行图

集团公司总部作为航天精益质量管理体系的治理层提出体系建设全局性治理要求，明确质量战略、体系框架和主要流程；研究院作为航天精益质量管理体系的管理层，落实体系建设治理要求，建立本业务领域质量管理体系；部 / 所 / 厂作为航天精益质量管理体系的执行层，落实上级体系建设要求，建立健全组织的质量管理体系；集团公司、研究院、部 / 所 / 厂三级协同运行，逐级构建，实现航天质量管理活动与资源的系统集成和持续改进。

以做优第一级（集团公司）、做实第二级（研究院）、做强第三级（部 / 所 / 厂）为目标，集团公司总体策划，逐级分解实施，各级既相互独立又密切协同，实现质量要求向下逐级分解落实、向上逐级溯源确认，共同支撑质量战略、质量方针和目标落实，实现集团公司三级质量管理工作的一体化和协调协同。

（1）战略层

集团公司总部作为战略决策中心、资源配置中心、国家重大工程管理中心、风险防控中心，负责落实国家和上级质量工作要求，制定集团公司质量战略、方针、目标，并对各级质量战略、方针、目标的制定与执行情况进行监督。

研究院负责落实上级质量方针政策和质量管理要求，结合研究院自身特点，制定研究院质量战略、方针、目标，按照管理层级分解到各层级、各部门和各类工作对象，并对所属单位质量战略、方针、目标的制定与执行情况进行监督。

部 / 所 / 厂负责落实上级质量工作要求，结合承担的任务特点，制定与执行本单位质量战略、方针、目标，并优质高效地完成质量目标。

（2）组织层

集团公司总部负责总体策划和组织实施航天质量管理活动及持续改进，开展贯穿集团公司、研究院、部 / 所 / 厂三级组织的质量管理各工作系统的总体方案制定以及运行管控，组织实施集团公司质量基础能力建设，构建集团公司质量基础能力体系。

研究院负责落实总体方案要求，开展质量管理各工作系统的管理、建设、运行工作，协调各工作系统建设过程中与上下级的接口关系，持续完善研究院整体质量管理体系，提升研究院整体质量保证能力。

部 / 所 / 厂是质量管理各工作系统建设工作的实施主体，负责本组织范围内各工作系统的建设与运行工作，同时进行研制流程架构和本级质量管理体系的持续优化，持续提升本单位质量管理体系有效性。

（3）项目层

集团公司总部对重大型号运营管控和一般型号战略管控，面向航天工程、项目，以差异化管控、型号与产品双驱动等航天科研生产管理新要求为导向，在运载火箭、航天器等领域统筹策划和推进覆盖“预研、研制、批产、售后”等各阶段的航天精益产品保证工作，建立健全航天精益产品保证工作顶层管理要求及配套的标准规范体系，统筹推进精益产品保证专业技术支撑机构和专家队伍建设，对各单位、各型号产品保证工作推进情况进行监督、指导和评价。

研究院负责建立院级型号产品保证工作系统，统筹推进院级产品保证队伍、标准规范和专业技术机构建设，将产品保证要求融入质量管理体系中，明确产品保证工作项目纳入科研生产统一管理的程序、方法，对所属单位、型号产品保证工作推进情况进行监督、指导和评价。型号抓总院负责确保产品保证要求的逐级传递落实。研究院对型号、集成产品质量负责，总体院对型号质量负总责，专业院对交付产品质量负责。

部/所/厂负责将产品保证要求落实到质量管理体系中，结合承担型号任务特点开展本单位产品保证工作的策划与实施，确保产品保证工作模式与型号研制流程有机融合。落实总体单位负总责、研制单位逐级负责，责任逐层传递，上游对下游逐级质量监督的要求。部/所/厂对本单位承担产品横向技术流程一致性、技术标准一致性、质量保证措施一致性负责，对交付产品以及采购产品质量负责。

（4）产品层

集团公司总部负责统筹航天一流产品体系和卓越过程建设工作，组织实施航天产品化工作体系建设，负责研究制定产品化工作的管理模式和机制，负责集团公司顶层政策、规章制度和规范标准的制定与宣贯，负责领域产品型谱管控，负责对列入重大任务的卫星公用平台、运载火箭的技术状态控制情况进行把关。

研究院负责落实上级产品化工作要求，建立完善的与本单位业务领域发展相适应的工作机制，负责各级型谱和货架产品体系的建设，负责本院承担的卫星公用平台、运载火箭的技术状态控制和审查，制定评估考核机制，展开常态化考核评估。

部/所/厂结合承担的科研生产任务特点构建本级产品化工作体系，制定产品化工作计划，并纳入科研生产管理体系，开展常态化运行，负责产品型谱化发展、产品成熟度提升、产品实现过程卓越等级提升、产品推广应用和产品升级换代等工作，提供型谱（货架）产品，支撑型号选用和研制。

（5）数据层

集团公司总部统筹推进数字质量系统总体建设规划，主导形成集团公司、研究院两级质量数据中心建设方案和要求，推进各单位、各项目以数据为支撑的质量管控模式落地，主导形成质量数据资源共享共用的机制，有效推进两级质量数据中心的建设工作。

研究院有效落实集团公司数字质量系统建设的规划和要求，编制本院数字质量系统建设方案，统筹推进数据结构化和数据接口相关工作，确保整个数据流的上下贯通，通过数据的有效收集和应用，支撑航天精益产品保证和基于模型驱动的研制流程建立。

部/所/厂依据集团公司及研究院数字质量系统建设规划和方案，建立本级数字质量系统，全面分析数据在整个研制、生产中的分布，开展有效的数据收集和治理工作，构建过程及结果数据模型和管控模式，强化数据的深入分析和应用，形成数据生成、分析的具体约束和方法，建立以量化数据表征、评判产品研制和质量管控水平的标准和流程，指导整个组织形成基于数据和流程驱动的质量管控模式。

2.7.2　相关关系

航天精益质量管理体系是承接 GJB 9001 标准要求，结合新时期航天强国建设的新形势新要求，采用系统工程的思维方法，构建适应航天特色，满足科研生产模式转型升级需求的质量管理体系，是新时代质量管理体系建设重点项目中领域质量管理体系建设和承制单位质量管理体系建设的涉及范畴。

目前，航天科技集团所属研究院本级、部 / 所 / 厂都按照 GJB 9001 标准要求建立了质量管理体系并通过体系认证，部分研究院也在不断创新实践，推动研究院、部 / 所 / 厂质量管理体系的一体化建设，实现研究院本级、部 / 所 / 厂质量管理体系的纵向配套以及产品保证要求和质量管理体系要求的协同，这为航天精益质量管理体系建设奠定了基础。航天科技集团通过质量管理体系评估、质量监督、质量分析等工作的开展，不断推动各单位质量管理体系的持续改进。

航天精益质量管理体系建设不改变目前各层级、各单位质量管理体系建设的基本模式，在研究院、部 / 所 / 厂质量管理体系建设基础上，突出质量战略的一以贯之，将质量战略贯穿于各级质量管理体系建设中，推动相关单位质量管理体系间的协同，提升质量管理体系对型号质量工作的支撑能力；突出质量保证能力共建共享，在 GJB 9001 质量管理体系建设的基础上，分级统筹推动保证质量、提高效率的能力建设；突出先进方法、手段应用，面向航天工程、项目推进航天精益产品保证工作，实施差异化管控和精准化控制，实现全过程质量保证；突出供给产品质量，打造卓越产品体系，为推动科研生产模式转型升级和高质量发展奠定坚实的基础保障。

2.7.3　建设要求

（1）顶层策划、分级建设

构建航天精益质量管理体系必须站在航天科技集团全局角度，强化顶层设计，引领和规范整个体系建设，按照集团公司、研究院、部 / 所 / 厂三级质量管理体系分级建设，各层级体系既相互独立又密切协同，共同支撑总体目标的实现。

（2）文化一脉、价值一体

各级组织以质量文化为引领，把推进质量文化建设作为提升组织软实力的战略活动，融入新时代质量管理理念，凝炼和落实新时期航天质量文化的思想理念和行为规范，构建良好的航天质量文化氛围，塑造航天精神的新时代价值。

（3）责权清晰、协同运行

集团公司对质量管理体系建设进行统筹推进，统筹建立质量责任体系，明确各级质量责任，建立协同机制，明确提出上下级及横向组织之间质量管理体系建设的接口关系，各级单位在加强领导和组织管理的基础上，共同推进体系建设工作，确保体系协同运行。

（4）横向覆盖、纵向贯通

以集团公司质量战略目标为牵引，建立横向覆盖、纵向贯通的矩阵式一体化质量管理体系，各级组织构建质量管理体系时将 GJB 9001 管理要素、新时代质量管理体系建设要求及实施方法路径，以及单位自身特点进行有机融合，形成一套科学适用的一体化质量管理体系。

（5）知识共享、能力共建

营造知识共享的文化氛围，持续积累流程、数据、标准等各类知识资源，构建知识库集成应用体系，推进体系建设知识的集成与共享，注重相关配套资源的提供、共享和有效利用，协同推进质量基础能力建设工作。

第3章

航天质量系统工程管理方法的创新实践

航天质量管理在航天工程实践中探索，在探索中创新，在创新中提高，走出了一条具有中国特色的航天质量管理发展道路。进入新时期，面对新形势、新任务、新挑战，航天科技集团始终按照“坚持、完善、创新、发展”的原则，以高质量保证成功为根本引领，以技术风险为主线实施全过程质量风险辨识与控制，以产品化转型为契机推动质量管理模式变革，相继创新实践了“三个面向”质量分析、产品合格率提升和稳定性控制、以质量为中心的全级次供应商管理等新方法、新手段，有力保障了航天工程任务的一次次成功和航天事业的科学发展。

3.1　以高质量保证成功为核心引领质量管理创新发展

面对世界百年未有之大变局，面对实现中华民族伟大复兴的战略全局，航天事业作为维护国家主权、安全、发展利益的重要力量，肩负着极为重要的责任和使命。站在新的历史发展时点上，作为中国航天科技工业的主导力量，航天科技集团提出了“推动航天强国建设，支撑世界一流军队建设，建成世界一流航天企业集团”的宏伟目标，同时提出了“高质量保证成功、高效率完成任务、高效益推动航天强国和国防建设”的“三高”发展要求。

作为“三高”中的第一个方面，“高质量保证成功”对航天科技集团具有极为重大的意义，“高质量保证成功”是航天科技集团践行“航天报国初心”和“航天强国使命”的最直接体现，是航天科技集团安身立命之本，是航天科技集团长远健康发展的基础和前提。

3.1.1　“三高”发展的内在逻辑与关系

3.1.1.1　既是工作目标又是工作要求

“三高”是工作目标，即“保证成功、完成任务、推动航天强国和国防建设”，要求全体航天人要在实现保证成功的基础上，全面完成各项研制生产交付保障任务，并以此来推动航天强国和国防建设目标的实现。

“三高”是工作要求，即“高质量、高效率、高效益”，要求航天人要用高质量的过程来保证高质量的产品并支撑航天任务的圆满成功，要用高效率的科研生产管理活动来保证任务的按时完成，要用高效益的综合结果来度量推动航天强国建设和国防建设的实际成效。

3.1.1.2　既相对独立又关联统一

“三高”相对独立：“高质量保证成功”聚焦在工作的高质量和产品的高质量；“高效率完成任务”聚焦在高效率完成任务的工作能力；“高效益推动航天强国和国防建设”聚焦在完成任务结果的高效益。

“三高”关联统一：高质量、高效率、高效益不是抽象的、割裂的，而是一个有机整体，是辩证、系统、递进的关系，相互作用，相辅相成。高质量、高效率、高效益之间具有同一性，目标都是为了航天强国和国防建设，三者相互联结、互为前提。在各项资源的约束条件下，“高质量保证成功”是要“保质”完成工作；“高效率完成任务”

是要“保量”完成工作；“高效益推动航天强国和国防建设”可以认为是在保质保量完成工作的基础上取得最佳效益。

三者之间体现了质量互变的规律性，持续的高质量保证成功必然带来高效率完成任务，高效益的目标正是对高质量、高效率提出的持续性要求，当高质量、高效率达到量的积累就会发生质变，从而实现高效益推动航天强国和国防建设的目标。没有“质”的“量”，不会产生效益，只会造成更大的浪费；没有“量”的“质”，就只能是“作品”而不是“产品”，无法达到推动航天强国建设和国防建设的根本目的。在获取最佳效益的约束下，如何通过高效率的科研生产活动，以高质量的产品实现过程达到最终结果的高质量，这是“三高”要求落地要解决的核心问题。

3.1.1.3 “高质量保证成功”具有决定性作用

航天作为高风险事业，从一定程度上来讲，“一次成功就是最佳效益。”没有成功，谈不上任务的完成，更谈不上推动航天强国和国防建设；没有高质量过程和高质量产品，谈不上有效率和效益。所以说，“高质量保证成功”是航天一切工作的基础和前提，“高质量保证成功”在“三高”中具有决定性和牵引性作用。航天工程作为质量与效率的矛盾统一体，在按节点推进具体工作时，必须坚持进度服从质量，高效率一定是建立在高质量的基础之上的，高效率与高质量通过相互作用使得航天工程能够按计划实施。

3.1.2 “高质量保证成功”的基本内涵

现代航天工程管理实践告诉我们，高质量保证成功就是要“一次就把事情做对”“一次就把事情做好”，倡导“一次成功就是最大的节约”。通过统筹各类资源，以及航天质量（产品）保证活动的有效实施，实现工作过程的高质量并进而保证产品的高质量，有效支撑飞行成功和任务成功目标的实现。

在“成功”目标前提下，航天高质量保证成功体现的是一种系统预防和过程管控的能力，具体体现在航天质量管理体系的能力，这个能力水平首先要能够支撑“成功”目标的实现，同时，也与航天科研生产管理和技术的现有能力水平相一致。航天高质量保证成功就是要实现组织质量保证能力的高质量，也就是要实现航天质量管理体系的卓越绩效水平。

3.1.2.1 “成功”是工作目标

对航天事业而言，成功是永恒的主题，没有成功就没有一切。无论到什么时候，保证成功都是第一要务，没有高质量保证成功，高效率完成任务就失去意义，高效益推动航天强国和国防建设更是无从谈起。

《现代汉语词典》对“成功”的解释为“获得预期的成果”。从“成功”的定义可以看出，“成功”的内涵是随着人们的“预期”变化而不断变化的，也就是说，成功的标准不是一成不变的，而是要根据形势任务及外部约束条件的变化而及时调整。

中国航天 60 余年的发展历程中，航天人一直以成功为信仰，同时也一直在提高对成功标准的界定。航天初创时期，通过仿制解决了基本的有无问题就是成功；后续，型号发射成功成为各方关注的重点；随着技术的发展，运载火箭的入轨精度、卫星的在轨寿命等作为成功的判定指标越来越受到各方的关注；得益于国家综合实力的提升，以载人航天工程、月球探测工程、北斗导航工程等为代表的一批航天重大工程纷纷实施，成功的概念不局限于一枚火箭的发射、单个航天器的运行，成功的定义又进行了新的拓展，已经涉及航天员的绝对安全、各阶段任务的全部完成、星座系统的稳定可靠运行等方面。

3.1.2.2　“高质量”是工作要求

质量的定义是客体一组固有特性满足要求的程度，这里的客体包括产品、过程、体系等。高质量是客体质量结果的一种表征，是客体与本身预期质量目标以及标杆质量相比较的综合结果。

60 多年来，中国航天人培育形成的“质量是政治、质量是生命、质量是效益”的质量文化，已成为航天事业发展的重要法宝。“高质量”是一个相对程度的概念，评价的主体、评价的标准不同，对是否为“高质量”的认知评价结果也不相同。在不同时期，不同技术水平和认知能力条件下，预期的质量目标不同，高质量的标准也有差异。

党的二十大报告指出：“我们要坚持以推动高质量发展为主题，把实施扩大内需战略同深化供给侧结构性改革有机结合起来，增强国内大循环内生动力和可靠性，提升国际循环质量和水平，加快建设现代化经济体系，着力提高全要素生产率，着力提升产业链供应链韧性和安全水平，着力推进城乡融合和区域协调发展，推动经济实现质的有效提升和量的合理增长。”习近平总书记在多个场合就“高质量发展”做出指示、提出要求。理解党中央提出的“高质量发展”，对认识航天的“高质量”有以下启示：一是要“好”，必须坚持质量第一；二是要“快”，要有效率，要提高全要素生产率；三是要“创新”，通过创新改革来激发新动能。

航天高质量包括高质量的过程、高质量的工作和高质量的产品，依靠高质量的过程和高质量的工作实现高质量的产品。

高质量的过程是指在产品实现过程中，设计、生产、试验、售后等各研制过程的工作均能高质量满足阶段工作的目标要求。其基本要求为：

1）工作的结果达到预先设定的目标；

2）工作按流程一次完成，没有出现反复或重复性工作；

3）能够对各研制过程的结果进行可靠验证和评价。

高质量的工作聚焦于能够有效支撑各类人员高质量高效率完成工作的各项基础能力。这些基础能力既包括人员自身的质量基础能力，也包括能够为人员高质量高效率完成既定工作目标而提供的设备设施、标准规范、方法工具等方面的基础能力和质量管理体系的持续改进能力。其基本要求为：

1）工作中不出错或少出错，一次把事情做对、做好，质量价值链最大化；

2）能够在最短时间内完成既定的工作；

3）能够依据最高（最新）标准规范开展工作；

4）出现问题后，能够通过管理活动避免问题的重复发生。

高质量的产品是产品实物高质量满足要求，一方面是产品测试和地面试验结果高质量，反映在产品实物质量水平；另一方面是产品飞行试验和任务结果高质量，反映在发射成功率和任务目标实现程度。航天任务的高风险性对航天产品的高质量提出了必然要求。其基本要求为：

1）产品实物质量指标满足设计指标要求；

2）产品可靠性等通用质量特性指标符合设计预期。

随着航天事业的不断创新发展，航天高质量过程更加关注质量管理体系、质量信息化水平、质量方法工具的应用、专业保证工作的实施情况等，由粗放型管理转向精细化和差异化管理，由基于文件的管理转向基于数据的管理，由经验型管理转向方法工具支撑的科学管理，由事后复查确认转向基于流程、“一次就把事情做对”的零缺陷管理。航天高质量产品更加关注产品指标的系统最优、产品功能性能指标的一致性、通用质量特性的满足情况及用户的实际使用体验等。

3.1.2.3 “保证”是工作手段

随着技术的进步和管理的优化，航天正逐步从“保成功”向“保证成功”转变。“保成功”是一种被动的工作模式，从“保成功”向“高质量保证成功”转变，是改变传统的把追求成功作为唯一压倒性目标的观念，利用更科学的管理、更先进的技术、更合理的工具保证成功，实现由被动应对向主动担当的转变。“保证”是按照高质量过程和高质量产品的要求，将产品实现全过程及产品状态确认的各环节进行有效管控，确保最终航天型号任务取得成功。

1）“保证”，要求按照已有要求、已有流程，水到渠成达到预设目的。

2）“保证”，要求在前期对能够满足任务（或目标）实现的途径、方法、手段、资源等进行明确的预设和配置，对可能存在的风险进行预判和分析，各类非预期变化均有明确的应对方法。

3）“保证”，要求按照标准、规范、方法、工具等对产品质量、工作质量进行客观性判定。

4）“保证”，要求要有对产品实现过程进行监督检查、对产品质量状态进行评价与验证所需的各类资源。

3.1.3　“高质量保证成功”的指标体系

“航天高质量保证成功”的要求必须通过实际的产品和工作来落实、落地，需要系统的指标来表征“航天高质量保证成功”的能力和实际工作结果。“航天高质量保证成功”指标体系见表 3-1。

3.1.3.1　指标体系的构成

1）航天高质量保证成功指标体系共设置四级指标。其中，包括 3 个一级指标，11 个二级指标，32 个三级指标，74 个四级指标，四级指标为直接评价指标。

2）3 个一级指标分别是：结果类、过程类和工作类。

3）依据 3 个一级指标设置二级指标总计 11 个。“结果类”设置两个二级指标：产品质量、型号质量；“过程类”设置 4 个二级指标：设计过程、生产过程、试验过程、售后过程；“工作类”设置 5 个二级指标：人员能力、标准规范、方法工具、现场能力、持续改进。

4）依据 11 个二级指标共设置 32 个三级指标。

5）依据 32 个三级指标分解形成 74 个四级指标，四级指标为直接评价指标。其中，除“方法工具”二级指标下的 3 个四级指标用等级进行评价外，其他总计 71 个指标均按指标计算（统计）规则进行量化评价。

6）该指标体系中，大部分指标反映了高质量的要求，同时部分指标反映了高效率和高效益的要求，如一次交验合格率、产品化率、自动化率等指标反映了高效率的要求，产品质量损失比率、损益质量损失率等指标反映了高效益的要求。

3.1.3.2　指标使用说明

1）对于适用于“产品”和“型号”的指标，应根据本产品和本型号涉及的数据按规则进行评价。涉及“产品”的四级指标共 39 个，涉及“型号”的四级指标共 44 个。根据“产品”和“型号”的不同研制阶段，选取适用的指标。

2）对于适用于“单位（部 / 所 / 厂、专业院、总体院）”的指标，根据本单位涉及的产品和型号数据按规则进行统计评价。涉及“部 / 所 / 厂”的指标有 47 个，涉及“专业院”的指标有 36 个，涉及“总体院”的指标有 33 个。

3）“方法工具”二级指标下的 3 个四级指标，按等级分为五级进行分级评价，分值分别为 0.9~1（五级），0.8~0.9（四级），0.7~0.8（三级），0.6~0.7（二级），0~0.5（一级），等级内指标高限数值不含本数。

4）各研究院、部 / 所 / 厂可根据本指标体系完善补充或细化相应的指标。

表 3-1 “航天高质量保证成功”指标体系

一级指标	二级指标	三级指标	四级指标	指标计算（统计）规则	指标适用范围					指标表征含义说明
					产品	单位			型号	
						部/所/厂	专业院	总体院		
结果类	产品质量	产品指标达到情况	功能需求指标达到率	达到的功能需求指标数 / 识别的功能需求指标总数	√	√	√			表征产品质量符合产品任务提出方和相关方需求、国家和上级各项强制性要求的程度，这些指标要通过充分的需求分析迭代获得。产品指标至少应覆盖产品研制任务书（合同）的相关要求 其中，有的指标是可以直接测量的，有的是经过分析或其他旁证认为达到的
			性能需求指标达到率	达到的性能需求指标数 / 识别的功能需求指标总数	√	√	√			
			法律法规等强制性要求指标达到率	达到的强制性要求指标数 / 识别的强制性要求总数	√	√	√			
			相关方（用户等）需求指标达到率	达到的相关方（用户等）需求指标数 / 识别的相关方（用户等）要求总数	√	√	√			
			其他隐含的需求指标达到率	达到的其他隐含需求指标数 / 识别的其他隐含需求指标总数	√	√	√			
			产品可靠性实际评估值	根据可靠性评估获得产品可靠性指标	√	√	√			表征产品的实际可靠性，根据产品设计实现情况和实际使用情况数据进行定期评价
		国产化和产品化情况	国产化率	使用国产基础产品（包括元器件、原材料、型号关键软硬件……）数量 / 使用基础产品的总数	√	√	√	√	√	表征落实上级核心在手、自主可控要求的程度
			产品化率	列入型谱的产品数 / 本单位（型号）承研承制的所有产品数		√	√	√	√	表征落实上级产品型谱建设要求的程度，按不同单位层级（或型号）型谱建设的职责分级分类统计
				产品化产品选用率	√	√	√	√	√	表征产品化工作实际推进落实的程度，根据不同层级的产品对系统（平台）/ 单机 / 模块等进行统计；根据单位（型号）涉及产品范围进行统计

续表

一级指标	二级指标	三级指标	四级指标	指标计算（统计）规则	指标适用范围					指标表征含义说明
					产品	单位			型号	
						部/所/厂	专业院	总体院		
结果类	产品质量	产品交付及使用故障情况	一次交验合格率	提交验收产品合格数 / 提交验收产品总数	√	√	√	√	√	表征实物产品（含硬件和软件）质量在本级工作全部完成后满足产品任务提出方要求的程度
			交付后产品故障率	交付后出现质量问题的产品数 × 问题阶段权重 × 问题严重程度权重 / 交付产品总数 问题阶段权重：交付总装前为 1，交付总装后至进入发射场前为 2，发射场阶段权重为 5，发射和空间飞行阶段权重为 10 问题严重程度权重：一般质量问题为 1，严重质量问题为 5，重大质量问题为 10	√	√	√	√	√	表征产品测试覆盖充分的程度、产品验收工作的有效性、产品使用可靠度；对于批次交付的产品，可以表征其抽样检验方法的有效性及批产质量控制的有效性
		产品质量效益情况	寿命周期内产品质量损失价值及占比	总损失价值（万元）/ 产品总价（万元）	√	√	√	√		从经济指标维度表征实物产品实际质量情况
	型号质量	型号指标达到情况	功能需求指标达到率	达到的功能需求指标数 / 识别的功能需求指标总数					√	表征型号质量符合产品任务提出方和相关方需求、国家和上级各项强制性要求的程度，这些指标要通过充分的需求分析迭代获得。型号指标至少应覆盖产品研制任务书（合同）的相关要求 其中，有的指标是可以直接测量的，有的是经过分析或其他旁证认为达到的
			性能需求指标达到率	达到的性能需求指标数 / 识别的功能需求指标总数					√	
			法律法规等强制性要求指标达到率	达到的强制性要求指标数 / 识别的强制性要求总数					√	
			相关方（用户等）需求指标达到率	达到的相关方（用户等）需求指标数 / 识别的相关方（用户等）要求总数					√	
			其他隐含的需求指标达到率	达到的其他隐含需求指标数 / 识别的其他隐含需求指标总数					√	

续表

一级指标	二级指标	三级指标	四级指标	指标计算（统计）规则	指标适用范围					指标表征含义说明
					产品	单位			型号	
						部/所/厂	专业院	总体院		
结果类	型号质量	型号指标达到情况	产品可靠性实际评估值	根据可靠性评估获得型号可靠性指标					√	表征型号的实际可靠性，根据型号设计实现情况和实际使用情况数据进行定期评价
		型号任务结果情况	发射成功率	运载火箭将载荷成功送入预定轨道数 / 运载火箭发射总数				√		表征运载火箭的总体可靠性水平。由运载火箭抓总院进行统计
			任务成功率	（本单位装备飞行任务成功数 + 进入空间的各类飞行器完成预定任务数）/ 本单位承担的任务总数 任务权重如下： 国家航天重大专项任务为 1（按任务系统分别统计） 装备首飞、卫星平台首发星入轨、运载火箭首飞按发（颗）统计，权重为 0.8 装备研制性飞行试验和批抽检飞行试验及演训任务、装备定型飞行试验、运载火箭发射、卫星入轨等按发（颗）统计，装备定型飞行试验按任务次数统计，权重为 0.5 装备研制与批抽检及战训等按任务次数统计，权重为 0.3				√		表征各总体院“高质量保证成功”的总体抓总水平。根据不同任务重要程度和技术复杂度设置不同权重（待进一步明确），进行综合计算
			在轨寿命完成率	各类在轨的空间飞行器的实际运行寿命 / 飞行器设计寿命				√		表征空间飞行器长期在轨的可靠性
			试验鉴定一次通过率	装备试验鉴定项目一次通过的数量 / 装备试验鉴定项目总数		√	√	√	√	表征型号满足实战化（实际应用）的水平
		型号质量效益情况	重大质量损失价值及占比	严重及以上质量问题总损失价值（万元）/ 型号总价					√	从经济指标维度表征型号实际质量情况

续表

一级指标	二级指标	三级指标	四级指标	指标计算（统计）规则	指标适用范围					指标表征含义说明
					产品	单位			型号	
						部/所/厂	专业院	总体院		
过程类	设计过程	设计指标达到情况	功能指标设计达到率	设计结果满足的功能需求指标数/识别的功能需求指标总数	√				√	表征产品总体设计能力。设计不仅包括产品设计，还应包括产品实现的工艺设计等
			性能指标设计达到率	设计结果满足性能需求指标数/识别的功能需求指标总数	√				√	
			法律法规等强制性要求设计指标达到率	设计结果满足强制性要求指标数/识别的强制性要求总数	√				√	
			相关方（用户等）需求指标设计达到率	设计结果满足的相关方(用户等)需求指标数/识别的相关方（用户等）要求总数	√				√	
			其他隐含的需求指标达到率	设计结果满足其他隐含需求指标数/识别的其他隐含需求指标总数	√				√	
			可靠性指标设计达到值	设计结果的实际可靠性指标	√				√	
			安全性指标设计达到值	设计结果的实际安全性指标	√				√	
			产品可测试率	产品过程控制关键特性指标在本级产品可直接检测数/产品过程控制关键特性指标在本级产品的总数	√				√	表征对产品三类关键特性（设计关键特性、工艺关键特性、过程控制关键特性）逐步识别情况、测试覆盖分析情况、设计与工艺（生产）的协同分析情况
			产品技术成熟度综合评价	按照采用的成熟技术（新技术）、产品化率、产品成熟度等多个维度对系统的成熟度进行综合评价	√				√	表征设计采用技术的总体成熟程度
		设计结果质量情况	设计出图后技术状态变更数量同比下降率	（前一统计周期技术状态变更数量－本周期技术状态变更数量）/前一统计周期技术状态变更数量	√	√			√	表征设计从设计输入到设计结果的一次实现正确性情况、设计过程上下游沟通情况

续表

一级指标	二级指标	三级指标	四级指标	指标计算（统计）规则	指标适用范围					指标表征含义说明
					产品	单位			型号	
						部/所/厂	专业院	总体院		
过程类	设计过程	设计结果质量情况	软件千行代码错误率	软件测试问题数量 / 软件代码行数 ×1000	√	√			√	表征软件产品设计质量
		设计工具使用情况	设计过程工具化率	实现工具化的设计关键节点数量 / 设计关键节点总数	√	√			√	表征设计过程的规范程度
		设计人员情况	设计人员经验值	项目团队各成员从事专业设计时间的总和（年）/8× 项目成员人数，最大值取 1	√	√			√	表征设计团队的整体成熟度。8 年专业设计经验可认为是较为成熟的设计人员
	生产过程	生产过程质量情况	合格率	按产品类别统计，工序输出的合格产品数 / 工序输出的产品总数	√	√				表征工序质量保证能力。对各工序进行分别统计
			返工、返修率	返工、返修产品数 / 产品总数	√	√				表征生产全过程质量控制能力
		生产条件手段情况	自动化率	自动化工序数 /（手工操作工序数 + 自动化工序数）	√	√	√	√		表征单位生产过程自动化水平、通过工艺过程保证产品质量一致性的能力
			过程自动检测率	通过自动化手段可检测的产品参数数量 / 需检测的产品参数总数	√	√	√	√		表征单位产品质量过程确认的自动化能力
			设备综合效率	时间开动率 × 性能开动率 × 合格品率		√				表征现场配备的设备使用综合效率
			过程稳定性	过程能力指数（C_p= 规定的容差 / 过程离散程度）	√	√				表征批产生产线产品质量波动程度
		生产人员情况	生产人员经验值	从事产品同岗位（工种）生产（含制造、装配、测试、调试、检验等）时间的总和（年）/8× 生产实现过程人数，最大值取 1	√	√			√	表征生产人员团队的整体成熟度。8 年生产类岗位经验可认为是较为成熟的生产类人员
	试验过程	试验设计情况	试验项目覆盖率	产品研制全过程实际开展的试验项目 / 按照各级标准规范应开展的试验项目数	√				√	表征试验验证工作开展的总体情况

续表

一级指标	二级指标	三级指标	四级指标	指标计算（统计）规则	指标适用范围					指标表征含义说明
					产品	单位			型号	
						部/所/厂	专业院	总体院		
过程类	试验过程	试验设计情况	试验结果置信度	根据大型地面试验（联合仿真试验）的总体试验设计情况，计算被测量参数值的可信程度范围	√				√	表征试验设计能力
		试验结果情况	产品功能性能指标试验验证率	通过试验（含仿真）已验证的产品功能性能指标数量 / 产品功能性能指标总数	√				√	表征产品试验充分性情况。应覆盖产品的不同工作状态、工作环境、实际使用边界条件
		数字化仿真试验能力情况	仿真模型真实度	Σ 模型参数模拟范围 / 实际参数范围	√				√	表征数字仿真与实物试验验证的符合度
	售后过程	售后服务能力情况	备件供应完备率	实际供应的备件数 / 应供应的备件总数					√	表征从产品、技术、服务等方面支撑保障售后服务（在轨运维）的总体水平
			技术培训覆盖率	实际培训人数 / 应接受技术培训人数					√	
			问题处理及时率	按进度完成售后（在轨运维）反馈问题处置数 / 售后（在轨运维）反馈问题总数					√	
工作类	人员能力	人员培训取证情况	培训合格率	本单位质量培训合格员工数 / 本单位员工总数		√	√	√		表征单位（型号）各级各类人员质量基础能力情况
			持证上岗率	有任职资格要求的岗位培训合格持证上岗员工数 / 有任职资格要求的岗位员工总数		√	√	√		表征关键岗位人员按质量要求配置情况
		人为工作差错情况	人为质量问题率	因人为差错导致的质量问题数 / 质量问题总数		√	√	√		表征人为工作差错造成损失情况
			人为不合格品率	因人为差错导致的不合格品数 / 产品总数		√	√	√		
	标准规范	标准规范覆盖情况	标准定期复核更新率	现有标准数 / 按单位标准体系表应制定（含采用）标准数		√	√	√		表征单位标准体系整体建设情况

续表

一级指标	二级指标	三级指标	四级指标	指标计算（统计）规则	指标适用范围					指标表征含义说明
					产品	单位			型号	
						部/所/厂	专业院	总体院		
工作类	标准规范	标准规范覆盖情况	设计过程指南规范覆盖率	设计指南规范覆盖的工作项目/设计工作项目	√				√	表征设计过程标准规范覆盖程度
			生产过程工艺规程覆盖率	生产实现过程制造、装配、测试、调试等工艺规程数/工艺过程数	√				√	表征生产过程规程覆盖程度。根据加工、装配、测试、调试、检验等各环节分别统计
			试验过程标准规范覆盖率	试验标准规范指南覆盖的试验项目/试验总项目	√				√	表征试验过程标准规范覆盖程度
			岗位标准目录覆盖率	建立岗位标准目录的岗位数/岗位总数		√	√	√		表征单位岗位工作依据建设情况
		标准持续改进情况	标准定期复核更新率	标准规范定期复核更新的数量/标准总数		√	√	√		表征单位标准规范动态更新的工作情况
	方法工具	质量管理信息化情况	质量管理信息系统	信息系统建设及使用情况		√	√	√		表征单位质量管理信息化水平。是否对质量管理各业务流程进行了梳理、各流程是否已在系统中运行、相关管理信息是否可以通过电子化形式传递
				信息上报及时率		√	√	√		表征单位质量管理信息系统运行的实际水平
		质量管理数字化情况	电子产品数据包	电子化、结构化质量与可靠性数据管理使用情况	√	√	√	√	√	表征型号科研生产质量管理的精细化、科学化水平。型号产品研制全寿命周期质量与可靠性数据是否已按数据包项目清单电子化，电子化的数据是否按照结构化的要求进行了规范，结构化数据是否可以支撑相关质量与可靠性方法工具进行分析应用

续表

一级指标	二级指标	三级指标	四级指标	指标计算（统计）规则	指标适用范围					指标表征含义说明
					产品	单位			型号	
						部/所/厂	专业院	总体院		
工作类	方法工具	工具应用情况	质量与可靠性软件工具应用	FMEA、成功数据包络分析、电子产品潜通路分析等质量与可靠性重点工作软件工具应用的情况	√	√	√	√	√	表征单位（型号）质量与可靠性工作在设计、生产、试验等各环节的规范化、科学化水平
	现场能力	设备管理情况	设备完好率	完好设备总台数 / 生产设备总数		√				表征设备的维护保养程度
			设备综合效率	时间开动率 × 性能开动率 × 合格品率		√				表征现场配备的设备使用综合效率
		现场管理情况	星级现场达标率	达到三星级以上现场数量 / 现场总数 其中：五星级现场加权为 1，四星级现场加权为 0.8，三星级现场加权为 0.6		√	√	√		表征单位现场管理的规范程度
	持续改进	质量体系及时改进情况	不符合项按期闭环率	每期不符合项实际按期闭环数量 / 每期不符合项应按期闭环数量		√	√	√		表征单位质量管理体系运行能力
		质量问题及时归零情况	一般质量问题及时归零率	一般质量问题在一个月内归零的数量 / 一般质量问题总数		√	√	√	√	表征单位处理质量问题的技术能力和管理能力
			发射场质量问题及时归零率	发射场质量问题在一周内归零的数量 / 发射场质量问题总数		√	√	√	√	
			转场后质量问题及时归零率	发射场型号转场后质量问题在三天内归零的数量 / 发射场型号转场后质量问题总数		√	√	√	√	

续表

一级指标	二级指标	三级指标	四级指标	指标计算（统计）规则	指标适用范围					指标表征含义说明
					产品	单位			型号	
						部/所/厂	专业院	总体院		
工作类	持续改进	质量问题闭环情况	质量问题归零措施闭环率	质量问题归零措施落实数 / 质量问题归零措施总数		√	√	√	√	表征单位（型号）主动改进质量能力和闭环管理能力
			质量问题“三个面向”质量分析率	重大、严重、重复、典型质量问题开展专题“三个面向”质量分析数 / 重大、严重、重复、典型质量问题总数		√	√	√		
			质量监督代表提出问题落实率	质量监督代表提出问题落实数 / 质量监督代表提出问题总数		√	√	√	√	
		质量效益改进情况	损益质量损失率	（内部故障成本 + 外部故障成本）/ 利润		√	√	√		表征产品质量问题对经济效益的影响程度
		用户满意度提升情况	用户满意度	各单位根据用户满意度测评结果计算		√	√	√		表征外部顾客对单位整体的满意程度

备注：

一、指标体系说明

1. 本指标体系共设置四级指标体系。

2. 一级指标 3 个：结果类、过程类、工作类。

3. 依据 3 个一级指标设置二级指标总计 11 个。“结果类”设置两个二级指标：产品质量、型号质量；“过程类”设置 4 个二级指标：设计过程、生产过程、试验过程、售后过程；“工作类”设置 5 个二级指标：人员能力、标准规范、方法工具、现场能力、持续改进。

4. 依据 11 个二级指标共设置 32 个三级指标。

5. 依据 32 个三级指标分解形成 74 个四级指标，四级指标为直接评价指标。其中，除“方法工具”二级指标下的 3 个四级指标用等级进行评价外，其他总计 71 个指标均按指标计算（统计）规则进行量化评价。

二、指标使用说明

1. 对于适用于“产品”和“型号”的指标，应根据本产品和本型号涉及的数据按规则进行评价。涉及“产品”的四级指标共 39 个，涉及“型号”的四级指标共 44 个。根据“产品”和“型号”的不同研制阶段，选取适用的指标。

2. 对于适用于“单位（部 / 所 / 厂、专业院、总体院）”的指标，根据本单位涉及的产品和型号数据按规则进行统计评价。涉及“部 / 所 / 厂”的指标有 47 个，涉及“专业院”的指标有 36 个，涉及“总体院”的指标有 33 个。

3.“方法工具”二级指标下的 3 个四级指标，按五级进行分级评价，分值分别为 0.9~1（五级），0.8~0.9（四级），0.7~0.8（三级），0.6~0.7（二级），0~0.5（一级），等级内指标高限数值不含本数。具体评价等级准则后续制定。

4. 各院、部 / 所 / 厂可根据本指标体系完善补充或细化相应的指标。

5）该指标体系主要用于各单位自我评价，实现对产品、单位和型号高质量保证成功能力和结果的定量检查，明确后续工作改进方向。集团公司通过建立各指标的合理考核目标和整体评价模型及方法，实现对各单位、型号间的横向评价以及总体评价。同时，通过指标的不断提升和优化，进一步发挥对后续持续改进的拉动作用。

3.1.3.3　指标体系的作用

以高质量、高效率、高效益发展目标指导实践，必须做到工作一流、过程一流、结果一流。“工作一流”，即确保载人航天、火星探测、新一代运载火箭等航天重大工程任务圆满成功，在进入空间、利用空间、探索空间的能力上达到世界一流水平。“过程一流”，即做到立项论证、方案设计、试验验证、生产制造、定型评估、服务保障等各阶段的全过程受控，以先进科学的方法提高工作效率，在精细、精准上下真功夫，实现“同样质量的工作，用时更少”“同样质量效率的工作，投入资源更少”“同样的资源投入，获得产品的质量效益更大化”。“结果一流”，即建成世界一流航天企业集团，有力支撑世界一流军队建设，推动我国率先在航天领域实现强国目标。

以高质量、高效率、高效益发展目标引领未来，就是要打通基础和应用研究、型号研制和工程应用的创新链路，加快实现航天型号向体系化发展、规模化应用、业务化服务转变，不断增强航天产品高质量供给能力、高可靠保障能力、创新发展能力和航天技术应用及服务产业可持续发展能力。就是要坚持目标导向，瞄准瓶颈短板，努力突破太空安全、新型装备、深空探测、卫星互联网、重型运载火箭等领域核心关键技术，全面提升自主创新和自主可控水平，让中国人探索太空的脚步迈得更稳更远，为实现中华民族伟大复兴的中国梦做出新的更大贡献。

3.2　以技术风险为主线实施全过程风险辨识与控制

航天工程是当今世界最具挑战性的高科技领域之一，具有探索性、复杂性、研制试验与飞行小子样等特点以及高可靠、高安全的要求，突出表现为高风险特征，通过航天工程风险的全面辨识与有效控制，实现航天型号一次成功、次次成功是航天人不懈努力奋斗的目标。回顾国内外航天发展历史，发射失利、人员伤亡等失败案例屡见不鲜，航天型号发射失利的内在逻辑反映出，型号研制、发射、飞行等过程的风险辨识与控制不到位是造成任务失败的主要成因。航天型号研制、发射、飞行的过程就是不断挑战高风险的过程，中国航天在长期的风险管控实践中，围绕型号成败型技术风险的辨识与控制，逐步形成了“以技术风险为主线”的风险辨识与控制系列方法，尤其是风险线索分析法、四域六交集分析法等的广泛实践应用，保证了航天型号的不断成功，助推中国航天实现了从研制到批产、从单星到多星的跨越。针对航天产品天地环境差异性、时变性和小子样等高风险特征，基于数据分析理论和统计过程控制理论，航天科技集团创新提出并全面推广应用了飞行成功数据包络分析方法，解决了航天小子样产品保证成功的问题，不断推动中国航天从航天大国向航天强国迈进。

3.2.1 航天型号发射失利的内在逻辑

数万年前，人类开始意识到某些事会导致其他事的发生，并且改变前者就会导致后者的改变。所有这一切使得我们的祖先开始思考这样一个简单问题：为什么？为什么航天型号发射任务时不时会遭受重大失利？为什么有时会连续集中发生失利案例？为什么失利后，我们总是感到追悔莫及？不同类型的失利有共同因素吗？有必然的规律吗？如何实现航天探索之路走得更稳更远？为此，本节试图从技术和产品逻辑、系统工程逻辑、人文逻辑三个维度来揭示航天型号发射失利的内在逻辑规律。

3.2.1.1 航天型号发射形势分析

1957 年 10 月，苏联成功将世界上第一颗人造地球卫星送入太空，开启了人类探索太空奥秘的新时代。经统计，从 1957 年至 2020 年，国内外运载器共进行了 6015 次发射，成功 5520 次，失利 495 次，发射成功率仅为 91.77%，其中不乏火箭在发射台爆炸、航天飞机失事导致科学家和宇航员遇难的灾难性事故。1960 年 10 月 24 日，苏联发生了世界上最惨烈的导弹爆炸，导弹部队司令员涅杰林元帅当场丧生，发射台上 160 名苏联宇航科学家全体遇难。1986 年 1 月 28 日，美国挑战者号航天飞机发射升空后 73 秒爆炸，机上 7 名宇航员全部遇难。2003 年 2 月 1 日，美国哥伦比亚号航天飞机在返回地球时解体坠毁，7 名宇航员全部遇难。上述事故，仅仅是发射失利的冰山一角。航天型号发射失利，轻者造成星箭俱损的重大经济损失，重者会导致严重的人员伤亡，影响巨大。

3.2.1.2 航天型号发射失利的技术和产品逻辑维度

绝大部分航天型号发射失利都是由技术或产品原因导致的，技术未吃透、设计和工艺固有缺陷、产品质量缺陷等往往是导致航天型号发射失利的直接原因。技术与产品逻辑，主要是技术与产品问题导致失利的内在规律和主要成因。

逻辑 1：设计和工艺的固有缺陷迟早会成为重大事故的根源。

1960 年 10 月 24 日，苏联导弹在发射台爆炸，其直接原因是技术隐患引发的灾难。当时，涅杰林元帅按下导弹发射按钮后，导弹未发射出去；地面断电后，元帅带领专家和工程人员集体到发射台进行检测，但由于差错，此时弹上并未真正断电，时序仍在执行，导致导弹二级点火，引发爆炸，酿成空前灾难。

2015 年 6 月 28 日，猎鹰九号火箭携带龙飞船及货物升空，火箭起飞 147 秒后发生剧烈爆炸。经查，事故原因是 SpaceX 公司在设计火箭二子级液氧贮箱中的复合材料缠绕压力容器支架时，未选择航空航天级部件，只选择了工业级部件，且未考虑制造商提示的工业级部件 4 ：1 安全系数的建议，也未对部件进行适当的建模和充分的载荷测试，发射时支架失效，引起氦气泄漏，最终导致液氧贮箱因压力过大而破裂，引发爆炸。事故后，SpaceX 公司改进了支架设计方案，将支架材料更换为镍基合金，并加强对相关部件的测试力度。

逻辑 2：好的愿望往往事与愿违，本意为消除某些故障模式而采取的冗余设计措施，实际上却引入了新的成败型单点故障模式。

2016 年 9 月 1 日，SpaceX 公司在卡纳维拉尔角空军基地对猎鹰九号火箭进行整箭地面静态点火试验，火箭在加注过程中出现意外，从火箭二子级开始起火爆炸，造成星箭俱毁。经调查，事故原因是 SpaceX 公司改变了液氧贮箱内增压氦气瓶的充气流程，采用了温度更低的氦气。氦气瓶为复合材料缠绕压力容器，内胆材料为铝，外层包裹碳纤维复合材料，浸泡在 −207 ℃的超低温液氧中。事故中采用的氦气充气流程会使超低温液氧渗入碳纤维复合材料层与内胆之间并固化，引起碳纤维层与氧气发生反应，导致氦气瓶破裂爆炸。事故后，SpaceX 公司将氦气瓶充气流程恢复至以往的技术状态，提高氦气温度，并计划改进气瓶设计，防止液氧渗入。

2018 年 10 月 29 日，印度尼西亚狮子航空一架波音 737-MAX 8 客机在起飞 13 分钟后坠毁，机上 189 人全部遇难；2019 年 3 月 10 日，一架埃塞俄比亚航空公司波音 737-MAX 8 客机在起飞 6 分钟后坠毁，机上 157 人全部遇难。经查，波音 737-MAX 8 在 737NG 平台的尺寸和布局基础上换装了燃油效率更高、推力更大、尺寸也更大的发动机 LEAP1-B。为适应发动机变化，需将发动机的安装位置向机翼前方移动，并改进了后机身设计，采用新的翼梢小翼。局部改进引起了飞机气动外形变化，导致起飞阶段失速风险增大。继承 737NG 的老平台、加装新发动机形成了 737-MAX 8 平台的固有缺陷，且无法通过总体的改进设计从根本上解决，只能委托外包软件供应商设计预防失速的“机动特性增强系统”（MCAS），通过局部补救措施以弥补总体上的缺陷。但新增的 MCAS 设计也存在缺陷，直接带来了巨大的飞行安全问题。

逻辑 3：合格产品，也可能是残次品，我们被合格的检测、测试数据欺骗了。

2014 年 10 月 28 日，美国安塔瑞斯火箭发射飞船，执行第三次“商业补给服务”，发射前发射团队完成了一系列火箭和地面系统的检查，都得到了“合格”的结果。火箭发射升空后，运载火箭尾端出现烟雾和火焰，仅数秒后发生爆炸。经查，主要原因是一台一级发动机在点火 15 秒后失效，最终导致发射任务失利。我国运载火箭发射失利的案例中，也不乏因所谓“合格”的液体火箭发动机导致的失利。我们看到的“合格”，只是基于现有的检测参数所呈现的“合格”，对于复杂的系统、产品，现有的检测参数，并不能完全代表系统或产品内在质量的合格。

3.2.1.3 航天型号发射失利的系统工程逻辑维度

德国著名心理学教授、认知行为领域的权威——迪特里希·德尔纳在《失败的逻辑》一书中提道：1）现代世界由无数相互联系的子系统组成，我们必须从这些相互联系的角度去思考问题。2）失败的原因往往是只关注一项工作，而忽视协调性考虑。3）假定具备所有的智能、经验和信息条件，我们仍然会犯错误，有时甚至引起灾难性后果，问题的答案不在于疏忽或粗心，而源于所谓的“失败的”逻辑：我们思维模式中的某些倾向，诸如一次只做一件事，单一的因果关系，线性思维等；这些都适用于过去的简单世界，而当今世界，一切事物都是关联的；我们不能一次只做一件事情，因为每件事都有多重结果；我们不能立足于孤立的因果模式考虑问题，因为所有的情况都有副作用和长远影响。4）在未了解一个复杂系统中所有连锁因素之前就采取行动，即使我们怀着善良的意愿，也难免铸成大错。总之，片面的、孤立的、割裂的思维逻辑一定是失败的重要原因，树立系统工程的思维逻辑，运用系统工程方法是实现成功的法宝。本文分析的系统工程逻辑，主要是有违系统工程理念原则的主要成因和内在规律，主要表现在工程管理和组织管理。

逻辑 4：把一个大系统当作若干不相关的独立系统，虽然简化了认知范围和工作程序，但必然忽视系统与系统之间的相互作用及相互影响，失败是迟早的事。

2015 年 11 月 4 日，美国超级斯届比运载火箭首飞发射约 1 分钟后解体爆炸。首飞任务计划 2013 年 10 月发射，但由于技术问题连续多次推迟发射（2014 年 11 月、2015 年 1 月、2015 年 10 月、2015 年 11 月）。首飞失利后，综合分析超级斯届比火箭的总体设计方案，火箭采用了简化的控制系统，飞行全程采用自旋方式保持箭体稳定，在大气层内无制导，而这种方式的抗干扰能力有限，火箭升空后由于外界环境出现大的扰动导致火箭姿态失稳，解体爆炸。

某运载火箭失利，框架断裂是导致失利的直接原因，造成框架断裂的原因是由于框架相关尺寸不受控。该问题为什么没有提前发现呢？经查，该型号为了挖潜，延长了产品的工作时间，但仅进行了性能分析，认为能够满足工作时间延长要求，未将动力、结构、控制作为一个整体进行系统分析，因此错失了发现产品缺陷的初始机会。其逻辑关系应是：工作时间变化→振动环境变化→框架承受环境的任务剖面发生变化→框架承受的力学环境发生变化→框架适应能力分析→框架关键性的辨识与控制要求→产品过程质量保证。局部的状态改变，其实足以引起系统工作平台本质的变化。

逻辑 5：试图在一个复杂系统中使用一般性去条件措施，终究会失利。

如某型号失利，是一个典型的连锁故障，最终导致发射失利。其设计理念是：若 A

若B若C若D，则有X，即若A正确、若B正确、若C正确、若D正确，则有X，即成功。但实际结果却是非A导致非B，非B导致非C，非C导致非D，最终造成非X，即失利。

逻辑6：工作流程中的成败型单点，比产品中的单点故障模式发生的可能性更大，如果一项关键操作、关键测试等仅仅由一个人、一个环节来保证，问题一旦突破单点保证环节，后果将是全局性的灾难。

2009年2月24日，美国“金牛座”运载火箭发射轨道碳观测卫星，发射失利；2011年3月4日，该型火箭发射地球观测卫星，发射失利。经查，两次失利均是由于整流罩未按预定需求打开、脱落，火箭太重，导致卫星坠落，原因是整流罩铝制配件强度不达标。经调查，该型火箭整流罩铝制配件为某供应商生产，该供应商多年造假，提供不合格配件，伪造数千份文件，但NASA、DoD等数百名客户一直未对该铝件进行独立测试，轻信供应商检测结果，想当然地认为铝材符合强度要求，直至引发了两起发射失利。

1990年2月22日，欧空局阿里安运载火箭在库鲁发射场发射超鸟卫星，火箭起飞101秒后发生爆炸。经调查，事故原因是工作人员擦拭冷却管道内部时疏忽大意，一块碎布误留在一级发动机供水管内，在后续的测试和检查中均未发现该问题。火箭发射升空后，碎布堵住了一个供水阀门，致使水流不能到达一级发动机，导致火箭爆炸。

某卫星在轨测试时发现地面无法正确解调电文，导频通道相位关系与接口控制文件不一致，相位相差180度，卫星在轨状态错误。经查，是由于某软件未按照接口控制文件要求设计导致的，在后续的三级审签、单机测试、分系统测试、交付验收测试、整星测试、大系统测试，均未发现该设计错误。该问题暴露出责任单位对接口控制文件的分析确认不到位，各级审查把关不严，测试覆盖性不够，试验验证不充分，导致问题层层闯关。

3.2.1.4　航天型号发射失利的人文逻辑维度

航天型号发射失利中，直接原因往往是导致某单一型号失利的偶然因素，而被忽视的根本原因，却是导致失利的必然因素，而根本原因是组织问题，组织问题的根本原因是人的问题，人的问题的主要（根本）原因是管理者的问题。人文逻辑，主要是目的、目标、理念、文化、人的行为对导致失利的成因和内在规律，主要表现在不同组织层面和不同类型人员层面。

逻辑7：违规操作的代价惨痛，集体违规一定是决策者不负责任。

1960年10月24日，苏联导弹在发射台爆炸，其根本原因是政治挂帅违规冒险。其背景是赫鲁晓夫给涅杰林元帅下达发射任务时说：“当我赴美国谈判，我的脚踏上美利坚合众国的土地时，你要给我放一枚导弹，吓唬吓唬美国人。”10月23日当赫鲁晓夫一行到达美国时，涅杰林元帅旋即按下导弹发射按钮，但是导弹未发射出去，迫于形势压力，在违背安全条例规定、推进剂未泄出的情况下，元帅带领导弹专家和工程人员集体到发射台进行检查，酿成空前灾难。

逻辑 8：不基于事实的官僚主义决策，一定是冒险决策，冒险迟早会付出代价。

1986 年 1 月 28 日，挑战者号航天飞机发射升空后，因其右侧固体火箭助推器（SRB）的 O 形环密封圈失效，发射 73 秒后爆炸，机上 7 名宇航员全部遇难。这是典型的单点失效导致的重大灾难，但其根本原因却是 NASA 的官僚主义、“安全文化”缺失、安全与可靠性评估粗糙且不切实际。经查，发射前技术人员发现，发射前一天夜里的低温，肯定会把 SRB 的温度降到华氏 40 度的警戒温度以下，并明确提出低温会导致 O 形环的橡胶材料失去弹性这一隐患。但 NASA 管理层否决了 O 形环在低温下的功能隐患，也未采纳罗克韦尔图珍公司提出的大量冰雪堆积在发射台上会威胁到发射的意见，最终导致航天飞机发射失利。

1987 年 3 月 26 日，美国宇宙神 - 半人马座运载火箭于卡纳维拉尔角发射场发射海军舰队通信卫星，火箭起飞不到 1 分钟，发射台上空出现电火花击打火箭现象，火箭受到 4 次闪击，引起电压浪涌，感应了火箭制导控制计算机，启动了火箭旋转发动机，使火箭从垂直方向变为水平方向，后火箭启动自毁程序。经调查，发射前发射场周期气象状况不好，下了一场大雨，发射推迟 14 分钟，发射台仪器测量数据表明大气层的电势已经超过发射闪电标准线的 4~8 倍，当时的云厚度和温度也超出发射标准线，管理人员收到了气象报告，但并未引起足够的重视，仍做出了发射的决定，致使火箭遭到雷击，发射失利。

逻辑 9：重大事故前，会有蛛丝马迹，但由于种种原因，错过了避免重大事故的机会。

1993 年 8 月 2 日，美国大力神 4 运载火箭在范登堡空军基地发射军事卫星，火箭起飞约 101 秒爆炸。经查，事故原因是助推器的一台固体发动机被烧穿。事后调查发现，联合公司在进行发动机锻件生产时，曾发现锻件间连接处有裂缝，并进行了修复，但未对发动机壳体进行严格的绝缘处理，进而造成在发射时发动机锻件壁部被烧穿，导致发射失利。

从波音 737-MAX 8 狮航、埃航两次事故来看，在事故发生前已经出现各种先兆，但是没有得到应有重视，最终酿成惨剧。较之多次飞行的航空飞行器，航天装备子样更少，在生产、测试、使用中出现的各种迹象就更加“珍贵”，必须引起高度重视，进行系统、彻底的分析，发现隐患绝不能抱有侥幸和姑息心理。海恩法则、墨菲定律的含义不能只停留在口头上，需要时刻自我警示，落实在每个工作环节中。

逻辑 10：侥幸的成功，很可能是下一次失利的前兆，只是故障点不发生在同一部位，但问题的性质却极为相似。

某产品在出厂测试时侥幸发现零位不通，检查发现是簧片受压变形所致，后采取措施有效解决了该问题。若此问题未被发现，按当时的测试细则和发射场测试规程，将再也没有发现该问题的机会，可能导致重大灾难性事故的发生。事隔多年后，该型号出现了重大失利，原因是某产品状态错误所致。这两起问题，虽然故障发生的部位不同、原因不同，但问题背后的性质却极为相似，不管是簧片受压变形，还是产品状态差错，都是典型的工作不细致导致的小产品可能引发的大事故。

逻辑 11：没有目标，我们将一事无成。目标既有积极目标，也有消极目标。我们太希望一路顺利地实现积极目标，有时不愿或忽视消极目标的出现。我们想要达到某种确定的状态，也希望某种情况不要发生，由于我们对希望不要发生的“某种情况”事先并未真正认知，导致“发生的问题没想到”。

2014 年 8 月 22 日，联盟号 ST-B 运载火箭发射两颗伽利略导航卫星，火箭一、二子级工作正常，约 10 分钟后，弗雷盖特 MT 上面级发动机点火，但卫星被送入错误轨道。经查，事故原因是上面级姿控推力器的肼燃料管与低温液氦管距离过近，且采用铝合金金属夹具，致使肼燃料管被冻结，导致卫星进入错误轨道。设计时，没有意识到肼燃料管可能会被冻结的故障模式，未采取有效措施，导致问题发生。事后，采取了绝热夹具、提高肼燃料管附近区域的温度等措施有效解决了该问题。

逻辑 12：无知和错误假定。当人们错了或由于不确定而困惑时，最倾向于坚持自己是正确的。甚至人们宁愿偏爱自己的错误假定而不愿接受正确的东西，宁愿竭尽全力斗争而不愿放弃确属错误的思想。能够承认无知或错误假定，是智慧的一种象征。但在这拥挤复杂的环境里，大多数人不是，或者说还不够明智。

波音 737-MAX 8 狮航空难发生后，波音公司出于种种考虑，将空难责任推给了狮航的飞行员鲁莽操作和地勤人员未及时更换传感器，未正视自身问题。在狮航空难后，才发布了一份操作手册，并提供了针对 MCAS 系统避免错误的操作方法，并没有从根本上解决 MCAS 系统权限会比飞行员更高的问题，且培训未完全覆盖，失事的埃塞俄比亚航班的飞行员就未参加过培训。虽然波音在开发软件补丁，但是开发期间，对 737MAX 系列其他在役飞机通报不及时，也未采取有效预防措施，丧失了纠正问题的宝贵机会，间接导致了埃塞俄比亚航空的空难发生。

航天产品质量问题归零过程中出现的很多现象可归于此类：认为之前做过的都是正确的，即预设假定正确去找故障原因。如一旦经过了飞行试验考核，就预设假定认为设计没有问题。操作者会说，我们过去一直都是这么做的；管理者会说，我早就说过要提高要求等，都是预设自己没有责任的假定。

逻辑 13：自负心理作怪，想当然地认为错误、失败总是发生在别人身上，而忽略了相互沟通、学习与技术交底。

1990 年 3 月 14 日，美国大力神 3 运载火箭发射国际通信卫星，地面人员指令近地点发动机点火后，火箭与卫星分离失败，卫星未能进入预定轨道。经调查，事故原因是软件、硬件人员的工作方案不一致，大力神 3 火箭以往是一次双星，而此次是发射一颗卫星，传输分离信号的导线可分布在卫星前部，也可分布在后部，只需编制相应软件，软件人员按照导线分布在卫星前部设计了软件，而硬件人员将导线分布在卫星后部、且未正式书面通知软件人员，结果造成计算机无法执行分离指令，导致星箭分离失败。

逻辑 14：忽视小错误终酿大错。我们往往在这儿犯一个小错误，又在那儿犯一个小错误，而这些小错误累加了起来，最后就会酿成严重的错误。

2003 年 2 月 1 日，哥伦比亚号航天飞机升空后解体坠毁，7 名宇航员全部遇难。航天飞机起飞过程中，外部燃料贮箱表面脱落的一块泡沫材料击中航天飞机左翼前缘的增强碳 - 碳隔热板。当航天飞机返回时，经过大气层，产生剧烈摩擦使温度高达摄氏 1400 度的空气在冲入左翼后熔化了内部结构，致使机翼和机体熔化，导致了悲剧的发生。经查，泡沫材料安装过程有缺陷是导致事故的主要原因。敷设工艺会在各块泡沫材料之间留下缝隙，液态氢能够渗入其间；航天飞机起飞后，氢气受热膨胀，最终导致大块泡沫材料脱落。

2013 年 7 月 2 日，俄罗斯质子号运载火箭发射格洛纳斯导航卫星，起飞约 32 秒后火箭姿态失去控制，坠毁在距发射台约 2.5 千米的发射场内，星箭俱毁。经调查，此次事故完全是人为故障，原因是赫鲁尼切夫国家航天科研生产中心违反了质子号 M 火箭上的角速度传感器安装工艺，3 个角速度传感器安装时颠倒了 180 度，导致火箭偏航控制失稳。

2016 年 12 月 1 日，俄罗斯联盟号火箭发射进步号货运飞船，火箭按预定程序完成一二级分离、二级发动机点火后，船箭提前分离，飞船及其携带的货物在大气层中烧毁。经调查，原因是二级氧化剂泵燃烧起火导致发动机损坏，氧化剂泵损坏的最大可能原因是二级发动机组装过程存在违规操作，泵轴与连接套筒之间或浮动密封环与叶轮之间的缝隙不符合要求，导致转子出现失衡和偏摆，有多余物进入泵腔内，进而造成起火破裂。

综上可以看出，成功未可复制，失败或可避免。每一起航天型号发射失利，都有偶然的因素，但偶然中有必然，必然中有逻辑。只有透过现象看到本质，我们才能从失败中找到真正的原因，总结出内在的规律和逻辑，避免让过去的失败再次成为我们成功路上的绊脚石。

3.2.2 航天型号成败型技术风险辨识与控制

3.2.2.1 航天型号技术风险划分

航天型号不同研制阶段的工作内容不同，技术风险也随之不同。可以按照研制阶段的工作内容，将航天型号技术风险划分为七类：需求风险，方案风险，设计风险，试验风险，生产风险，发射飞行、在轨运行与返回风险，其他风险。

（1）需求风险

论证是以科学的理论、充分的论据和严密的方法，针对型号研制的问题进行综合、分析、评价，做出科学结论的论述和证明过程。充分的论证是形成正确决策的关键，决策的正确与否对型号研制任务能否优质、高效完成关系重大。

需求风险指的是由于需求不合理、不具体等原因导致的风险，主要包括需求不合理（如指标过高，短期内无法达到）、需求不具体（如对必须实现的功能要求不具体、对不应产生的功能要求不明确）、需求不全面（存在需求漏项）、需求项存在矛盾冲突（如既要求快又要求慢）等方面的风险。

① 技术指标不合理

论证过程中不能过分强调某项技术指标，要充分权衡各指标之间的相互关系。论证过程中若对技术指标的必要性论证不充分，将导致指标要求脱离现有技术水平和保障能力，造成在研制过程中无法实现指标。

② 采用过多新技术

论证过程中不应采用过多新技术，新技术一般不超过 20%。新技术尚未吃透，容易在后续研制过程中的设计、生产和试验等环节中产生风险，甚至导致研制任务失败。

③ 关键技术未得到有效验证

论证过程没有重视关键技术的验证工作，导致验证过程流于形式，包括验证指标不全面，验证方法手段不适用，验证保障条件不满足，验证内容不充分、验证项目不系统等。

（2）方案风险

方案阶段的重点是依据型号研制和使用要求，对其任务特点、使用状态和环境条件等方面进行分析；在此基础上，对总体、分系统、重要单机设计方案，研制过程各类大型试验方案，关键技术攻关情况，采用的新技术、新工艺、新材料（含器件）情况，用户功能性能指标的满足程度，可靠性指标分配和传递情况等方面的技术风险进行辨识与控制。

方案风险指的是由于方案不正确、关键技术不成熟等原因导致的风险，主要包括方案正确性、方案关键技术、方案可实现性、方案可靠性安全性、方案满足功能性能指标、方案可验证性、方案经济性等方面存在的风险。

① 总体方案不正确

方案阶段要对型号的总体方案正确性和可行性进行分析，确保总体方案正确合理可行，避免在后续研制过程中出现方案颠覆性的风险。

② 新技术可行性差、关键技术成熟度较低、成熟技术的继承性不充分

对未经飞行试验考核的新技术，要对其设计的可靠性和地面试验验证的充分性进行分析和确认；对采用的关键技术，要对其设计理论、设计方法或试验方法的成熟程度进

行分析和确认；对其他型号已成功应用的成熟技术，要对飞行剖面及使用环境有变化的项目（或产品）进行分析和确认。

③ 新材料的可行性论证不充分

对于未经过飞行验证的新材料（含元器件），要对选用合理性、验证充分性和使用正确性进行分析和确认。

（3）设计风险

工程研制阶段设计工作的重点是依据本阶段的研制要求，对设计正确性、单点故障模式控制的充分性和有效性，各级产品的环境适应性，技术状态更改情况，关键件、重要件的控制情况，软件产品质量控制情况，产品实现过程重大技术问题解决情况，工程系统各型号间的接口、型号各分系统间的接口、分系统各单机间的接口匹配性与协调性等方面的技术风险进行辨识与控制。

设计风险指的是研制过程中由于设计规范、标准、准则运用不当，或设计方案不成熟、设计欠缺等原因导致的系统或产品功能失效等风险，主要包括设计错误、设计可靠性不足、设计安全性欠缺、环境适应性不满足要求、设计状态失控、可测试性不足、设计接口不协调等方面存在的风险。

① 接口不协调或不匹配

要重点关注工程系统间的接口、型号内各分系统间的接口、分系统内单机产品之间的接口，尤其是接口匹配性或协调性复杂、边界条件不清的产品（或部位），以及难以保证系统匹配一次成功的项目（或产品）。

② 环境适应性较低

要重点关注首次上天考核的项目，包括力、热、电、磁环境，环境条件和试验内容还未能覆盖飞行动态（或空间动态）环境的项目，未经试验验证和考核的环境条件，环境条件恶化对系统和单机有影响的项目等。一般环境适应性风险包括没有完全辨识产品所经历的力、热、电、磁等真实飞行环境，地面试验无法模拟或验证真实的飞行环境等。

③ 技术状态更改控制不严

要重点关注技术状态发生变化的项目，识别本阶段由于技术状态变化导致的型号技术风险并制定相应的控制措施。一般没有经过上下游协调确认、没有经过地面试验验证或验证不充分的技术状态变化，即为可能存在技术状态变化风险。

（4）试验风险

工程研制阶段试验工作的重点是依据本阶段的研制要求，对测试覆盖性、试验验证的全面性，关键特性参数及其裕度的验证情况等方面的技术风险进行辨识与控制。

试验风险指的是由于试验技术不足、试验不充分等原因导致的风险，主要包括两个方面：一方面是面向试验本身的风险，主要表现在试验技术不成熟、试验条件不足、试验设备设施不稳定、试验准备不充分等因素导致试验失败或没有完全达到试验目的；另一方面是面向产品 / 系统，由于试验状态不真实、试验条件不覆盖、试验子样不足等导致试验不能充分暴露系统 / 产品缺陷的风险，即试验不充分的风险。

① 测试覆盖性不足

要对型号产品测试检查项目覆盖产品设计任务书或技术要求规定的功能和性能指标的程度、型号产品地面试验状态满足产品实际使用测试状态的程度、关键特性指标的测试覆盖程度等方面进行分析，开展不可测试项目的过程控制记录的检查。测试覆盖性风险分析一般可按照“测试不到要验收检查到、验收检查不到要过程检验到、过程检验不到要工艺保证到、工艺保证不到要人员保障到”进行辨识，“不到”的环节或项目即为可能存在的风险点，如果多个环节均“不到”，则风险发生的概率就会增大（即“四不到四到”和“五环节”分析）。

② 试验验证不充分或仿真分析有效性不高

要重点关注地面试验无法考核或考核不充分，又无法进行仿真模拟和理论计算的项目；地面试验无法考核或考核不充分，虽进行了仿真模拟和理论分析，但不能真实模拟实际状态、边界条件或动态环境的项目；型号研制上一阶段试验考核不充分的项目。试验充分性应遵循“试验验证不到要理论分析到（包括仿真分析）、理论分析不到（如理论基础还不完全成熟、仿真模型还不完全真实）要最坏情况分析到（即基于最坏情况分析要从工程上保证不发生最坏情况）”原则（即“两不到两到”原则）。

试验充分性风险一般按照试验产品状态一致性（即试验产品与正式飞行产品实物状态是否一致）、试验条件真实性（即试验条件是否能够完全模拟或覆盖飞行条件）、试验边界覆盖性（即产品实物的离散偏差及环境条件的边界是否在试验中能够覆盖验证）等进行风险辨识，没有达到如上要求的即为可能存在的试验不充分的风险因素。

（5）生产风险

批产阶段的重点是识别工艺攻关情况、产品技术状态控制及生产工艺稳定性等方面可能存在的风险，确保产品质量的合格稳定。

生产风险指的是由于工艺的可靠性、批产的适应性不高等原因导致的风险，主要是指生产过程控制风险，主要表现在“人、机、料、法、环、测”等方面。

① 新工艺的可行性论证不充分

对未经过飞行验证的新工艺，要对新工艺的设计合理性、验证充分性、文件完备性和工艺稳定性进行分析。

② 工艺稳定性不足

要重点关注关键工艺实现方面不稳定的项目，包括工艺难以满足设计指标的项目，工艺攻关不彻底、工艺不稳定，影响关键产品质量的项目，工艺状态发生变化的项目等。

③ 生产设备设施不稳定

要关注老旧设备性能稳定性风险、新设备使用风险、故障多发设备设施对产品质量的影响风险，以及外部突发事件（如突发断电、断气、断水等造成在线生产设备临时停机导致连续性生产中断）对在制产品的影响风险等。

④ 人员操作技能不足

要关注关键操作岗位人员的技能风险、操作人员上岗状态风险（如上岗操作人员的情绪状态、身体状态等）等。

⑤ 生产资料文件的不规范不完备

要关注生产文件资料的规范性风险、完备性风险，尤其是要关注临时作业文件、返修性作业文件可能存在的不规范不完备风险。

⑥ 生产环境不满足要求

较差的生产环境不仅会影响产品生产质量，也会带来安全性问题。要结合产品对生产现场环境的要求、安全性要求等，辨识环境风险因素（包括对产品有直接影响的环境因素，也包括对人员操作和生产设备实施有直接或间接影响的环境因素等），并实施控制。

⑦ 检验测试有效性不足

要辨识检验检测设备风险、检验检测方法风险、检验检测项目覆盖性风险等，并实施控制，确保检验检测全面有效。

（6）发射飞行、在轨运行与返回风险

发射飞行、在轨运行与返回风险指的是由于航天型号发射飞行、在轨运行与返回中的发射流程、硬软件、环境条件、人员操作等因素造成的风险。与其他技术风险不同的是，发射飞行、在轨运行与返回风险一般会直接关系到航天型号任务的成败，影响重大。主要包括：

① 发射流程风险

发射流程风险主要是指航天型号发射流程异常中止，且不可在规定的时间内恢复的风险。

② 运载器飞行风险

运载器飞行风险主要是指运载器从点火起飞开始，未能将航天器准确送入轨道的风险。

③ 航天器定点风险

航天器定点风险主要是指星（器、船等）箭分离后，未能定点成功的风险。

④ 航天器在轨运行风险

航天器在轨运行风险主要是指航天器在轨寿命期运行期间主要功能丧失，不能满足任务运行需求的风险。

⑤ 航天器末期处置风险

航天器末期处置风险主要是指航天器在轨寿命终止后实施离轨和钝化处置失效，不能满足末期处置任务要求的风险。

⑥ 航天器再入返回风险

航天器再入返回风险主要是指航天器再入大气层返回地球期间主要功能丧失，不能满足再入返回任务要求的风险。

（7）其他风险

在航天型号实际研制过程中，会出现横跨以上若干个研制阶段技术风险的情形，又或者出现对研制阶段不敏感的技术风险，如软件风险、接口风险、产品化风险等，这里统称为其他风险。

3.2.2.2　风险线索分析法

（1）概述

风险线索分析法主要是以历史上发生的故障，所归纳出来的故障模式为线索进行风险辨识的方法。例如将历年飞行试验失败的案例，提炼出故障模式，或者梳理严重以上质量问题，归纳出故障模式及故障线索，并以此为线索进行风险辨识。

（2）输入

风险线索分析法的输入主要表现在以下几个方面（可以针对具体系统、产品的故障模式和历史上发生问题的案例确定风险线索）：

① 技术创新方面

1）新技术、新工艺、新材料、新器件是否首次应用及其成熟度；

2）技术方案可行性；

3）新技术是否突破；

4）新技术应用基础（工艺、元器件、原材料等）是否可以保障。

② 系统协调方面

1）系统协调是否充分；

2）结构是否匹配协调。

③ 地面试验验证方面

1）试验是否充分；

2）是否覆盖任务剖面和产品工况；

3）试验方法、天地差异分析是否正确、有效。

④ 环境认识和环境适应性方面

1）飞行环境剖面是否真实；

2）天地环境差异性分析是否充分；

3）环境适应性验证是否充分。

⑤ 技术分析与认识方面

1）技术是否吃透；

2）技术指标和产品特性是否闭合；

3）技术分析方法和手段是否成熟。

⑥ 技术状态控制方面

设计状态和工艺状态变化是否可控。

⑦ 产品可靠性方面

1）单点失效模式是否分析控制到位；

2）可靠性特性是否满足要求。

（3）实施过程

风险线索分析法一般分为三个步骤，即风险识别、风险发生的可能性及后果严重性分析、风险排序，实施过程如图 3-1 所示。

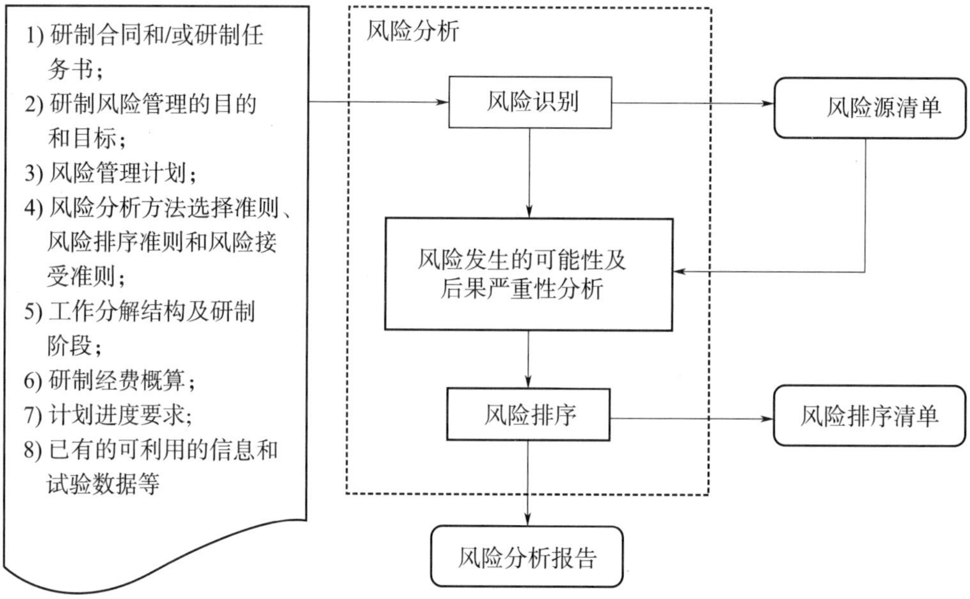

图 3-1　风险线索分析过程

① 风险识别

风险识别是对型号研制的各个方面，特别是关键技术过程进行考察研究，从而识别和记录风险源的过程，即确定风险源。

参照《型号研制风险分析要求》，风险识别的输出是风险源清单、风险排序清单和风险分析报告等文档。风险源清单为风险发生的可能性及后果严重性分析提供信息输入，至少应包括风险源名称、风险源编号、风险发生的原因和风险可能导致的后果等项目，格式示例见表 3-2。

表 3-2　风险源清单示例

序号	风险源名称	风险源编号	风险发生的原因	风险可能导致的后果	备注

② 风险发生的可能性及后果严重性分析

风险发生的可能性及后果严重性分析是对识别出来的风险特别是重大风险进行进一步分析，确定每一个风险事件发生的可能性，判定后果严重性和关键过程对预期目标偏离的程度。

③ 风险排序

风险排序是对风险发生可能性及后果严重性的综合量化结果进行排序，找出关键和重要的风险。除考虑综合影响外，对于发生的可能性大或后果影响严重的风险应给予特别的关注。风险排序清单是风险处置的依据。

④ 风险分析报告

风险分析应形成文件，跟踪并记载风险分析过程所进行的活动和分析结果，编写风险分析报告。风险分析报告应履行审批手续。

（4）输出

风险线索分析法的输出见表 3-3。

表 3-3　风险线索分析法的输出

故障模式	故障线索	风险因素	风险应对措施	风险评价
故障模式 1				
故障模式 2				
……				

3.2.2.3　四域六交集分析法

（1）概述

1）四域，即时间域、空间域、动作域、环境域。

a）时间域：发射及飞行或在轨时域。

b）空间域：在时间域内执行动作的物理空间。

c）动作域：在时间域和空间域内执行动作的物理范围。

d）环境域：在动作执行时的时间域和空间域内的环境及动作执行过程中、执行后产生的环境。

2）通过四域辨识出在发射及飞行时域中存在的所有动作、环境及物理空间，在此基础上再进一步辨识存在的风险，进行交集分析，主要线索包括：

a）涉及成败的动作（无冗余或备保措施）。

b）执行动作时的环境地面试验不真实。

c）动作执行产品的离散边界（状态）不覆盖。

d）动作执行中或执行后产生的环境对其他产品有影响。

e）动作执行空间可能存在干涉影响。

f）该动作执行历史上曾发生的故障。

g）执行该动作的产品地面测试不覆盖。

h）执行该动作的产品在安装过程存在不可检环节。

i）执行该动作的产品存在难操作环境。

j）执行该动作的产品存在多个仅靠人员保证的环节。

通过以上线索，分析每一个关键动作及其风险应对的措施。

（2）输入

型号工作过程每一个时序表和指标要求、任务剖面、任务目标、产品所处物理空间、典型故障模式等。

（3）实施过程

实施过程主要包括定义四域、四域交集辨识风险，定义六交集、六交集风险分析等。

① 定义四域

a）时间域：在飞行时序中的某时点上，如果两个或两个以上因素对该时点时序有影响，该时点时序受制于多个因素共同作用，那么风险可能是多因素作用，将使该时序正常、正确发出或执行的可能性降低，产生错误的可能性增加。

b）空间域：有两类空间，一类是物理空间，另一类是时空空间。物理空间即为产品在火箭或航天器上的安装空间，与相邻产品会不会发生干涉；在箭上安装好不好操作，是否容易触碰到其他产品；安装操作过程及结构好不好检查，是否有不易观察和检查检测的安装面，这些均可能成为该空间上的风险点。时空空间即为火箭或航天器在飞行过程中所处的或所产生的环境，这些环境既包括内部环境，也包括外部环境。例如，火箭安装在发动机周围的产品在飞行中伴随发动机工作而工作，所处的环境是时时变化的。再例如，航天器在轨道运行中，所伴随的太空环境也在变化中，其风险点是不同时间切面的环境对产品可能产生的影响，这也是判定风险可能性及危害性的主要内容。

c）动作域：很多产品是靠在飞行中的动作（或运动）执行，才能完成火箭或航天器赋予它的动能，一旦执行动作失败，结果可能导致火箭飞行失败或航天器失效。那么这些动作由谁发出指令，由谁驱动，驱动对象是什么？这些在整个运动过程中，可能存在各种风险。上天有动作的产品，在历史上也是风险发生可能性最大的。例如，在飞行中多次发生过伺服机构卡滞、太阳翼驱动机构卡滞、发动机停摆等故障，并且造成了严重后果。辨识动作链上每一个因素可能对动作链的影响，是辨识动作域风险的主线条。

d）环境域：航天产品在飞行过程中，不同的时间域、不同的空间域，执行不同的动作，所经历的和所产生的环境不同，如果辨识不清这些环境，就不知道这些产品能否在这种环境下正常工作。时变的环境是航天工程所特有的特征，大多航天型号重大故障的发生都源自对环境的辨识不准，地面验证不充分，或无法模拟天上环境进行验证。航天型号所经历的典型环境包括力、热、电、磁及空间环境等。

航天产品要确保在单一环境或多环境综合作用下可靠工作，才能确保飞行成功。例如，火箭发动机在火箭飞行过程中，要经历力、热、振动及燃烧等多环境综合作用，除其自身所经历的复杂严酷环境之外，它所产生的力、热、振动同样会作用到火箭及火箭搭载的产品上，尤其是安装在发动机周边或同一空间内的产品，其工作环境会更加恶劣。

准确辨识环境是确定技术方案及产品技术条件的首要任务，也是在研制过程中辨识风险的主线，任何产品脱离开其工作环境就不应称其为产品，产品可靠性的首要条件是准确确定产品任务剖面，任务剖面的主要内容也是其工作环境。

② 四域交集辨识风险

a）如果某一时间域、某一空间域、某一产品存在动作域，经历某环境域，则需要深度辨识产品的风险；

b）如果某一时间域、某一空间域、多个产品同时存在动作域，且共同经历某环境域，则需要深度辨识产品的相互影响风险（除深度辨识单一产品风险之外）；

c）如果某一产品在全时域、全空域持续存在动作域，且经历全时域环境变化，则对该产品的风险需重点关注。

可以考虑建立以面向产品为对象的四域交集图，如图 3-2 所示，以直观化辨识可能的风险。另外，每个域可以再细分子域，如时间域可以按照火箭飞行时序划分时间子域，例如，发射与点火时域子域，一级飞行子域、一二级分离子域、二级飞行子域、二三级分离子域、三级飞行子域等。

四域在合理展开之后，以产品为对象建立起多维矩阵，从中分析交集风险。可以在方法完善之后，开发计算机辅助分析工具，使分析工作更科学化、快速化。实现科学思想工程化，工程做法科学化，科学方法工具化。

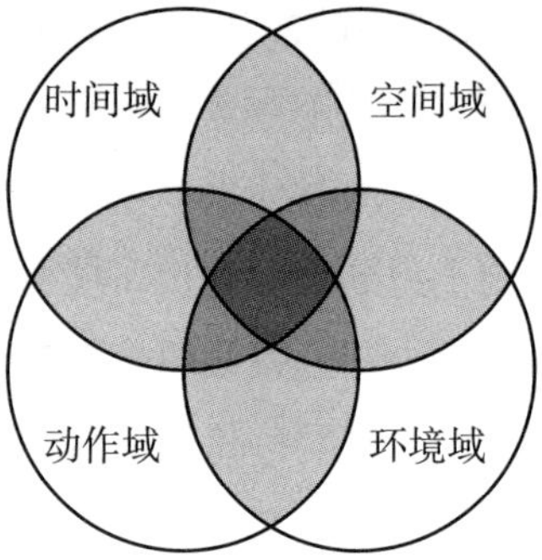

图 3-2 四域交集示意图

③ 定义六交集

六交集，即历史上有前科、状态有变化、技术不成熟、天上有动作、固有可靠性偏低、地面试验不充分的六种情况交集分析方法。

如果有新的案例、新的认识，也可将六交集分析进行拓展，变成七交集分析、八交集分析等。目前的六交集也是从最初三交集、四交集逐渐拓展而来的。如原来交集分析中并没有“技术不成熟”，但由于技术不成熟问题曾导致严重故障，所以将技术不成熟作为了交集分析的一个维度。

a）历史有前科：是指该产品曾在研制、生产过程中，甚至在飞行中发生过故障。如果该产品曾多次发生同类故障，或在飞行中发生过严重故障，或同类产品发生过此类故障，那么该产品或该类产品存在隐患的可能性较大，即可能存在潜在风险，是重点关注对象。

b）状态有变化：是指该产品由于任务需求、故障归零、消除缺陷、技术与工艺改进、设计生产流程变化、设备设施及操作人员变化等进行的状态变更，如果验证不充分，接口协调不充分，影响域分析不全面等都可能演变成风险。这些风险有技术上的风险，也有产品上的风险，还有操作以及管理上的风险。对这些状态变化引起的风险，最终作用在产品上的程度及后果是评价状态变化风险的关键。

例如，某产品在生产过程中，由于突然停电，生产中止，几个小时后电力恢复，继续开机生产，最终产品经检验合格交付，结果飞行中发生故障（结构破坏），导致飞行试验失败。该问题给我们的教训：一是连续生产环节被中止，没有被当成状态变化进行管理；二是没有认识到非连续生产对产品内在性能的影响；三是检验指标体系不反映该产品内在性能，因此实际产品为非合格品（残缺品），但按当时的检测标准却是合格品，也就是说，按当时的指标体系检测发现不了该产品是非合格品。如果此变化按状态变化控制，即使由于技术认识水平还摸不清该变化对产品内在质量有什么影响，但从规避重大风险的角度考虑，如果决策将此产品按报废处理，就会避免一次飞行试验的失败。

c）技术不成熟：一个新型号、新产品总会用到一些新技术、新工艺方法，这些新技术、新工艺如果存在技术难点得不到攻克或技术未见底，将会成为型号或产品成败的关键点。另外技术和产品没有发生变化，但使用环境发生了变化，看似成熟的技术和产品在不成熟环境下应用将成为新的技术风险点。技术不成熟主要体现在：

Ⅰ. 第一次使用或未经充分考验的技术；

Ⅱ. 有工程应用案例但理论上还不成熟的技术；

Ⅲ. 其他型号已成功应用，但本型号是第一次使用的技术；

Ⅳ. 使用了还不成熟的设计、计算方法等；

Ⅴ. 使用了还不成熟的工艺方法、技术、流程等；

Ⅵ. 存在其他型号没有遇到过的新环境，如热环境、空间环境、电磁环境、自然环境等，所涉及的原有技术不一定再是成熟技术。

辨识出技术不成熟风险是为了事先规避风险或消除风险。在工程应用中，为了满足型号性能指标的先进性要求，必须选用一些成熟度还不太高的先进技术，因此，在型号研制过程中更要提前辨识此类新技术风险，在研制过程中释放风险、消除风险，避免将重大风险带到飞行中。

d）天上有动作：四域中已专门有动作域，这里重点是要突出面向产品，即上天有动作的产品所存在的动作风险。上天产品中有一次性动作的产品，如火工品及火工装置；有多次动作的产品，如阀门；有连续动作的产品，如太阳翼转动机构等。一次动作的是成败型产品，多次动作的是次数寿命型产品，连续动作的是时间寿命型产品。

e）固有可靠性偏低：有些借用或沿用的老产品由于设计较早，在可靠性设计上存在薄弱环节。例如，原有设计没达到现行标准的要求，内部冗余设计不够，采用的工艺方法落后，针对此类产品需详细辨识具体的风险点，在设计还无法彻底改进前，只能靠产品实物质量控制和产品应用的边界来弥补其可靠性设计上的不足。有些是新产品，由于产品复杂或应用较多的新技术，其固有可靠性还没有得到充分验证，此类产品在后续使用中发生故障的可能性较大，需针对发生故障后的危害程度，制定过程风险防范措施及使用中规避风险的预案。过程措施主要靠详细的可靠性分析和充分的地面试验，以尽早释放风险。规避措施主要包括：风险一旦发生，要将故障危害限制在一定范围内，而不让故障危及任务成功。

f）地面试验不充分：20 世纪 60 年代，某型号首飞失利，以钱学森为代表的老一代航天人，从失败的教训中总结了三条基本工作原则：一是按研制程序办事，二是一切通过总体，三是一切通过地面试验。尤其是后面两条，概括为“两个一切”，其中一切通过地面试验，彰显了地面试验是暴露问题、解决问题的主要途径，是避免问题天上见的核心手段。没有通过充分地面试验考核的产品，就是影响飞行成功的最大风险。如何做到地面试验充分，目前还没有一个具体标准，但基本原则可概括为“三要素”，即“状态一致、环境真实、边界覆盖”：

Ⅰ.状态一致，即地面试验状态与飞行一致，即保证像飞行一样试验，像试验一样飞行；

Ⅱ.环境真实，即地面试验环境能覆盖飞行环境；

Ⅲ.边界覆盖，即要有一定的子样数，能覆盖产品的离散偏差。

对照“三要素”原则，可以以产品接口关系、飞行时序动作为对象辨识试验不充分的因素、环节，即试验不充分的风险。

④ 六交集风险分析

（a）建立六交集风险分析矩阵

给出以下定义：

R_1：历史有前科事件；

R_2：状态有变化事件；

R_3：技术不成熟事件；

R_4：天上有动作事件；

R_5：固有可靠性偏低事件；

R_6：地面试验不充分事件；

P_1、P_2、P_3……分别代表产品 1、2、3……

S_1、S_2、S_3……分别代表系统 1、2、3……

I_1、I_2、I_3……分别代表接口 1、2、3……还可以对分析对象进行扩展，可针对具体对象细化相关内容，再建立六交集风险分析矩阵，见表 3-4。

表 3-4　六交集风险分析矩阵

P \ R	R_1	R_2	R_3	R_4	R_5	R_6	交集情况
P_1	0	0	1	0	1	1	
P_2	1	0	0	0	0	1	
P_3	0	0	1	0	0	0	
…							
S_1	1	1	0	0	0	0	
S_2	0	1	1	0	0	1	
S_3	0	0	0	0	1	0	

续表

R / P	R_1	R_2	R_3	R_4	R_5	R_6	交集情况
…							
I_1	0	0	0	1	0	0	
I_2	0	1	0	0	0	1	
I_3	1	0	0	0	1	0	
…							

（b）开展交集分析

先将风险事件置顶，再针对产品、系统、接口等对象辨识其风险因素，针对风险因素采取风险对策。其他也以此类推。

（4）输出

建立发射及飞行时域中存在的所有动作、环境及物理空间的风险因素表与对应风险控制措施。

（5）优点与局限性

四域六交集风险分析属于宏观风险分析方法，适用于型号总体全局掌控风险。针对具体产品的具体风险要素，尚需在此基础上从多维度细化展开，进行风险再辨识、再分解，直至针对风险因素具备直接采取措施的程度，避免风险辨识反复停留在宏观层面。

例如，辨识到低温火箭相关部组件“松”“漏”是型号发射过程中的突出风险点，但如果识别不出在哪些时段、哪些部位、什么环境（如加注前还是加注后）、哪些产品、哪些接口环节存在“松”“漏”的风险，应对措施也就不具体，严重时会导致火箭发射中止。

3.2.2.4　飞行时序动作事件链分析与确认法

（1）概述

飞行时序动作事件链分析与确认法是以产品工作过程中每一个时序动作为出发点，对上下游设计要求理解的一致性、设计与实现的符合性、接口参数的协调性、环境及其影响的适应性进行全面的检查。该方法通过型号研制工作的实践验证，能够全面地梳理总体、分系统、单机各环节之间的设计边界，能够有效地进行设计闭环分析，有力支撑型号研制工作的顺利开展。

飞行时序动作事件链分析与确认的具体载体一般是一套全系统的时序动作确认表，表格以时段为单位进行划分，对时段内的时序动作、动作的输入与环境、动作输出与响应、设计指标、设计指标分析、地面试验验证情况、飞行试验研制情况、工程与设计可靠性保障措施、相关系统环境适应性分析、设计复核复算等逐项进行分析与填写。

（2）输入

型号工作过程每一个时序表和指标要求。

（3）实施过程

① 时段划分与时序动作梳理

时段划分与时序动作梳理是飞行时序动作事件链分析与确认的前提和基础，是该项工作能否取得实效、能否达到预期的全面辨识风险目的的关键环节，同时也是工作的一个难点。

时序图是型号时序工作的关键信息，但是受制于表达形式和篇幅，只能够表达出控制系统发出的每一个指令，并不能全面反映这些指令的执行过程，也不能全面反映这些指令发出后各系统的动作，更不能全面反映这些动作对其他系统的影响。同时，时序图一般只有型号总体和控制系统了解，其他系统并没有参与到全箭飞行时序的设计和闭环中来，具有千丝万缕联系的各系统在设计过程中存在信息孤岛现象，因此很容易发生系统间不协调问题，同时也很容易出现被忽视的问题。

飞行时序动作事件链分析与确认正是为了解决上述问题，因此在时段划分与时序动作梳理上需要总体设计牵头，以时序图为切入点，跟踪每一个时序的发出和动作的执行，对时序图在实际产品中的实现过程进行解析，列举出相关动作涉及的分系统与单机产品，然后以此为依据由各系统确认本系统围绕该时序动作的输入信息流和输出信息流，开展全系统“背靠背”检查，“面对面”确认。

时段划分与时序动作梳理要遵循“一条主线、四个层面、六个要素”的工作方法。

（a）一条主线

以型号关键事件为主线。总体系统梳理全流程关键事件，以此作为时序动作确认的输入条件。

（b）四个层面

围绕主线，将分析工作界定在四个层面。

一是时段层面，时段是人为划分的时间区域，即将全箭飞行过程分为若干个时段，包括测试、点火、起飞、一级飞行、级间分离、整流罩分离、二级飞行、星箭分离等时段。如“点火”是一个关键事件，要可靠实施点火，就需要在一定时间间隔内完成一系列时序动作。

二是事件层面，事件是某一时刻或时间段内要完成的某一功能，完成该功能需要同时或顺序执行若干个时序动作，因此事件是若干时序动作的集合。如“一二级分离”是一关键功能事件，要实现可靠分离，需要准时发出分离指令、分离火工品可靠点火、分离结构可靠脱离运动等，直至完成所有分离相关时序动作为止，因此“一二级分离”这一关键事件是一系列分离时序动作的集合，如图 3-3 所示。

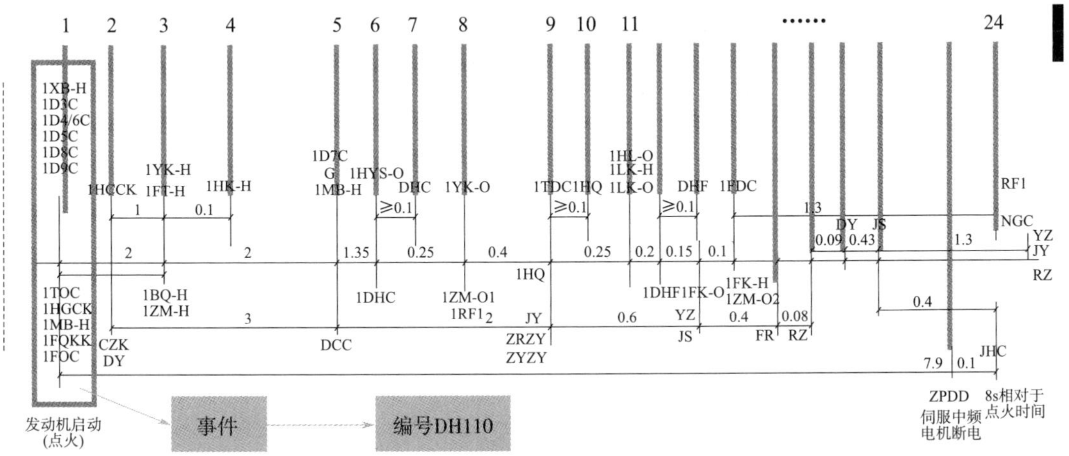

图 3-3　事件层面示意图

三是时序层面，时序是在某一时刻某系统所需要完成的“指令”。该指令包含一系列信息流的传递，往往需要两个或两个以上的系统参与其中进行“接力”才能完成，如图 3-4 所示。

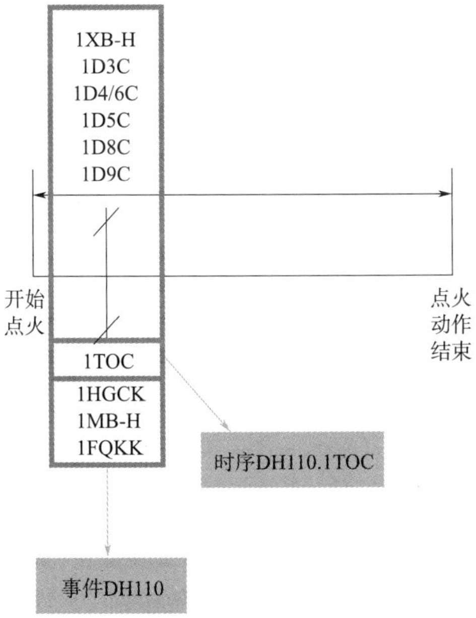

图 3-4　时序层面示意图

四是动作层面，动作是系统和单机实现动作的细节，比如继电器的动作等。动作层面考虑的是动作实现的细节和过程，如图 3-5 所示。

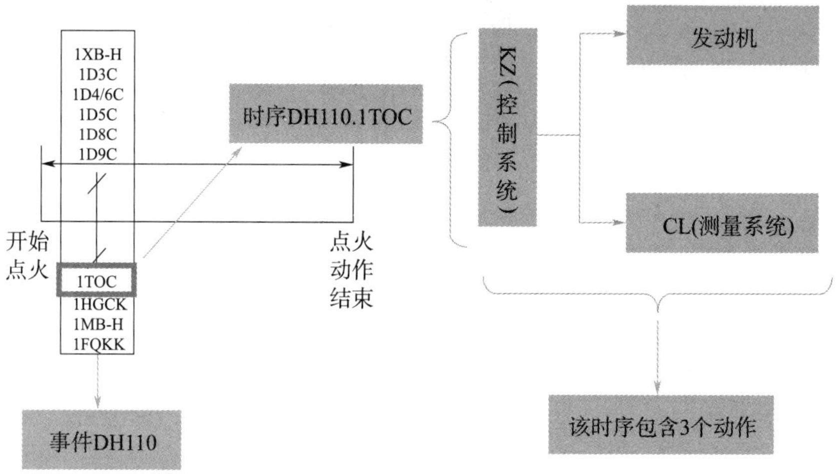

图 3-5　动作层面示意图

（c）六个要素

六个要素：时序动作分析和确认工作中主要基于如下要素开展。

1）物理要素：各系统、各单机要阐述具体动作的物理意义，即该动作在物理上的具体实现过程。

2）时间要素：时间要素要考虑时序的精度对动作实现过程的影响。

3）信息要素：围绕信息传递开展矩阵分析，量化信息流的方向。

4）动作要素：围绕每一个动作要详细阐述动作的输入、响应和输出过程。

5）硬件要素：围绕动作过程开展技术细节梳理，阐述动作实现过程所涉及的硬件。

6）环境要素：围绕各个时段的关键事件，开展力、热环境适应性分析。

② 动作输入与输出分析确认

任何一个动作的执行都是相关仪器、设备等在特定环境下接收到指令信息后做出的响应，能否正常地接收到正确的指令信息，能否在正常的适应环境下工作都将直接影响动作执行的效果，而动作执行的效果能否满足设计的要求，动作执行过程中产生的环境是否在设计考虑的包络范围之内，更是设计意图是否能够实现，设计方案是否正确协调的直接反映。因此动作输入输出分析的全面性与准确性是时序动作确认达到预期目的的一个先决条件。

输入条件一般可以分为判据类和接口类两大部分。判据类主要是指动作执行所需要到达的逻辑判断依据，常见的有时间判据、控制系统测量信息判据、组合判据等；接口类主要是指通过正确匹配的机械与电气接口使得相关信息能够准确无误地被动作执行主体接收，常见的接口类输入包括通信协议、接插件等。

输出结果一般可以分为机械、火工动作和电气指令两大类。机械、火工动作主要是指机构装置、火工品在接收到指令后按照设计固有特性执行的运动、火药燃烧等动作；电气指令主要是指电气设备在接收到指令后发出的电信号。

环境分为工作环境和产生环境两大类。工作环境是指动作执行期间，执行动作的主体（零件、单机、部件等）所承受的外部环境；产生环境是指动作执行期间，由执行动作所产生的环境。环境按照常用的分类方法主要可以分为自然环境、电磁环境、力学环境、热环境等。

动作输入与输出分析要具有全面性，对于动作执行的所需要的所有输入输出都要梳理到、分析到，对设计要素的梳理要全面、不漏项；其中，对判据类的条件要从设计的角度、考虑实际情况和偏差量，分析其成立或到达的情况与裕度。

动作输入与输出分析要具有准确性，相关分析与确认要以数据为支撑，尽量做到量化、准确，数据源可以是设计分析、仿真分析、地面试验、飞行试验、同类产品试验数据等。

动作输入与输出分析要具有关联性，要对本项确认的时序动作进行纵向与横向的关联性分析，追溯与延伸上下游的动作与环境，考察横向其他系统、产品的状态与特性，充分了解产品内部存在的关联与耦合特性，确保环环相扣。

判据类输入条件中有一部分没有对应明确的时序动作，比如以惯性器件的行程积分为判据的指令。行程积分是随产品运动不断计算的过程，没有一个明确的时序与之对应，这一类的输入在时序动作确认中往往不是另外某个时序的输出，因此为了避免分析出现漏项，必须对这一判据实现的情况进行全面的分析，确保时序判据设计的合理性与正确性。

联动动作是输入条件中一类比较特殊的情况，在联动动作中，一个输入往往会对应若干仪器设备的一连串的输出响应，而这一连串的动作有的有使能关系，有的没有必然的使能关系，应该遵照全面性以及关联性原则，将有关联的动作作为一组进行分析，同时确保所有动作都能分析到。

接口类输入条件中有一种适配关系接口较为特殊，它不是一个纯粹的物理或者电气的接口，而是一种特性的匹配，例如利用发射筒发射的火箭与发射筒之间的适配器就是一个适配关系类接口，这种接口不仅在机械尺寸上有约束要求，在支撑刚度上也有约束要求，接口特性及物理状态管理的失控是此类接口动作的突出风险；另外，通信协议也是一种适配关系输入条件，不仅需要电缆接插件、节点匹配，还需要电气信号的逻辑匹配。针对这一类输入条件，要遵照全面性原则对接口的所有环节进行匹配性分析，通信协议的逻辑错误或匹配错乱是此类接口动作的突出风险。

运动边界与间隙是一类特殊的机械接口，是保证机械运动类动作在执行过程中不会发生非预期的碰撞、剐蹭、阻滞等影响动作顺利执行的边界接口。这种接口需要遵循全面性、准确性、关联性原则，在分析运动物体轨迹轮廓的基础上，考虑各种外部环境和影响因素，对运动边界和间隙进行全面辨识与确认，这类机械接口尺寸链的任何变更均需接口抓总单位经过充分协调后批准。

动作执行机构的工作环境大部分是由产品中其他零部组件工作带来的，例如发动机点火工作产生的振动与热环境、火工品起爆产生的冲击环境等；但也有部分环境并不是由其他零部组件工作直接带来的，例如火箭飞行中的最大动压时刻、跨音障时刻等，这些非时序动作直接产生的工作环境需要遵循全面性原则，通过对时段内产品工作特性的分析，在时序动作确认项目中充分和全面辨识，并对相关载荷、环境的适应性进行全系统的分析与确认。

③ 设计指标与实现情况分析确认

设计指标与实现情况分析的核心是对要分析的时序动作进行基于设计指标体系结构的设计闭环推演，此类推演一定要在真实的物理空间基础上进行。如：需要明确动作执行的输入条件包含哪些定性和定量的指标，动作执行时的工作环境包含哪些定性和定量的指标，动作执行的输出（设计意图）包含哪些定性与定量的指标，动作产生的环境包含哪些定性和定量的指标，动作执行的物理空间包含哪些定性与定量的约束条件。在把设计指标梳理明确后，需要针对设计指标来回答相关指标是如何在设计方案中实现的。

④ 试验与仿真验证情况分析确认

试验与仿真验证情况可以分为飞行试验、地面试验和仿真分析三类，主要是回答对设计指标的验证充分性、系统工作协调性和环境的适应性等问题，在进行试验与仿真验证情况分析时，需要重点关注试验产品的状态是否与真实设计状态一致，试验的边界与真实状态的差异，试验工况与环境的天地差异性等。

需要根据型号研制特点、关键技术攻关需求，结合各研制阶段的试验安排及特点，确定试验与仿真验证项目、试验内容和试验次数或数量，针对涉及方案合理性，接口匹配性与协调性，采用新技术、新方法的项目，改进设计的项目，继承性的关键技术项目等应进行充分试验；试验条件的制定要与设计条件吻合并留有一定裕度，试验状态要尽量模拟真实状态；试验考核内容应尽可能完整全面。

其中，针对电气系统产品，在型号研制过程中均需完成可靠性增长试验（综合环境试验），有条件的可以开展加速寿命试验，建议在单机级开展可靠性增长试验的基础上开展系统级综合环境试验；按照元器件、单板、整机开展环境应力筛选试验，有条件的可以开展加速应力筛选试验；电子产品整机还要进行电老炼试验，在研制过程实现可靠性增长，发现和改进工艺缺陷和元器件缺陷，并通过筛选和老炼试验使正式交付产品进入产品寿命的稳定期（浴盆曲线底部）；有自然环境、电磁环境、贮存与运输环境和其他特殊环境要求的产品还应进行单项环境鉴定试验，确保产品满足特殊环境下的使用要求。

所有箭上单机、分系统和系统均需按照设备和分系统电磁发射和敏感度测量等标准规范要求开展电磁兼容性试验，以满足电磁兼容性要求。

针对非电产品中的承力结构，需 100% 开展结构强度可靠性试验验证，确保结构壳段承载能力满足总体载荷要求并有一定的剩余强度系数；针对防热结构，需开展高温和常温状态的试验考核，确保剩余厚度满足设计要求并有一定裕度，结构件需要经过力学环境试验考核，火工品系统在通过设计鉴定试验、分离裕度试验、强度试验考核的基础上进行可靠性和安全性鉴定。

⑤ 可靠性保证措施分析确认

可靠性保证措施分析主要是分析可靠性设计、可靠性试验及可靠性管理措施的有效性。

可靠性设计措施主要包括降额设计、冗余容错设计、环境适应性设计、结构强度可靠性设计以及故障模式分析等是否有效，是否满足要求等。针对型号单机，在设计时均需按电子元器件降额使用规定进行降额设计，地面设备一般采用Ⅲ类或Ⅲ类以上降额，影响发射流程的地面设备需采用Ⅱ类或Ⅱ类以上降额，涉及发射点火的地面设备采用Ⅰ类降额；箭上设备一般采用Ⅱ类或Ⅱ类以上降额，影响飞行成败和安全性的箭上设备需采用Ⅰ类降额；针对机械 / 火工类产品，在承载设计、密封设计、防热设计等功能设计时均需充分考虑裕度设计的原则，如箭体结构、箭上管路系统、末修姿控发动机气瓶、表面张力贮箱、模块支架、阀体等结构强度、承压能力等均需留有一定的安全系数，火工品系统的传爆距离、偏心、装药量、切割厚度等均需考虑裕度设计；对于可靠性指标要求很高的单机设备，为尽量避免单点失效，还应考虑冗余设计，如控制系统关键部位应采取双机（部组件）并联设计，火工品系统采用双起爆器起爆、导爆索冗余设计等。

可靠性试验主要包括可靠性试验设计是否系统、完整；可靠性试验项目、试验内容是否充分有效；可靠性试验产品、试验工况是否真实有效；可靠性试验结果是否达到试验目的；可靠性试验过程中的疑点和问题是否解决彻底等。

可靠性管理主要包括可靠性工作策划是否完整，可靠性工作流程是否与研制流程协调匹配；可靠性工作是否按照可靠性大纲及相关标准规范要求严格执行，可靠性工作结果是否满足任务总体要求，可靠性工作体系和责任体系是否健全等。

⑥ 环境适应性设计与分析确认

环境适应性设计分析重点是分析明确产品其他系统对该时序动作产生环境的适应性，需要在环境影响梳理的基础上全面分析产品各系统对该动作产生环境的适应能力，包括环境主要影响的系统及产品，相关产品的环境适应性设计、试验验证情况等。环境适应性控制分析工作应采取 TDT（top-down-top）的分析方法，即寿命期环境剖面制定、环境条件设计确认工作采取自上而下原则，即从总体到系统再到单机；产品环境适应性确认工作采取自下而上原则，即从单机到系统再到总体；单机设计单位和系统对各自检查确认的结果负责，系统对单机设计单位的环境适应性确认结论负责，总体对系统的环境适应性确认结论负责。

环境适应性设计与分析是为满足产品环境适应性要求而采取的一系列措施，包括改善环境或减缓环境影响的措施和提高产品对环境耐受能力的措施。在环境适应性设计方面，主要设计要点如下：

a）单机设计单位根据研制任务或合同要求以及产品在各个型号的环境条件要求、环境适应性设计要求和相应设计规范，制定具体实施方案；

b）采用成熟的环境适应性设计技术，减少新技术、新工艺带来的技术风险；

c）开展力、热、电磁环境分析，确定产品力、热、电磁和自然环境的敏感部位和薄弱环节，提出改进措施；

d）采取适当的设计余量，选用耐环境能力强的材料和元器件，提高产品自身对力、热、电磁、自然环境的适应性；

e）采取减缓环境影响的措施（如减振措施、冷却措施、屏蔽措施等），改善产品所承受的力、热、电磁环境；

f）采取环境防护设计（如涂层、镀层、密封等），提高产品对盐雾、湿热、雨淋、霉菌、砂石等自然环境的适应性。

在开展环境适应性分析时，应首先对产品的环境适应性进行预计，预计时应充分考虑产品的每一种工作模式，应根据平台、产品自身工作特性和相邻产品工作情况确定产品所处的最恶劣环境（环境类型及量值），并通过最恶劣环境分析，与元器件及零部件的有关手册提供的材料、元器件等耐环境极限能力比较，确定产品能否承受最恶劣环境作用以及耐受最恶劣环境作用的余量。

在此基础上，在装备研制、生产和使用过程中，应开展各种类型的环境试验。其中在方案和工程研制阶段，应进行环境适应性研制试验、必要的使用环境试验和自然环境试验，将设计缺陷诱发为故障，通过环境适应性研制试验寻找产品的设计、工艺缺陷，确定产品对力、热、电磁和自然环境的敏感部位和薄弱环节，为改进设计提供信息并验证改进措施的有效性，从而提高产品的环境适应性；还应进行环境响应特性调查试验，查明产品的环境响应特性、耐环境能力极限及薄弱环节等，为实施后续试验与评价以及制定综合保障计划提供有用的信息；在定型阶段，应进行环境鉴定试验和必要的使用环境试验，验证所设计产品的环境适应性是否满足规定的要求，为定型（鉴定）提供决策依据；在生产阶段，应进行环境验收试验、环境例行试验，验证产品生产过程稳定性，为批产产品验收提供决策依据；在使用阶段，应开展必要的使用环境试验和自然环境试验，为评价产品的环境适应性提供信息。

在开展环境适应性确认时，应遵循如下要求：单机设计单位对本单机的环境适应性负责，并编写本单机环境适应性设计、验证确认报告；系统设计单位对本系统的环境适应性负责，检查本系统单机的环境适应性设计、验证、确认工作，并编写本系统环境检查确认报告；总体设计单位对型号的环境适应性负责，检查系统的力学环境适应性设计、验证、确认工作，并编写型号环境检查确认报告。

⑦ 复核复算

在各系统开展时序动作分析和确认时，复核复算是重要一环，复核复算是指对选定的设计项目，在设计输出确定（完成）后，为验证（校核）设计输出是否满足设计输入的要求，由独立于本型号设计师系统之外的同行专家，依据设计输入对设计输出（含设计图样、研试文件、软件源程序与文档等）进行独立的校对和计算，并对原设计提出意见和建议的活动。通过复核复算工作，确保关键环节和关键参数设计的正确性和合理性，可有效化解主管设计人员单点环节带来的技术风险。

复核复算项目确定的原则一般包括：采用的新技术方案、新技术的应用项目；改进设计的项目、继承性的关键技术项目；转阶段设计评审中提出的需复核或复算的问题；上一阶段遗留的问题；可能造成Ⅰ、Ⅱ类（成败、灾难性）故障的项目；通过风险分析确定的可能导致飞行试验成败的项目；列入可靠性、安全性的关键项目，以及经可靠性、安全性分析所确定的薄弱环节；上级领导和专家提出的项目等。在方案阶段，复核复算工作应重点针对技术方案、新技术的应用以及继承性的关键技术等；在初样研制阶段，复核复算工作应重点针对初样设计、安全性、可靠性设计、关键项目和新技术等；在试样研制阶段，复核复算工作应重点针对影响成败的关键技术及技术状态变化项目，初样复核复算遗留项目及遗留问题等。

⑧ 综合分析确认

在完成时序动作项目梳理后，形成时序动作确认表格，将时序动作确认表格按照“系统—单机”的层级进行下发，然后各“系统—单机”对表格进行填写，填写确认表格实质上是对自身设计与产品性能能否满足实际工作要求的一次全面分析与确认，根据产品执行不同阶段 / 环节任务的特点，在时序动作确认过程中按照“九个逐一”的要求进行开展。根据确认对象的实际情况和特点，视情增加其他确认项目，如技术状态变化、以往出现的质量问题及举一反三等。“单机—系统”在完成时序动作确认表格的填写后，需要以系统为单位对确认工作的正确性、完备性等进行审查与评审，并根据审查与评审所提出的意见对确认表格进行完善与修改，通过阶段性的质量确认，以避免后续工作中出现大的反复。

时序动作确认的核心目的是辨识与控制产品风险，因此在完成上述基于时序工作的分析与确认工作后，型号总体形成综合确认报告，由型号总体负责，组织全系统对每一个动作进行讨论，对“总体—系统—单机”的设计指标体系、实现情况、系统间的协调与匹配性、验证情况与裕度等全面地开展确认工作，通过确认查找可能存在的上下游理解不一致、考虑疏漏、验证不到位等风险点，对风险点进行评估，对于可以通过完善改进而规避掉的风险，提出完善改进方向；对于无法通过改进完善而规避的风险，要进行风险发生概率及影响分析，为后续研制决策提供支撑。

（4）输出

输出内容包括飞行时序风险事件与风险时序动作清单，风险事件与风险时序动作的影响后果评估以及风险应对的处置措施，对残余风险的决策意见等。

（5）优点与局限性

飞行时序动作事件链分析与确认法的优点是能够按照全时序将时序中每个关键事件的时序动作按照动作执行对可能存在的风险辨识全面、准确，能有效避免对关键事件和时序动作风险的遗漏。由于该方法涉及全时序、全产品、全系统、全专业等，顶层系统策划是工作难点，如果工作策划不科学，会耗费大量人力资源，但效果甚微。

3.2.2.5 面向产品实现流程的风险分析方法

（1）概述

按照系统工程流程，将风险辨识与控制嵌入到系统工程流程，并实现风险辨识与控制的迭代 / 递归，以实现按流程辨识风险、消除风险或降低风险的目的。

（2）输入

输入内容包含系统工程流程中的各项产出物，如技术需求、技术方案、详细设计报告、产品制造的工艺方案、操作文件、试验方案等。

（3）实施过程

面向产品实现流程的风险分析方法的实施过程如图 3-6 所示。

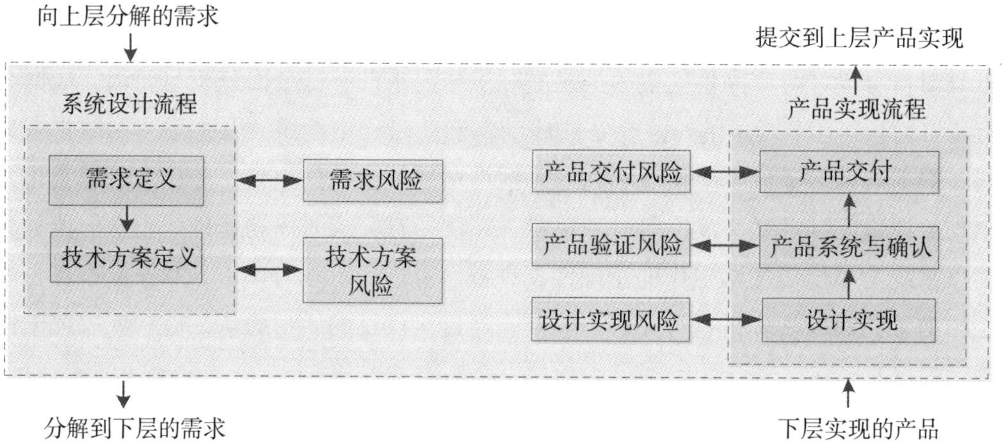

图 3-6 面向产品实现流程的技术风险辨识流程

面向产品实现流程的风险分析方法的具体步骤主要包括：

① 技术需求风险辨识

1）技术需求风险辨识是辨识技术需求完备性、准确性、适用性、可实现性和协调性的过程，是一个递归和反复迭代的过程。

完备性：即避免需求漏项。

准确性：即对任何一项需求应准确定义和描述，不存在歧义。

适用性：即任何一项需求对实现总目标都是有价值的，且不会带来负向作用。

可实现性：即任何一项需求都是可实现的，可达到的。

协调性：即需求与需求之间是协调的，避免需求与需求之间的矛盾与冲突。

2）技术需求风险辨识的类别包括：功能需求风险、性能需求风险、接口需求风险、环境需求风险、可靠性需求风险、安全性需求风险、人因工程需求风险等。

② 技术方案风险辨识

一般原则和目标：方案正确可行合理。

主要风险因素：

1）方案技术成熟度风险，主要体现在新技术应用风险和成熟技术适用性风险。

2）方案可靠性风险，主要体现在总体和系统健壮性风险和总体及系统成败型、灾难性故障模式的容限能力风险。

3）方案安全性风险，主要体现在导致人员安全和设备设施安全的风险。

4）方案可制造性风险，主要体现在制造技术、制造能力不能满足系统和产品实现的风险。

5）方案环境适应性风险，主要是任务工作环境（如飞行环境、空间运行环境）、使用环境、贮存环境、自然环境等适应性风险。

6）方案技术接口协调性风险，主要是物理接口、性能接口、信息接口等方面存在的不协调、不匹配的风险，以及环境适应性方面存在的不协调、不匹配的风险。

7）方案可验证性风险，主要是总体、系统、产品方案不具备验证条件或存在试验条件不能充分验证方案各项指标要求的风险。

8）……

③ 详细设计风险辨识

一般原则和目标：设计简捷正确可靠。

主要风险因素：

1）元器件、原材料选用风险，重点关注新器件、新材料的选用风险。

2）可靠性设计风险（包括降额设计等），重点关注系统与产品的故障模式以及成败型故障模式的风险。

3）安全性设计风险，重点关注存在的危险源以及灾难性故障模式的风险。

4）维修性、保障性设计风险，重点关注针对存在的故障模式在使用过程中不能通过维修和保障快速恢复能力的风险。

5）环境适应性设计风险，重点关注发射与飞行环境、使用与贮存环境等的适应性风险。

6）测试性设计风险，重点关注不可测试或测试不充分所产生的风险。

7）可生产性设计风险，重点关注设计的生产可实现性、装配可操作性、过程可检测性等存在的风险。

8）……

④ 产品制造风险辨识

一般原则：产品受控合格稳定，即制造过程受控是保障，产品合格是基本条件，产品过程和结果稳定是目的。

主要风险因素：

1）工艺方案风险，重点是从整体角度权衡和确定工艺总方案，确保工艺总方案合理可行经济，避免为了追求个别工艺技术的先进性而导致产品实现风险。

2）工艺规程风险，重点关注工艺规程的规范性、可执行性以及歧义性等对产品制造带来的风险。

3）工装设备风险，重点关注工装设备的适用性、稳定性等可能导致的产品制造过程风险以及影响产品最终质量的潜在风险。

4）操作者风险，重点关注过程操作准确性、规范性等对产品质量带来的风险以及对操作者人身安全带来的风险。

5）过程检验检测风险，重点关注过程检验检测的完整性、准确性、及时性等对产品质量带来的风险。

6）过程环境风险，重点关注制造过程的自然环境、洁净度环境、静电防护环境等对产品质量带来的风险以及特殊作业环境可能带来的安全性风险。

7）元器件、原材料装机前质量风险，重点关注元器件早期失效不能被筛选剔除的风险以及原材料固有缺陷不能被剔除的风险。

8）……

⑤ 操作风险辨识

一般原则：操作准确协同无误。

主要风险因素：

1）操作文件风险；

2）操作流程风险；

3）操作工具风险；

4）操作环境风险；

5）操作人员风险；

6）操作结果检查确认风险；

7）操作方法风险（难操作、易错操作等）；

8）……

⑥ 试验风险辨识

一般原则：试验充分覆盖有效。

主要风险因素：

1）试验产品状态风险；

2）试验设备风险；

3）试验项目及试验内容有效性风险；

4）试验过程监测风险；

5）试验异常现象处置风险；

6）试验人员风险；

7）试验环境状态风险；

8）……

⑦ 技术流程风险辨识

一般原则：一次故障不引发系统性故障，单一故障或单一错误不触发流程瘫痪，即确保流程的健壮性。

主要风险因素：

1）单故障触发系统故障或系统瘫痪风险；

2）单故障触发系统连锁故障风险；

3）流程的成败寄托于流程单点环节保证的风险；

4）流程中虽有多环节保证，但基于同一数据源或基于同一方法，同一个人员的风险；

5）流程存在断点 / 空白点的风险（如第一次检查也是最后一次检查的环节，第一次操作即为最后一次操作）；

6）流程中无故障隔离的风险（同单故障触发系统连锁的故障风险）；

7）……

（4）输出

技术风险项目表。

（5）优点与局限性

面向产品实现流程法的优点主要包括：

1）从产品实现全流程出发，能够考虑流程中的各种风险因素；

2）与产品实现流程相结合，通过及时控制辨识的风险项目可以更好地反馈、改进，避免后续风险影响扩大；

3）可以辨识相关连锁反应或传播链、单点、共因失效等。

面向产品实现流程法的局限性主要在于：需要充分明确产品实现流程中技术风险辨识工作开展的时机、工作项目等，使面向产品实现流程法的实施能与产品实现流程充分、有机融合，避免滞后和“两张皮”。

3.2.3 航天产品成功数据包络分析方法

3.2.3.1 航天产品成功数据包络分析方法的内涵

航天产品成功数据包络分析是将待分析产品的数据与对应的成功子样数据包络进行比对，判定待分析产品数据是否落在包络内，得到待分析产品数据包络状况，评估产品是否满足执行任务的能力，以确保型号发射飞行任务圆满成功。

通过产品数据的不断积累和科学有效的产品成功数据包络分析工作，对照产品实际工作环境和状态，查找产品设计和工艺上的薄弱环节或缺陷，从而实施设计和工艺改进。

3.2.3.2 航天产品成功数据包络分析方法的作用

产品成功数据包络分析方法是基于小子样数据分析理论和小子样统计过程控制理论，利用有限子样的数据表征和分析，识别可能影响任务成败的产品风险因素并进行评价，以确定产品能否满足发射飞行任务要求，从而解决大系统全特性的技术风险应对问题的一种技术方法。同时，该方法通过对产品制造过程关键数据的持续积累、系统分析，为进行工艺和设计的改进提供量化支撑，是涵盖航天产品全系统、全过程关键特性的量化控制技术。

3.2.3.3 航天产品成功数据包络分析方法的适用范围和时机

产品成功数据包络分析的对象是量化的产品特性，产品特性主要包括原材料特性、工艺特性、性能特性和环境特性等。因此，型号产品的成功数据包络分析主要指从零件、部（组）件、单机、分系统、全箭逐级开展的原材料数据包络分析、工艺数据包络分析、性能数据包络分析及环境参数包络分析四个方面。

产品成功数据包络分析工作原则上应从方案阶段开始，贯穿于型号研制全过程，其工作过程与研制阶段的对应关系如图 3-7 所示。

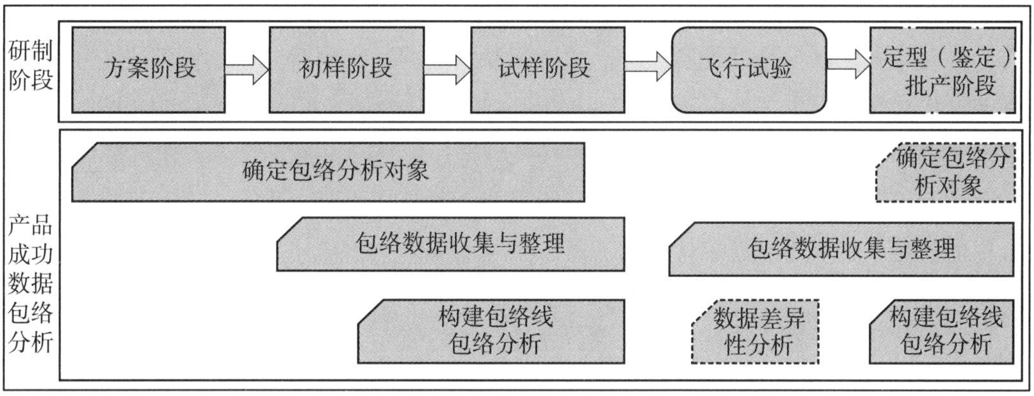

图 3-7　产品成功数据包络分析与型号研制阶段的对应关系

1）方案阶段进行功能性能参数的分解，识别出初始的关键功能性能参数。

2）初样阶段对关键的功能性能参数进行进一步细化、分解，识别出初始的关键设计参数，进行地面试验与分析，初样阶段可对地面试验结果采用包络分析进行评定，为设计改进提供参考。

3）试样阶段完成设计参数、工艺参数、原材料参数、环境参数的分解，形成关键特性清单，收集地面试验与分析的结果，构建包络线开展包络分析，为产品出厂评审提供依据。

4）飞行试验前还应对关键性能参数进行数据差异性分析，对产品各阶段测试数据的一致性进行比对分析，查找是否存在超差、临界、跳变等数据，并对超差、临界、跳变的数据项目进行专题分析，明确产品参数偏差量对飞行试验的影响程度。

5）飞行试验反馈飞行试验结果，收集整理形成包络分析可用的成功飞行子样数据。

6）定型（鉴定）和批产阶段对关键特性清单进行适度调整，对飞行产品和抽样产品开展数据包络分析，评估产品质量。

对于某一研制阶段，型号应设置管控节点对产品成功数据包络分析情况进行确认。以试样阶段为例：

1）在单机产品验收前，单机单位针对原材料、元器件等开展原材料、工艺、关键性能等成功数据包络线分析，作为产品验收的重要依据并纳入产品验收评审。

2）在分系统验收前，分系统单位开展成功数据包络线分析（含本系统关注的各单机关键特性包络分析情况确认以及系统级关键特性的包络分析情况），作为总体对分系统验收的重要依据并纳入验收评审。

3）在总装测试结束后、型号出厂前，型号组织相关单位针对型号出厂前各单机、分系统产品关键数据，完成包络分析工作，由总体将分析结果汇总形成专题报告或纳入风险分析与控制报告中，进行专题评审，作为型号出厂的必要条件之一。

4）发射场转场或加注前，型号组织相关单位针对发射场测试阶段数据开展包络分析工作，针对单元测试、分系统测试、总检查测试的数据进行比对分析，重点关注数据波动与偏差，作为转场报告中的一项内容。

3.2.3.4 航天产品成功数据包络分析方法工作程序

产品成功数据包络分析工作程序如下：

（1）界定包络分析对象

以任务成功为目标，构建从系统到分系统、单机直至零部组件甚至工艺和材料的关键特性系统模型。通过产品对任务的影响分析等工作，确定开展包络线分析的关键系统和产品及关键参数，作为包络分析的对象。

可以将产品及其关键参数识别过程细化分解为图 3-8 所示过程，对每一个识别步骤都可以根据产品特点指定具体的识别方法，最终形成包络分析关键特性清单。

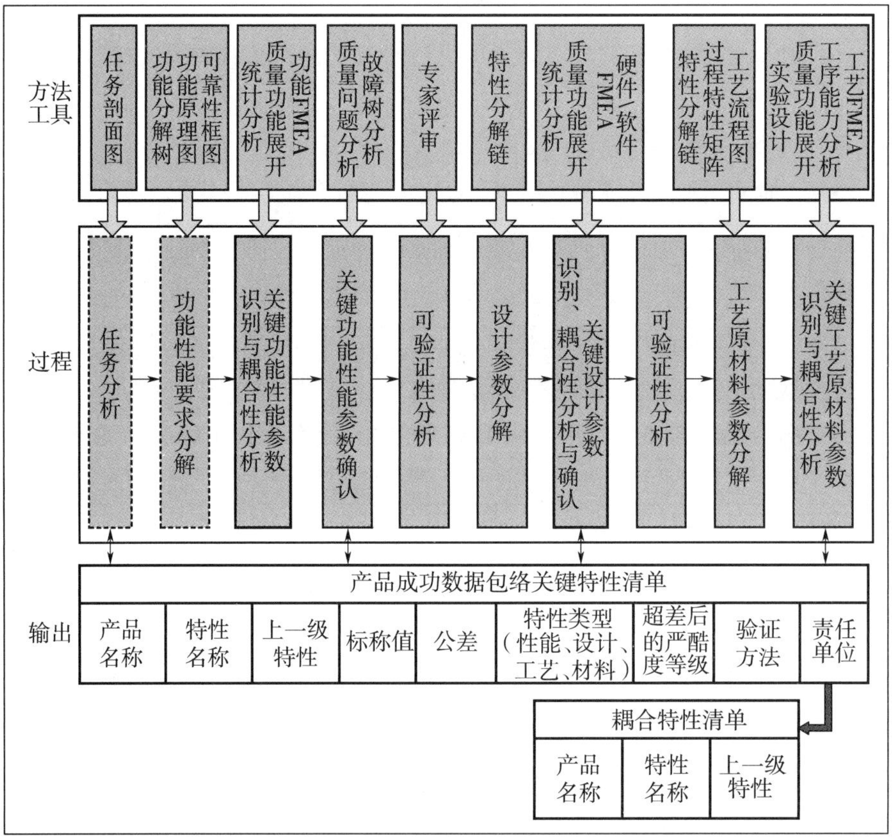

图 3-8 包络分析的产品和对象确定过程与方法示意图

作为一个型号来说，通过产品特性的识别，就可以建立一张层次清晰的产品特性关系网络图，将特性间的关联和耦合关系进行明确，如图 3-9 所示。

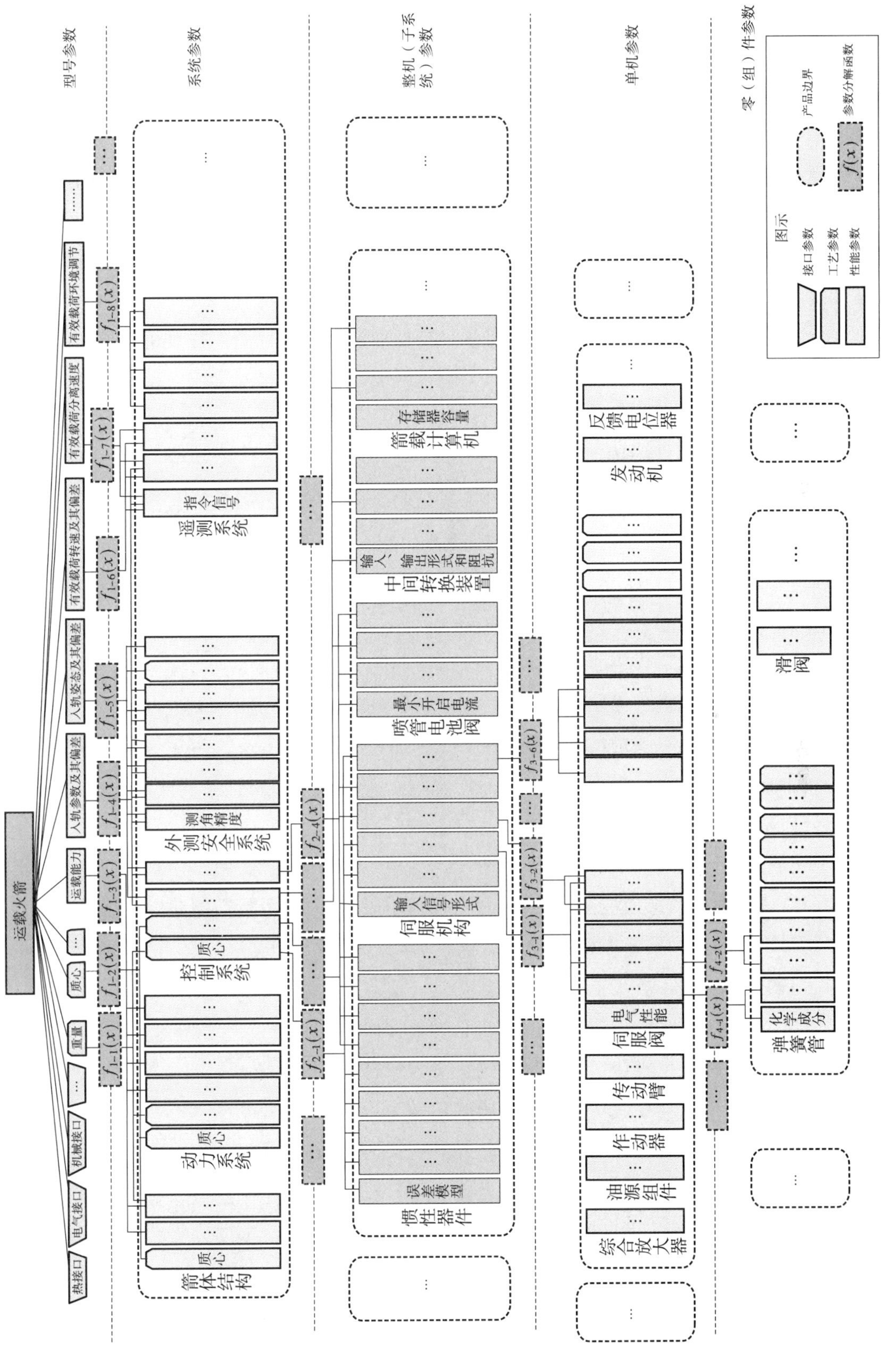

图 3-9　运载火箭系统关键特性（参数）关系示意图

（2）确定包络分析范围

① 产品成功数据收集与整理

首先从技术状态、任务要求、环境条件和使用状态等方面分析待分析的产品与历史产品的相似性，界定可用产品对象范围，根据产品成功的定义，从产品数据包（检验报告或试验报告）中获取可用产品对象的试验（地面、飞行）、检验或分析数据，组成分析样本数据集。

其次要消除相似产品数据由于量纲、均值公差不一致而对分析结果的影响；剔除显著的异常数据；充分利用地面试验数据、仿真分析数据等先验数据。

最后，由于存在特性耦合关系，还要将耦合特性通过数理统计或工程分析的方法解耦成相互独立的特性（也可能是虚拟的特性），解耦既要保证特性交互影响，又要降低分析的难度。

② 产品成功数据包络的构建

初始分析阶段，可以采取统计历次飞行（或试验）成功的产品参数的实测值，找出数据上、下边界，同时画出曲线，形成成功数据包络。

随着数据的积累和特性辨识的深入，可以根据特性的种类及数据子样的多少，利用科学的技术方法，构建合理的包络范围。例如：

1）单特性大子样包络线构建；

2）单特性小子样包络线构建；

3）多特性大子样包络线构建；

4）多特性小子样包络线构建。

包络分析范围的确定如图 3-10 所示。

（3）开展包络分析与确认

将待分析产品数据与形成的成功数据包络进行比对，判断待分析数据是否在成功数据包络内，同时确认产品的质量表征趋势。

如图 3-11 所示，包络分析结果分为四类：

1）满足设计指标并在成功包络线内的定义为：合格 / 包络。

2）满足设计指标但在成功包络范围外的定义为：合格 / 不包络。

3）不满足设计指标但在成功包络线之内的定义为：超差 / 包络。

4）不满足设计指标且在成功包络范围之外的定义为：超差 / 不包络。

（4）对包络分析结果进行风险评价和处置

要针对除合格 / 包络以外的各项产品特性逐一进行风险分析，根据分析结果确定采取的应对措施。

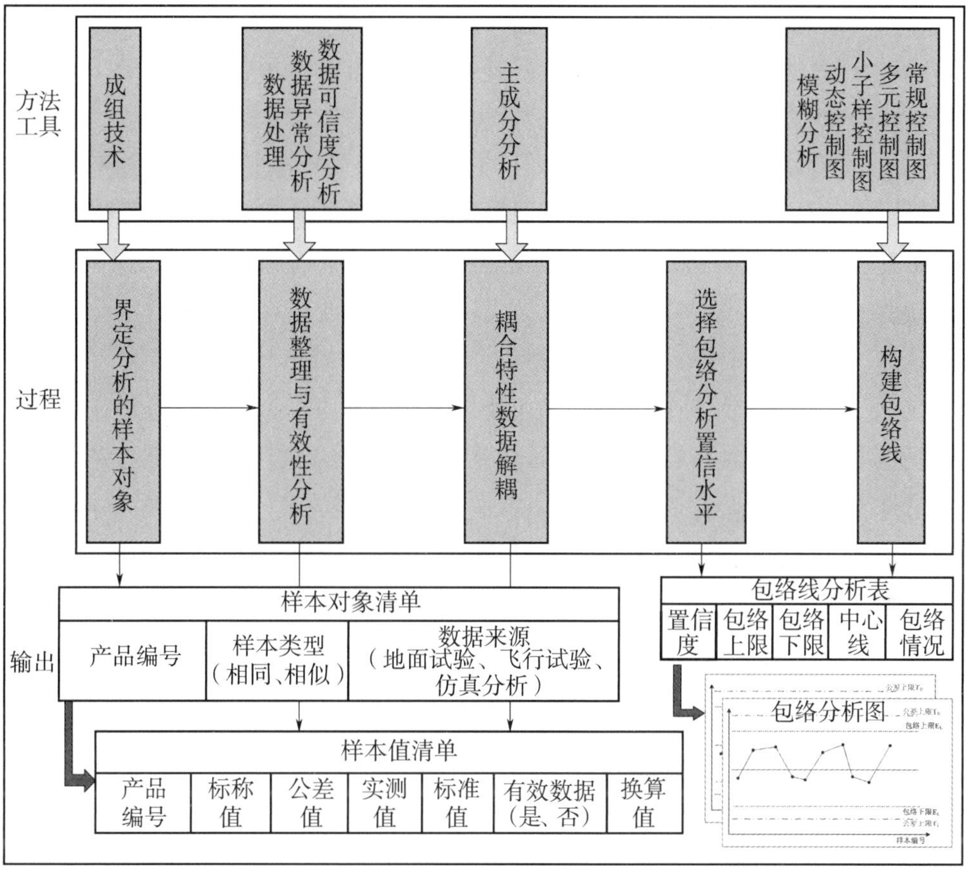

图 3-10　包络构建过程与方法示意图

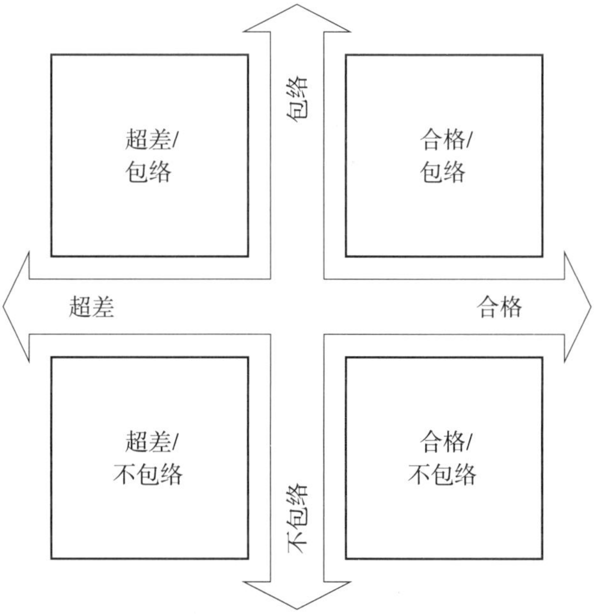

图 3-11　包络分析结果示意图

产品成功数据包络分析结果的处置可按如下原则进行：

1）对于“合格 / 包络”的数据，主要确认其一致性和稳定性，对存在波动的特性，给出是否满足飞行任务的结论。

2）对于“合格 / 不包络”的数据，其主要风险点是产品特性虽然合格，但超出了飞行验证子样的包络，存在未经飞行验证的风险。主要要对超出包络的特性进行风险分析，给出是否影响飞行任务的结论，并根据分析结果采取措施；对不影响飞行任务的特性经过新的飞行试验验证，其结果将成为成功子样，据此在后续分析中将重新确定成功包络线。

3）对于“超差 / 包络”的数据，其主要风险点如下：一是曾经对超差特性采取让步放行，虽然飞行试验成功，但并不代表该超差特性采取让步放行的风险已经完全释放，应再次对超差特性进行风险评估；二是超差特性经多次让步放行，且经过充分分析和飞行试验验证，其风险已完全释放，应调整合格判据。

4）“超差 / 不包络”的数据，是产品成功数据包络分析辨识出的最大风险。其主要风险点是：该特性既超出设计容许范围，又没有经过以往飞行试验验证，原则上对于影响成败的关键特性不允许“超差 / 不包络”特性的让步放行，若确需放行“超差 / 不包络”关键特性，必须经过充分的地面试验和风险评估，给出不影响飞行任务的结论。

综上所述，产品成功数据包络分析工作的量化控制流程如图 3-12 所示。

3.3 以“三个面向”为重点拓展质量问题归零的内涵

质量分析和改进是实现质量管理体系持续改进的重要手段，多年以来航天型号在研制、生产、试验等过程中运用多种方法和手段开展质量分析，持续提升了产品质量、健全质量管理体系。尤其是航天质量问题“双五条”归零标准的建立和应用，创造了科学解决质量问题的思想方法和工作方法。在航天以问题为导向和以目标为导向的质量分析深度实践中，我们认识到传统的质量分析方法还不系统、科学、有效。主要表现在预防性的质量分析并不完全揭示系统和产品中存在的隐患；以问题为导向的质量分析还不能规避同类问题在不同产品、不同组织中重复发生。为此，航天科技集团在质量问题归零和以产品为对象的质量分析实践基础上，研究提出了“面向产品、面向流程、面向组织”的“三个面向”质量分析方法和工作程序，并进行了应用实践，取得了良好效果。在实践的基础上，形成了“三个面向”质量分析工作标准，进一步推动了“三个面向”质量分析的规范化、科学化，提升了质量分析工作的整体效能。

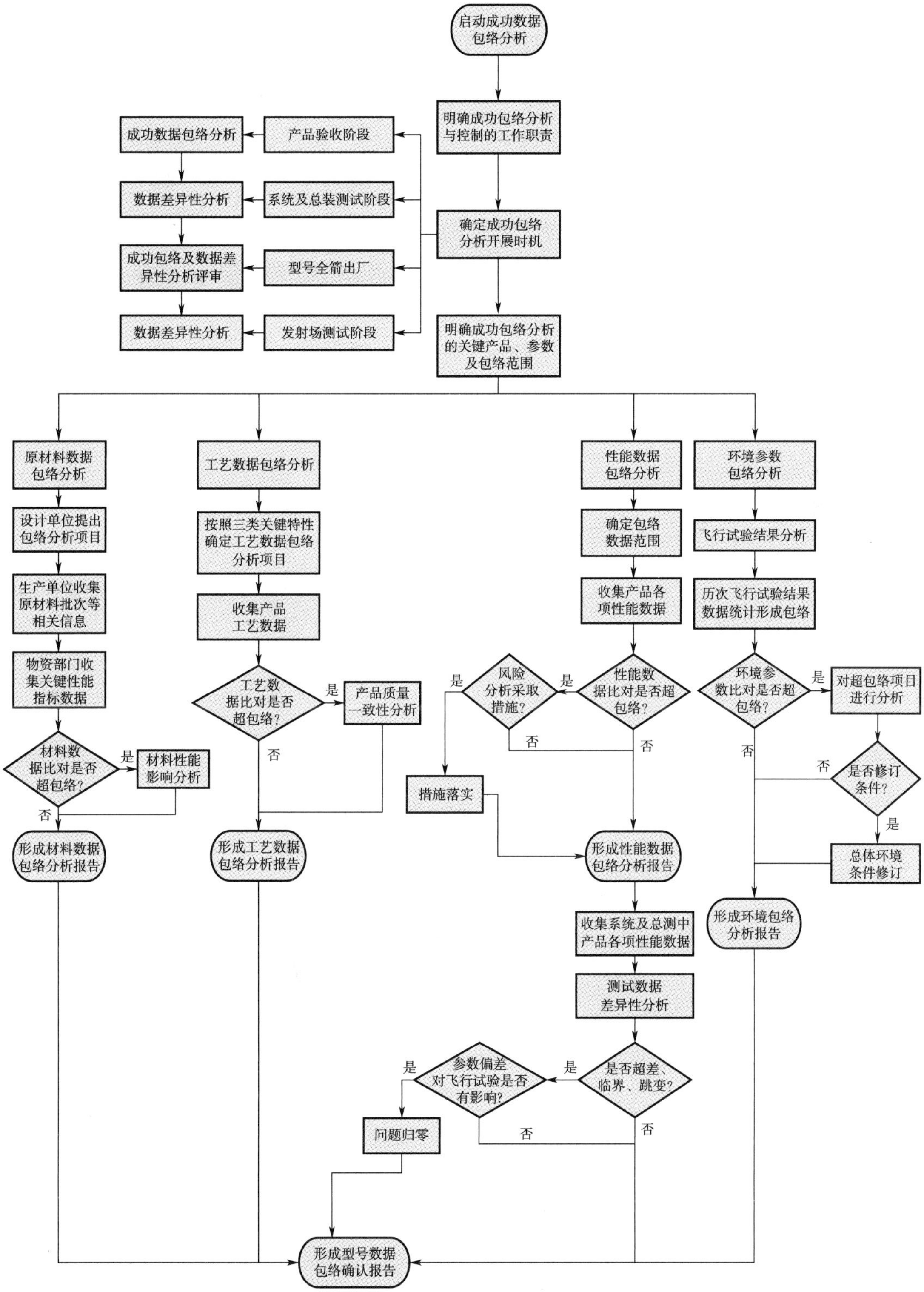

图 3-12　成功数据包络线分析量化控制流程图

3.3.1 航天质量问题“双五条”归零方法

航天产品质量问题“双五条”归零是实现质量问题闭环控制的一种科学有效方法，在质量问题归零过程中，通过对标准规范和规章制度的不断完善、人员意识的不断提升、条件的逐步改进，实现质量管理的升华。推行质量问题归零，是航天质量工作在同质量问题的不断斗争中，自我完善、持续改进的需要。质量问题的归零过程，是实现质量管理从事后问题管理转化为事前预防管理的过程。对于发生质量问题的产品而言，归零工作要刨根问底，力求水落石出，是有效的“救火”措施；对于其他产品而言，归零工作可以防范类似质量问题的重复发生，起到“防火”的作用。对于单位的质量管理体系而言，归零工作可以弥补体系运行的“缺省链”，将归零措施纳入相关管理文件和标准规范，落实预防为主的方针，达到“吃一堑、长一智”的目的；同时，积累这些归零经验，变成财富。

3.3.1.1 航天产品质量问题归零的发展历程

质量问题归零是我国航天人，结合多年来型号生产实践创造性总结和提炼出来的，是航天产品研制生产过程中必不可少的工作环节，是确保航天型号任务成功的宝贵经验之一。

20 世纪 90 年代，中国航天接连发生了“2・15”和“8・18”两次重大失利，航天面临着失败不起、没有退路、只能成功的严峻质量形势和质量最低谷。中国航天人凝智聚力，从问题中反思，在实践中探索与升华，创造性地提出了质量问题归零“双五条”标准。

1995 年 8 月原中国航天工业总公司在《质量问题归零的管理办法》中第一次明确提出了“质量问题归零管理要求”，从质量问题定位、机理、性质、责任、措施等方面，提出了质量问题“归零五条标准”的最初概念。

1996 年 4 月，原航天工业总公司下发了“关于进一步做好质量问题归零监督检查工作的通知”，提出了关于质量问题归零的几点要求：“定位要准确，机理要清楚，故障要复现，问题的性质和责任要清楚，措施要可行、有效，举一反三”，勾画出了质量问题“归零五条”的基本内容。

1996 年 10 月，在原航天工业总公司召开的一次卫星发射动员会上，第一次系统、明确地提出了质量问题“归零五条”，即“定位准确、机理清楚、问题复现、措施有效、举一反三”，体现了当时处理型号质量问题的基本原则。

1997 年 10 月，原航天工业总公司编制下发了《质量问题归零五条标准宣传手册》，并在手册序言中就归零工作中的管理问题提出了管理问题归零的五条标准——“过程清楚、责任明确、措施落实、严肃处理、完善规章”。

1997 年，原航天工业总公司下发了“关于认真做好质量问题在管理上归零工作的通知”，对质量问题管理归零提出明确要求，至此，航天质量问题归零双五条标准全面完整形成。

1998 年，原航天工业总公司又陆续下发了“关于做好发射场型号产品质量问题归零工作的通知”“关于试行型号产品质量问题管理归零工作的实施要求的通知”等文件，质量问题归零方法得到完善和实施。

2000 年以来，中国航天把继续深化质量问题归零管理作为一项重要工作，陆续制定发布了一系列相关标准和文件，质量问题归零方法得到不断发展和完善。

2002 年，航天科技集团发布了《航天产品质量问题归零实施要求》标准，以集团标准的形式对质量问题归零工作进行制度化、规范化管理。技术归零是指针对发生的质量问题，从技术上按照“定位准确、机理清楚、问题复现、措施有效、举一反三”的五条要求逐项落实；管理归零是指针对发生的质量问题，从管理上按照“过程清楚、责任明确、措施落实、严肃处理、完善规章”的五条要求逐项落实。至此，质量问题“双五条”归零要求概念成型并写入集团标准，这是航天系统质量问题归零方法的核心，充分体现了航天系统处理质量问题的基本思路和方法。

2003 年，航天行业标准《航天产品质量问题归零实施指南》发布，将质量问题归零工作进一步系统化、科学化和规范化，提高归零工作的有效性。标准是航天行业将原航天工业总公司的“双五条”归零要求，各单位制定的标准、归零实施细则以及执行“双五条”归零要求的丰富经验加以总结和提炼；标准范围包括对发生的质量问题进行技术归零，以及对在管理上发生的质量问题（漏洞）、薄弱环节进行管理归零。《航天产品质量问题归零实施指南》标准将问题处理程序化、步骤明确、可操作性强，能够有效保证质量问题处理的准确性和彻底性。通过在航天系统的多年实践证明，采用“双五条”归零方法处理质量问题，可以有效地防止质量问题，特别是严重及重大质量问题的重复发生，杜绝低层次质量问题和人为责任事故的出现，是一种科学有效、切实可行的质量管理方法。

质量问题归零方法在航天科技集团和航天行业进行应用和推广的基础上，得到了各军工行业的采纳和应用。在集团标准的基础上，先后发布实施了国家标准 GB/T 29076—2012《航天产品质量问题归零实施要求》、国际标准 ISO 18238：2015《航天系统—质量问题归零管理》、军用标准《装备质量问题归零实施指南》、国家标准 GB/T 29076—2021《航天产品质量问题归零实施要求》（在 2012 版的基础上，非等效采用了国际标准 ISO 18238：2015）。这些国家标准和国际标准的发布和实施推广了航天产品质量问题归零新经验，统一和规范了质量问题归零实施程序和要求，进一步推动了航天质量问题归零标准在各行业的广泛应用，如图 3-13 所示。

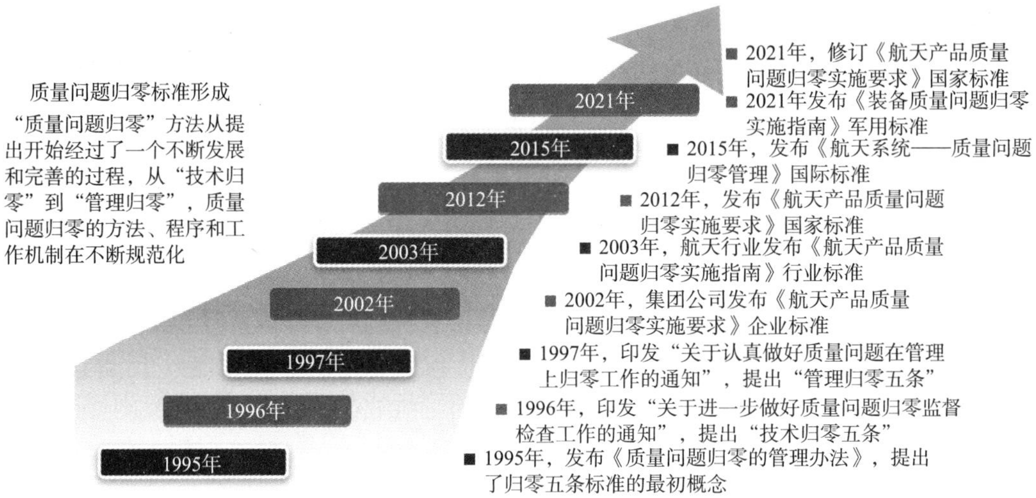

图 3-13　质量问题归零的发展

3.3.1.2　航天产品质量问题归零的内涵

航天产品质量问题归零实施要求中，给出了“质量问题归零”的定义：对在设计、生产、试验、服务中出现的质量问题，从技术上、管理上分析产生问题的原因、机理，并采取纠正、预防措施，以避免问题重复发生的活动。质量问题包括故障、事故、缺陷和不合格等。质量问题归零从技术和管理两个方面开展，包括质量问题技术归零和质量问题管理归零，如图 3-14 所示。

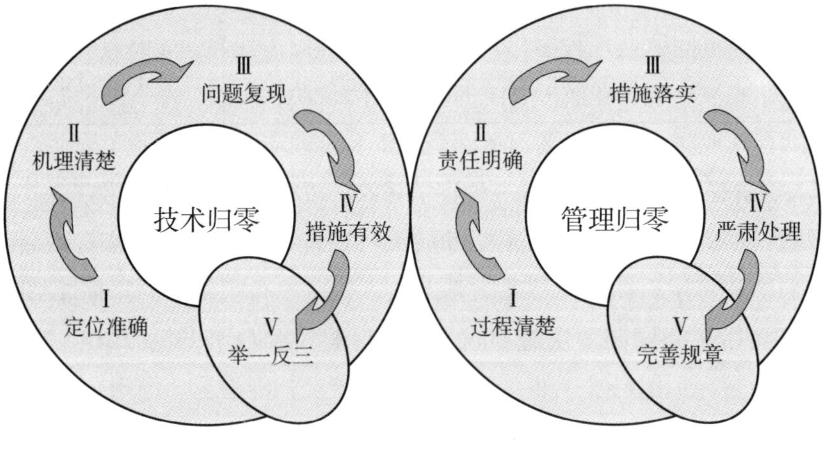

图 3-14　质量问题双归零

质量问题归零工作的出发点是彻底解决已出现的质量问题，落脚点在于防止类似的质量问题重复发生。针对已发生的质量问题，认真查找产生问题的真正原因，制定并采取纠正措施，使发生的质量问题得以解决。同时要在本单位、本型号快速、深入地开展目标清楚、范围明确的举一反三工作，使尚未暴露的隐患得到整改。质量问题归零的作用一方面可以通过对质量问题的分析，找出相关管理工作中存在的问题（漏洞）、薄弱环节，通过制（修）订规章制度、完善体系文件，弥补质量管理体系链条中存在的缺省链，杜绝因管理不到位而出现重复性质量问题；另一方面，通过严格实施质量问题归零程序，培养员工严谨务实、深入钻研、严守规章、一丝不苟的工作作风。因此，质量问题归零管理不是事后就事论事的做法，而是系统解决存在问题的方法；不仅仅是对当前质量问题处理的一种手段，更是预防以后发生质量问题的有效措施。做好质量问题归零工作，对完善质量体系、持续改进质量管理、避免重复故障、提高产品质量和试验成功率起到了良好的作用。

航天产品质量问题归零工作，既强调技术归零，也强调从管理上查找原因，重视完善规章和标准规范，又被称为“双归零”：

1）“质量问题技术归零”是针对发生的质量问题，从技术上按“定位准确、机理清楚、问题复现、措施有效、举一反三”的五条要求逐项落实，并形成技术归零报告或技术文件的活动。技术归零的五条要求内涵如下：

定位准确：确定质量问题发生的准确部位。明确问题发生的准确、具体部位是解决问题的前提条件。发生问题，首先要找到问题发生在哪里或哪个环节、哪个产品、哪个部件、哪个零件或哪个电子元器件，是什么故障模式。准确定位就是确定待解决问题的对象。受损的产品或零部件可能是一个，也可能是几个，都要确定出来。

机理清楚：找到问题发生的根本原因和演变过程。明确为什么会发生问题，找到发生问题的根源。梳理问题和原因的因果关系，支持并证明问题原因分析的正确性，为制定措施提供依据。机理清楚是彻底归零的关键，对提升技术水平和解决问题能力是非常重要的。

问题复现：通过试验或其他验证方法，复现质量问题发生的现象，验证定位的准确性和机理分析的正确性。问题复现是采取纠正措施的初步试验。按照对问题的定位和原因分析结果，进行地面试验。复现试验是对故障定位和机理分析正确性的证实，也是采取有效纠正措施的前提，也能达到措施有效的目的。对某些显而易见的失误而造成的产品损伤等问题，可无须进行复现试验；对于无法进行问题复现的故障模式（或者破坏性的故障模式），可以通过分析或者仿真来证实故障发生的现象、定位和机理。

措施有效：针对发生质量问题的原因，采取纠正措施，并经验证，确保质量问题得到解决。一个问题可能由几个原因造成，解决问题的措施也要覆盖所有可能的原因。例如，某电子元器件因外应力失效，有工艺设计不完善，也有操作和检验不到位等问题，纠正措施除了完善工艺设计外，还要改进操作和检验方法。纠正措施是解决问题的手段和方法，措施有效不能仅立足于纠正本次的问题，还要能够解决发生问题的根本原因。

举一反三：把发生质量问题的信息反馈给本型号、本单位和其他相关型号以及相关单位，检查有无可能发生类似故障模式或机理的问题，并采取预防措施。通过“举一反三”，把解决本产品本次发生问题的纠正措施，落实到同批次、同样原理设计的其他产品上，使具有相同原理设计的产品都能避免同类问题的发生，对未发生问题的产品，是一种预防措施的落实。

技术归零五条之间存在先后的逻辑关系，定位准确是归零前提，找到问题发生的准确部位，才能明确解决问题的对象。机理清楚是归零关键，只有找到发生问题的根本原因，才有治本的依据。问题复现是归零手段，是验证定位和机理分析的有效措施。措施有效是归零核心，是解决问题的落脚点。举一反三是归零结果延伸，是将损失变成财富的过程，是防止同类质量问题重复发生的有效方法。

2）“质量问题管理归零”是针对发生的质量问题，从管理上按“过程清楚、责任明确、措施落实、严肃处理、完善规章”的五条要求逐项落实，并形成管理归零报告和相关文件的活动。管理归零的五条要求内涵如下：

过程清楚：查明质量问题发生和发展的全过程，从中找出管理上的薄弱环节或漏洞。“过程清楚”就是要梳理清楚发生问题的时间、地点、工作工况、运行程序、问题现象和结果，以及产生问题的管理环节、岗位和管理原因，分析清楚管理工作程序或制度中存在的漏洞、薄弱环节。

责任明确：根据质量职责分清造成质量问题的责任单位和责任人，并分清责任的主次和大小。“责任明确”是实施管理改进措施的前提，只有明确了哪个部门，哪些岗位的责任要改进落实，管理改进工作才能做到有的放矢。

依据问题发生的过程，明确问题涉及的相关责任单位、相关人员，直接责任和间接责任，主要责任和次要责任，领导责任和执行责任等，涉及多部门、多岗位、多人员时，要逐一明确。

措施落实：针对管理上的薄弱环节或漏洞，制定并落实有效的纠正措施和预防措施。“措施落实”要有结果，管理的措施落实要体现在完善规章、教育培训、合理处置等，关键是提高认识，提高管理能力。

措施要具体、可操作、可检查。措施落实要有计划和保障条件，明确责任人，要有落实的客观证实材料和监督检查的记录。

严肃处理：对由于管理原因造成的质量问题要严肃对待，从中吸取教训，达到教育人员和改进管理工作的目的。对重复性质量问题和人为责任质量问题的责任单位和责任人，要根据情节和后果按规定给予处理。严肃处理重在严肃对待，通过归零工作扩大受教育面，从中吸取教训，达到提高认识、改进管理的目的。

严肃处理的最终目的是教育人和改进工作，应对重复性质量问题和人为责任质量问题的责任单位和责任人给予一定的行政处罚和经济处罚，这种处罚的目的依然是加深教育，预防质量问题的再次发生。

完善规章：针对管理上的薄弱环节或漏洞，完善规章制度，并加以落实，从规章制度上避免质量问题发生。“完善规章”是结合质量问题管理归零措施，识别现有规章制度中不完善的地方，把归零工作的措施固化到相关的规章制度、作业指导文件、标准或规范中。

规章制度的改进是质量管理体系改进的基础，是单位质量改进的有效资源，是组织提升管理能力的源头，也是管理归零实现闭环的归宿。

管理归零五条之间也存在先后的逻辑关系，过程清楚是基础，只有了解清楚问题发生、发展的全过程，才能准确找到产生质量问题的薄弱环节和管理上存在的漏洞。责任明确是前提，只有明确阐明问题发生在哪个环节，明确责任单位（部门）、岗位，管理改进才能有的放矢。措施落实是核心，不仅要落实到管理文件上，更要落实到工作职责上。严肃处理是手段，通过加强质量管理制度的宣贯和吸取发生质量问题的教训，教育职工提高自身的质量意识，提高管理者的责任心；同时，对严重违章者也必须给予适当的行政或经济处罚，以起到加深教育的作用。完善规章是结果，将取得的经验教训用规章、制度进行固化和推广应用，起到预防的效果。

3.3.1.3　航天产品质量问题归零的实施步骤

（1）技术归零的实施步骤

① 现场记录、确认和报告

质量问题发生后，应立即采取措施防止质量问题扩散。在不影响产品、设备和人员安全的情况下，问题发生单位的岗位人员应保护好现场，并做好记录，填写质量问题报告单，或以口头方式（情况特别紧急时）按要求逐级上报质量问题信息。

报告内容一般应包括以下内容：

1）质量问题发生的时间、地点等；

2）发生质量问题的产品所处的工作状态、环境条件；

3）产品质量变化过程和现象的详细描述。

② 故障定位和机理分析

出现质量问题后，项目负责人应当立即组织有关方面的技术人员确认质量问题的现象和部位，进行初步的问题定位，并确定技术归零的责任单位（部门）。在难以分清是设计质量问题还是生产质量问题，或难以分清是哪个系统时，由项目负责人组织相关单位分析查找原因，责任初步分清后由责任单位具体组织实施质量问题归零。

在具体进行问题定位时，有些质量问题、问题现象和部位比较直观，可以很容易确定问题部位。例如断线、短路、加工错误、尺寸超差等。有些问题产生的原因和部位不能直观看出来，例如系统工作不稳定等，就需要用质量分析工具（如故障树、鱼骨图等）进行分析，找出产生问题的原因，必要时，需要由专业机构进行鉴定，对有些复杂产品，要做试验进行分析。

在质量问题定位之后，要组织有关方面的技术人员，通过试验和理论分析等手段，弄清故障发生的基本过程，搞清楚故障的模式，从而确定质量问题发生的根本原因。只有彻底查明问题的原因机理，才能解释问题发生的过程，才能提出有针对性的纠正措施。

机理分析是一件极其重要，却又非常困难的工作。影响机理分析准确性的因素比较多，主要有：

1）思想上的顾虑，因为问题的原因涉及责任；

2）数据和资料收集不全，质量事故的现场没有保护好；

3）分析人员的水平、经验和客观性的限制；

4）单位负责人的态度和作风；

5）分析设备的功能和精度；

6）监督机制的完备性；

7）奖惩机制的合理性。

针对某一特定的质量问题，特别是重大的质量事故应成立问题分析小组，其成员包括参与产品设计、生产、试验和使用等有关的单位和部门代表，专业失效分析机构和质量可靠性部门的代表。其任务是负责问题调查、分析工作，做出分析结论等。

③ 进行质量问题的复现试验

复现试验是确认定位和机理分析的正确性，验证流程如图 3-15 所示。但对某些显而易见的失误造成的产品损伤等问题，可无须进行复现试验。

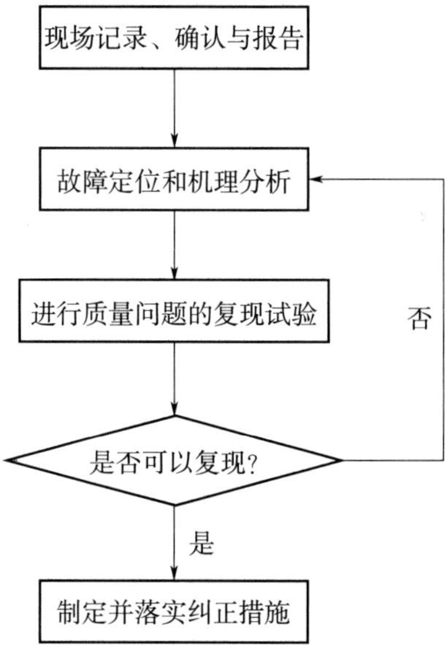

图 3-15　复现试验验证流程

只有通过复现确认机理已经分析清楚，方能进入下一步制定具体的措施，进行问题的纠正和预防。如果复现试验不能复现出发生的故障，则认为故障未能定位准确，机理分析可能不正确，需要重新进行故障的定位和机理分析。

有些复现试验涉及面广，耗资巨大，很难进行复现试验，如火箭发射失利，在这种情况下，可以利用模拟方法、仿真方法进行验证，或利用原理性试验来验证。

在航天产品质量问题归零中，除了大型破坏性试验可以用理论分析和数字模拟外，一般均要求进行实物仿真试验，以保证质量问题归零各个环节的正确性。

④ 制定并落实纠正措施

根据质量问题的原因，采取相应的改进措施。对一些复杂问题要认真分析，制定改进的实施方案和验证方法，并通过必要的试验验证确认改进措施有效和合理，将措施固化到相应的设计文件或工艺文件中。

一般而言，措施可以分为两类：

1）应急处理。更换有质量问题的零部件，把系统恢复到正常的工作状态，这种更换只对有质量问题的产品采取了措施，不能提高产品的固有质量。

2）防止再发生。在问题原因分析清楚的基础上，采取纠正和预防措施，改进产品的设计、工艺、试验程序，消除产生质量问题的根本原因，从而提高产品质量。

⑤ 开展举一反三工作

各级质量管理部门应将归零信息上报上一级质量管理部门。上一级质量管理部门明确举一反三的要求，并以通报的形式反馈相关单位和相关型号开展举一反三。各单位、各型号应根据通报内容组织本单位的举一反三工作。

举一反三工作内容主要可以分为两个方面：本型号范围内开展举一反三，要检查相同产品范围内，特别是本批次产品范围内是否存在类似的质量隐患，如果存在，都要进行改进，并办理相应的手续和文件；对本单位和其他单位采用同原理设计生产的其他产品也要进行检查和改进，以防同类问题在其他产品上再次发生。

设计问题的举一反三从以下三点考虑：

1）设计输入，设计输出；

2）可靠性、安全性、维修性设计；

3）设计质量管理程序。

工艺问题的举一反三从以下三个方面开展：

1）工艺设计的优化性、合理性；

2）工装设计的合理性和制造上的系统缺陷；

3）产品实际质量的稳定性。

⑥ 编写技术归零报告

编写质量问题归零报告是归零工作的重要一环。归零报告是归零工作的成果，也是航天型号研制的宝贵经验和财富。质量问题归零报告所提炼的研制警示，可为今后产品研制工作提供有益借鉴，或将质量问题归零中的经验教训纳入设计规范或设计准则，也是年轻一代研制人员极有价值的学习教材。

技术归零报告由责任单位编写，按三级审签要求进行签署，质量监督代表会签。外包单位归零报告应经订货和任务书提出单位会签审查。

一般而言，技术归零报告的主要内容包括：

1）问题概述。描述问题发生的现象。

2）问题定位。阐述问题定位的过程及结果。

3）机理分析。阐述故障原因及机理。

4）问题复现。阐述为验证定位及机理分析的正确性所进行的模拟试验情况。

5）采取措施及验证。阐述所采取的纠正措施在设计、工艺以及具体产品上的落实情况。

6）举一反三情况。阐述举一反三的范围和针对举一反三发现的问题所采取的纠正措施和预防措施。

7）结论。明确该问题的归零工作是否达到归零标准的结论。

⑦ 技术归零评审

完成技术归零报告之后需要组织对技术归零工作进行评审。评审组织一般由责任单位质量部门负责，根据质量问题重要性、接口关系等综合因素考虑评审组的组成。涉及用户的均应邀请用户代表参加。

技术归零评审重点评审以下方面内容：

1）故障定位是否准确和机理分析是否正确、系统、有效。

2）纠正措施是否落实，纠正措施的验证是否充分，纠正措施是否已落实到设计、工艺文件、产品实物以及使用文件上，确保纠正措施落实到位，不漏项。

（2）管理归零的实施步骤

① 查明质量问题发生的过程和责任

质量问题发生后，在不影响产品、设备和人员安全的情况下，问题发生单位的岗位人员应保护好现场，并做好记录，填写质量问题报告单，按要求逐级上报质量问题信息。

由于管理原因造成的问题，由责任单位责任人组织进行管理归零工作。分析造成异常因素的过程管理文件规定、执行方面的原因，查找管理上的薄弱环节和漏洞。

② 制定改进措施，完善规章制度

对造成质量问题的管理原因，应针对薄弱环节采取纠正措施。归零措施应通过完善质量管理体系文件、规章制度、标准等形式固化。凡属于规章制度不健全的问题，需明确完成规章制度制（修）订时间和具体内容要求。

制定的归零措施应当具体、细化、可操作、可检查，且措施中每一项工作应明确责任部门和责任人，对于中长期措施应有明确的计划和节点。

③ 问题处理

依据过程管理文件规定、执行和记录情况，确定相关组织和相关人员应承担责任的主次和大小等。对确属重复性质量问题和人为责任质量问题的责任单位和责任人，以及弄虚作假、隐瞒不报的有关责任人，应按照责任和影响大小，给予一定的处分或处罚。对预先发现规章制度或流程不完善、不健全等管理薄弱环节，能够主动归零并提出可操作、可落实、可检查措施的责任单位和责任人，根据情况给予表彰奖励。

④ 编写管理归零报告

管理归零报告应经质量管理部门和相关部门会签、本单位行政正职批准。

一般而言，管理归零报告的主要内容包括：

1）过程概述。描述问题发生的现象以及问题发生发展的过程。

2）原因分析。按管理环节和职责，分析管理方面的原因，明确有关人员和部门的职责。

3）采取的措施和落实情况。针对管理原因所采取的管理措施以及措施的落实情况，管理措施应具体可执行。

4）处理情况。针对问题的原因和性质，说明对责任部门和责任人的处理方法、结果及依据。

5）完善规章。通过管理原因分析，明确哪些规章制度需要进一步完善或建立。

6）归零的结论。归零工作是否达到管理归零五条标准。

7）管理归零的证明资料清单。

⑤ 管理归零的评审

在完成质量问题管理归零后应组织质量问题归零评审。质量问题归零评审是对归零工作的正式审查。管理归零的评审由责任单位质量管理部门归口管理和组织，由责任单位行政正职主持或担任组长，有关部门参加，必要时上游单位和上级机关参加。一般质量问题，管理归零评审可与技术归零评审结合进行；严重和重大质量问题，以及典型质量问题的管理归零评审应单独进行。

管理归零评审重点评审以下方面内容：

1）质量问题发生发展的过程是否清楚；

2）发生问题的主要管理原因和问题性质是否明确；

3）对主要责任单位和责任人的责任分析是否准确清晰，相关单位是否认可应承担的责任并采取了改进措施；

4）是否针对质量问题的管理原因和性质对相关责任人员进行了教育，对确属重复性质量问题和人为责任质量问题的责任单位和责任人，以及弄虚作假、隐瞒不报的有关责任人，按照有关规定进行了相应处罚，处罚是否得当；

5）属无章可循或规章制度不健全的是否完善了规章。

（3）归零信息管理

质量问题发生后，责任单位按规定填报“航天产品质量问题信息采集卡”。采取月报、季报等定期统计分析质量问题归零信息，各级主管部门及时发布共性质量问题和产品质量趋势。建立质量问题快速收集、反馈、准确分析处理和举一反三机制，并建立共享质量问题信息管理系统。归零评审完成后，应及时将归零报告、故障信息等归档，更新质量问题归零信息库。

3.3.2 新时期对航天产品质量问题归零工作的新认识

近年来，在质量问题归零工作中存在归零工作形式化、归零不彻底，以及规避问题、规避归零等现象，这些问题的存在既有技术原因，也有管理原因；有个别人员的责任，更有管理者的责任；有方法和手段没能与时俱进的原因，更有思想认识的原因。针对上述问题，需要对新时期质量问题归零工作进行再认识。

3.3.2.1 技术归零工作中存在的问题

经过多年的质量问题归零实践，在一些质量问题的技术归零工作中存在以下问题：

（1）把现象说明当做问题归零

有些已经发生的问题现象本身就是问题，但是有时会遇到当事单位或当事人纠结于该问题现象算不算“质量问题”。为了回避质量问题归零工作，将“问题”归类为现象，以现象说明代替问题归零。

具体表现在：某问题虽然是系统测试的客观结果，但该结果已超出了原设计的期望或原设计的目的，针对此类问题，以强调技术认识原因为由，用现象说明代替问题归零；或者，为了回避将问题称之为“质量问题”，虽然按照质量问题归零标准开展了归零工作，但是报告不用“××质量问题归零报告”，而以“××现象说明”代替归零报告。

（2）把“上不上系统”当做“要不要归零”的标准

质量问题信息管理系统既是质量问题归零工作的信息管理系统，也是质量问题归零成果的知识共享系统，发生质量问题后要求及时将质量问题纳入信息系统进行归零管理，并定期通过系统发布举一反三共享信息。发生问题后有些单位、有些人员不愿将问题纳入信息系统进行受控管理，造成问题迟报、漏报、瞒报。其主要原因是部分型号、单位或人员存在“不愿归零”的思想，不想把出现的问题共享到系统中，也不愿受到管理上的约束。

上述认识，导致问题出现后对“上不上系统”的问题令部分领导大费思量，甚至对“上了系统”的问题也大费周折地想“能否撤掉”，没有真正把精力、功夫用在问题归零上。

（3）把故障定位当做机理分析

机理清楚是质量问题归零能否做到彻底的关键，在机理分析时，没有分析到问题发生的根本原因，仅停留在问题定位或表面原因。两方面原因导致机理分析不到位：一是主观上存在不愿、不想主动认知问题的本质原因；二是客观上存在技术吃不透、状态掌握不全、数据分析不深等问题。

如20世纪90年代发生的某事故，鉴于当时认知的局限性，把事故的原因定位为“多余物”导致的“小概率事件”。后来经过反思，多余物只是其直接原因，其内在原因是可靠性设计存在缺陷，彻底解决该问题也必须通过改进设计的方式。这次事故后，航天领域明确要求，今后针对发生的质量问题杜绝用“小概率”事件规避内在机理的深入分析。

（4）把故障保持当做问题复现

问题复现的目的是验证问题定位和机理分析的正确性，需要模拟问题发生时的环境条件，以较为真实的状态验证定位和机理分析的正确性，可以采用实物试验或数字仿真等手段进行问题复现验证。在问题复现环节存在的问题是经常把故障产品返回后故障现象仍然保持当做了问题复现，偏离了“问题复现”的目的和本质要求，一般没有经过“问题复现”环节验证的机理分析，大多存在机理分析不清楚的风险，进而存在纠正措施是否有效的风险。

如某型号在发射场测试时发生了问题，但重复几遍测试后，故障现象消失，后续一直未再重复出现。经现场分析，问题定位在箭上计算机，计算机需下箭返厂分析。但由于受“不‘复现’不能下箭”的机械要求，导致箭上计算机20余天迟迟不能下箭返厂进行机理分析，归零工作前后持续1个多月。

（5）把纠正当做纠正措施

在GB/T 19000中有定义：“纠正”是为消除已发现的不合格所采取的措施。“纠正措施”是为消除不合格的原因并防止再发生所采取的措施。

在实际工作中，“措施落实”有时仅做到“纠正落实”，没有做到“纠正措施落实”，没有采取措施防止问题再次发生，仅解决了目前发生的问题就当做是“措施落实”。这也是降低了归零标准的主要问题之一。

（6）把故障剥离当做举一反三

举一反三的依据是问题的根本原因和故障机理，在举一反三工作中存在的问题是，仅仅基于本型号、本单位的产品没有发生过类似问题，发生问题的产品不是同一单位设计生产的或不是同一批产品，而简单归为“该问题与我无关，我的产品可以剥离”。没有以问题的根本原因和内在机理为依据对具有相同原理设计和生产的产品进行真正的举一反三，导致举一反三形式化、有遗漏、不彻底。

（7）把例外放行当做完成归零

《航天型号飞行试验（任务）通用放行准则》中对型号出厂、转场、加注、发射等环节的放行有如下要求：“质量问题已完成了归零和举一反三工作，暂不能归零的个别质量问题，要有不影响下一阶段工作和不影响飞行成功及不会造成安全问题的结论。”由于片面或机械地理解和执行“不符合归零标准要求的不得允许转入下一工作阶段”的要求，导致在未达到归零标准时，归零结论也要写成“符合五条归零要求”，形式上看似严格，实质上降低了归零标准。

3.3.2.2 管理归零工作中存在的问题

（1）以技术概况代替过程清楚

“过程清楚”要清楚发生问题的时间、地点、工作工况、运行程序、问题现象和结果，梳理清楚产生问题的管理环节、岗位和管理原因，梳理清楚管理工作程序或制度中的漏洞、薄弱环节。

有些管理归零的过程分析，只描述到问题现象，甚至照抄一遍技术归零报告中问题现象的描述，回避问题发生、发展的过程，管理流程和责任关系。

（2）以直接责任代替全部责任

由于怕追责、怕担责，导致管理归零在一定程度上形式大于内容。确定单位或人员责任时，只强调直接责任，而且通常在确定完直接责任后就认为做到了“责任明确”，不分析间接责任和管理责任。

责任追究并不是“责任明确”的主要目的，而是明责、履责、尽责、落实责任，重点是分析技术与管理流程中的责任链有无单点、有无断点、有无歧点。

管理归零有效性的主要责任在于行政领导、型号指挥和管理机关。

（3）以形式化、口号化措施代替管理上的具体措施

管理归零措施中“加强”“提高”“注重”等简单化、口号化的措施比较普遍，措施针对性、有效性和可操作性不强。漏检了就加强检验，装错了也是加强检验，用错材料了还是加强检验，即使是出现了层层闯关的问题，也很少对问题背后的深层次原因开展深入分析，没有从制度、文件层面进行改进。

对于一些共性、多发的问题不开展综合分析，深度不够，没有从体制机制和各级责任、技术和管理流程优化、技术储备和条件保障等方面分析问题背后的深层次管理原因并采取针对性解决措施。

（4）以经济处罚代替严肃处理

由于对“严肃处理”的认识有偏差，认为只要是开展管理归零的问题，就要对人进行经济处罚，导致在处理问题时普遍存在以简单的经济处罚代替严肃处理的现象。

简单粗暴的“严肃处理”方式，造成“怕管理归零”，致使有些该严罚追责的处理不够。有些应该由组织承担的管理责任，需要进行改进的管理问题，组织反而没承担起责任来。

3.3.2.3　新时期推进质量问题归零工作的建议

质量问题归零工作中，应牢固树立问题意识、主动担当责任意识、总体抓总负责意识、领导率先垂范意识。坚持“保持定力，眼睛向内，坚持标准，严格归零”的原则。同时，要准确理解质量问题归零“双五条”标准的内涵，正确把握质量问题的工作标准和工作方法。

1）及时快速归零：不是降低归零标准，而是认知风险或降低风险在可接受的程度内，快速满足任务要求。

2）技术与管理：每个技术问题背后都有管理原因，都应在技术归零的基础上，运用管理归零的思想，查找管理原因。但并不是每个问题都要编写管理归零报告，可以定期或不定期以单位、车间、班组等各级组织的质量形势分析工作为契机，查找技术与管理的共性问题和规律性的原因，并持续改进。

3）损失与财富：发生问题本身是一种损失，但归零后的教训、知识得到共享就是财富。问题录入信息系统的另一个主要目的就是推进知识的共享。

4）当前措施与持续改进：当前处理措施是能否放行的基础，而不是归零措施的全部，未完全归零的后续措施，应拉条挂账，明确工作计划、目标和责任。要定期对归零结论回头看，随着技术水平的提升，思想认识的提升，会有新的发现，提出新的措施，这是持续改进的宝贵来源。

对质量问题的认识和归零标准的掌握，反映出单位质量文化是否落地，行政领导和管理机关质量责任是否落实。

1）正视问题是党性。质量问题归零首先要做到正视问题，不能正视问题也就不可能进行质量问题归零。质量问题归零是航天人的质量文化传承，包含主体责任意识，挑战问题的创新意识和实事求是、追求真理的科学精神，是质量工作的方法，是航天人“历久弥新”的思想方法，正视问题更是党性的体现。

2）发现问题是水平。针对发生的问题需要发现导致问题发生的深层次问题，事先发现问题是为了防止问题的发生，这些都需要有高超的技术和管理水平。质量问题归零的目的是对问题的彻底解决，不仅是问题发生后的“救火”措施，更是远近结合、持续迭代的“防火”措施，通过对质量问题的查找和分析，及时发现问题，从产品、流程和组织上彻底解决问题，才能有效预防类似问题重复发生。

3）解决问题是能力。航天工程是强耦合的复杂系统工程，单个产品出问题可能导致整个大系统的失败，在解决问题时如果只考虑局部的小成本，可能会给系统整体带来巨大损失。通过对质量问题及其潜在问题的彻底解决，不断提升组织和个人的能力，从而提高产品的质量水平，高质量保证组织的持续成功。

3.3.3 航天产品“三个面向”质量分析方法

航天科技集团在质量问题归零方法应用的基础上，提出了“三个面向”的质量分析方法，即在坚持“双五条”归零标准的基础上，以面向产品、面向流程、面向组织（“三个面向”）为切入点，以压准压实各级责任为重点，开展技术流程与管理流程的再分析、再设置，优化质量管理流程，提升质量工作效率，并实现对质量问题归零信息的有效利用，将局部问题切实转化为组织的共同财富。

3.3.3.1 “三个面向”质量分析的定义与内涵

（1）“三个面向”质量分析的定义

“三个面向”质量分析是对各级航天产品发生的质量问题，从产品、流程和组织三个维度，分析问题产生的深层次原因，查找问题背后的隐患和薄弱环节，提出并落实改进措施的方法。其中：

面向产品的质量分析是针对质量问题涉及的技术原因，对本组织同类产品、具有相同原理设计和相同工艺设计的其他产品开展横向分析、全面举一反三并实施改进，以实现组织内同类产品及相关产品的技术要求和质量要求横向一致的方法。

面向流程的质量分析是对质量问题涉及的技术、管理等相关流程进行分析，查找流程中可能存在的隐患和薄弱环节并实施改进，以实现流程持续完善和优化的方法。

面向组织的质量分析是对质量问题从人员能力与意识、责任落实、技术条件、资源保障和持续改进等方面，分析组织管理存在的隐患和薄弱环节并实施改进，以实现组织质量保证能力不断提升的方法。

（2）“三个面向”质量分析的内涵

“三个面向”质量分析就是以质量问题为导向，面向产品分析同类产品存在同类问题的可能性，问题原因延伸覆盖到所有同类产品，进行面向产品的系统性预防；以第一时间、第一空间为什么不能发现和解决问题为导向，面向流程分析流程中存在的断点、脆弱点等流程薄弱环节并进行流程改进，提升流程的健壮性；以技术和管理责任的压准压实为导向，面向组织分析组织中存在的技术和管理责任漏洞及对应的制度与标准的缺失，进而回归到管理者责任的压准压实和质量体系健全改进，提升组织确保成功的健壮性。其中：

以问题为导向就是要聚焦已发生的质量问题，在质量问题归零的基础上，将归零成果进一步转换为组织的共同财富。既可针对典型的、重大的单一问题，也可针对同一类问题，还可以针对某一阶段、某一过程开展“三个面向”质量分析。

以第一时间、第一空间为什么不能发现和解决问题为导向，就是采用逆向思维的方式，分析技术流程、管理流程中存在的薄弱环节，进行流程优化和改进，并对应研究配置相适应的方法和工具。

以技术和管理责任的压准压实为导向，就是把技术负责人和管理者责任摆在第一位，通过首先查找技术负责人和管理者的责任并压准压实，进而带动流程中各环节的责任落地落实，技术负责人和管理者责任的缺失是导致系统性问题的主要源头。

综上所述，“三个面向”质量分析是对质量问题归零的继承和发展，质量问题归零是“三个面向”质量分析的基础，“三个面向”质量分析是对归零要求的提高，是更高层次的管理归零。开展“三个面向”质量分析时应注重：

1）突出重大问题和典型问题，针对性地开展“三个面向”质量分析；

2）突出单位行政一把手责任（面向组织分析，一把手要亲自组织开展）；

3）突出在面向产品分析的基础上，开展面向流程、面向组织的分析；

4）突出面向流程的优化改进；

5）突出面向组织的领导人员与管理者的责任分析；

6）突出最终目标是回归体系、回归组织能力提升。

“三个面向”质量分析共同构成一个分析整体，面向产品、面向流程、面向组织的分析，是一体化的整体分析，面向产品、面向流程、面向组织的质量分析，是有先后顺序的，前一项工作是后一项工作的输入，原则上不能漏项，如图 3-16 所示。

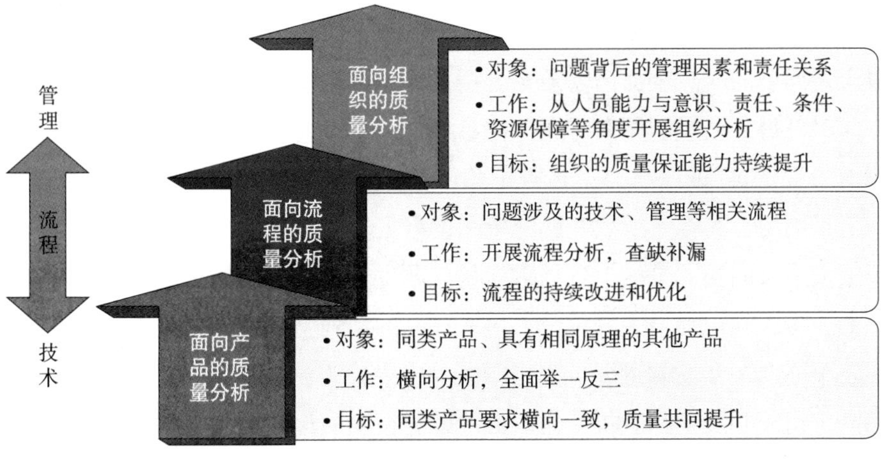

图 3-16 “三个面向”质量分析的关系

3.3.3.2 “三个面向”质量分析工作的要求与流程

（1）“三个面向”质量分析工作的要求

航天产品发生质量问题后，应采用“三个面向”质量分析方法开展分析工作。以下四类问题应开展“三个面向”专题质量分析工作，形成专题分析材料：

1）重大质量问题、严重质量问题、重复性质量问题；

2）被上级机关或用户通报的典型质量问题；

3）一段时间内问题多发产品、问题多发组织的系列质量问题；

4）其他需要开展“三个面向”质量专题分析的质量问题。

航天产品“三个面向”质量分析工作的责任主体是各级组织，组织的最高管理者是第一责任人。其中，“三个面向”专题质量分析工作应由组织的最高管理者牵头，根据需要成立专题分析团队，团队人员应包括牵头部门和责任相关方。同时涉及航天产品上、下游的质量问题，涉及的单位均应开展“三个面向”质量分析，相应层级的产品抓总单位应牵头对涉及接口的问题进行分析。任务委托方、订货方应组织产品外包外协单位开展航天产品“三个面向”质量分析，并对相关工作的闭环落实情况进行监督检查。

各研究室、车间、班组的“三个面向”质量分析工作，可结合班前会、周例会、月例会等日常质量相关工作开展；各级应将“三个面向”质量分析的结果纳入各级质量综合分析中。各级单位应将“三个面向”质量分析的有关要求纳入质量管理体系文件，必要时，应制定专门的实施细则。

（2）“三个面向”质量分析工作的流程

根据分析的问题不同，“三个面向”质量分析分为针对一般问题的“三个面向”质量分析和针对重点、典型和系列质量问题的“三个面向”专题质量分析，其工作流程包括分析启动、分析实施、审查把关和措施闭环四个阶段，如图 3-17 所示。

一般质量问题的“三个面向”质量分析工作，其启动、实施由质量问题归零团队结合归零工作同时开展，质量问题归零团队应参照分析重点，结合质量问题归零工作开展，分析结果要纳入质量问题归零报告，审查把关可结合归零评审来进行。对于不符合分析要求，未达到分析目的的，需重新组织开展分析和评审工作。

对于重大质量问题（事故）、严重质量问题发生后，或接到上级机关、用户关于典型质量问题的通报，或识别出多发单位、多发产品的系列问题后，有关单位应及时启动相关问题的“三个面向”专题质量分析工作。由单位主要领导牵头组织实施，根据需要明确专题分析团队，组织开展专题分析工作；由专题分析团队按照面向产品、面向流程、面向组织的顺序开展，形成专题分析材料。

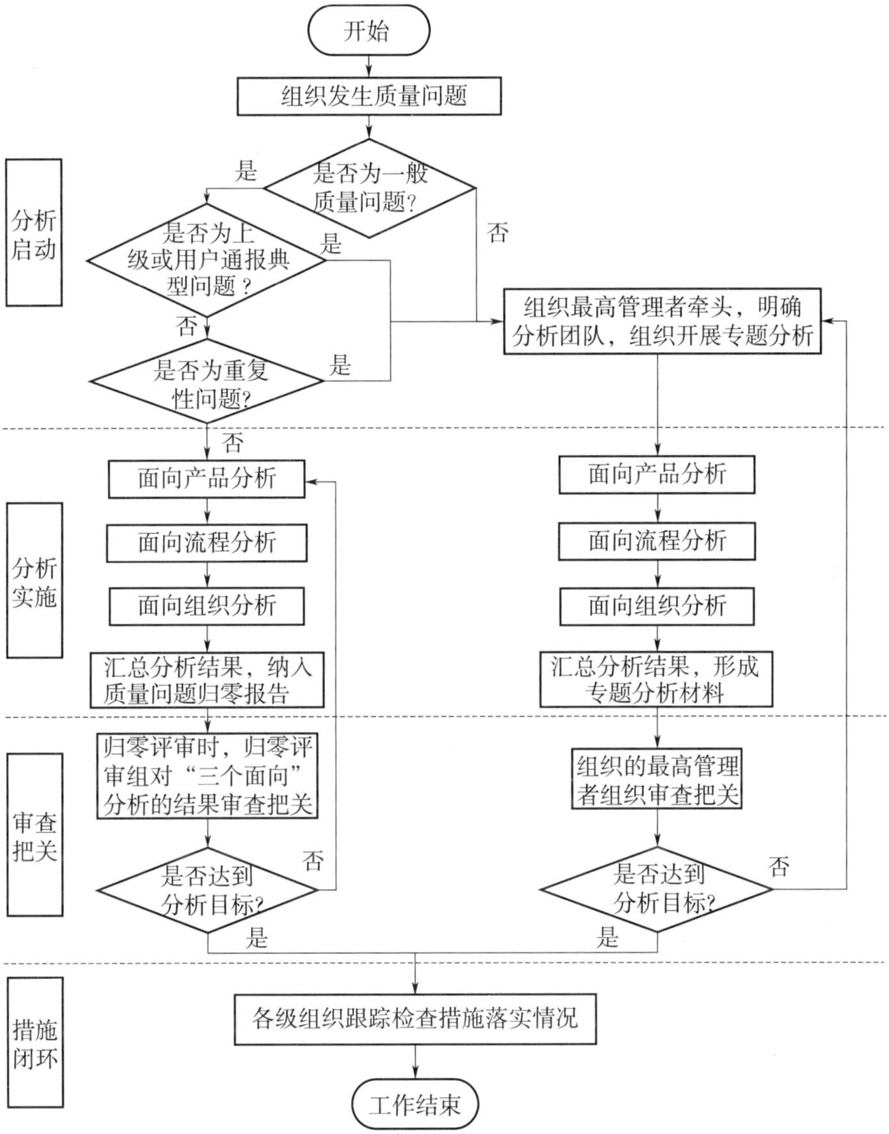

图 3-17　“三个面向”质量分析工作流程图

3.3.3.3　“三个面向”质量分析的主要内容

（1）面向产品质量分析的主要内容

面向产品质量分析的对象是发生质量问题的产品及其同类产品、与问题产品有相同原理设计或工艺设计的其他产品。面向产品的质量分析，核心是在技术归零工作的基础上，围绕机理，形成技术准则、规范和标准。重点分析以下内容：

1）针对质量问题技术归零明确的原因定位、故障机理等分析结果，在同类产品、相同原理设计或工艺设计的其他产品中开展横向分析，全面举一反三，核查是否存在类似的问题；

2）分析相同设计的已经交付产品和在轨飞行产品的举一反三情况、处理方案和预案制定情况；

3）识别产品执行的技术标准的有效性，分析同类产品及相关产品采标的先进性和标准的适用性，分析同类产品的技术状态、执行标准等相关技术要求的横向一致情况；

4）问题产品及其同类产品、与问题产品有相同原理设计或工艺设计的其他产品的质量（产品）保证要求的落实情况；

5）问题产品合格率和稳定性控制情况，对合格率低和稳定性差的产品，查找影响问题产品合格率和稳定性的薄弱环节；

6）问题产品“再分析、再设计、再验证”工作开展情况以及相关措施的落实情况；

7）问题产品的产品化情况及产品成熟度情况；

8）对涉及外包、外协、外购产品的问题，要充分分析相关产品技术要求是否明确、质量（产品）保证要求是否传递到位、落实到位、检查到位。

（2）面向流程质量分析的主要内容

面向流程质量分析是在面向产品质量分析、质量问题管理归零工作基础上开展的，分析的对象是问题所涉及的技术、管理等相关流程，以第一时间、第一空间发现和解决质量问题为原则，查找导致质量问题发生的相关流程中可能存在的隐患和薄弱环节，分析在质量问题发生时点之前的各环节没有发现和暴露问题的原因。重点分析以下内容：

1）是否有明确的流程，流程是否经过相关方认可，是否已在相关规章制度、标准规范、作业指导书等文件中予以固化；

2）流程各环节的设置是否合理，是否有遗漏环节、冗余环节和无效环节，各环节设置是否需要优化和改进；

3）流程各环节是否都有相关的规章制度、标准规范、作业指导书等文件，各类文件的要求是否符合要求，是否能够满足现有需要，是否存在相互矛盾、不一致的情况，要求是否可操作、可检查、可追溯、可闭环，相关文件是否需要制修订；

4）流程各环节岗位设置是否合理，岗位职责是否落实到人，是否明确了检查点，检验检查是否有效；

5）各环节是否严格执行了有关文件，相关结果是否达到了预期，以及未能严格执行、未能达到预期的原因；

6）对于发现问题环节与产生问题环节不一致的问题，分析问题发现时点之前的各环节没有发现的原因，尤其是问题发生之后，为什么没有及时发现发生的问题；分析问题在发生时点之前的各个环节没有发现问题的原因；

7）对于涉及外协、外包、外购产品的问题，重点分析本单位现有流程是否能够确保要求传递到位、监管到位、落实到位，是否能够保证外协、外包、外购产品质量的有效管控；

8）针对发现的问题，是否在其他同类流程中开展了举一反三，核查是否存在类似的问题及问题产生的原因。

（3）面向组织质量分析的主要内容

面向组织的质量分析是在面向产品、面向流程质量分析和质量问题管理归零工作基础上开展的，分析的对象是问题和薄弱环节背后的管理因素和责任关系。重点分析以下内容：

1）组织机构的设置、岗位人员能力和资质是否满足要求；组织是否开展了人员培训和考核评价工作，以及人员培训和考核评价工作的针对性、有效性情况；组织是否开展了全员质量意识教育活动，以及相关活动的针对性、有效性情况。

2）各级责任体系是否完善，各级责任分解是否合理，能否覆盖各流程的各项活动；各级人员，特别是各级管理者履行职责是否到位，各级组织是否有责任落实情况的闭环检查机制。

3）专业技术发展和管理能力提升的技术储备，以及设计、工艺、试验和测试等技术条件是否充足。

4）厂房、设施、设备和计算机信息系统（网络或数据库）等资源保障条件是否满足需要。

5）组织质量管理体系是否健全，是否存在错位脱节的现象，是否建立了持续改进的机制及持续改进机制的运行情况等。

3.4　以产品化转型为契机推动质量管理模式变革

航天产品化是为适应航天发展高质量、高效率、高效益的新形势与新要求，对航天产品开发、生产、质量管理、产品定型和应用等过程进行优化，以满足小子样研制条件下产品高性能、高可靠、高质量要求的综合性工程技术与管理模式。产品化工作是科研生产体系的重要组成部分。

新时期，适应航天科研生产模式转型，航天科技集团提出了产品化管理新模式，即面向产品和管理两个维度。通过构建产品化制度体系、工作体系和标准体系，重点开展技术研究、信息化建设、数据库建设与大数据应用、教育培训等四方面工作，形成“领域 / 系列 + 型号 + 产品 + 产品化管理”的“VI-W-O”新型科研生产模式，以实现型号与产品双驱动的转型，助力航天科技集团“三高”“双一流”发展目标的实现。

3.4.1 产品化工作发展历程

20 世纪 90 年代，原国防科工委在国防科技领域提出开展通用化、系列化、组合化（模块化）工作，为航天科技集团后续实施产品化工作的系统研究和实践起到了启蒙和引导作用。自 2008 年开始实行产品化工作以来，航天科技集团产品化工作在提高产品质量稳定性和提升研制生产效率方面发挥了重要作用，大幅提高了产品研制生产能力，初步形成了产品化技术方法体系，以及以专业为主导的产品队伍、产品化技术和管理队伍，有力促进了科研生产模式转型，同时保障了各类型号任务的圆满完成。集团公司产品化工作发展主要经历三个阶段。

1）第一阶段为 2008 年至 2015 年，以单机为主推进产品化工作。2008 年，集团公司启动单机型谱编制，开始推进产品化工作，围绕产品型谱、产品成熟度、生产线建设、产品数据包等要素开展探索研究和实践，制定发布了型谱简表，完成了一批产品的成熟度提升和生产线建设，形成了一批可供型号直接选用的成熟产品，产品成熟度和可靠性大幅提升。

2）第二阶段为 2016 年至 2018 年，以“去两化”“结对子”为主要抓手推进产品化工作。2016 年，集团公司从以单机为主向系统和单机相结合的产品化推进模式转变。在宇航领域，运载火箭“去任务化”，具备发射前一定时间内调整发射任务的能力；选取若干产品开展了“去型号化”工作。

3）第三阶段为 2019 年至今，全面推进新时期产品化工作。集团公司制定并发布了新时期产品化工作总体方案等文件，改变型号绝对主导、纵向一统到底的模式，推进型号纵向集成和产品横向统筹工作模式和工作机制的构建。产品化工作对象和工作内容进一步拓展，纵向产品对象由单机产品向下延伸至部组件、基础产品以至生产工艺，向上延伸至分系统、系统和领域产品；横向工作内容由统一产品技术状态向统筹领域研制准则与需求、总体与系统架构、统一产品型谱与技术条件、货架标准等方面拓展，逐步建立了以通用产品、标准架构选用为基础的型号系统集成研制模式。

新形势下，为推动科研生产模式从型号驱动向型号与产品驱动并重转变，在充分继承前期工作成果的基础上，新时期产品化工作需要做好以下五个方面的转变：

a）由过去抓重点产品向产品体系建设转变。前期的产品化工作主要以重点产品为对象，开展制定产品型谱、统一技术状态、提升产品成熟度和完善产品数据包等产品化工作，打造一批成熟度高的通用产品。新时期产品化工作，在前期工作基础上，着力构建种类齐全、结构合理、性能先进的通用产品体系，为科研生产模式转型的实现打好物质基础。

b）由过去抓领域向系统性推进转变。从 2008 年起，集团公司面向产品应用需求和技术发展趋势开始推进产品化建设，重点围绕产品型谱、产品成熟度、产品数据包等主要要素开展探索研究和实践，并通过“去两化”和“结对子”等工作深入推进产品化工作；新时期产品化工作应转变为以构建产品化工作模式为主线全要素系统性推进。

c）由过去解决问题短板向产品一流转变。十多年来，集团公司产品化工作重点解决现有航天产品规格多，产品试验验证不充分，技术状态不固化，质量稳定性、一致性差，型谱化和通用性不足等突出问题，取得了一定成效；新时期产品化工作在继续开展现有产品通用性和成熟度提升的同时，应着眼于未来产品一流和产品实现过程一流进行新产品型谱化研制。

d）由单机为主向产品各层级全覆盖转变。单机是卫星、运载火箭等各类型号的重要组成部分，每个型号都由上百台单机组成。单机的质量可靠性对型号有决定性的影响，前期产品化工作主要解决单机和部分系统级产品的产品化、专业化不足的问题。新时期产品化工作对象在单机产品和系统级产品的基础上，需扩展到部组件和标准件、紧固件、元器件等基础产品。

e）由主要关注产品本身向关注产品本身和实现过程并重转变。前期的产品化工作主要关注产品本身的型谱化发展、成熟度等级、产品通用性等方面，新时期产品化工作不仅要关注产品本身的通用、成熟、先进，也要关注产品实现过程从精细向精益、卓越提升，特别是促进产品实现过程数字化、网络化、智能化，用先进的方法、先进的工具来制造一流的产品。

3.4.2　产品化工作体系构建

以支撑“三高”（即高质量保证成功、高效率完成任务、高效益推动航天强国和国防建设）发展、助力“双一流”（即建成世界一流航天企业集团和支撑世界一流军队建设）建设为总目标，构建一条主线，即新时期产品化工作管理新模式；在两个维度下开展工作，即产品维度和工作维度；建立三个体系，即产品化制度体系、工作体系、标准体系；围绕技术研究、信息化建设、数据库建设与大数据应用及教育培训等四项基础开展研究和建设工作，构建新时期产品化工作体系，如图 3-18 所示。

3.4.2.1　一条主线

构建新时期产品化工作管理新模式。在人员设备资源一定的情况下，改变型号绝对主导和纵向一统到底的模式，通过管理模式和队伍配置变革，研究建立型号横向统筹和纵向集成的协调工作机制，逐步建立以通用产品、标准架构选用为基础的型号系统集成研制模式，实现向型号与产品双驱动科研生产新模式的转型。产品化工作新模式是从传统的“V”模式向“VI-W-O”模式转型。“VI-W-O”模式是基于通用产品研制选用，型号再集成验证的协同工作模式。

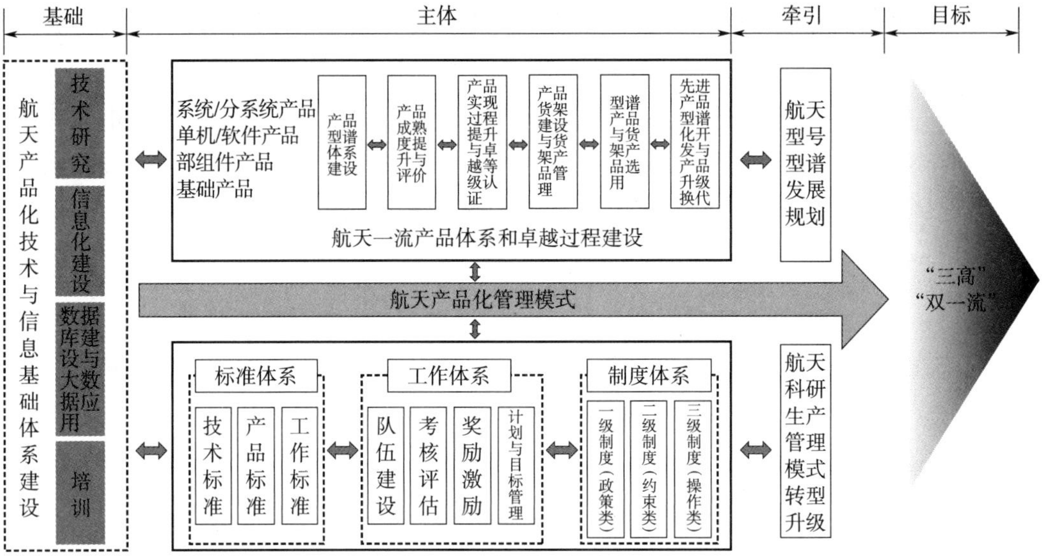

图 3-18　新时期航天产品化工作体系

3.4.2.2　两个维度

（1）产品维度

针对系统 / 分系统、单机 / 软件、部组件、基础产品等不同产品层次和类别，通过开展产品型谱体系建设、产品成熟度提升与评价、产品实现过程提升与卓越等级认证、产品货架建设与货架产品管理、型谱产品与货架产品选用、先进产品型谱化开发与产品升级换代等工作，形成一流产品体系。

（2）管理维度

以产品化工作作为科研生产模式转型的一种方法、工具，全面梳理科研生产相关的管理体系不适应环节，面向产品、面向流程、面向组织优化型号和产品科研生产责任体系、型号与产品队伍配置结构，改进型号科研生产管理流程，完善畅通产品队伍职业发展通道，配套建立激励措施，构建形成产品化工作管理机制。

3.4.2.3　三个体系

（1）产品化制度体系建设

产品化制度体系建设主要是按照一级制度（政策类）、二级制度（约束类）、三级制度（操作类）梳理形成产品化制度框架，结合集团公司已发布的产品化相关文件，完善形成产品化规章制度体系。

（2）产品化工作体系建设

建立并完善产品队伍和产品化管理机构，按照年度定期编制产品化工作计划，对产品化各项工作实施信息化管理，对完成情况进行考核评估，根据考核情况对各单位进行奖惩激励。

（3）产品化标准体系建设

研究制修订产品化技术标准、产品标准、工作标准，形成标准体系，组织开展增量标准制修订，实现标准精准有效供给。根据工作需要，积极争取将产品化相关标准上升为国标、国军标或行业标准。

3.4.2.4 四项基础

（1）产品化技术研究

开展科技情报跟踪研究，持续跟踪国内外相关进展，开展产品化各项工作要素升级研究、产品化与其他工作融合研究等；开展航天产品模块理论、标准，划分搭建型号模块及研制、应用路径和方法研究。

（2）信息化建设

开展产品化与产品管理信息系统建设，开展信息系统策划和需求分析，强化货架产品和产品选用的信息化管理，加强系统的使用维护，并持续迭代完善。

（3）数据库建设与大数据应用

收集产品化相关数据，纳入信息系统，开展大数据关联挖掘，为各级组织和各型号决策提供参考依据。

（4）教育培训

开展产品化经验总结和推广，从各个层次组织产品化相关宣贯培训，将产品化要求和标准真正传递到设计、生产一线单位、一线人员，传递到供应链的各个环节。

3.4.3 产品化工作模式及队伍配置

3.4.3.1 工作现状

（1）工作模式现状

经过十多年来产品化工作的不断推进，航天科技集团承研型号基于成熟专业产品进行系统集成的理念正在逐步加深，并在几家总体单位进行了大量实践。如有的院推行型号产品化大纲，有的院强化行政力量对型号产品选用进行管控，有的院对不同领域型号特点采取差异化的产品化实施策略等。目前推行的“领域 / 系列 + 型号”的模式也是试图解决领域 / 系列中各型号横向和纵向协调统筹不平衡的问题。

在卫星领域，以平台化发展为目标，形成了卫星通用平台型谱，推进卫星平台系列化发展；在运载火箭领域，开展了“去任务化”工作，具备发射前一定时间内再明确或调整发射任务的能力。

（2）队伍配置现状

近年来，总体单位共任命了几十位系统 / 平台（副）总师，百余位产品或专业（副）主任设计师，针对不同型号设计方案横向一致性、产品设计一致性进行管控，逐步实现系统 / 平台“去型号化”，取得了一定的效果。在产品研制管理方面，随着型号种类和数量的不断增长，部分产品研制单位根据自身实际积极探索了通用产品“去型号化”及组批生产模式，重点以“去型号化”“结对子”和产品货架建设等工作为抓手，固化了产品技术状态，统一了接口标准，压缩了产品规格数量，千余个通用单机产品基本实现“去型号化”，产品研制生产能力大幅增强。

部分单位不依赖型号立项先行开展了新产品开发，共任命了几百位产品首席（产品负责人、产品总工等，以下统称产品首席），负责产品的专业化、系列化发展。

各单位还根据自身特点探索了不同的产品化道路：有的通过开展分系统通用架构设计，有的通过开展卫星通用平台建设，在系统、分系统层面实现型谱化、系列化发展；有的在部组件级实现产品的优化压缩与系列化选用。

3.4.3.2 新时期产品化工作模式

新时期产品化工作模式的总体思路是：在型号 / 系统层面，基于各层级的标准架构和通用产品集成型号 / 系统总体方案，进行仿真迭代；在型号 / 系统总体专业层面，采取通用专业标准规范 + 个性化需求的模式，满足型号通用和个性化需求；在分系统及分系统专业层面，采取标准架构 + 个性需求的模式，实现型号分系统的快速构建；在通用单机产品层面，通过产品的型谱化、系列化发展来满足不同用户的需求，实现“有的选”，通过产品成熟度持续提升，实现“放心选”，通过政策激励和约束，实现“必须选”；在基础产品层面，逐步实现横向一致的标准化通用产品，结合供应商管理进行产品准入管理。基于此，新时期产品化工作模式将实现从传统的“V”模式向“VI-W-O”模式转型。“VI-W-O”模式是基于通用产品研制选用，型号再集成验证的协同工作模式，如图 3-19 所示。

“V”代表型号研制与开发的“V”字模型，是基本模式；“I”代表从“总体”到“系统”“分系统”及产品基于“通用（标准架构）”的集成。“V”与“I”结合构成了工程系统基于“标准化架构”的验证与确认流程；“W”代表通用单机和零部组件 / 基础产品，亦称为货架产品的“双 V”模式。即支撑工程系统选用的“货架产品”，至少经过“双 V”流程，才能进入“货架”；“O”代表整体的协同性，即“双驱动”的协同。系统工程运行中，取运行一词“operation”；“V”与“W”中间的横线代表选用型号 / 系统与产品的界面，主要指货架式的通用产品体系，货架产品的“W”过程先于使用该产品型号的“V”过程。

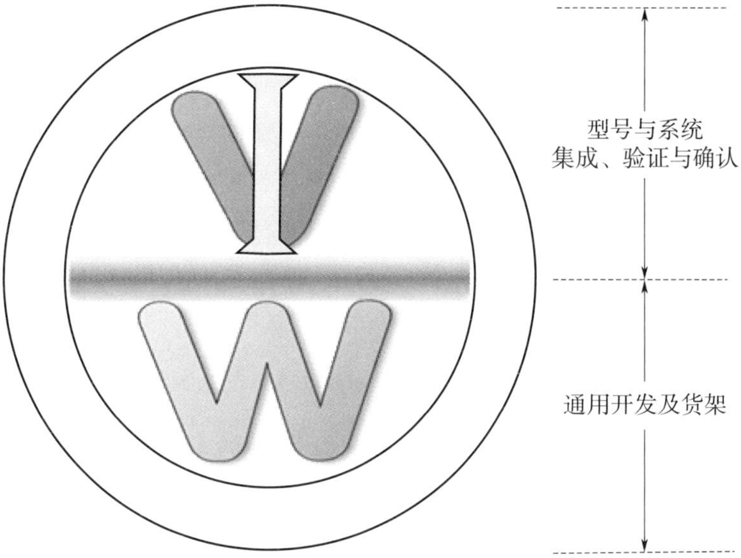

图 3-19　新科研生产“VI-W-O”模式

按照“VI-W-O”模式，产品化工作一是要在型号纵向集成模式基础上，逐级提出产品共同点、技术共同点和管理共同点，推进横向专业技术与产品“标准化、通用化、产品化”；零部组件 / 基础产品和通用单机标准化、货架化；部（舱）段类产品模块化、通用化；系统级产品平台化、架构化、标准化；领域级产品型谱化、系列化。二是建立型号统筹和通用产品、标准架构选用的工作机制，明确责任关系，建立型号队伍聚焦系统集成，实现系统集成最优，专业队伍聚焦专业技术研究和专业产品研制，为型号提供愿意选、放心选的产品化产品。

产品化工作中的一项重要工作或称之为工作前提是“统”，“统”的原则是“应统必统、能统尽统”。在领域、型号、系统、单机、零部组件（基础产品）等各层级均需贯彻“统”的原则，将“统”的原则从领域贯穿到基础产品：一是统一研制准则，总体单位面向领域制定统一的研制准则；二是统筹需求，总体单位统筹整合研制需求，实现共性需求 + 个性需求的研制模式；三是统一架构，分系统单位建立系统 / 软件标准架构，柔性可配置的应对研制需求；四是统一型谱，各级产品单位优化压缩产品规格，向技术成熟度高、基础统一和上游适应的产品统型；五是统一技术条件与验收规范，各级产品单位制定统一的技术条件与验收规范，做到一张图纸、两家生产，组批验收、各方认可；六是统一货架标准，单机 / 部组件 / 基础产品单位制定产品规范，形成货架目录，供型号直接选用。

3.4.3.3 新时期产品化队伍配置方案

（1）配置原则与思路

按照独立、协同、覆盖的总原则建立、完善产品队伍。独立是指建立独立的产品队伍序列；协同是指独立的产品队伍与型号队伍、产品化管理队伍协同；覆盖是指纵向从型号总体到型号产品覆盖，横向从基础专业到基础产品覆盖。

产品承制单位根据本单位承担任务特点和产品实际情况，可按需、柔性化地配置产品 / 架构首席、主任师、主管师等产品化队伍。

型号队伍主体仍然延续原有设置模式，但按型号只配置到分系统级，在单机层面及以下不配置型号队伍，由产品化队伍负责型号单机及以下产品的配套。队伍配置如图 3-20 所示。

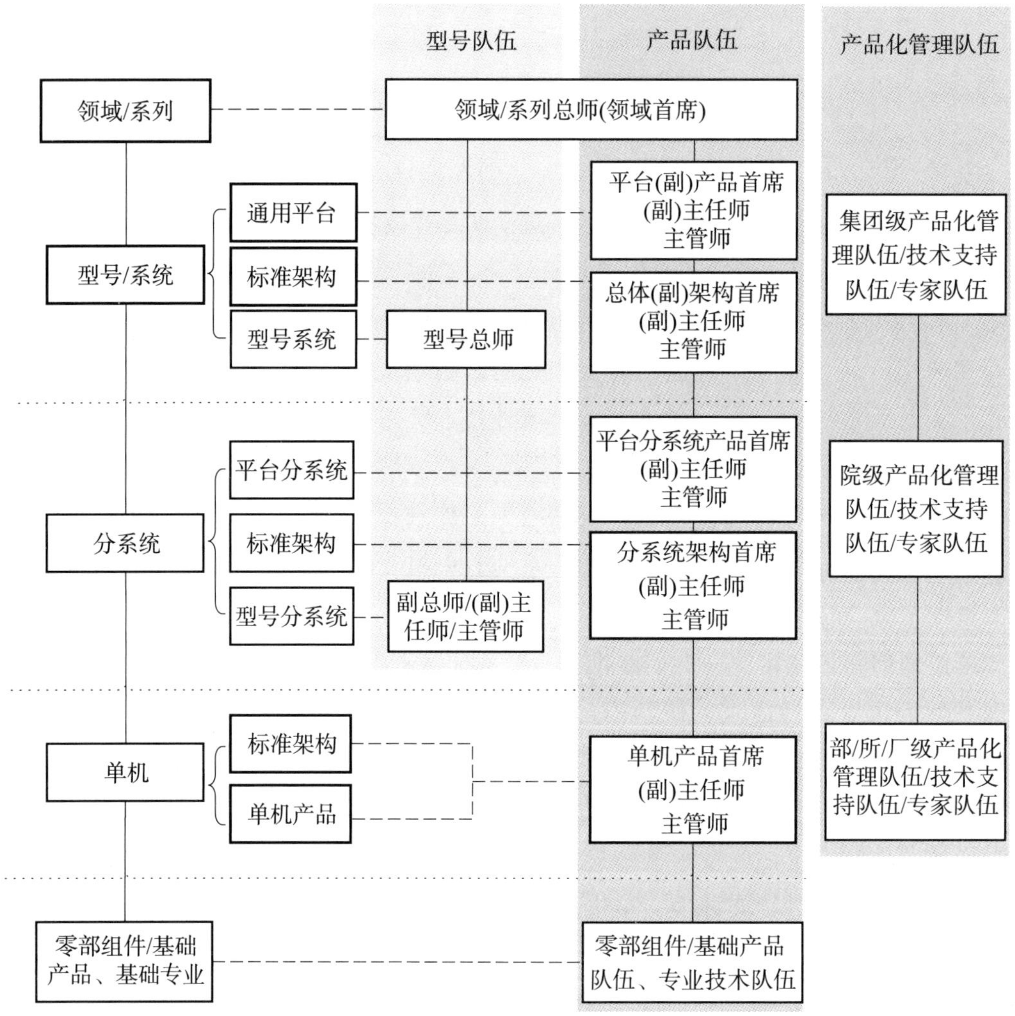

图 3-20 产品化队伍配置图

对于通用平台（系统 / 分系统）/ 单机设置以产品首席为首的产品队伍，负责通用平台（系统 / 分系统）、单机产品规划、开发、研制与维护；针对系统 / 分系统架构，探索设置以标准架构首席（或架构师）为代表的产品队伍，负责系统 / 分系统架构设计与管理，对体制、接口、配置、协议进行规范，开展型号间横向技术统筹和状态维护；在零部组件 / 基础产品层面，参照单机层面建设专业化队伍；产品化管理队伍作为综合管理队伍，按集团、院、部 / 所 / 厂的三级进行配置。

（2）配置方案

产品承研承制单位根据本单位产品特点和发展现状，按照科技队伍职业发展序列按需配置产品首席 / 架构师、主任师、主管师等序列化产品队伍，不同类型产品队伍配置如图 3-21 所示。其中，产品首席包括系统产品首席、整机产品首席、基础产品首席等，可以根据具体的领域产品层次设置，并非统一整齐划一，关键是对产品进行合理的层级划分。

单机产品队伍是产品队伍配置的重点，根据承担任务类型，可分为产品（副）首席、产品（副）主任（设计、工艺、试验 / 测试等）师、产品主管（设计、工艺、试验 / 测试等）师等；对于系列化发展的单机产品，如箭 / 星载计算机等，可以设置领域首席，负责更大范围产品技术统筹工作。

特别需要强调的是，产品首席是实职，应对最终产品负总责或称为全责，即包括技术责任、产品质量责任及产品经济价值责任，必要时还应承担一定的运行保障责任。同时，产品首席职责的履行必须有其载体，是流程中必须履行的节点，职责的履行体现的是直接责任，而非专家式的把关责任和建议责任，如技术责任的载体包括技术方案的审批、图样的审批、技术状态变更的审批权等，没有技术责任权限的产品首席，不是真正意义上的产品首席。

为便于统筹和支撑本单位产品化工作，可根据实际情况，试点设置总产品化师、技术支持队伍和产品化专家队伍，更好地落实产品化各项工作要求。

（3）激励政策和管理措施

为激励产品队伍建设，可以实行以下配套激励政策和管理措施：

产品队伍按序列相对应的等级确定待遇标准。对于各单位引进的高层次技术专家担任产品首席的，可实行协议工资制度；对长期从事单机产品开发生产制造工作、攻克核心关键技术、取得重大成果的领域首席和产品首席，可以在荣誉奖励、职务晋升、学习培训和成果申报等方面予以支持；领域首席和产品首席按照“谁聘任、谁解聘”的原则，根据有关规定办理解聘手续。

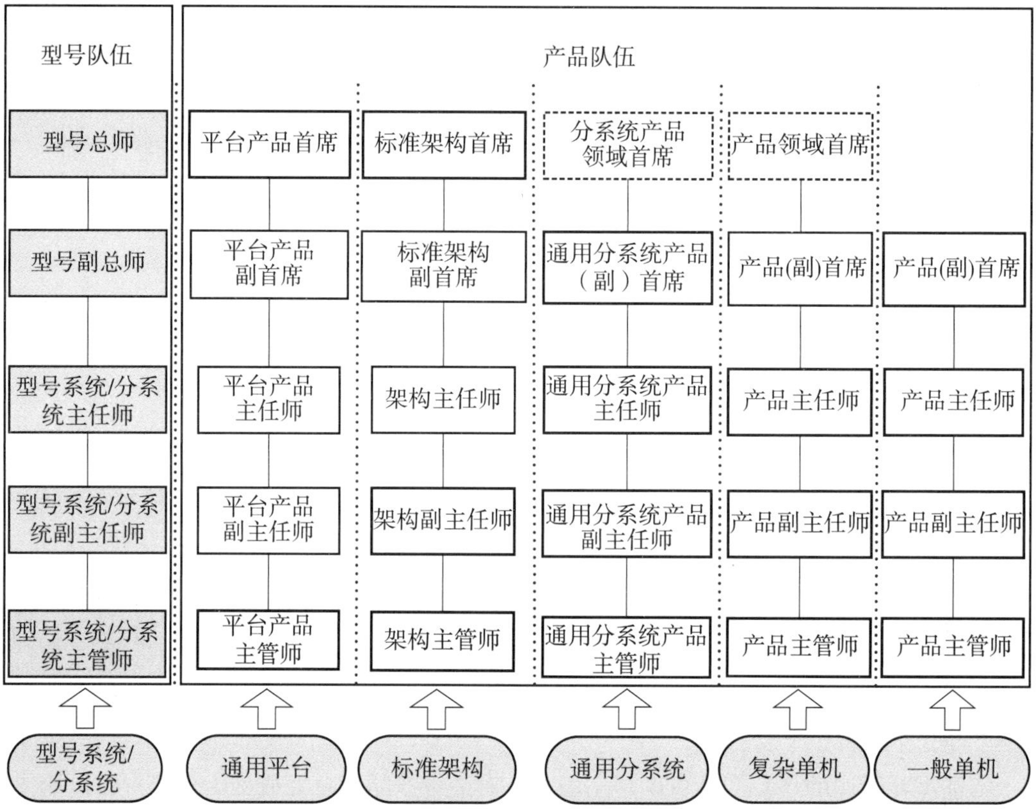

图 3-21　不同类型产品队伍配置示意图

3.5　以合格率提升和稳定性控制为重点提升产品质量

产品合格率是指在统计范围内，经规范检测合格的产品数量与投产数量的比值，是反映部 / 所 / 厂满足产品要求能力、生产质量控制能力和产品质量风险的重要参数。稳定性是指同一批次产品内部各个体之间或不同批次的产品之间在材料、结构、外观、技术参数、性能指标等保持相同的能力，直接反映了产品形成过程中的质量波动，包括异常波动和随机波动，是反映部 / 所 / 厂过程控制能力的重要参数。产品合格率与稳定性控制是产品化与产品管理的重要内容；是推动航天型号科研生产模式转型的重要抓手，是支撑航天科技集团“三高”和“双一流”目标实现的重要举措，是实现侧重设计指标的工艺实现向产品指标的生产实现过程转型的重要抓手，也是加强设计工艺协同，推动指标体系优化、技术方法改进和生产过程控制的系统性工作。

科学、系统和规范地开展航天产品合格率提升与稳定性控制，对持续提升航天产品的制造成熟度，提高航天产品的质量一致性和生产稳定性，建设一流产品体系和产品卓越实现过程，支撑航天型号科研生产能力的全面提升，确保航天型号质量稳定可靠至关重要。

3.5.1　合格率提升与稳定性控制现状分析

产品合格率和稳定性控制工作的基础之一是产品实现过程和最终产品的实际数据以及历史样本数据。但由于航天产品大多具有多品种、小批量的特点，产品样本数量少、数据积累不足，即使近年来航天产品生产批量有所增加，但相对工业化产品，仍然属于小子样范畴，在产品问题识别、合格率与稳定性统计分析上存在一定的困难，使产品合格率与稳定性水平未能达到理想水平。对标波音、空客、LMT（洛克希德•马丁）、三菱重工等世界一流军工企业，我们在稳定性控制、高效益管理、高效率产品输出、产品保证等方面仍存在一定差距。面对严峻的内外部形势，仅强调交付合格产品，甚至个别产品百里挑一保交付，而轻交付效益的管理模式，已难以适应新形势下的竞争环境和高质量可持续发展要求。为此，需要瞄准短板，围绕生产过程中的痛点和难点，以提高产品合格率和稳定性控制为抓手，精准发力，有效支撑航天型号科研生产模式转型升级，对标世界先进水平，以一流的产品供应和一流的生产效率夯实一流航天企业的基础能力。

从历年质量问题分析来看，成熟型号的质量问题依然突出，反映出当前在产品过程稳定性控制方面存在短板，在提供可靠、稳定、优良的产品能力方面存在不足，离高质量保证成功目标的实现还有差距；同时，面对密集发射、组网建设和批量订购的任务要求，成熟产品质量水平的波动，使得当前在产品生产、型号交付、任务完成等方面不够高效，低合格率、低稳定性的产品成为高效率和高效益完成任务的典型制约；另外，成熟产品未能形成规模化、批量化、标准化的生产模式，导致成熟产品质量问题多发，质量问题处理消耗了大量资源，增加了大量的人力、物力、财力和时间成本的再投入，影响了生产效益。我们必须清楚地认识到，质量工作是价值创造的过程，有了高质量才有高效益，推动产品合格率提升和稳定性控制工作，以高合格率、高稳定性输出批量的合格产品，是实现高质量保证成功、高效率完成任务、高效益推动航天强国和国防建设的目标的重要举措。

3.5.2　合格率提升与稳定性控制工作模型

合格率提升与稳定性控制两者相辅相成、循环迭代，共同促进打造高质量航天产品。就具体产品而言，根据产品不同的特点，适宜选取不同的工作模型开展提升工作：针对一次交检合格率偏低、超差 / 报废严重、长期让步使用、严重影响顾客满意度的产品，宜优先开展产品合格率提升；针对合格率相对较高、具有一定生产批量、过程输出质量特性或产品功能性能不稳定，严重影响型号研制进度的产品，宜优先开展稳定性控制；虽然产品合格率水平尚可、质量数据一致性较稳定，但对标精益生产过程与卓越产品标杆，产品合格率与稳定性仍存在差距，需在研产过程中开展合格率提升与稳定性控制迭代提升。

（1）合格率提升模型

构建“两展开、六步骤”的产品合格率提升工作模型，系统策划并开展产品合格率提升，合格率提升工作模型如图 3-22 所示。在系统梳理出合格率低的产品并形成典型产品清单的基础上，基于产品全寿命周期实测质量数据，面向生产制造流程，基于数据驱动的工作模式，按产品结构展开到零部组件，按生产过程展开到工序或工步（简称“两展开”）。面向产品和过程逐项分析薄弱环节，确定影响合格率与稳定性的环节和因素，通过改进工艺方案、优化制造流程、采用先进工具方法、加强过程控制，制定针对性措施。面向科研生产组织，优化资源配置，完善管理模式，建立长效工作机制，提升产品核心竞争力（从建立产品清单、明确评价指标、识别关键因素，到提出改进措施、建立控制基线、开展科学评估的六个步骤，简称“六步骤”）。

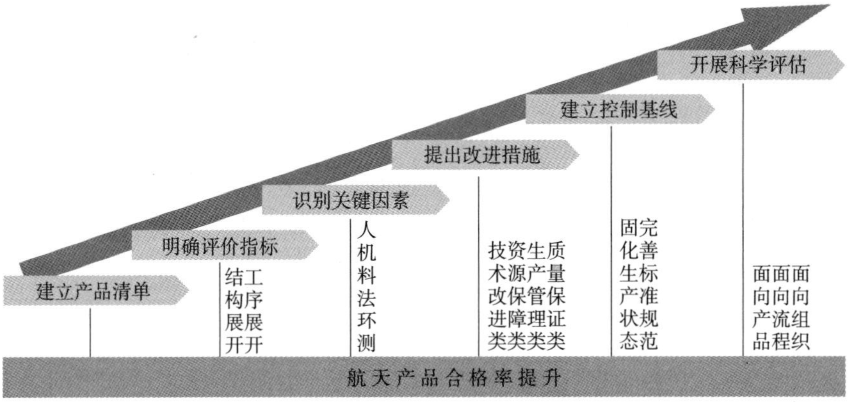

图 3-22　产品合格率提升模型图

（2）合格率稳定性控制模型

产品合格率稳定性控制按照“先建立、再识别、后控制”的顺序开展，其控制模型如图 3-23 所示。

建立：选取典型产品，基于产品结构，按照产品装配关系沿部件、组件、零件逐级展开，按照生产过程和工序全部展开，深入分析产品关重特性，逐级识别影响合格率波动的质量特性指标，建立过程控制指标体系。

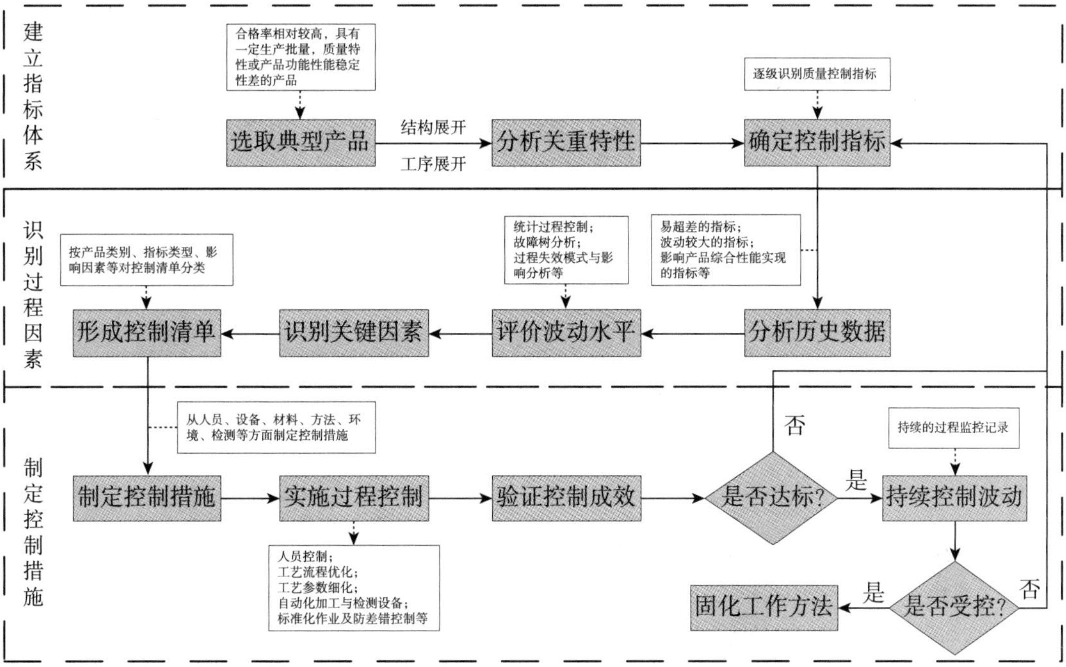

图 3-23　产品合格率稳定性控制工作模型图

识别：以产品生产过程的历史数据为基础，运用统计过程控制（SPC）、故障树分析、过程失效模式与影响分析（PFMEA）等工具方法，统计分析产品关键特性质量波动水平，识别影响产品合格率和稳定性的关键因素，并形成关键因素清单。

控制：按照过程控制指标体系，面向产品制造全流程，从人员、设备、材料、方法、环境、检测等方面制定控制措施，保证过程的稳定性和过程能力。控制措施包括人员控制、优化工艺流程、细化工艺参数、引入自动化加工与检测设备、工装保证、不可检不可测过程控制、标准化作业及防差错控制等，通过制造过程的有效控制实现产品合格率稳定性控制的目标。

（3）合格率提升与稳定性控制的迭代模型

合格率提升与稳定性控制迭代模型如图 3-24 所示。在每一批产品生产前，预先设定产品目标合格率，并根据目标合格率计算材料利用率、合格品成本率、合格品工时率等质量效益指标；在每一批次产品生产结束后，按照批次对目标合格率的波动情况进行评估分析，评估分析过程控制措施的有效性，查找过程控制指标体系和过程控制的薄弱点，通过控制措施的持续迭代优化，使目标合格率控制在稳定范围。同时通过波动分析发现薄弱环节，进行过程改进，实现合格率的持续提升。计算材料利用率、合格品成本率、合格品工时率等质量效益指标的目的，就是通过持续改进实现效益提升的量化评价，并将增值效益投入持续改进中，实现合格率提升和稳定性控制的良性迭代。

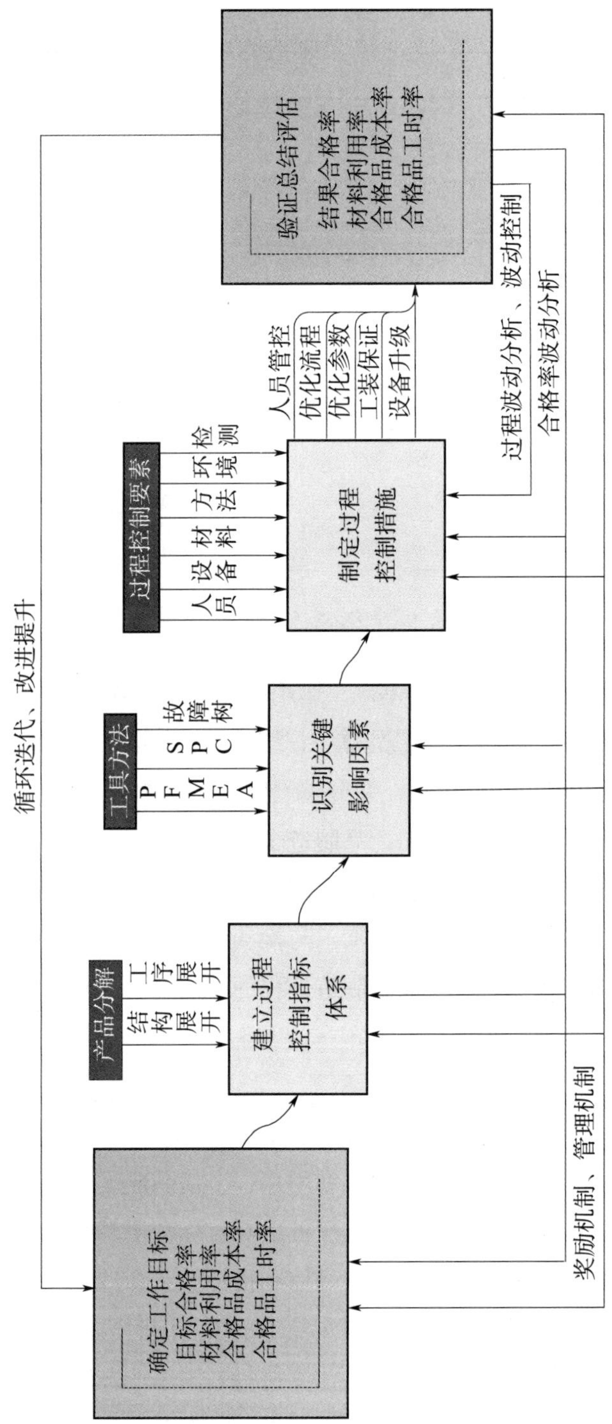

图 3-24　产品合格率提升与稳定性控制的迭代模型图

3.5.3　合格率提升与稳定性控制实施方法

（1）确定产品对象

面向关键单机、精密机构产品和复杂结构件产品，制定梳理原则，选取典型产品，全面梳理产品合格率及稳定性现状，重点面向飞行产品与地面关键设备，全面梳理合格率及稳定性现状，识别并选取装配调试困难、仅靠人工技能保证、合格率偏低、超差 / 报废严重、长期让步使用、质量数据一致性差等典型产品，并针对产品特点和问题性质确定合格率提升和稳定性控制工作模型。

（2）建立指标体系

对选取的典型产品按照产品装配关系沿单机、部件、组件、零件逐级展开，深入分析产品关重特性，包括原有技术指标和裕度存在的超包络、临界等情况。基于近年来质量实测数据统计，明确指标控制标准，逐级识别合格率低和一致性差的质量指标，形成产品质量现状基础数据。厘清产品综合性能指标与下级零件、部组件指标的关联关系，识别单机产品各层次部组件、零件的关重特性和问题指标（主要是指易超差的指标、波动较大并且影响到产品综合性能实现的指标等），明确产品合格率与稳定性评价指标（主要包括性能指标、工艺控制指标和稳定性指标等）。

（3）制定实施方案

按照合格率与稳定性控制工作模型，针对影响合格率和稳定性的关键因素制定改进措施。改进措施分为技术改进类、资源保障类、生产管理类和质量保证类。通过技术改进措施，结合“三再”（再设计、再分析、再验证）完善工艺设计，包括工艺方案优化、工艺流程优化、工艺参数改进等，提高工艺设计方案的合理性，集中开展工艺技术攻关，提高工艺方法的可靠性；通过资源保障类措施，包括引入自动化加工、检测设备和信息系统等设备条件与生产环境的改善，确保工艺方案具备稳定的生产执行条件，提高质量一致性和生产效率；通过生产管理类措施，包括特殊过程确认、生产准备状态确认、检验点设置、关键工序控制、不可检不可测过程控制、过程记录、标准化作业等，强化产品生产的过程控制能力；通过质量保证类措施，包括研究产品质量波动性理论和统计方法，应用统计过程控制（SPC）等先进方法工具，提高准确评价与稳定性控制的科学性和有效性。

（4）验证改进措施

逐级推进各项改进措施，在实施改进后，以产品合格率与稳定性评价指标为基础，收集、汇总、分析生产过程中的数据，开展产品生产过程数据的波动控制，综合评估、对比改进前后的控制效果和产品合格率，验证改进措施。在措施验证有效的基础上，建立量化的产品合格率与稳定性控制基准，固化生产状态（人员、设备、工装、工艺文件、原材料、生产环境、检测设备和检测方法等），明确产品生产过程的质量记录与质量控制要求。完善相应的产品标准及规范，优化技术管理流程，改进质量管理体系。

（5）总结评估提升

基于“三个面向”的要求，逐级开展产品合格率与稳定性控制工作的科学评估，建立闭环工作机制。一是面向产品，评估产品的合格率与稳定性控制是否达到预期的指标，评估产品质量水平是否能够保证型号任务顺利实施；二是面向流程，评估产品技术状态、生产流程和质量控制是否得到了优化与改进，质量效益是否得到提升；三是面向组织，评估科研生产组织管理模式是否得到了优化完善，资源配置是否得到优化，产品竞争力是否得到了提升，对标“三高”发展需求是否得到了有力的支撑。

3.5.4 工作机制建设

（1）“源头优化”机制

对于各类典型产品，加强设计源头优化，结合产品成功数据包络范围，开展复核复算，对产品质量指标进行再分析、再设计，能够满足要求的及时完善设计指标，全面提升产品的设计指标合理性和可制造性。

（2）“继承创新”机制

一方面，对于有一定批量和产品实测数据的典型产品，可综合运用统计过程控制、质量功能展开、故障树分析、失效模式和影响分析等传统质量工具方法，识别导致产品合格率问题的影响因素，通过工序、要素分解，准确判断造成合格率与稳定性问题的主要原因，从人员资质、设备能力、工艺方法、加工环境、检验检测等环节精准施策；另一方面，推进基于数据的质量预测与控制研究，创新应用人工智能、大数据和工业互联网等技术，建立产品质量分析模型，识别影响产品质量特性的关联因素，使隐性知识显性化，通过质量预测与评估，采取针对性措施提高产品质量。

（3）“协同匹配”机制

强化设计和生产单位协同工作能力，形成“设计引领、工艺支撑”的厂际协作模式。一方面充分发挥设计单位的带头作用，逐步形成多单位、多部门、多专业高效协同的工作机制，保障各项任务逐层落实落地；另一方面充分发挥生产单位的专业优势，不断创新工艺技术方法，消除产品形成过程中的不良因素，采用科学的控制技术和工作方法，着力解决制约规模化生产和生产能力转型升级的工艺技术瓶颈。

（4）“人才培养”机制

对于严重依赖人员技能的重大工程、重点型号关键环节制造和装配过程，从质量意识、专业理论、操作技能、安全防护等方面建立全方位的人才培养体制，并建立与薪资待遇相匹配的激励机制和评价体系，加强高技能人才的培养和使用。

产品合格率提升与稳定性控制是保证产品质量和生产一致性、优化科研生产模式的一种有效手段，通过开展关键影响因素识别、改进措施制定与应用验证、基于数据驱动，建立控制基线等工作，以产品合格率提升与稳定性控制工作为切入点，通过科学、合理利用现有资源，有效降低研制成本、提升生产效率、提高企业竞争力。后续，在持续推进合格率提升与稳定性控制工作基础上，需进一步完善工作机制建设，同时进一步促进产品合格率提升与稳定性控制工作与工艺工作、产品化工作的结合，推进产品合格率提升与稳定性控制工作成果的深化应用。

3.6　以质量为中心提升航天型号全级次供应商管理水平

航天工程是复杂的系统工程，涉及学科领域广泛、技术难度大、专业面广、产品构成复杂多样，需要大量协作配套单位的支撑。其中任何一家供应商的产品出现问题，都有可能影响航天型号总体任务的完成。协作配套产品的质量已成为制约航天型号任务顺利实施的主要瓶颈。强化以质量为中心的航天型号全级次供应商管理，确保协作配套产品的质量，是加速推进航天强国建设亟待破解的难题。

面对新形势、新任务、新要求，航天科技集团顶层策划、总体布局，加快构建覆盖“全领域、全级次、全过程、全要素”的航天型号全级次供应商管理体系，按照以质量为中心、分级分类、共建共享的原则，建立健全供应商管理的组织管理体系和规章制度体系，在供应商管理模式、管控方法及手段、工作机制建设等方面进行探索、研究和实践，改变以往单点分散管理模式向一体化闭环管理的转变；基于供应商产品对航天工程影响的重要程度对全级次供应商实施分级分类管理，从只注重一次供应商管理向全级次供应商管理转变；制定航天型号供应商能力评价准则，统一航天型号供应商管理要求和产品质量保证要求，从以往的要求各异向统一标准转变，确保要求横向一致、纵向到底。

3.6.1　全级次供应商管理的概念和内涵

3.6.1.1　以质量为中心的全级次供应商管理的概念

构建航天型号全级次供应商管理体系的目的是要实现“全领域、全级次、全过程、全要素”的覆盖，对全部的供应商实施有效的管理，切实做到“管住、管到、管全、管好”，充分利用全国各方面优势资源和有利条件，持续提升航天型号科研生产能力和产品质量保证能力，不断优化国家航天产业链布局，加速推进航天强国建设。

以质量为中心的航天型号全级次供应商管理，旨在运用现代供应链管理的理念和方法，按照“互通、互联、互认，共建、共享、共赢”的原则，建立卓越的航天型号全级次供应商管理体系，贯穿供应商寻源、准入管理、绩效评价及关系管理等供应商管理各项活动，确保各级各类产品“配套关系清楚、责任关系清楚、执行规范清楚”，全面提升全级次供应商管理能力和水平，整体优化供应商管理队伍，有效支撑航天科技集团型号科研生产模式转型和型号高质量保证成功。

这里，“以质量为中心”是指供应商全寿命周期过程管控中始终以质量为核心。“全领域”是指航天科技集团抓总型号及协作配套的全部航天型号任务。“全级次”是指航天型号配套各级次的供应商，“级”是指按照型号产品结构，从总体、分系统、单机、部组件逐级往下分解，直到最末级；“次”是指以单位为主体的协作配套层次，直接为本单位配套的供应商为一次供应商，为本单位一次供应商配套的供应商为二次供应商，以此类推，包括一次、二次乃至多次。“全过程”是指航天型号产品的设计、生产、试验、售后服务等全寿命周期过程。“全要素”是指以质量为核心，综合考虑进度、成本、创新、技术、服务等全面要求。

3.6.1.2 “三横一纵”型号全级次供应商管理体系

在以质量为中心的全级次供应商管理理念的指引下，航天科技集团构建了覆盖“三横一纵”的全级次供应商管理新体系，如图 3-25 所示，在“集团公司、研究院、部 / 所 / 厂”三级管理体制下，结合“型号”线协作配套过程，深入探索全级次供应商管理模式，推进集团公司供应商管理体系建设工作。

1）规范全级次供应商组织管理体系建设，明确责任落实，持续推动工作深入有序开展。集团公司成立供应链管理委员会，明确航天供应商培训与评价中心职能；各有关研究院、部 / 所 / 厂加强供应商管理队伍建设，形成型号供应商组织管理体系。

2）构建“1+2+N”的三级供应商管理规章制度体系：“1”是指航天型号供应商管理规定，作为规范航天型号供应商管理的顶层管理文件，属于全局性、系统性管理制度，是供应商管理方面的一级制度；“2”包括航天型号外协外包供应商管理办法和航天型号物资供应商管理办法，属于供应商管理的二级制度；“N”是指将 N 项相关标准规范作为配套的三级制度，支撑实际工作落地落实。

3）完善标准分类管理准则，建立健全以“A+B+C”为核心的标准体系：“A”是在相关国家标准、国家军用标准、航天行业标准的基础上，形成的具有航天特色的通用质量保证要求；“B”是指各类产品（过程）的专用质量保证要求；“C”是指当航天通用要求和航天产品专用要求不能完全满足需要时，结合具体产品和过程的特点提出的特殊质量保证要求。

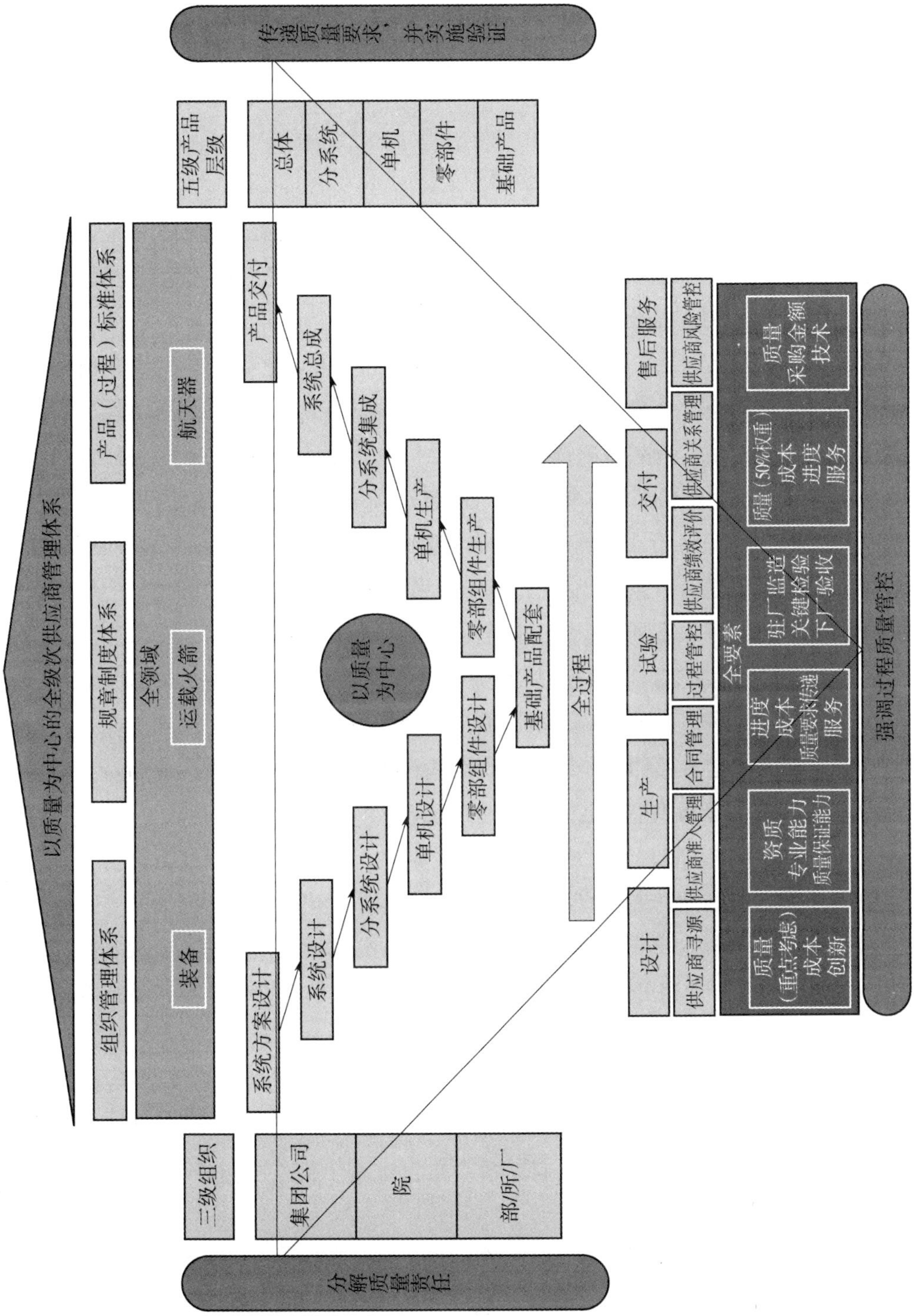

图 3-25　以质量为中心的航天型号全级次供应商管理体系

4）统一明确航天型号供应商准入管理、合同管理、绩效评价及关系管理等全寿命周期的流程及要求。统一对全级次供应商相关代表的培训要求，强化对二次及以上供应商管理能力的认定；健全合格供应商评价方法，提出建立基于合同履行成效的供应商综合绩效评价，即各级单位按照“一单一评、一年一评、三年一清”的原则对合格供应商实施履约绩效评价，规范开展合格供应商名录管理。

3.6.1.3 全级次、差异化的供应商管控方法

按照统筹管理、差异管控的思路，航天科技集团创新性提出型号全级次供应商差异化管控方法，依据产品特点及重要程度，实施供应商差异化管控方法，明确型号全级次供应商的差异化管理要求，切实提升供应商精细化管理水平。

1）针对航天系统、分系统和关键单机、关键部组件等核心产品的供应商，由型号抓总院负责供应商准入管理，按型号领域建立核心产品供应商名录，针对型号各级配套单位在型号抓总院核心产品供应商名录内选择核心产品供应商；针对多家供应、通用性强、技术成熟的航天重要单机、重要部组件等重要产品供应商，由各研究院负责供应商准入管理，建立院级重要产品供应商名录，院属各单位及各级配套单位在院级重要产品供应商名录中选择重要产品供应商；核心、重要产品供应商实施统一标准、关键过程管控、严格验收的全级次穿透式管理，实现“管到、管住、管全、管好”。

2）针对型号物资供应商、核心产品的特殊过程供应商、共性基础服务供应商，采用“统一标准、统一组织、共同管理、资源共享”的管理模式，由集团公司组织各研究院开展供应商准入管理，建立集团公司统一的共性基础产品和服务合格供应商名录，型号各级配套单位在集团公司合格供应商名录内选择共性基础产品和服务供应商。其他供应商由部 / 所 / 厂确定供应商准入管理和供应商名录建设要求。其中，航天型号物资供应商，由集团公司统筹组织各院共同开展新增供应商准入认定工作，建立统一的航天型号物资合格供应商名录；航天型号核心产品特殊过程供应商，由集团公司组织建立核心产品特殊过程质量保证联盟，由联盟各专业组开展专业能力认定，建立统一航天型号核心产品特殊过程合格供应商名录。

3）一般供应商按照“谁选用，谁负责”的原则，由各单位建立一般产品合格供应商名录。同时，研究院和集团公司要加强一般产品供应商能力院级、集团级统筹布局，实现市场化程度较高的一般产品供应商非单一来源配套，同一专业多家供应得到合理优化。

4）从“次”的角度来讲，通过规范一次供应商管理、将全级次所有重要供应商提升至一次供应商管理、加强一次供应商对二次供应商的管理要求等方法，综合建立一套较为科学、完善的全级次供应商管理方法。如承担火工品等高风险产品的供应商，全部提升至一次供

应商管理；一次供应商准入管理、绩效评价时，将次级供应商情况作为衡量一次供应商整体实力的重要指标。

3.6.2 全级次供应商穿透式管理

3.6.2.1 穿透式管理的有关概念和内涵

（1）金融领域的穿透式管理

穿透式管理，较多见于资产管理和金融监管领域。2016 年银监会下发了《关于进一步加强信用风险管理的通知》，要求各银行应坚持“穿透式管理”和“实质重于形式”的原则，将表内外业务以及实质上由银行金融机构承担信用风险的业务纳入统一授信管理。穿透式管理作为一种监管方法，其理论来源于功能监管理论和行为监管理论。

功能监管理论由哈佛大学商学院莫顿教授于 1993 年提出，主要针对分业监管体制下机构监管的缺陷，他认为金融创新使金融体系处于不断变化和发展中，金融机构不断突破其业务范围的市场边界，在机构监管理念下始终面临着监管真空和监管套利等问题，但金融体系承担支付清算、集中和分配资金、管理风险、价格发现、降低信息搜寻成本等基本功能保持不变，只要按金融产品的功能和金融业务的性质，对于任何跨行业、跨市场金融产品和业务，都可以明确划分监管主体和确定监管规则，对不同类型金融机构的相同或类似业务实行统一的或相对统一的监管标准，避免监管重叠和监管真空，消除监管套利。

行为监管理论由英国经济学家泰勒于 1995 年提出，主要针对金融机构审慎性风险和机会主义行为，形成了包含审慎监管和行为监管的“双峰”设想。泰勒认为金融监管有两个主要目标：一是针对系统性风险的审慎监管，以维护金融机构稳健经营和金融体系稳定；二是针对金融机构机会主义行为的合规监管，以维护金融市场的公正透明，保护金融消费者的合法权益。在行为监管理论看来，银行、证券、保险的行业区分已无关紧要，应重点关注和规范金融机构的行为性质。在综合经营趋势下，如果仍然过度强调金融机构的行业属性，就会导致不同管辖权下金融机构间的非公平竞争。

实践中，功能监管和行为监管都面临共同的难题，即当一种特定的金融业务或金融行为具有跨行业、跨市场交叉性特征时，如何判断其功能类型或行为类型？如何才能对其实施有效的监管？穿透式管理原则为解决这些问题提供了基本框架。穿透式监管就是通过金融产品的表面形态，看清金融业务和行为的实质，将资金来源、中间环节与最终投向穿透链接起来，按照“实质重于形式”的原则甄别金融业务和行为的性质，根据产品功能、业务性质和法律属性明确监管主体和适用规则，对金融机构的业务和行为实施全流程监管。

由此可见，在分业监管体制下，要从根本上消除监管真空、监管重叠和监管套利，有效防范和化解系统性金融风险，需要正确把握好穿透式监管、机构监管、功能监管和行为监管之间的关系。第一，要实现对金融机构业务或行为的穿透式监管，需要突破机构监管的传统框架，实现功能监管和行为监管；第二，要实现功能监管和行为监管的目标，需要采用穿透式的监管方式和监管手段。

（2）企业内部的穿透式管理

① 企业内部穿透式管理的概念与内涵

田富俊在《穿透式管理的应用情景、类型与模式》（《企业管理》，2017 年第 5 期）一文中，阐述了企业内部穿透式管理的概念、内涵等。他提出，所谓穿透式管理，是指一个组织为增强管控、指导力度，对下辖机构的分支机构、部门或客户实施直接管理与间接管理相结合的一种管理模式。理解该定义，需要把握三层含义：

一是穿透式管理的目的是增强管控、指导的力度，在传统层级管理的基础上增强了越级性和直管性。二是穿透式管理的对象是下一级机构的分支机构、部门或客户，而不是下一级机构本身，是一种“跨级”的管理行为，管理者与被管理者之间还存在一个甚至多个管理层级。三是穿透式管理是直接管理与间接管理相结合，一个管理对象同时接受处于不同层级的上级机构管理。

穿透式管理在本质上不同于越级管理，穿透式管理的“跨级”行为是事先约定好的，组织在事前已对穿透式管理的内容做了统一的、详细的、明确的界定，以避免管理对象接受“多头管理”，即管理主体还是唯一的，符合组织的管理规范。穿透式管理的“越级”主要是指管理主体与管理客体之间在原有组织体系中属于不相邻的层级，中间有“夹层”，而管理主体与管理客体一旦形成直接管理关系，之间就已经不再具有“越级”的意义了。换言之，实施穿透式管理之后，管理客体的原有上级组织只是形式上存在，对其不再具有管理权限与管理职能。

② 企业内部穿透式管理的分类

按穿透管理范围分，企业内部穿透式管理可分为部分穿透式管理、部分完全穿透式管理、完全穿透式管理。按穿透管理内容分，企业内部穿透式管理可分为市场经营穿透式管理、客户服务穿透式管理、财务穿透式管理。按穿透式管理周期分，企业内部穿透式管理可分为临时性穿透式管理、阶段性穿透式管理、长期性穿透式管理。

③ 穿透式管理的主要作用

1）提高管理效率。实施穿透式管理一方面可减少中间管理层级，上级组织对一些重点分支机构实施直接管理，有效增加信息交互的时效性、准确性与真实性。另一方面减少分支机构政策申请的审批环节，减少官僚主义、本位主义滋生的节点。

2）提高执行力。实施穿透式管理，一是解决权、责、利不对等问题，有助于明确工作目标，落实责任，提高一线的执行力。二是赋予分支机构更大的自主性，有助于调动分支机构工作的积极性。三是可加强对分支机构的管控，无形中会提高组织成员的执行力，减少搭便车、松散怠工等现象。四是加强对分支机构的关注、培训与指导，提高员工能力和素质，加强帮扶指导。五是缩短管理层级，跟踪、分析、检查工作直接到达管理单元，指导工作会更加及时、到位。

3）发挥导向作用。一方面，如果列入穿透式管理的对象是业绩优秀的分支机构，则给其他机构形成一个“榜样”带头作用，营造“比学赶超”的良好局面。另一方面，如果对象是业绩差的分支机构，则给其他分支机构传递组织“以儆效尤”的态度与决心。

④ 企业内部实施穿透式管理的主要情境

穿透式管理就是要破除“部门墙”“业务门”。所谓的“墙”和“门”，就是工作中存在的障碍，需要“穿透”。“墙”和“门”如果不打通，往往要付出高昂的代价。下述情境，可以开展穿透式管理：

1）企业所处生命周期发生变化。当企业的发展阶段已经明显变化或企业规模不断发展壮大时，组织结构日益臃肿，管理惯性日益明显，内部交易成本与管理费用大幅增加。

2）企业战略发生重大调整。现有的科层制管理模式过多强调等级管理，刚性有余而柔性不足，已经无法支撑企业新战略的实施。

3）行业发展环境发生显著变化。现有以组织内部流程管理或岗位管理为主导的管理模式的弊端日益突出，需要进行调整，以强化基层一线的执行力或市场响应速度。

4）企业长期陷入发展困境。营收压力大，成本负担重，亟须压缩组织层级，但无法大幅撤去或合并相关机构。

5）企业现有管理模式存在明显弊端。管理层级多，决策速度慢，信息传递不畅，但无论如何优化调整用工、薪酬、晋升、考核等机制层面的举措，都无法获得成效，必须通过解决机制层面的问题来重新激发机制的活力。

6）企业拟引入新的管理理念或技术。相对现有的新的管理理念或技术有本质的变化。

（3）纵向穿透和横向穿透

穿透式管理作为一种管理方法，是一种综合性管理方法，其理论基础主要来自功能监管理论和行为监管理论。穿透式管理的“穿透”主要体现为纵向穿透管理和横向穿透管理。所谓纵向穿透管理，是对经营涉及的机构业务和行为实施全流程监管，将管理中枢、中间环节和执行末端连接起来进行监管。所谓横向穿透管理，是要认清经营每一个环节的业务和行为的实质，按照“实质重于形式”的原则甄别经营业务和行为的性质，穿透业务和行为的表面形态，把握其本质属性。

实施穿透式管理需要同时实现对企业经营业务的纵向穿透管理和横向穿透管理，是纵向穿透监管和横向穿透监管的结合。为了达到这一目标，需要管理部门在对各级机构的业务、行为进行监管的同时，将经营管理业务链条上所涉及的机构作为一个统一的整体进行监管，必然要求突破机构监管的传统框架，实施功能监管和行为监管。从这个目标上看，纵向穿透管理更偏向于宏观审慎监管，其目标在于防范系统性风险，维护企业发展的稳定；而横向穿透管理更偏向于微观审慎监管，其目标在于控制单个机构的风险，保证其稳健经营。

3.6.2.2 型号全级次供应商穿透式管理

（1）特点与特征

分析型号全级次供应商穿透式管理，不同于金融领域完全不用体现行业特点的穿透式监管，也不同于企业内部的强调跨层级的穿透式管理，既要实现管理的穿透，也要在穿透的同时体现专业特色。

1）是供应商管理和协作配套管理的统筹管理。不同于传统的供应商管理，型号全级次供应商穿透式管理，既要关注供应商本身，也要关注协作配套产品的实现过程及最终产品的质量，是传统供应商管理和协作配套管理的结合。

2）既要在内部穿透，也要实现在外部的穿透。型号全级次供应商管理，其核心理念之一就是要实现对型号全级次产品及其供应商的规范管理，必然涉及集团外部供应商，以及供应商的供应商。因此，型号全级次供应商穿透管理要实现全链条产品及其供应商的穿透，既有内部供应商，也有外部供应商及供应商的供应商。

3）兼具功能监管和行为监管两种职能。与金融体系类似，型号全级次供应商管理也面临着分业监管、分领域监管的缺陷，存在监管真空，但供应商寻源准入、绩效评价、关系管理等基本功能是不变的，可以对不同类型供应商的相同或类似业务实行统一的或相对统一的监管标准，具有功能监管的属性。此外，全级次供应商也存在系统性风险及机会主义行为，需要脱离行业、专业特点，开展针对系统性风险的审慎监管和针对机会主义行为的合规监管，这些都属于行为监管。因此，型号全级次供应商穿透式管理兼具功能监管和行为监管两种职能。

4）具有明显的越级性与直管性。型号全级次供应商穿透式管理不拘泥于传统的供应商管理和协作配套管理，需要突破现有一级管一级的框架，根据产品及供应商的特点，采取变更管理模式、利用信息技术等手段，实施上级单位统一管理、内部跨级管理、外部穿透监管等，如集团公司对物资类产品的“五统一”管理和集中采购管理，研制单位对二次及以上供应商的监管等，都具有明显的越级性与直管性。但不同于企业内部单纯的“越级”穿透式管理，为了确保管控的纵向到底和横向一致，型号全级次供应商穿透管理也包括相邻层级的直接管理，是直接管理与越级管理、直接管理与间接管理的统筹。

5）既要穿透现象看本质，也要区分产品类别管细节。与金融领域的部分行业、针对共性业务的穿透式监管不同，型号全级次供应商穿透式管理，既要忽略行业和专业、透过现象看清供应商管理共性业务的本质，也要区分产品和专业类别，对产品及其协作配套过程的细节进行合规性监管，以识别、管控协助配套及其产品的风险，确保交付产品的质量。

（2）概念和内涵

借鉴功能监管理论和行为监管理论，以及金融领域的穿透式监管、企业内部的穿透式管理，结合型号全级次供应商管理特点，我们不妨对型号全级次供应商穿透式管理做如下定义。

型号全级次供应商穿透式管理，其核心是围绕型号全级次供应商、型号全级次产品两条主线，按照“实质重于形式”的原则，面向型号全级次供应商、面向型号全级次产品、面向产品协作配套全过程，重点针对可能给顶层系统带来的不可接受风险的领域和行为，实施覆盖“四横”“五纵”的差异化矩阵式管理，确保型号全级次供应商管理和产品协作配套全过程各项工作合规的同时，识别和控制协作配套风险，特别是系统性风险和成败型、灾难性的重大风险，确保交付产品质量，确保型号任务成功。

理解该概念，应重点把握以下七个方面：

1）穿透式管理的目的：主要目的是合规监管与控制风险，最终目的是控制风险，尤其是系统性风险和成败型、灾难性重大风险。

2）穿透式管理的适用范围：对顶层系统产生不可接受风险的领域和行为，如底层或中间层的产品或行为一旦失效，将导致全系统瘫痪、失败等成败型、灾难性事故。

3）穿透式管理的责任链条：穿透式管理不改变责任关系和责任链条，但要实现重大风险早辨识、全程透明。针对重大风险，上游有责任进行全线警示，有权利制止、纠正或拒收。

4）穿透式管理的核心内涵：穿透式管理的核心是由串行管理模式转变为矩阵式的管理模式。纵向上，由黑盒串联，变成白盒传递，载体一是面向组织（供应商），二是面向产品（影响产品质量的行为）。横向上，同专业的组织和产品、同类性质的工作，做到执行标准统一、评价统一，达到质量水平一致。

5）穿透的对象：两条主线、双“四横五纵”。型号全级次供应商管理穿透的对象，既包括型号全级次供应商及其产品的纵向穿透，也包括供应商管理和协作配套管理等业务的横向穿透。纵向穿透的主要目的是实现全级次供应商及其产品的物理穿透，确保能够纵向管理到底、要求传递到底，以防范系统性风险；横向穿透的主要目的是确保同级同类供应商、同级同类产品技术或管理要求的横向一致，各类要求执行过程和最终效果的横向一致，以控制单个供应商的风险。

对于型号全级次供应商：纵向上要穿透“集团公司、研究院、部/所/厂、一次供应商、二次及以上供应商”5个层级；横向上要实现同级同类供应商管理要求的一致，穿透供应商“寻源准入、绩效评价、关系管理”等业务，如图3-26所示。

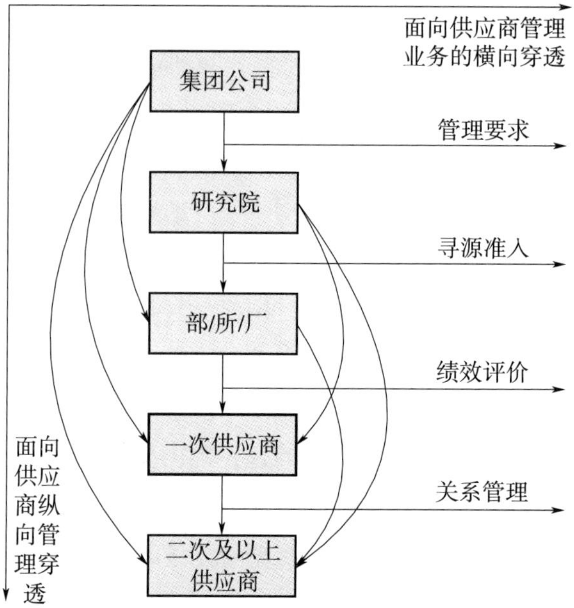

图3-26 面向型号全级次供应商的“四横五纵”穿透管理

对于型号全级次产品：纵向上要穿透系统、分系统、单机产品、零部组件和物资产品5个层级；横向上要实现同级同类产品技术要求的一致，穿透产品“合同签订、过程管控（监管）、交付验收”等业务，如图3-27所示。

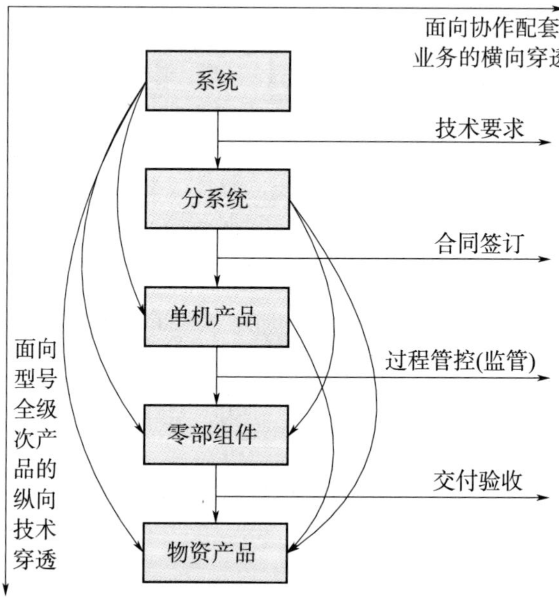

图3-27 面向型号全级次产品的“四横五纵”穿透管理

6）穿透的模式：直接穿透和逐级穿透。根据型号全级次供应商管理的特点，穿透的模式主要有三种：一是“直接穿透”，二是“逐级穿透”，三是“直接和逐级相结合穿透”，如图 3-28 所示。

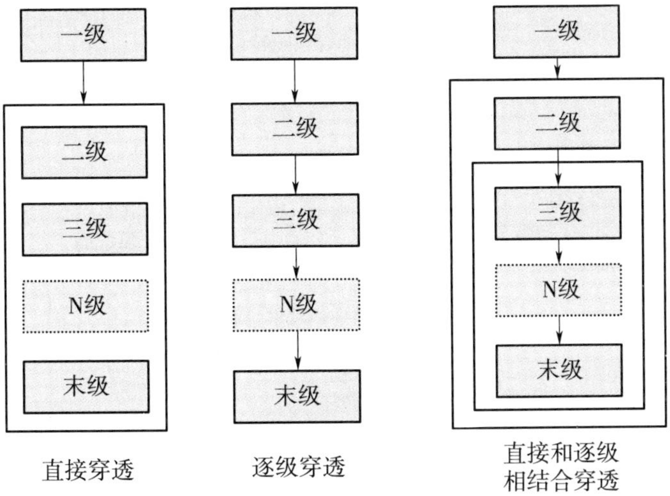

图 3-28　型号全级次供应商管理主要穿透模式示意图

直接穿透模式：由所在组织的最高管理部门或型号产品的最高层级，直接对所有低层级的供应商及其产品实施直接的“一站式”穿透式管理，所有非最高层级之间不用开展任何管理行为。如在集团公司层面，全级次供应商管理要求、同级同类产品的共性技术要求，以及物资和共性产品的准入管理、合格供应商名录管理、关系管理等，属于直接穿透式管理；在研究院层面，核心重要产品的准入管理、合格供应商名录管理、关系管理等，以及部分产品的集中采购和集中质保等，属于直接穿透式管理；在型号总体层面，物资选用目录、元器件统一验证评价等，属于直接穿透式管理；高层级组织和型号产品对所有各低层级的监管，也属于直接穿透式管理。

逐级穿透模式：由上一级对下一级进行逐级管理，不存在越级管理的行为。如各层级产品合同签订、专用要求传递，以及产品逐级下厂监制、关键过程管控、交付验收等，属于逐级穿透式管理。

直接和逐级相结合的穿透模式：完成一项工作，既需要逐级管理，也需要跨层级的直接穿透，如全级次供应商绩效评价工作，既需要开展逐级的“一单一评”，也有上级组织根据“一单一评”结果进行的综合绩效评价。

7）穿透管理的内容：三个面向、差异化。型号全级次供应商穿透式管理的内容主要面向三个方面，即面向型号全级次供应商、面向型号全级次产品、面向产品协作配套全过程，如图 3-29 所示。

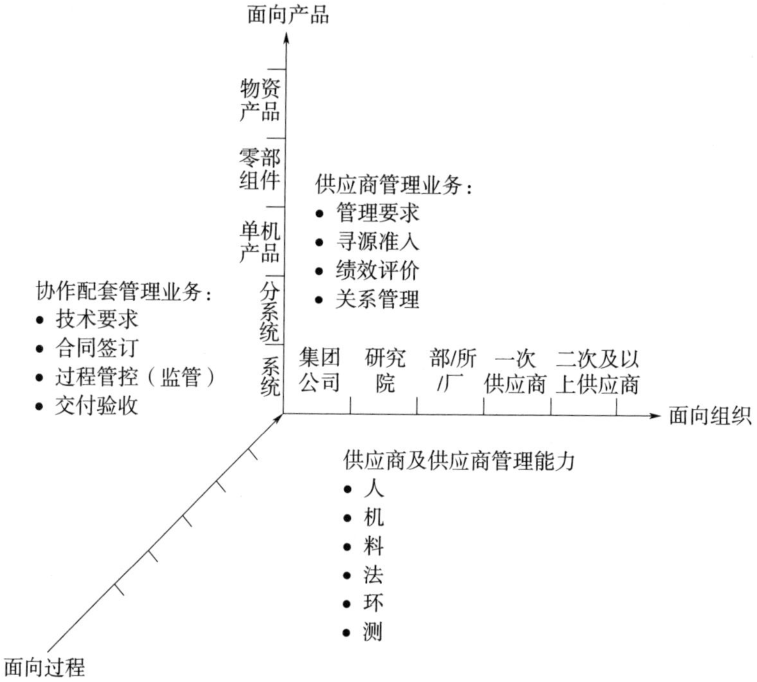

图 3-29 “三个面向”的型号全级次供应商穿透管理

其中，面向型号全级次供应商，要做到供应商管理要求的纵向传递到底、横向一致，实现寻源准入、绩效评价、关系管理等工作的穿透式管理，以及供应商及供应商管理能力的穿透式评价。面向型号全级次产品及其实现过程，要做到产品技术要求的纵向传递到底、横向一致，实现合同签订、过程管控（监管）、交付验收等工作的穿透式管理。

3.6.2.3 实施穿透式管理的保障措施

（1）开展“三个清楚”梳理

为了更好地实施穿透式管理，必须做到“三个清楚”（即配套关系清楚、责任关系清楚、执行规范清楚），如图 3-30 所示。“三个清楚”的梳理能够实现型号全级次供应商、型号全级次配套产品及其配套过程的纵向物理穿透，使型号供应商的全级次管理成为可能。

（2）突出制度和标准的牵引作用

近年来，航天科技集团相继印发了供应商管理规定等规章制度和配套的标准规范，明确了寻源准入、绩效评价、关系管理等供应商管理业务，为供应商管理业务的横向一致、横向穿透奠定了基础。此外，集团公司牵头，相继编写发布了产品分级分类标准、各类产品规范等通用技术要求，为同级同类产品技术要求的横向一致和横向穿透奠定了基础。后续，仍需抓紧完善供应商管理、协作配套管理等业务的顶层要求及相关标准规范，完善各级各类产品通用技术要求，确保要求的横向一致与纵向传递、落实，确保供应商管理、协作配套管理业务的横向穿透。

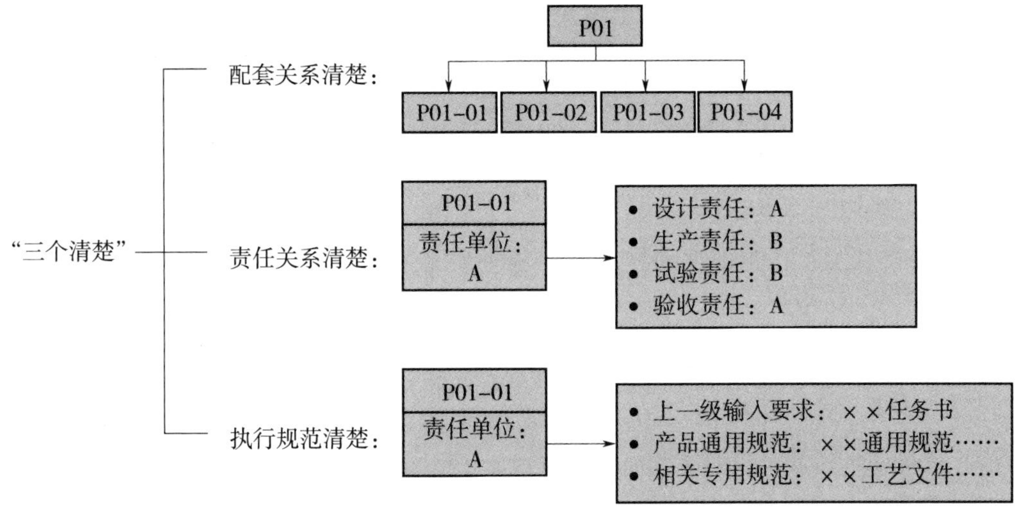

图 3-30　"三个清楚"示意图

（3）适时开展机构和职能调整

实现型号全级次供应商的差异化穿透管理，需要突破传统的框架，需要结合各级各类协作配套产品及其供应商的特点，适时对集团公司、研究院、部 / 所 / 厂的职能进行调整，必要时还要对现有的组织机构进行调整，以适应穿透式管理的需要。

（4）注重信息化手段的支撑

鉴于型号全级次供应商及其协作配套产品数量多、过程复杂，特别是跨层级的直接穿透，需要大量的数据、信息才能完成，离不开信息化手段的支撑。需要开展全级次供应商管理及物资供应链平台建设，实施基于信息技术、大数据技术的穿透式监管。利用数据和信息平台开展穿透式管理，信息更加透明，管理也更加科学。

3.6.3　供应商质量保证能力要求

3.6.3.1　航天型号供应商准入资质要求

航天型号供应商准入需符合下列基本条件：

1）具有合法经营主体资格；

2）具备与产品或服务相适应的国家、行业或专业机构认证的质量、安全、保密、环保及其他生产经营许可；

3）具有履行合同所必需的设备和专业技术能力；

4）具有良好的商业信誉和健全的财务会计制度。

具体包括：

（1）法人资格要求

1）在中华人民共和国境内依法正式登记注册、具有法人地位；

2）所提供的产品与工商注册业务范围相符；

3）有健全的组织机构和完善的管理制度。

（2）质量管理体系要求

1）按照 GB/T 19001 或 GJB 9001 建立质量管理体系，并有效运行，取得相应证书；

2）所提供的产品在其质量管理体系认证的产品范围内。

（3）财务资金状况要求

1）有健全的财务会计制度并有效运行；

2）设置独立的财务机构，会计人员配备齐全，符合国家有关要求；

3）具备与承担任务相适应的资金规模，资金运营和财务管理状况良好。

（4）信誉情况要求

1）遵守国家相关法律、法规，未被政府执法监管部门责令停业整顿，或在国家企业信用信息公示系统、承制单位失信系统中未被列入严重违法失信企业名单；

2）在近三年内未发生因自身原因导致的严重延期交货记录，产品、服务无重大质量问题和安全事故；

3）积极履行社会责任，近三年未发生重大环境污染事件。

（5）其他资质认证要求

1）有要求时，应取得相应产品的生产许可证和承制资格证书；

2）承担软件研制任务的供应商应通过《软件能力成熟度模型》认证，根据软件安全关键等级和规模等级，达到《软件研制能力等级要求》的软件研制能力等级；

3）承担特殊过程的供应商应通过集团公司的相关特殊过程认证；

4）测试与试验类供应商应具备承担相关任务的资质和能力，经过国家、国防实验室认可；其范围不在国家或国防实验室认可范围内的，需通过集团公司的认定；

5）针对特殊行业的供应商，应具备相关的特殊行业认证证书；

6）生产现场管理达到航天生产现场管理评价标准“三星级”以上（含）。

3.6.3.2 航天型号供应商质量基础能力要求

（1）企业文化

1）具有良好的质量意识、风险意识及责任意识，重视航天生产任务，具有为航天产品配套服务的荣誉感和责任心；

2）接受航天质量理念，积极开展航天文化宣传、培训和教育活动；

3）具有较好的企业形象和员工素质。

（2）人力资源

1）具备满足任务需求的专业技术人才队伍；

2）具有与所申请专业或者产品相适应的岗位设置和人员资格；

3）根据需要开展相应的专业培训、考核；

4）供应商质量代表通过集团公司认可的航天供应商培训与评价机构组织的准入资格培训，并取得相应的资格证书。

（3）设施设备

1）具备满足产品研制生产所需的设计、生产、试验和检测的设施设备；

2）检测器具、设备的精度水平和检定情况符合产品要求；

3）满足产品工艺对环境的要求，如温度、湿度、洁净度、照明、静电防护、振动等；

4）建立健全基础设施和设备的维护管理制度并有效实施。

（4）研发和技术创新能力

1）产品设计能力、生产工艺水平在行业内处于先进水平，满足任务需求；

2）标准和技术文件齐备，满足任务需求；

3）掌握与任务相关的核心、关键技术，或拥有自主知识产权；

4）有与所承担任务相关的经验，协作配套关系稳定。

（5）组织管理能力

1）单位主要领导及相关职能管理部门，职责、权限、接口关系明确；

2）科研生产计划管理符合任务要求，并制定了进度保证措施；

3）建立了风险管理机制并有效运行。

（6）信息提供能力

1）及时向任务甲方提供设计、生产、质量、库存等产品信息；

2）建立并健全信息化系统。

3.6.3.3　航天型号供应商产品质量保证要求

在满足 GB/T 19001 或 GJB 9001 质量管理体系要求基础上，航天型号供应商管理还对航天型号供应商提出产品质量保证方面的航天特殊要求。具体包括：

（1）产品质量（产品保证）策划

根据合同（研制任务书）等要求，结合承制任务特点，制定产品质量保证（产品保证）

大纲或计划，对产品保证活动及其所需的资源（人、财、物）进行策划，将产品保证要求传递到位并得到分解落实，实施评审、检验、审核、验证、鉴定、验收等活动，及时进行监控，产品质量保证（产品保证）大纲或计划应经评审，由产品负责人批准，并经任务甲方确认。

（2）通用质量特性

开展产品全寿命周期通用质量特性设计、分析、验证工作，开展故障模式、影响及危害性分析（FMECA），并与设计同步进行，必要时开展故障树分析（FTA）；开展Ⅰ、Ⅱ类单点故障模式识别，在设计、生产、试验、测试、操作、使用全过程采取有针对性的改进的控制措施；对影响航天任务成败的关键产品或系统的关键功能进行潜在分析。

（3）特性分析

根据产品研制技术要求、产品设计和分析结果、产品试验验证、质量问题及相关工程经验等信息，对产品进行技术要求分析及设计分析，识别产品关键、重要特性，形成产品特性分类分析报告，确定关键工序，编制关键件、重要件汇总表。

（4）技术风险识别与分析

采用一定的技术方法，对可能出现的技术风险进行识别、分析，在分析风险发生可能性与后果严重性基础上，确定风险综合等级，制定相应控制措施，确保残余技术风险可接受，并经任务甲方确认；对新技术、新材料、新工艺、新设备进行充分的论证、试验和鉴定，并按规定履行审批手续。

（5）技术状态管理

确定技术状态基线及其技术状态项，编制技术状态管理计划，开展技术状态标识、控制、记实及审核，对产品实施技术状态更改控制，并报任务甲方，需要时经确认；产品实现过程中发生的关键岗位人员、关键设备、产品实现主流程等的变更，视同技术状态变化进行更改控制。

（6）软件工程化管理

实施软件工程化管理，对软件的开发、运行、维护进行管理，针对重要软件开展FMEA、FTA等可靠性分析和评估，强化软件需求的实现与确认，并对软件开发的各个阶段实施评审、验证和确认，并实施配置管理，对更改的软件进行回归测试；A、B级软件和任务甲方指定的软件在具有资质的第三方进行独立测评。

（7）产品化

开展产品化工作，压缩和减少产品品种和规格，优先采用成熟技术和通用化、系列化、组合化的产品，开展产品成熟度提升，形成可供型号选用的货架式产品。

（8）文件控制

将任务甲方对产品实现过程中需要贯彻的质量管理规章制度及文件相关要求纳入质量管理体系要求中；任务甲方提供的文件和资料得到有效控制，保证产品研制相关技术文件和资料完整、受控和有效；并将需执行的产品质量保证要求、产品规范、过程控制标准（规范）传递给其外包外协供应商，监督其将要求传递到末端；当执行标准规范发生变动时组织宣贯，出现新要求时及时进行传递。

（9）产品数据包

对产品数据包进行管理，明确过程数据包和交付数据包的清单、内容，使质量记录具有可追溯性，凡是有量化要求的记录应有实测数据；对不可检测项目、不可逆过程的控制结果及产品装配的最终状态，按拍摄角度、分辨率等要求进行多媒体记录。

（10）工艺可行性分析

开展产品功能设计与工艺设计的同步策划，根据产品特征和型号需求建立工艺可行性分析准则，明确分析目标及分析方式。根据对工艺可行性影响程度，建立工艺可行性分析关键因素表和工艺可行性分析一般因素表，形成设计方案工艺可行性分析报告，并按要求开展工艺成熟度分析。

（11）元器件、材料及标准件选用

规范元器件、材料及标准件选用，立足成熟、可获得的原则，开展元器件设计选用，按任务甲方规定的选用范围选用元器件及材料，控制超期元器件的选用，选用目录外、低等级等元器件或选用目录外的材料应进行充分论证并报任务甲方审批；标准件一般应从航天行业标准、航空行业标准中选用，当其品种、规格不能满足要求时，可选用国家标准件作为补充，不得选用相关文件禁用的标准件。

（12）工艺选用

将承制任务所选用的全部工艺方法汇总形成工艺选用清单，工艺选用清单中注明未经飞行试验验证的工艺（标准）；按航天产品禁（限）用工艺目录的规定，建立禁（限）用工艺使用情况清单，不得选用禁用工艺，严格控制限用工艺的使用，清单报任务甲方确认。

（13）技术评审

开展技术评审工作，严格执行设计评审、工艺评审和产品质量评审制度，对技术复杂、质量要求高的产品，进行可靠性、维修性、保障性、测试性和安全性以及计算机软件、元器件、原材料等专项评审，跟踪检查评审意见的落实情况，并将结果及时上报任务甲方。

（14）外包外协外购控制

关重件不能分包，外包外协任务供应商应在本单位合格供应商名录内选择，型号基础产品、核心产品涉及的特殊过程及航天特殊专业鉴定、检测、试验等产品或服务的供应商，应在集团公司统一的合格供应商名录内选取，选用名录外的供应商时应办理超名录选用审批手续。

（15）测试覆盖性分析与检查

开展测试覆盖性分析，按要求编制测试覆盖性分析报告，明确可测试项目、不可测试项目和控制要求；确保所有的可测试项目均得到全面、正确和无遗漏的测试，确保所有的不可测试项目均得到验证；在产品交付前，对不可检测项目进行把关，按规定进行测试覆盖性检查，单机、分系统和系统产品任务承担单位形成产品测试覆盖性检查报告。

（16）特殊过程控制

对特殊过程进行识别，形成汇总表并进行评审；特殊过程工艺文件原始记录表中的参数和项目应覆盖特殊过程工艺中规定的工艺参数和检验要求；按照要求开展特殊过程确认实施，从人、机、料、法、环、测等各方面进行确认，形成确认记录并经评审；严格按照特殊过程确认的内容开展特殊过程的生产控制。

（17）关键件、重要件和关键工序控制

对关键件、重要件和关键工序进行标识，确保其追溯性，依据关键件、重要件清单及关键工序目录实施标识和质量管控；编制关键件、重要件工艺规程和质量跟踪卡，对其工艺文件进行评审；编制关键件、重要件和关键工序检验规范，对其进行严格检验，关键、重要件超差特许按规定进行审理。

（18）多余物预防与控制

开展多余物预防与控制，结合产品特点，制定有针对性的多余物控制管理流程、方法和相应的控制程序，具备预防和控制多余物的厂房、环境，配备相应的设备、仪器和工具；针对设计、工艺、加工、装配、测试、包装、运输、贮存、维护及飞行试验前等过程中产生多余物的主要环节，采取有效措施，实施过程重点控制，并在相关报告中有明确的多余物控制结论。

（19）静电防护

针对航天电子产品及其过程的特点和要求，组织建立相适应的静电防护管理体系，编制静电防护管理手册，识别所处置的电子产品的静电敏感度、静电抗干扰度或静电防护要求，规定人员培训要求，制定程序文件或操作规程，并对要求的文件及运行记录予以控制。

（20）产品标识和可追溯性

对产品实施标识管理，确保产品的可追溯性，产品批次管理应符合规定的要求。使用适宜的方法识别产品，并对标识加以保护，以防止产品混用；针对产品的检验和试验状态，以适当的方式进行标识，标明产品经检验和试验后的状态，并对标识加以保护，以确保只有通过规定的检验和试验的合格产品才能投入使用；控制产品的唯一性标识，并对标识加以保护、保留相关记录；对软件产品的介质进行标识和版本控制。

（21）检验管理

开展检验工作，规定检验的判据、方法及手段，明确检验要求；设置合理的强制检验点，在相关文件中明确实施要求，检验结果由检验、工艺、设计人员和顾客（用户）共同确认并签署；形成表格化记录，检验记录应完整、准确、量化，具有可追溯性；对于测试不到及不可检、仅靠工艺保证和人员保障的项目，应加强“四不到四到”分析和确认。

（22）生产现场管理

进行生产现场管理建设，对生产现场各生产要素开展质量控制，包括对人（工人和管理人员）、机（设备、工具、工位器具、工装夹具）、料（原材料、辅料）、法（加工、检测方法）、环（环境）、信（信息）等进行合理有效的计划、组织、协调、控制和检测，严格依据工艺文件开展操作和检验工作。

（23）不合格品管理

实施不合格品管理，对产品检验中发现的不合格品做必要的标识和隔离，对不合格情况详细记录，及时进行不合格审理；定期对不合格产品数据进行统计分析，改进过程控制，关注产品实现过程合格率的波动，对异常波动进行分析。正（试）样阶段产品关键特性、重要特性不允许让步接收。

（24）质量问题归零

对在设计、生产、试验、服务中出现的质量问题，从技术上、管理上分析产生的原因、机理，并采取纠正措施、预防措施，以避免问题重复发生。从技术上按“定位准确、机理清楚、问题复现、措施有效、举一反三”的五条要求逐项落实，形成技术归零报告或技术文件；从管理上按“过程清楚、责任明确、措施落实、严肃处理、完善规章”的五条要求逐项落实，形成管理归零报告和相关文件。另将技术归零、管理归零落实情况及时报告任务甲方。

（25）质量信息要求

对产品实现过程的质量信息进行收集、贮存、传递、处理、分析和利用；必要时，建立产品故障模式库，并按要求报送任务甲方；对协作配套过程中的质量问题开展综合分析；针对存在的共性、重复性质量问题及时研究制定解决措施。

（26）“三个面向”质量分析

对发生的质量问题，结合质量问题归零开展“三个面向”质量分析，从产品、流程和组织三个维度，即发生质量问题的产品及其同类产品、与问题产品有相同原理设计或工艺设计的其他产品维度，问题所涉及的技术、管理等相关流程维度，以及问题和薄弱环节背后的管理因素和责任关系维度，分析问题产生的深层次原因、查找问题背后的隐患和薄弱环节、提出并落实改进措施，按规定形成分析材料。

（27）试验控制

实施试验准备状态检查，编制试验计划，编制试验大纲或试验方案，明确试验项目，对试验中出现的故障和问题，采取有效的纠正措施，并进行试验验证，向任务甲方报告，检验、测试数据判据明确，对各项数据进行对比和综合分析，给出试验结论，按要求编制试验报告。

（28）产品验收

产品交付前，按验收要求进行自验收合格后，方可提交任务甲方进行验收。提交验收的产品不能留有与产品功能和性能相关的遗留问题；对其他的遗留问题及时采取措施、组织落实，落实结果及时向任务甲方反馈。

（29）产品贮存、运输要求

经验收合格的产品，根据交付时间编制产品包装、贮存及运输计划，按技术要求进行产品包装，运输途中采取相应的保护措施，产品贮存场地的条件满足贮存产品的技术要求，并有明显的标识且只允许被授权人员进入，产品运输要根据产品特点明确搬运设备及运输的程序和规程，确保产品运输安全。

3.6.4 供应商绩效评价

3.6.4.1 供应商绩效评价内涵

航天科技集团按照“一单一评、一年一评、三年一清”的原则对合格供应商实施履约绩效评价。“一单一评”是指由合同甲方根据合同履行情况实施及时评价；“一年一评”是指在对供应商“一单一评”的基础上实施年度评价，核心供应商由集团公司组织实施，重要供应商由有关研究院组织实施，一般供应商由各具体法人单位组织实施；“三年一清”是指对连续三年无供货的供应商，从合格供应商名录中剔除。供应商履约绩效评价结果在供应商管理信息平台公布，作为动态优化合格供应商名录的依据。

型号供应商绩效评价按照统一的标准分类分级开展，绩效评价覆盖型号配套全级次供应商。绩效评价要素包含质量、进度、费用、服务四个方面要求，各业务领域根据领域特点适当增加评价要素。绩效评价以定量评价和定性评价相结合的方法，以定量评价为主，将供应商绩效评价结果分为“优秀”“良好”“合格”“基本合格”“不合格”五个等级。各业务领域供应商绩效评价由负责准入管理的责任主体单位确定评价细则、评价周期并组织实施。供应商绩效评价至少每年一次。

绩效评价为“基本合格”的供应商须按要求进行整改，整改通过后可继续列入合格供应商名录，整改不通过将取消其供应资格。绩效评价为“不合格”的取消其供应资格，被取消资格的供应商再次申请准入的，应重新按照初次准入的标准实施准入管理。

3.6.4.2　供应商绩效评价指标体系

（1）“一单一评”绩效评价指标

① 质量

a）交付合格情况：产品或过程质量合格情况；

b）交付资料情况：交付文件的完整性、规范性、及时性。

② 进度

按时交付情况：按约定的时间和数量提供产品情况。

③ 成本

价格合理情况：相比同类产品供应商价格优势情况。

④ 服务

产品研制交付服务情况：对产品研制、交付使用指导、提供现场服务等服务满意性。

航天型号供应商“一单一评”绩效评价指标及评分说明，见表 3-5。

（2）年度绩效评价指标

① “一单一评”综合结果

“一单一评”评价分值与订单金额的加权求和。

② 质量问题及归零情况

发生质量问题以及按要求及时归零的情况。

③ 资质及体系运行情况

1）质量管理体系外审、二方审核情况；

2）质量管理体系、保密资质、承制资格、生产许可等资质变化更新的及时性；

3）供应商名称、组织机构、企业性质、设施设备、工厂地址、核心人员等关键信息更新的及时性；

4）产品使用的指导、解决问题的及时性。

④ 次级供应商管理情况

1）次级供应商名录建立情况和次级供应商选用控制情况；

2）次级供应商所用原材料和生产制造装备自主可控情况。

航天型号供应商年度绩效评价指标及评分说明，见表 3-6。

表 3-5　供应商“一单一评”绩效评价指标及评分说明

序号	一级指标	二级指标	评分说明
1	质量（50 分）	交付合格情况（40 分）	验收合格：交付合格率 = 一次合格产品数 / 交付的产品数，得分 =40 × 交付合格率；存在不合格，办理让步使用，扣 5~10 分；二次验收合格扣 15 分；验收不合格：0 分 注：多种情况同时存在时，取最低分
2		交付资料情况（10 分）	交付数据包及相关资料完整，7 分；交付资料存在问题时，存在一项扣 0.5 分，扣完为止 交付数据包及相关资料及时，3 分；交付资料不及时，存在一项扣 0.5 分，扣完为止
3	进度（30 分）	按时交付情况（30 分）	按时交付：准时履约率 = 准时履约产品数 / 合同应履约产品数，得分 =30 × 准时履约率 未按时交付：超 1 个月扣 5 分，超 2 个月扣 15 分，超 3 个月扣 25 分，超 4 个月 0 分
4	成本（10 分）	价格合理情况（10 分）	相比同类产品，供应商具有一定价格优势，6~10 分 相比同类产品，供应商价格优势不明显，3~5 分 相比同类产品，供应商价格明显较高，0~2 分
5	服务（10 分）	产品研制交付服务情况（10 分）	对产品研制、交付使用指导、提供现场服务的及时性，特别满意，10 分；满意，8~9 分；基本满意，6~7 分；不满意，0 分

表 3-6　供应商年度绩效评价指标及评分说明

评价要素	评分说明
一单一评（60 分）	评价分值：PE “一单一评”评价分值 V_i “一单一评”每单金额 E_i $PE = \sum_{i=1}^{n} V_i \cdot \frac{E_i}{\sum_{i=1}^{n} E_i} \times 0.6$
质量问题及归零情况（25 分）	1）发生一般质量问题，一次扣 2 分；发生一起严重问题，扣 5 分，扣完为止；发生重大质量问题，0 分； 2）不能完全按要求及时归零，每次扣 3 分，扣完为止

续表

评价要素	评分说明
资质及体系运行情况（10 分）	1）质量管理体系外审、二方审核存在严重不符合项，每项扣 5 分，存在一般不符合项且整改不到位，每项扣 1 分； 2）质量管理体系、保密资质、承制资格、生产许可等资质变化未及时更新的，每项扣 2 分； 3）供应商名称、组织机构、企业性质、设施设备、工厂地址、核心人员等关键信息变更未及时通知的，存在一项扣 2 分，扣完为止； 4）对产品使用的指导、解决问题不及时，存在一项扣 2 分，扣完为止
次级供应商管理情况（5 分）	次级供应商的供应商名录建立情况及选用控制情况，以及所用原材料和生产制造装备自主可控情况，符合要求 4~5 分，基本符合要求 1~3 分，不符合要求 0 分

注 1. 社会信用存在个别风险，例如行政处罚等，出现一项扣 2 分。
2. 不参加集团公司、院要求的培训，扣 3 分；参加培训但未通过考核的，扣 2 分。
3. 当年没有供货的供应商，采用上一年度绩效评价分值，没有评优资格。

3.6.4.3　供应商绩效评价结果

（1）评分结果计算方法

供应商“一单一评”、年度绩效评价项目采用百分制，供应商绩效评价得分$S=\sum_{i=1}^{n} V_i$，V_i 代表第 i 个指标要素得分，i 代表评价体系包含的指标个数。

（2）评价结果及等级

供应商绩效等级以供应商绩效结果分值来划分，分为优秀、良好、合格、基本合格及不合格，具体见表 3-7。

表 3-7　供应商绩效评价等级划分

等级	绩效分值
优秀	90 分以上
良好	80~90 分
合格	70~80 分
基本合格	60~70 分
不合格	60 分以下

注：若供应商连续两年内交付的产品发生重大或批次性质量问题，则供应商绩效评价等级降一级。

3.6.5 供应链风险识别与评价方法

航天型号供应链风险识别与分析是对供应商、产品的固有属性及选择过程、供应过程两个阶段中可能存在的风险因素进行识别，对可能影响型号质量、型号生产进度的供应链影响因素的识别，并对风险等级、风险的应对措施进行分析、确定的过程。

3.6.5.1 供应商选择过程的风险识别

供应商选择过程中的风险识别从供应商、产品两个维度进行分析。

供应商维度的风险识别，从供应商的固有属性出发，将其中带有负面影响的属性或者是易受外部风险影响的属性识别出来。供应商的属性一般包括企业性质、地域、规模、经营管理能力、行业地位、供应商在具体供应链中的地位、供货历史情况等方面。将上述供应商各个性质包含的因素，逐一列在鱼骨图上进行分析，将受外部因素影响、自身带有负面影响的因素定义为风险因素，识别方法如图 3-31 所示。

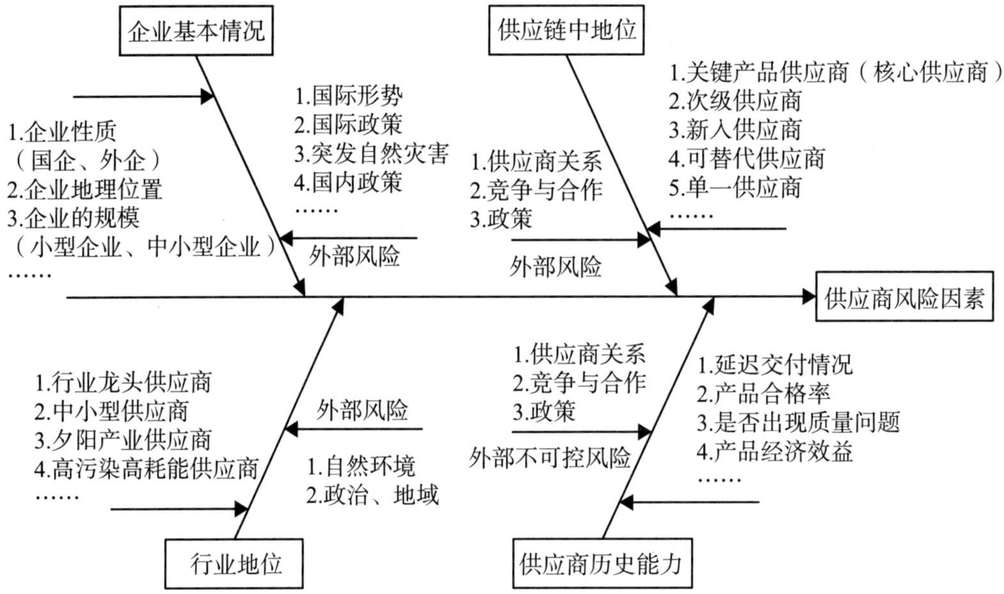

图 3-31　供应商风险因素识别方法

产品的风险识别聚焦在影响产品质量的技术因素、影响产品交付情况的因素及表示产品生产历史情况的因素，例如，产品复杂度、产品技术成熟度、特殊过程控制情况、新技术新材料使用情况、工艺方案的可行性评价、是否出现过质量问题、是否存在关键节点一次评审未通过、是否有质量问题未解决等，识别方法如图 3-32 所示。

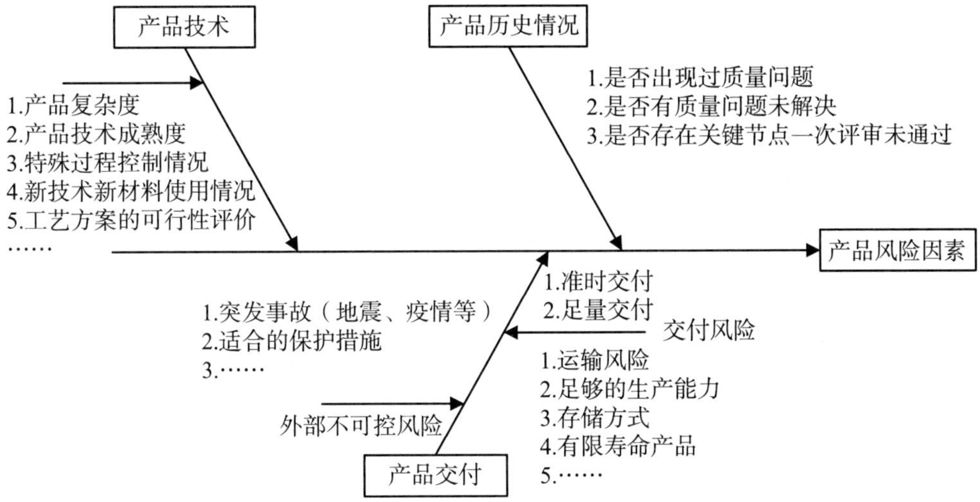

图 3-32　产品风险因素识别方法

3.6.5.2　供应商供应过程的风险识别

供应商供应过程的风险识别主要是对可能引起供应活动不稳定的外部风险，以及供应商状态变化、产品状态变化方面进行风险识别，具体识别供货风险、质量风险、技术风险、经营风险和自主可控风险等五个方面，如图 3-33 所示。

1）供货风险主要包括：独家供应商产能有限，供应商生产设备设施调整产能不足，产品设计、工艺更改供应不及时，采购量增大、多家单位竞争采购导致的产能不足，次级供应商导致生产进度延期等原因造成的风险。

2）质量风险主要包括：发生过重大质量问题、质量问题多发、批次性质量问题、过程质量控制不合格等原因造成的风险。

3）技术风险主要包括：产品涉及新技术、新材料使用，产品技术难度大等原因造成的风险。

4）经营风险主要包括：由国家环保、安全政策造成的停产、限产，经营不善供应商（人员流失、财务不善），具有失信、黑名单等不良记录的供应商，夕阳产业、被淘汰产品供应商等造成的风险。

5）自主可控风险主要包括：由管制、禁运产品，无国产化替代产品，出现过质量问题的国外产品，国产化替代产品技术指标、精度暂时不能满足需求等原因造成的风险。

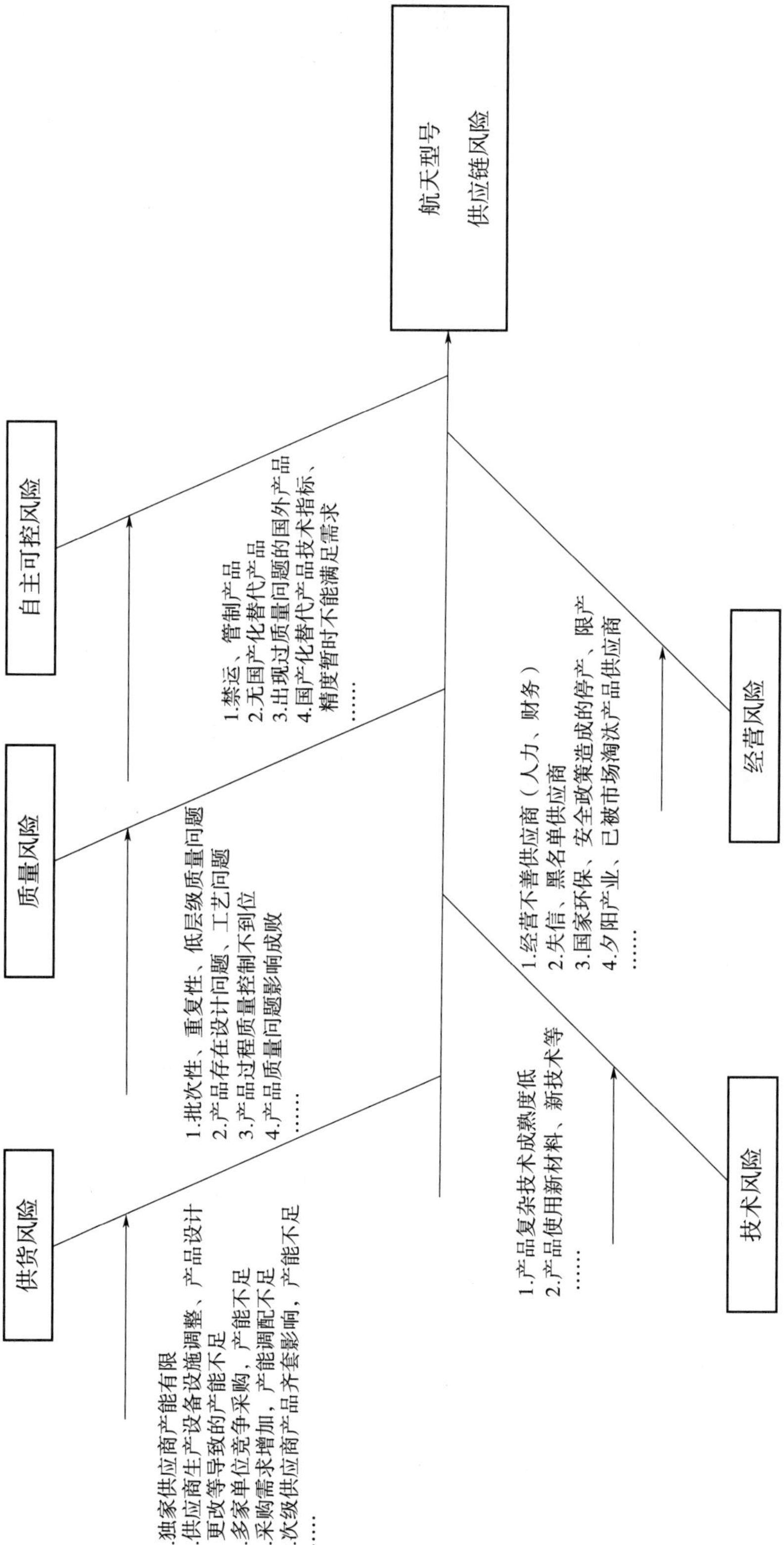

图 3-33　航天型号供应链主要风险因素

3.6.5.3　供应链风险等级分析

供应链风险等级判定是对风险发生可能性与风险影响程度的综合分析，一般采用风险矩阵分析法。该方法采用二维表格表述风险等级，纵轴表示风险发生的可能性，横轴表示风险影响的严重程度。其中：

1）风险发生可能性依据风险发生的概率大小确定，一般分为 5 个等级，包括：1 级（一般情况下不会发生）、2 级（极少情况下发生）、3 级（某些情况下发生）、4 级（较多情况下发生）、5 级（常常会发生）。

2）风险影响的严重程度根据风险的可接受性确定，一般分为 5 个等级，包括：1 级（极小或没有影响）、2 级（可接受但会稍微影响绩效）、3 级（可接受但会较大影响绩效）、4 级（较难接受，严重危害绩效）、5 级（不可接受）。

参照 GB/T 24420 中对供应链风险等级判定的策略，将航天型号供应链风险等级分为三级：Ⅰ级风险（低等级风险，不容易发生且风险影响不严重），Ⅲ级风险（高等级风险，容易发生且风险影响较严重），其余的定义为Ⅱ级风险（中等级风险）。各风险等级判定原则如图 3-34 所示。

可能性等级					
5	Ⅱ	Ⅱ	Ⅲ	Ⅲ	Ⅲ
4	Ⅰ	Ⅱ	Ⅱ	Ⅲ	Ⅲ
3	Ⅰ	Ⅱ	Ⅱ	Ⅱ	Ⅱ
2	Ⅰ	Ⅰ	Ⅱ	Ⅱ	Ⅱ
1	Ⅰ	Ⅰ	Ⅰ	Ⅰ	Ⅱ
	1	2	3	4	5

后果等级

图 3-34　航天型号供应链风险等级判定矩阵

3.6.5.4　供应链风险应对策略

风险应对是降低供应商风险对航天型号生产影响的直接措施。通过制定风险应对策略，将风险控制在可接受的范围内。可采取的策略包括“规避”“减轻”“转移”及“接受”。其中：

1）“规避”是指主动放弃项目或改变项目目标。

2）“减轻”是指减轻风险发生的可能性或者损害程度。

3）“转移”是指风险在损失承受者之间进行转移。

4）“接受”是指接受风险，但通过制定后备应急措施来应对不利后果。

3.7 以卓越标准体系建设为引领不断提升质量管理水平

标准是航天产品质量水平的重要依据，是产业核心竞争力的重要体现，是企业治理体系和治理能力现代化的重要手段。中国航天事业创建 60 多年来，经过一代又一代航天人的艰苦奋斗和无私奉献，创造了以“两弹一星”、载人航天、月球探测为代表的一系列举世瞩目的伟大成就，这些成绩的取得离不开航天标准化的技术支撑和基础保障。标准作为重要载体，固化经验传承了航天知识，提升质量保障了型号任务成功，提高效能促进了产业化发展，为航天事业的快速发展做出了重要贡献。

当前，中国特色社会主义进入新时代，我国经济已由高速增长阶段转向高质量发展阶段，并明确提出了建设航天强国的战略目标。标准与航天产品质量和企业科学治理密切相关，也关系到世界一流企业和航天强国建设的战略目标能否顺利实现。新时代面对新形势和新要求，需要进一步强化标准引领发展的理念，以“用为导向，提升效能，追求卓越”为主题，加速构建并有效运行航天卓越标准体系，助力航天高质量发展。

3.7.1 卓越标准体系建设需求分析

无论是从我国航天发展历程中标准体系对型号任务支撑的历史逻辑来看，还是从当前航天强国建设、一流军队建设和一流企业建设对标准需要的现实逻辑来看，对构建具有航天特色和企业特点的卓越标准体系的需求极为迫切。

3.7.1.1 历史逻辑

回顾我国航天发展历程，我国航天事业走出了一条从无到有、从小到大、从弱到强的发展道路。航天标准化伴随航天事业发展，起步于支撑型号，发展于支撑领域，每个阶段都是以适应不同时期航天发展特点、满足特定需求、解决特定问题为出发点，不断丰富完善的。

从航天事业起步到 20 世纪末这段历史时期，航天标准化先后经历了翻译苏联标准和技术资料、支撑导弹仿制的引进翻译阶段；开展航天产品通用零部件标准化和电子元器件标准化、支撑型号独立自主研制的自力更生阶段；建立型号系统级、分系统级工程技术标准，开展型号综合标准化，支撑型号任务质量升级的快速提升阶段。上述历史时期，航天标准化工作是通过支撑型号研制，从无到有逐步成长起来的。20 世纪末以来，航天型号建设进入自主创新、跨越发展时期，各种型号大规模研制，载人航天、探月、北斗、高分专项等工程也相继启动，航天标准化由支撑型号向支撑领域拓展，逐步向体系化建设发展，建立了标准体系，创新标准化工作模式，统筹推进制标、用标等各项工作实现系统提升，有效支撑了领域发展。

进入新时代，世界一流企业建设和航天强国建设更是对航天标准化提出了新的更高要求。对标新要求，仍然存在标准化对企业科学发展战略支撑不足的问题，存在就标准而编标准的旧习，存在部分标准横向不一致、执行不到位、管控不闭环的难题。如何推进标准由支撑型号和领域发展向支撑组织成功和市场竞争转型，是加速推进世界一流企业建设和航天强国建设的重要课题。因此，需要以推进标准横向一致和有效供给为主线，科学继承航天标准化实践成果，全力打造具有鲜明航天特色和企业特点的卓越标准体系，持续推进标准体系的优化升级，支撑航天高质量、高效率和高效益发展，助推世界一流军队建设和航天强国建设。

3.7.1.2　现实逻辑

（1）标准是航天强国建设的重要基石，迫切需要以一流标准为引领打造国际一流航天品牌

《国家标准化发展纲要》提出要增强标准治理效能，加快构建推动高质量发展的标准体系。标准是航天强国的重要标志，高质量产品必须有高质量标准。面对未来更加激烈的竞争，集团公司作为航天强国的主力军、质量强国的引领者、科技强国的排头兵，迫切需要准确把握标准化内在规律，树立一流标准发展理念，统筹发挥标准化在落实航天强国战略的重要技术和管理支撑作用，建立全球领先的航天标准品牌，打造国际一流和世界认可的国际性品质标准，以“标准先行”在国际上主导关键技术和核心产品，持续扩大中国航天影响力和话语权。

（2）标准是一流企业建设的战略基础，迫切需要以一流标准为支撑实现企业治理体系效能提升

一流标准是一流企业的重要标志，是企业的核心战略资源。对标国际领先的宇航公司，更加需要深刻认识标准对支撑组织成功的重要意义。一是要面向组织、面向流程、面向产品，建立覆盖企业管理全要素、产品全级次、研制全过程及产业全链条的企业标准体系，支撑组织成功；二是要围绕型号全寿命周期管理，针对预研、研制、批产、售后等不同阶段制定差异化标准，规范型号各阶段工作；三是要建立横向一致的标准来规范型号和产品研制，按照“设计有依据、试验有规范、生产有标准”推进标准对科研生产全过程、全要素的覆盖，实现“按标准办事，凭标准放行，全过程受控”。

3.7.2 卓越标准体系建设总体思路

3.7.2.1 总体定位要由“型号技术基础”向“企业战略支撑”转型

过去，航天科技集团标准化工作是面向型号、面向项目的，定位于型号的技术基础，支撑型号科研生产。新时期，要围绕航天科技集团“三高”“双一流”建设目标，将标准化提升至企业战略层面，进一步深刻把握标准化在规范企业科学治理、确保企业长远可持续发展上的战略支撑作用，实现标准化由型号技术基础向企业战略支撑转型。

一是要在思想认识上转型。要充分认识到标准化的战略支撑作用，要从以往的被动参与型号转变为主动融入型号；各级型号研制队伍要将标准化工作作为型号研制重要组成部分，作为型号全局性、系统性工作来看待，作为全寿命周期的工作来开展。

二是要在目标任务上转型。以往标准化工作的目标主要在于支撑型号研制、保障型号质量；今后，标准化的作用除了是高质量保成功的基础，还要实现高效率完成任务和高效益推动航天强国建设和国防建设，要实现质量、效率、效益的协调统一。

三是要在业务领域上转型。标准化不仅要保证型号任务成功，还要支撑航天科技集团自主创新、产业发展、国际推广，全面支撑航天科技集团发展。要加强新型企业管理、供应商管理、精细化质量管理等领域标准的研制；要加强新技术培育、新型号预研等自主创新成果的标准固化；要结合航天技术应用和服务产业结构调整升级，以标准抢占民用产业制高点；要聚焦自主可控专项领域，形成标准牵引示范作用；要加强标准的国际化推广，助力航天科技集团的国际化发展进程。

3.7.2.2 管理和建设要由“分层管理、多头建设”向“统管统建、系统运行”转型

标准的管理和建设要协同推进，并形成闭环。以往的标准体系建设和运行模式为分层管理、多头建设，已不适应当前集团公司三级管控模式改革调整。新时期，标准的管理和建设要向统管统建、系统运行转型。

一是优化完善标准化管理模式。要加强集团公司对企业标准体系建设的集中管控，推动实现集团公司对院、部/所/厂标准从立项论证到批准发布的管控机制；要健全完善与“世界一流企业”建设相适应的标准化规章制度体系；做强做专标准化专家组织，充分发挥技术指导和咨询把关作用；做强做实标准化专业机构，强化顶层设计、技术抓总、基础研究；推动标准化管理部门、标准化归口部门、各业务部门、专业技术组织协调联动、职责清晰的全员标准化工作体系高效运转。

二是统筹推进标准体系建设。要建立面向企业的新型标准体系，推动实现标准全领域、全要素、全级次、全周期、全链条覆盖，统筹标准制修订科学有序推进；要强化标准新项

目需求生成机制，上下结合，在自下而上的基础上更加突出自上而下，更加反映集团公司管理意志，从立项源头确保标准合理科学；要在一定程度上控制标准总量，对于已有相关标准的，以优化整合修订为主，避免重复制定标准；要优化标准研制过程管理，提高标准研制效率和质量；从标准好用、管用的角度，推进标准细化量化和可操作，解决研制生产过程中的粗放和不精细问题。

三是研究建立标准评价机制。要研究建立科学的标准质量评价体系，细化量化标准质量衡量准则，严格标准放行和发布。对于质量不高的标准，不批准发布，要从出口上加强标准管控，确保标准好用管用。在标准体系运行方面，要打造“标准大数据”，以数据为基础开展标准使用情况的分析评估、缺项标准查漏补缺和存量标准优化整合，推进标准体系动态评估和持续优化。

3.7.2.3　标准的实施和监督要由“文本传递、单点实施”向“嵌入流程、闭环应用”转型

标准的价值体现在实施和应用上，要在标准实施和监督上下功夫。新时期，标准的实施和监督要实现由传统的文本传递、单点实施向嵌入型号研制流程、确保标准闭环应用转型。

一是加强标准数字化工具研发。运用数字化和信息化技术，创新标准载体，加强标准结构化、数字化研究，探索数据库形式的标准新载体，推进标准由纸质载体向结构化、数字化、智能化转型，支撑数字航天建设。

二是加强标准的宣贯和培训。多渠道、多方法创新标准宣贯培训新体系，充分运用网络资源和新媒介工具开展标准宣贯培训；针对不同人员，开展有针对性的、定制化的标准化培训，提高培训效力；开展重大基础和通用标准的宣贯培训，强化重点操作类岗位标准培训，提高一线人员选标用标的正确性。

三是加强实施的监督检查。要树立标准权威，打造监督体系，提升监督效能，营造严格执行标准、按标准办事的企业氛围和环境；健全和完善标准贯彻实施机制和模式，开展重点型号标准化工作的监督检查，让用标准、守标准成为型号科研生产全流程的自觉行为，充分发挥标准对型号和产品研制、生产的基础性技术支撑和服务作用，提升型号科研生产质量和效率。

四是加强“三化”和产品标准化。围绕型号“三化”建设要求，研究制定“三化率”评价体系和评价方法，依托典型型号开展“三化率”提升试点；围绕航天卓越产品体系建设，健全和完善产品管理标准、产品规范和过程规范，推动产品实现过程的精细、量化。

3.7.3 卓越标准体系内涵

航天卓越标准体系是适应航天高质量、高效率、高效益发展需求，遵循系统工程思维，坚持“始于标准，终于标准”的发展理念，面向“一个 CASC，一套标准”的战略布局，按照“以用带建，以管促用，管建用协同推进”的总体要求打造形成的科学有机整体，在标准先进性、体系完备性、管理科学性和应用时效性上具有显著特征。

（1）标准的先进性

航天卓越标准体系中的标准，是面向技术发展更为超前引领的标准，是面向研制风险更为严格规范的标准，是面向质量保证更为精细量化的标准，是面向产品状态更为一致准确的标准。用先进一流的管理标准支撑现代管理理念、技术和工具的有效落地，用先进一流的技术标准改进工作流程、生产工艺和操作规范，通过标准传承组织经验、固化组织知识、提升组织能力、支撑组织成功，保证“工作一流、过程一流、结果一流”的实现。

（2）体系的完备性

航天卓越标准体系由项目视角的型号产品研制，向组织视角的企业发展全域延伸和拓展，范围覆盖了企业管理全要素、研制全过程、产品全级次和产业全链条，实现对“全员、全过程、全要素、全数据”的全面规范，可以在更高层次、更广领域实现“用标准管理、依标准研制、凭标准放行”，全面提升航天标准化价值链和集团公司标准化综合能力。

（3）管理的科学性

航天卓越标准体系的运行管理由研究院、部 / 所 / 厂纵向独立运行，向以“集团公司标准化中心 + 标准专业组”为主体架构的跨院横向协同融合转变，在“型号 + 产品 + 岗位”三线协同标准实施模式的基础上，标准化主管部门、技术组织和人才队伍协同发力，形成跨院资源融合、经验共享，实现共建、共管、共治、共享融合发展的新模式，标准体系运行分析、动态管控和标准全流程管理效能显著提升。

（4）应用的时效性

航天卓越标准体系是面向应用的标准体系，与规章制度体系、精益质量管理体系、产品化体系、供应商管理体系等有效对接，充分运用信息技术赋能标准创建、传递、交付、使用全寿命周期的数字化转型，实现体系形态由单一固定框架向多维可变结构转变，面向不同人员、基于特定场景的标准体系视图重构，实现标准体系在各领域的快速影响、灵活适配和深化应用。

3.7.4　卓越标准体系建设与运行管理

3.7.4.1　体系建设

（1）构建原则

对接需求，全域覆盖。对接和统筹经营管理、技术创新、科研生产、产业发展等各维度和战略、组织、项目、产品、数据等各层面标准化需求，形成覆盖企业管理全要素、研制全过程、产品全级次、产业全链条的全域标准体系。

用为导向，聚焦关键。将面向应用、突出实效作为标准体系设计的基本准则。在体系表中规划形成若干布局合理、协调配套、适用管用的标准集群，着力解决标准更新不及时和横向不一致等问题，形成导向明确、重点突出的实用标准体系。

优化存量，严控增量。着力推动存量标准的整合精简，将已有标准是否实际应用作为存量纳入的“严判据”，将新增标准是否发挥效能作为增量规划的“硬约束”，杜绝“为标准而编标准”，形成规模适中、存增合理的精干标准体系。

统管共建，开放兼容。坚持“一个 CASC，一套标准”，充分发挥标准专业组跨单位协同优势，共建统一标准，执行唯一标准；实行标准分类管理，积极采用先进适用的外部标准和国际标准，建设符合国际规则、具备互认条件的开放兼容标准体系。

（2）总体布局

标准体系框架按照“三纵两横”的布局进行设计，如图 3-35 所示。“三纵”是指经营管理、科研生产和产业发展标准，是框架的核心主体；“两横”是指基础标准和数字化与信息化标准，是框架的共性支撑。“三纵”涉及的共性标准在“两横”中设置，确保体系主线突出、界面清晰、布局合理，提升系统性、科学性和高效性。

1）三纵之“经营管理域”：从支撑企业经营管理效能提升的视角，对接各职能和业务部门管理需求，设置“企业运行和组织管理”专题，包括财务管理、资产管理、供应链管理、安全生产管理等方面的标准。

2）三纵之“科研生产域”：从支撑型号产品质量提升和科研生产模式转型的视角，按照型号产品研制流程及技术管理需求，设置“项目管理”“产品保证”“设计与试验”“生产制造”“产品”等 5 个专题。

3）三纵之“产业发展域”：从服务航天产业发展的视角，设置“服务保障”和“产业发展”2 个专题。

4）两横：面向数字航天建设需求，设置“数字化与信息化标准”专题，结合管理信息化三年行动计划和科研生产数字化转型部署进行分解，主要包括信息基础、支撑技术、智能使能技术、经营管理信息化、科研生产数字化和信息安全等方面的标准；面向基础共性标准需求，设置“基础标准”专题，主要包括术语符号、技术制图、数系与数据等方面的标准。

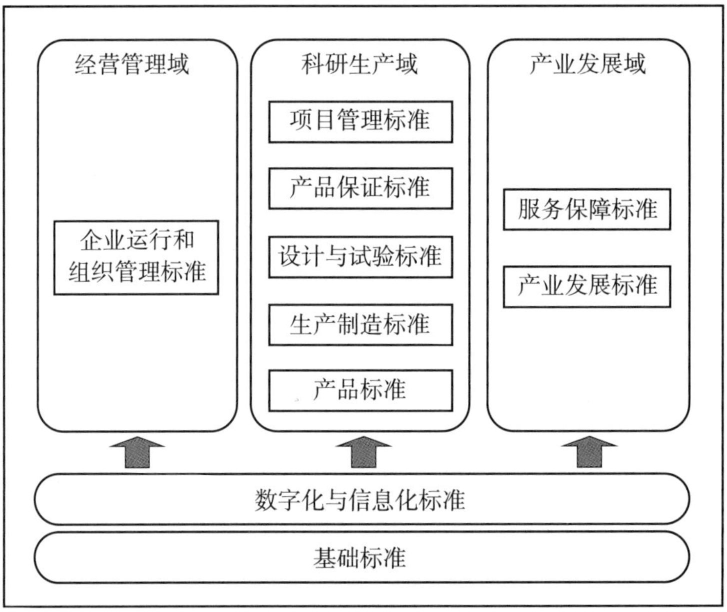

图 3-35　航天卓越标准体系总体布局

（3）顶层架构

继承航天标准体系，围绕航天科技集团深化改革和高质量发展新需求，科学设计符合航天科技集团新时期企业特点和发展定位的新型标准体系的顶层框架，并开展专题研究，按领域细化形成完整体系框架，全面覆盖航天科技集团企业管理全要素、产品全级次、研制全过程及产业全链条，并充分满足企业管理能力提升、供应商管理体系建设、产业融合和商业航天发展对标准化的需求。初步设计的体系顶层框架如图 3-36 所示。

其中：

1）基础标准分支：包括术语符号标准、技术制图标准、产品尺寸及几何技术规范、数系标准、技术基础标准和技术文件管理标准等。

2）企业运行和组织管理标准分支：包括综合规划与战略管理、质量管理、供应链管理、人力资源管理、财务管理、国际合作与外事管理和资产管理等方面的标准。

3）项目管理标准分支：包括项目范围管理、进度管理、风险管理、沟通管理、成本管理、采购管理、集成管理等项目管理标准，以及要求管理、技术状态管理等系统工程管理标准。

4）产品保证标准分支：包括产品保证管理，质量保证、通用质量特性、元器件保证、材料机械零件和工艺保证、软件产品保证等方面的标准。

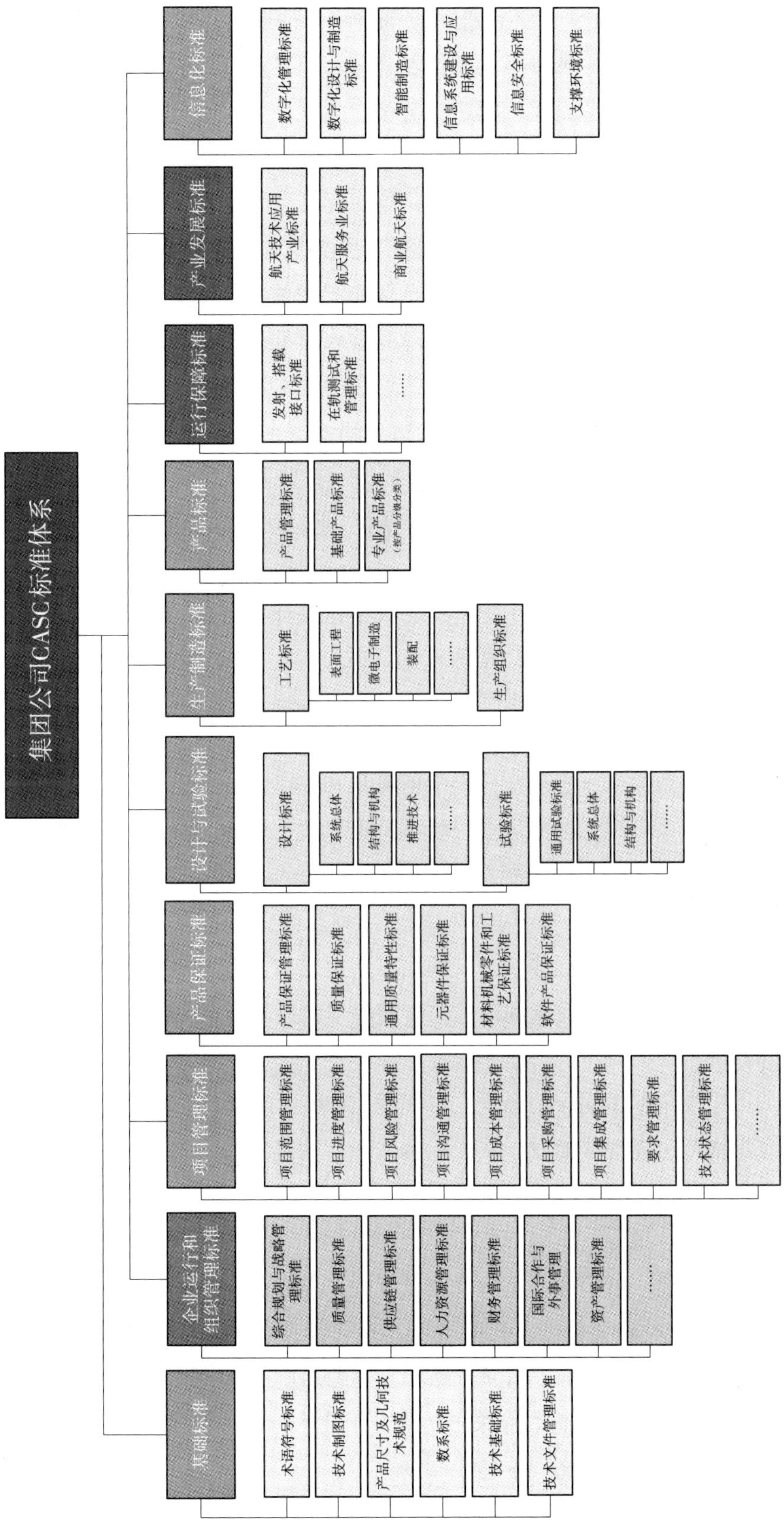

图 3-36　集团公司 CASC 标准体系顶层框架

5）设计与试验标准分支：设计标准重点围绕型号研制过程中系统功能、设计内容进行分类，包括型号研制过程中所涉及的总体及各分系统专业设计标准；试验标准重点围绕型号研制过程中的系统功能、试验内容进行分类，包括型号研制过程中所涉及的总体及各分系统的试验标准。

6）生产制造标准分支：由工艺标准和生产组织标准构成。按照集团公司工艺专业分类，工艺标准包括表面工程、微电子制造、装配等 13 大类专业标准。

7）产品标准分支：主要由产品管理标准、基础产品标准、专业产品标准构成。其中，基础产品标准包括元器件、原材料等产品规范和验收标准；专业产品标准包括按照集团公司航天产品分级分类标准划分的系统、分系统、重要单机设备，以及机械、机电、火工等专业的通用产品的产品规范和验收标准。

8）运行保障标准分支：包括发射和搭载接口、在轨测试和管理等方面的标准。

9）产业发展标准分支：包括航天技术应用产业、航天服务业和商业航天等方面的标准。

10）信息化标准分支：包括数字化管理、数字化设计与制造、智能制造、信息系统建设与应用等方面的标准。

3.7.4.2　体系运行管理

航天卓越标准体系的运行管理充分借助信息化和数字化技术手段，面向不同主体、基于不同场景，实现体系可视、标准可查、状态可见、数据可溯，切实提升标准体系的运行效能，真正让体系“活起来”。

（1）多维检索

基于框架树状展开实现标准体系分支模块的快速定位，运用知识图谱实现标准内容的多维检索和关联查询，大幅降低查询标准的时间成本，提升检索便捷性。

（2）按需重构

基于各类用户视角和不同应用场景，可实现面向专业、领域、产品、过程、岗位等的框架按需组合重构和标准智能抽取，实现标准体系“抽得出来，放得回去”，提升体系应用的便捷性和实用性。

（3）分类管控

为便于供应链管控，根据标准化对象领域范围和涉及核心技术的程度，对纳入体系的标准实行 A、B、C 三类分类管控，其中 A 类标准（通用管理要求和共性基础标准）由集团公司统筹开展制定；B 类标准（面向产品和专业的通用标准）以标准专业组为主体，供应链上下游广泛参与；C 类标准（特殊产品和专用技术标准）由研究院、部 / 所 / 厂自行策划制定，发布后报集团公司统一备案。

（4）运行监测

通过多维度的数据统计分析和可视化展示，建立对标准体系运行管理的全息数据看板，为管理决策提供支撑。基于标准制定全过程数据，标准检索和反馈等用户行为数据，以及与数字质量系统等集成获取的选标用标数据，对实施情况进行实时监测，对标准与质量问题进行关联分析，为研制能力提升提供标准化数据支撑。

（5）动态维护

根据对标准体系的运行监测数据，建立标龄分级预警和问题反馈机制，标准化中心协同各标准专业组定期对标准体系进行专题分析评估；推进标准优化升级，在线完成从需求提出到报批发布的全流程，并及时更新标准状态信息和全文数据，确保体系有效。

3.8　以评估为手段推进航天精益质量管理体系的持续改进

航天质量管理伴随着航天系统工程的实践在不断发展和完善，已经形成了一系列具有中国航天特色的质量管理方法，这其中就包括针对航天企业、项目质量管理的特点以及质量管理体系有效性建设和持续改进的需求，借鉴国内外质量管理体系评价的模式和方法，研究提出的面向集团公司、研究院、部 / 所 / 厂三级的航天精益质量管理体系成熟度评估方法。

该方法采用以定量为主、定量和定性相结合方式进行评估，建立了过程类和结果类评估要素的成熟度等级判定准则，依据判定准则及评估要素的评估准则，按照“要求—落实—改进”的基本思路，综合资料审查和现场评估所获得的相关信息，对每个评估要素进行成熟度等级判定，并最终通过加权统计计算获得航天精益质量管理体系的成熟度水平。

通过评估工作的有效开展，以达到以下目的：

1）弥补常规质量管理体系审核在审核内容和审核效果等方面的不足，深入查找航天精益质量管理体系建立和运行中的薄弱环节和主要问题，促进质量管理的持续改进。

2）推进航天科技集团质量管理规章制度、标准和规范及重点质量工作在航天精益质量管理体系建设中得到有效贯彻落实，深入推动航天精益质量管理。

3）不断固化和总结、推广最佳实践，促进航天科技集团质量管理水平的整体提升。

3.8.1 航天精益质量管理体系评估

3.8.1.1 航天精益质量管理体系评估流程

（1）评估思路

建立集团公司对所属研究院、部 / 所 / 厂质量管理评估机制，按年度开展质量管理评估工作。根据质量管理工作的流程，构建科学的质量管理评估模型和评估模块；依据集团公司质量管理工作的重点，确定集团公司质量管理评估要素；系统梳理、归纳、总结集团公司现行有效的质量制度、标准和规范等相关要求，形成评估准则；采用定性和定量相结合的方式，定期对单位质量管理体系建立和运行过程及其结果两个方面进行评价；通过对存在的问题的整改和好的经验的固化，促进质量管理的持续改进。

（2）评估原则

航天精益质量管理体系评估遵循以下原则：

1）采用定性和定量相结合的方式；

2）突出当前质量工作的重点；

3）强调以评促建；

4）注重发现薄弱环节和总结提炼最佳实践。

（3）评估模型

航天精益质量管理体系评估模型如图 3-37 所示。

① 评估模型由 6 个评估模块组成

“战略层”“组织层”“项目层”“产品层”“数据层”“持续改进”既包含对过程的评估，也包含对结果的评估。这 6 个模块既涵盖了航天精益质量管理体系建立和运行全过程的管理、过程控制、基础保障要求，又考虑了能够体现体系运行有效性的航天精益质量管理体系运行结果因素。

航天精益质量管理体系评估采用 1000 分制。“战略层”占 50 分，“组织层”占 240 分、“项目层”占 430 分，“产品层”占 110 分，“数据层”占 110 分，“持续改进”占 60 分。

② 每个评估模块由若干子模块组成

战略层评估模块包括：质量战略、质量方针、质量目标 3 个子模块。

组织层评估模块包括：质量文化、质量组织与责任、质量制度与卓越标准体系、质量基础能力、质量监督、全级次供应商管理、质量验证与评价、质量数字化信息化应用 8 个子模块。

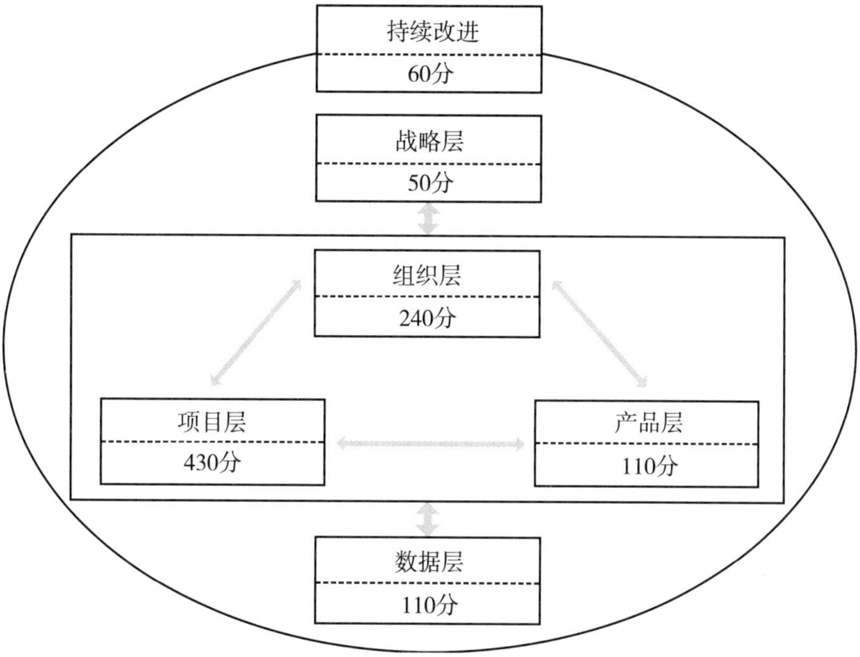

图 3-37　航天精益质量管理体系评估模型

项目层评估模块包括：航天精益产品保证管理、质量保证、通用质量特性保证、工艺保证、元器件保证、材料 / 机械零件保证、软件产品保证、地面支持设备保证、生产阶段产品保证 9 个子模块。

产品层评估模块包括：产品化管理、通用产品管理、产品队伍建设 3 个子模块。

数据层评估模块包括：质量数据资源建设、质量数据中心建设、数字质量系统建设 3 个子模块。

持续改进评估模块包括：组织改进、过程改进、产品改进、问题改进 4 个子模块。

（4）评估要素

每个评估子模块包含若干评估要素。根据每个评估子模块核心关注点，确定其应包括的评估要素，航天精益质量管理体系评估的评估要素为 100 个，评估要素及其分值分配情况见表 3-8。

（5）评估准则

评估准则是开展评估工作的依据。每一个评估要素对应编制相关的评估准则。通过系统梳理上级及集团公司质量工作的各种标准、规范和要求，制定集团公司质量管理评估准则。各研究院、部 / 所 / 厂可在集团公司评估准则的基础上，适当补充、细化，形成本单位的评估准则，作为研究院、部 / 所 / 厂开展自评估的依据。

表 3-8　评估模块、子模块和评估要素及其分值

序号	评估模块	评估子模块	评估要素
1	战略层（50 分）	质量战略	质量战略制定及实施
2		质量方针	质量方针制定及实施
3		质量目标	组织质量目标
4			项目质量目标
5			产品质量目标
6	组织层（240 分）	质量文化	航天质量文化体系
7			全员质量文化活动
8		质量组织与责任	质量管理组织与队伍
9			质量责任制
10			质量职责
11			质量培训
12		质量制度与卓越标准体系	质量制度与标准
13			卓越标准体系
14		质量基础能力	质量工程技术方法和工具
15			工艺管理
16			计量检测
17			质量成本
18			组织风险管理
19		质量监督	内部质量监督
20			一体化质量监督
21			重大质量事故调查与审查
22		全级次供应商管理	供应商管理基础能力
23			供应商差异化管控
24			供应链及风险管控
25		质量验证与评价	质量验证与评价机构建设
26			质量验证与评价机构运行
27		质量数字化信息化应用	质量与可靠性信息管理
28			质量信息化软件工具
29			质量数据应用情况

续表

序号	评估模块	评估子模块	评估要素
30	项目层（430 分）	航天精益产品保证管理	产品保证策划
31			型号风险管理
32			关键特性识别与管控
33			技术状态管理
34			项目评审
35			产品数据包管理
36			外协供方控制
37		质量保证	设计和开发过程控制
38			采购（外包）过程控制
39			试验过程控制
40			测试过程控制
41			制造、装备及总装过程控制
42			交付验收过程控制
43			发射场质量控制
44			交付后维护与保障
45			质量问题归零及举一反三
46			文档控制
47		通用质量特性保证	可靠性保证
48			维修性保证
49			保障性保证
50			测试性保证
51			安全性保证
52			环境适应性保证
53		工艺保证	工艺方案
54			工艺选用
55			工艺鉴定
56			工艺文件控制
57		元器件保证	元器件选择控制
58			元器件质量等级控制
59			元器件采购控制
60			元器件评价及应用验证

续表

序号	评估模块	评估子模块	评估要素
61	项目层（430分）	材料/机械零件保证	材料保证
62			机械零件保证
63		软件产品保证	软件通用保证要求
64			软件各阶段产品保证
65		地面支持设备保证	地面支持设备通用保证
66			地面电气支持设备保证
67			地面机械支持设备保证
68		生产阶段产品保证	生产基线控制
69			生产过程控制
70			组批生产过程控制
71			检验过程控制
72			不合格品控制
73	产品层（110分）	产品化管理	产品型谱体系建设
74			货架产品体系建设
75			卓越产品体系建设
76			产品化基础管理
77		通用产品管理	通用产品研制
78			通用产品组批生产
79			通用产品技术状态
80			通用产品管理模式
81			通用产品保证
82		产品队伍建设	产品队伍配置
83			产品队伍管理要求
84	数据层（110分）	质量数据资源建设	质量数据标准建设
85			质量数据管理要求
86			历史质量数据治理
87			质量数据库建设
88		质量数据中心建设	院级质量数据中心建设
89			部/所/厂电子数据包建设

续表

序号	评估模块	评估子模块	评估要素
90	数据层（110 分）	数字质量系统建设	集团级系统建设
91			院级系统建设
92			部 / 所 / 厂系统建设
93			质量数据处理与分析工具开发使用
94			质量系统与相关系统互联建设
95	持续改进（60 分）	组织改进	质量管理体系文件管理
96			质量管理体系评估改进机制
97		过程改进	共性质量问题的研究和解决
98		产品改进	“三再”工作
99			产品合格率提升和稳定性控制
100		问题改进	“三个面向”质量分析

（6）评估方法

航天精益质量管理体系评估方法采用定性和定量相结合的方式。定性评价主要是依据评估要素的评估准则，通过文件审查和现场检查的方式，对评估要素进行逐项评价，记录存在的主要问题以及好的经验和做法，总结最佳实践。定量评价是在定性评价的基础上，依据评估要素的成熟度等级判定准则对评估要素进行定量化的成熟度等级判定，并最终获得评估要素的分值及质量管理评估的总得分。成熟度等级判定准则见表 3-9。

表 3-9　过程评估要素成熟度等级和系数确定指南表

成熟度等级	成熟度系数	成熟度评定要点
不达标	0，0.4	•针对该要素没有明确的要求； •要求没有在相应的过程和部门得到落实； •没有对问题的分析方法，只有就事论事的而且不彻底的处理
达标	0.5，0.6	•针对该要素的主要方面，有明确的要求和基本有效的方法； •要求在主要过程和部门得到基本落实； •有基本的分析和改进活动
良好	0.7，0.8	•针对该要素的全部方面，有具体的要求和有效的方法； •要求在所有相应过程和部门都得到落实； •有系统的分析和评价的方法，对关键过程实施有效的分析和改进
优秀	0.9，1	•针对该要素的全部方面，有系统、规范、详细的要求和先进、系统、高效的方法； •要求在所有相应的过程和部门得到全面、彻底有效的落实； •基于详细信息的全面系统的分析、评价和深入、彻底的改进，形成持续改进的机制

（7）评估程序

集团公司对所属研究院、部 / 所 / 厂的质量管理评估要在各单位自评的基础之上开展，在评估过程中，要到研究院及部 / 所 / 厂进行现场检查，作为对研究院、部 / 所 / 厂整体评估的支撑。

3.8.1.2 航天精益质量管理体系评估内容

航天精益质量管理体系评估内容分为两类：一类是针对过程的评估要素编制的评估内容，称之为“过程评估内容”；另一类是针对结果类评估要素编制的评估内容，称之为“结果评估内容”。

过程评估内容依据集团公司质量制度、标准、规范要求，明确了每个评估要素所应包含的工作项目及要求。结果评估内容包括产品结果和顾客结果两个方面。产品结果主要通过任务成功率情况和质量问题情况来评估；顾客结果主要通过顾客满意程度来评估。

下面选取每个评估模块中的典型要素进行举例说明。

（1）战略层（50 分）

1-3 质量目标（30 分）

1-3-2 项目质量目标（10 分）

① 总体院

A：全年火箭发射成功率 100%。

空间飞行器发射和在轨运行没有出现影响使用功能和寿命的质量问题。

B：全年火箭发射成功率 100%。

空间飞行器发射和在轨运行没有出现影响主要使用功能的质量问题，也没有出现使寿命降低到三分之二以内的质量问题。

C：全年火箭发射 1 次未圆满成功。

空间飞行器发射和在轨运行出现了影响主要使用功能的质量问题或使寿命降低到三分之二以内的质量问题。

D：火箭发射有 1 次或 1 次以上失利。

空间飞行器有 1 颗或以上运行不到寿命期一半时失效。

② 专业院

A：产品交付后无故障的产品率（“无故障产品率”是指所有交付的产品在本年度没有发生故障的百分比）为 100%（没有出现任何故障）。

B：产品交付后无故障的产品率为 98%~100%（不含），且交付产品未出现影响型号飞行试验圆满成功的质量问题。

C：产品交付后无故障的产品率为 90%~98%（不含），且交付产品未出现影响型号飞行试验圆满成功的质量问题。

D：产品交付后无故障的产品率在 90% 以下，或交付产品出现质量问题导致型号飞行试验失利。

（2）组织层（240 分）

2-2 质量组织与责任（40 分）

2-2-2 质量责任制（10 分）

1）单位第一责任人质量职责得到落实（对产品质量负全责；确保质量人员独立行使职权；为保证产品质量，提供人、财、物等所需资源；确保质量管理体系有效运行；负责质量责任制的层层分解并有效落实）。

2）明确、细化各级各类人员的质量职责，质量职责接口清晰明确，覆盖型号和产品研制生产的全过程，落实到研制生产一线具体工作岗位，并将其纳入相关文件中。

3）建立质量职责考核机制，依据明确，记录完整，考核结果落实到位。

4）制定对重大质量问题实施质量责任追究制的办法，并严格执行。

5）各级人员开展本岗位相关工作做到“有依据、按依据、留记录”。

（3）项目层（430 分）

3-1 航天精益产品保证管理（70 分）

3-1-1 产品保证策划（10 分）

1）按照《航天产品保证大纲编写指南》《航天产品保证要求》等文件的相关要求开展产品保证策划工作，产品保证策划工作输入全面、明确，形成了相关策划文件并经审查确认。

2）在产品保证的策划中，按照航天型号技术风险分析与控制要求、航天型号量化控制工作要求等，在各研制阶段开始前对型号技术风险分析与控制、量化控制等进行系统策划和分解，明确技术风险分析与控制及量化控制的时机、工作项目和有关要求，在型号研制阶段初期将相关工作纳入型号研制生产计划。

3）在产品保证策划中对各阶段技术评审项目、试验验证项目、复核复算项目及质量检查确认项目等进行系统策划，并纳入型号研制计划。

4）开展工艺工作策划，明确各阶段工艺工作内容及要求；开展元器件、原材料保证策划，明确型号元器件、原材料的选用管理、采购控制、质量保证、装机使用等方面内容；型号产品研制初期开展标准化工作策划，对适用的管理和技术标准规范进行梳理，明确标准选用范围，根据需要确定新制修订标准项目及其计划，确定研制各阶段标准化工作的内容。

5）通过产品保证策划明确资源需求及文件需求，特别是可靠性试验等关键活动所需资源，保障资源落实到位。

6）产品保证策划形成的文件应突出型号、产品及其研制阶段特点，包括质量与可靠性目标、岗位职责、质量与可靠性工作项目和程序、实施计划、需完成的报告、培训要求以及产品数据包项目清单等内容。

7）产品保证要求传递到位并得到分解落实。

（4）产品层（110分）

4-1 产品化管理（40分）

4-1-1 产品型谱体系建设（10分）

1）在型谱建设的初期，要开展型谱工作的顶层策划，研究产品型谱编制的程序与方法，制定产品型谱管理及应用的相关管理规范与工作标准。

2）在总结提炼当前及未来产品应用需求的基础上，对已研制的全部产品进行梳理，与国内相关单位的同类产品和国外相关产品进行对标和应用前景分析，明确该类产品的技术发展趋势，确定型谱特征参数，对产品型谱规格进行分析及优化，构建产品树，编制产品型谱研究报告和型谱简表。

3）对经过批准的型谱简表，在限定范围的单位内予以发布。

4）根据技术发展趋势和应用需求变化，采用版内升级或版本升级的形式，及时动态更新产品型谱。

（5）数据层（110分）

5-2 质量数据中心建设（20分）

5-2-2 部 / 所 / 厂电子数据包建设（10分）

1）按照关于规范航天型号单机产品质量与可靠性数据包的若干要求（试行）、关于深入开展航天产品数据包工作的通知等文件的相关要求建立了产品数据包（以下简称数据包）的管理制度。

2）型号单机产品承制单位，针对产品的类别、特点和工作阶段，规范开展了产品数据包管理的策划工作。制定了单机产品数据包清单，清单项目和数据包的内容系统、完整。

3）总体单位对产品的承制单位明确了随产品交付的数据包项目清单和查阅的产品数据包。产品验收中对相关的数据包进行了检查，对发现的问题进行了跟踪，处理结果符合要求。

4）对质量记录有细化、量化的管理要求，质量记录具有可追溯性，凡是有量化要求的记录必须有实测数据，不可检测项目、不可逆过程的控制结果以及产品装配的最终状态应留下可检查的客观证实资料（如影像资料）等。

5）将数据包的管理纳入技术档案管理，做到方便提取和查阅，对数据包的管理符合相关的知识产权和保密规定。

6）开展了产品数据包相关文件和记录的实时电子化、信息化的总体策划，并逐步实施。

（6）持续改进（60 分）

6-1 组织改进（20 分）

6-1-1 质量管理体系文件管理（10 分）

1）建立覆盖主要产品研制生产过程的系统化的质量管理体系文件，明确了质量管理体系文件的层次和范围。

2）质量管理体系文件实施动态管理。将集团公司、研究院的质量管理规章制度及文件相关要求分解细化纳入质量管理体系文件，将质量管理的成功经验和有效做法固化到质量管理体系文件中，同时保证文件具有可操作性。

3）结合质量管理体系评估有关要求，对内审、管理评审、专项质量审核等工作进行详细策划，关注集团公司、研究院、部 / 所 / 厂的有关质量制度、标准和规范在质量管理体系文件和实际工作中的落实情况，对质量管理体系文件的系统性、适宜性进行检查。

4）通过审核应发现好的经验和做法，并识别存在的问题和薄弱环节，针对审核发现的问题制定纠正措施并举一反三，对措施及其有效性进行跟踪验证，将相关措施纳入质量管理体系文件中。

5）产品研制生产试验和管理一线人员易于获得有效版本的相关质量管理体系文件。对作废文件进行标识，防止非预期的使用。

3.8.1.3　航天质量管理体系评估机制

（1）组织管理体系

建立集团公司、研究院、部 / 所 / 厂各级质量管理体系评估管理机构，明确各级主管领导以及主管部门相关人员的职责。各级按年度策划和实施质量管理体系评估工作，研究院质量管理体系评估在部 / 所 / 厂质量管理体系评估基础上进行，集团公司质量管理体系评估在研究院质量管理体系评估基础上进行。将各级的质量管理体系评估结果纳入质量考核。按年度对质量管理体系评估工作进行系统总结，交流推广最佳实践，在此基础上，不断完善评估的模式、方法、程序和工作机制。

① 集团公司质量主管部门

集团公司质量主管部门是评估工作的归口管理部门，其主要职责是：

1）制（修）订质量管理体系评估管理办法及评估手册等文件；

2）制订年度评估计划；

3）组建评估工作组；

4）组织开展对各研究院的评估，审查、批准评估工作组提出的对各院的现场评估实施计划，审查各研究院的自评报告，审查评估工作组提交的评估报告和评估结果；

5）通报评估结果，组织开展评估工作的总结交流活动；

6）对评估工作的实施情况进行定期分析与改进，推动建立质量管理体系评估工作的长效机制。

② 评估工作办公室

集团公司设立评估工作办公室，作为评估工作的日常办事机构，配合集团公司质量主管部门组织开展评估工作，其主要职责是：

1）协助组织制（修）订评估手册及评估管理办法等文件；

2）协助组建评估工作组；

3）组织开展对评估工作组及各研究院的相关培训工作；

4）协助进行现场评估工作的组织协调；

5）收集、整理、分析评估工作的相关信息和资料，并及时上报集团公司质量技术部。

③ 评估工作组

评估工作组是具体实施评估工作的专家团队，由集团公司型号质量管理、可靠性、工艺、元器件、软件等方面的专家及集团公司有关部门人员组成。其主要职责是：

1）查阅各研究院自评报告等评估材料；

2）拟定对各研究院的现场评估实施计划；

3）开展现场评估工作；

4）编写评估报告，提出现场评估结论和对被评估单位后续工作的建议，上报集团公司。

④ 研究院

各研究院的主要职责是：

1）建立本院的质量管理体系评估机制，制定本院的评估工作管理办法，建立评估组织机构和专家队伍，明确职责；

2）制订年度评估工作计划，开展本院质量管理体系自评工作，包括对所属部 / 所 / 厂质量管理体系的评估工作，并将院的自评报告上报集团公司；

3）配合集团公司评估工作组工作，为评估工作提供必要的条件和所需的证据材料；

4）根据集团公司的评估结果，针对薄弱环节，制定改进计划，并组织落实。同时，总结、固化、推广评估工作中发现和确认的有效做法和成功经验。

（2）制度文件体系

集团公司制定质量管理体系评估手册、评估管理办法，研究院、部 / 所 / 厂各级结合自身质量管理的特点和具体要求，对集团公司顶层要求进一步细化，形成本级的评估手册和管理办法。集团公司、研究院、部 / 所 / 厂各级对照评估手册，通过梳理相关质量制度、标准规范，建立支撑质量管理体系评估的质量制度、标准规范体系，为各级质量管理体系评估工作的有效开展提供技术支撑。

对质量管理体系评估相关的制度文件进行动态管理：一方面是通过总结质量管理体系评估工作，完善评估手册等与评估直接相关的制度文件，这方面基本上是按年度进行修订；另一方面是通过挖掘和总结质量管理的最佳实践，进一步完善各级质量管理的制度、标准和规范，健全质量管理体系评估的支撑性质量制度、标准和规范体系。

（3）专家队伍体系

集团公司、研究院、部 / 所 / 厂各级建立质量管理体系评估专家队伍，并建立针对评估专家的培训制度。其中，集团公司质量主管部门和人力资源部门按照“统一教材”“统一培训”“统一考核”“统一发证”的原则，按年度开展质量管理体系评估培训和考核，培训的内容主要包括：质量管理体系评估的模式、方法和程序；质量管理体系评估要素的内容解读；根据上年度评估情况及本年度评估重点选择专题进行培训（如技术风险识别与控制专题、可靠性设计分析与验证专题、关键环节控制专题等），培训后进行统一考试，考试通过者将获得集团公司质量主管部门和人力资源部门联合颁发的质量管理体系评估培训考试合格证书，相关教育培训登记表也纳入个人档案管理。集团公司、研究院级的质量管理体系评估专家及部 / 所 / 厂质量管理体系评估组长必须经过集团公司统一组织的质量管理体系评估培训考核。

通过评估专家队伍体系建设，提升各级质量管理体系评估人员的能力和水平，形成一支能够有效掌握并传递和落实集团公司质量管理体系评估要求以及航天精益质量管理要求的队伍，确保集团公司质量管理体系评估工作的规范、有效开展，确保航天精益质量管理制度、标准规范的深入落实。

3.8.2 航天型号独立评估

3.8.2.1 航天型号独立评估的内涵

航天型号是典型的“大协同”系统工程，研制单位多，配套产品多，协调难度大，具有高技术、高投入、高风险的特点。随着以新一代运载火箭、北斗全球卫星导航系统组网和空间站建设为代表的一系列重大工程和重点型号任务的相继实施，其技术指标和性能要求不断提高，大量新技术、新材料、新工艺、新产品广泛应用，型号研制难度增大，系统性风险显著提升，风险管控的关注重点逐渐由单一新产品新技术的风险向多项新技术新产品集成的系统性风险拓展，对传统的型号研制的风险管控模式提出了新的挑战。

一方面，传统的型号风险管控措施主要在系统级以下层面进行，侧重于单一技术和产品的研制风险控制，对全系统、多耦合、复杂任务的全局性和整体性关注缺乏，容易导致多项新技术和新产品集成后的风险管控不到位，造成系统性风险。另一方面，市场化的竞争态势也增加了各单位之间的技术壁垒，宝贵的型号研制经验难以互通，降低了风险管控的有效性，而由承研承制单位自身组织实施的各项风险管控活动，受限于工程经验和工程中的任务角色，其独立性受到限制。因此，传统的风险管控手段在受限于单位之间、型号之间隔离与壁垒的前提下，难以充分利用全行业的经验资源、发挥全行业的智力优势，导致其他型号已经走过的弯路和出现的问题不能及时有效地警示本型号，先进技术成果和成功经验不能得到及时共享，提高了风险发生概率和风险管控成本。

航天科技集团作为重大型号的抓总承研承制单位，需要创新集团公司管控手段，提高管控效率，既要全面掌握研制情况，保证研制单位与用户及时沟通，又要充分调配资源，做到经验互通，充分识别风险，保证技术创新的高质量高可靠，全面满足任务要求。

航天型号独立评估是由航天科技集团组织实施，针对国家专项工程、航天科技集团重点型号、首飞型号等重大型号，站在大系统层级的高度，以风险管理方法论为指导，以航天系统工程研制核心思想为基础，集中研制团队以外具有丰富工程研制经验的顶级权威专家资源，围绕型号关键技术突破情况、系统接口协调匹配情况和研制过程管理情况，伴随关键研制阶段持续开展的一种独立、权威、深入的系统级风险评价活动。

航天型号独立评估工作充分发挥集团公司的顶层牵引和管控作用，基于航天型号系统工程管理的特点，实施第三方独立评估，调动专家和技术资源，有效降低单位间技术壁垒，在保护知识产权的前提下，提升风险识别效率，助力工程总体、型号总体全面、深入、有效识别和控制影响任务成败的重大技术薄弱环节和潜在技术方案风险等关键因素，保证任务成功，保证客观性和准确性；同时，协调用户、管理机关和研制单位，通过评估，深入全面掌握各重点型号研制状态，强化风险管控，有效识别型号技术方案风险，避免信息不通畅和风险识别不到位导致的管理效率降低，以及对研制进度和质量造成的负面影响，为各级管理部门的决策提供公正、客观的建议，有力支撑机关管理工作，为管理机关在研制过程关键环节准确、全面掌握型号质量风险提供抓手，确保重大型号一次成功。

航天型号独立评估工作作为一项基于系统工程管理的，服务于工程、型号总体的风险管控实践活动，在国内外航天领域属首创。为此，航天科技集团进行了顶层策划、总体布局，在独立评估组织建设、队伍建设、模式方法和工作机制建设等方面进行了探索和实践，确保了航天型号独立评估工作的系统、全面、独立、深入和权威，确保了型号风险管控的效果。

3.8.2.2　航天型号独立评估工作思路

航天型号独立评估站在工程总体高度把控全局风险，发挥全行业权威专家资源优势，独立识别管控风险，促进工程研制知识经验交流，坚持“大胆质疑、小心求证、关注细节、眼见为实”的评估思路，构建了航天型号独立评估模型，如图 3-38 所示。

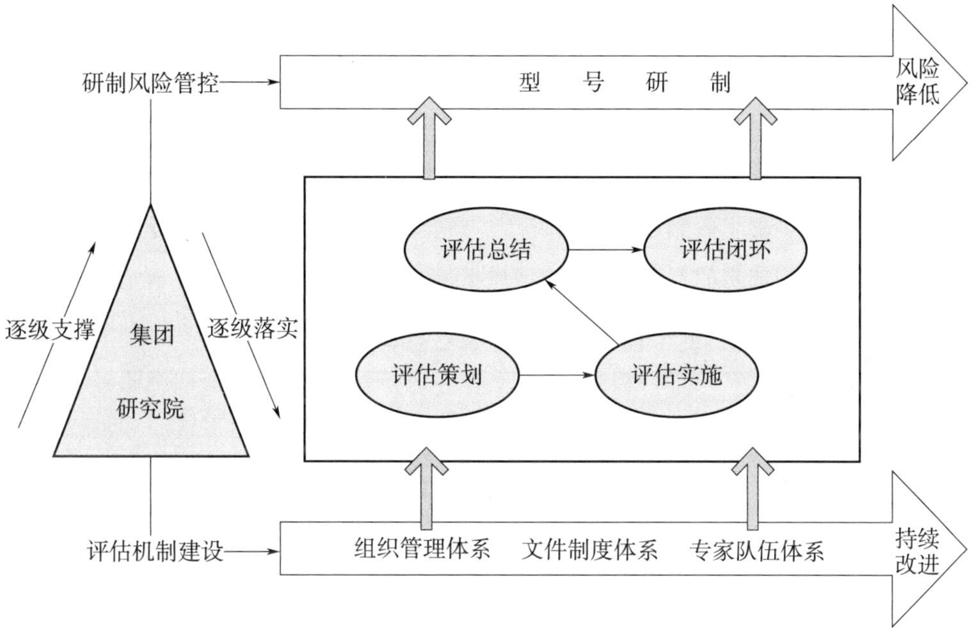

图 3-38　航天型号独立评估模型

图 3-38 中的模型直观说明了航天型号独立评估思路：通过构建高效运行的组织管理体系调配评估资源，制定完善的文件制度体系规范保障评估活动，建设权威独立的专家队伍体系保证评估效果，以型号研制任务书和研制过程技术文件作为评估双方沟通交流的基础，按照策划、实施、总结、闭环四个步骤，运用文件查阅、实物考证、交流质询和试验验证等多种形式，从识别风险的角度，对技术方案、产品设计、试验验证、可靠性、故障预案以及关键技术突破情况等方面进行独立、客观、深入的专业评估，达到有效管控系统级型号研制风险的核心目标。

3.8.2.3 航天型号独立评估组织管理

航天型号独立评估面向型号总体，涉及单位跨集团公司、研究院、部/所/厂，组织管理工作非常重要，为此，航天科技集团对独立评估组织工作进行了系统梳理，建立了完善的组织管理体系，如图 3-39 所示。

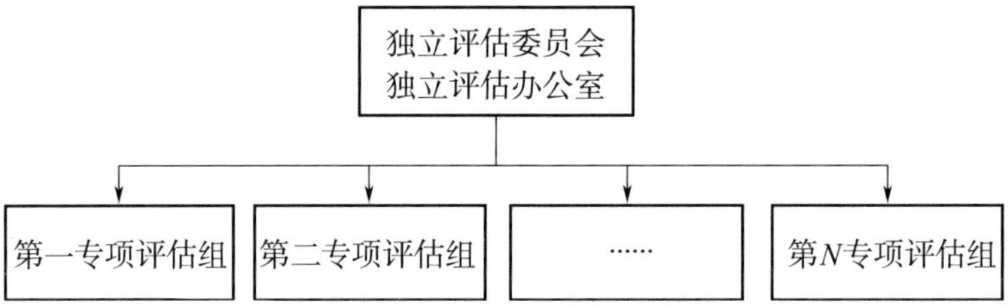

图 3-39 航天型号独立评估组织

成立由集团公司科技委领衔的独立评估委员会，从顶层科学高效地策划和指导评估工作；集团公司牵头，联合工程总体、型号主管部门及用户成立独立评估办公室，在资源调配和组织协调方面突破了研制单位的局限性，确保评估工作的深入和高效。

集团公司相关职能部门、独立评估组织的职责，见表 3-10。

表 3-10 航天型号独立评估组织职责

属性	组织名称	职责
集团公司职能部门	科技委	负责明确评估委员会主任人选。评估委员会主任商集团公司总部有关部门及型号两总确定评估委员会委员名单并组织开展独立评估工作
	型号管理部门	负责提出需开展独立评估的型号，研究提出评估重点内容，并配合开展独立评估工作，负责编制预算，落实经费渠道
	质量管理部门	对独立评估工作进行归口管理，负责策划组织实施评估工作，制定年度评估工作计划，组建评估委员会和评估办公室，协调评估有关工作事项；归口管理独立评估工作经费预算，提出预算安排建议
	财务部门	负责独立评估经费预算汇总及支付管理等工作
独立评估组织	评估委员会	评估委员会设主任 1 名，副主任和技术顾问视需要设定，成员为集团公司内外相关领域的专家。 评估委员会职责如下： 1）确定型号评估的重大风险项目，制订独立评估工作计划； 2）组建评估组，明确评估组组长及成员，审议各评估组评估总结报告； 3）开展评估工作总结，提出独立评估结论和建议，形成独立评估工作总结报告

续表

属性	组织名称	职责
独立评估组织	评估办公室	评估办公室设主任 1 名，由集团公司质量管理部门领导担任，副主任视需要设定，成员一般由集团公司质量管理部门、型号管理部门、科技委以及主要研制单位和技术支撑机构有关人员组成 评估办公室职责如下： 1）协助评估委员会实施评估管理，协助制订评估工作计划，协助成立评估组，组织召开评估工作首次会和末次会； 2）协助评估组开展评估实施工作，收集和整理评估过程技术资料； 3）协助编写评估总结报告
	专项评估组	各评估组设组长 1 名，由相关领域权威专家担任，副组长和技术顾问视需要设定。评估组人员组成应综合考虑被评估项目的专业覆盖范围等因素，可根据评估需求进行动态调整 评估专家组主要职责是：制订评估组工作计划，确定评估内容、工作方式、专业分工和进度安排等；对型号重大风险项目实施评估；开展评估组工作总结，提出评估结论和建议，编写评估组评估总结报告 评估组设技术秘书和综合秘书，技术秘书负责评估工作记录和评估组总结报告的编制工作，综合秘书协助评估组长组织协调评估工作
型号研制方	型号总体院 型号两总	1）协助提出型号重大风险项目清单； 2）向评估组派出技术秘书，协助承担技术支持工作； 3）组织研制情况汇报，提供评估所需技术资料，答复评估组提出的问题； 4）根据评估组意见，开展试验、计算、验证等工作； 5）对评估组所提建议，给出是否采纳的意见并说明原因，负责遗留问题的处理，完成评估内容的闭环
	型号抓总单位 项目办	提供必要的保障条件，明确专人负责沟通联络、活动安排、文件传递、后勤保障等
	型号研制单位	根据评估组要求，汇报产品研制技术方案、可靠性设计验证、试验验证、仿真计算和复核复算等工作

3.8.2.4　航天型号独立评估制度标准

为确保航天型号独立评估工作规范开展，形成长效机制，针对独立评估工作特点，航天科技集团研究制定了《航天型号独立评估工作管理要求》及独立评估工作总结报告、专项评估组总结报告、独立评估组会议纪要等独立评估全过程规范化的技术报告、记录表格模板。《航天型号独立评估工作管理要求》规定了独立评估组织机构及各方职责，规定了集团公司相关部门、各型号院、技术支撑机构及各评估组织在独立评估工作中的职责和工作程序，并就独立评估保障条件做出了明确要求，科学划分了航天型号独立评估策划、实施、总结、闭环四个工作阶段，明确了各阶段的工作思路和重点工作，如图 3-40 所示。目前该项评估管理要求已上升为《航天项目独立评估实施指南》国家标准。

独立评估国家标准的树立，将使得航天型号独立评估工作从试点性、创新性工作实现制度化、精细化、规范化的提升转变。

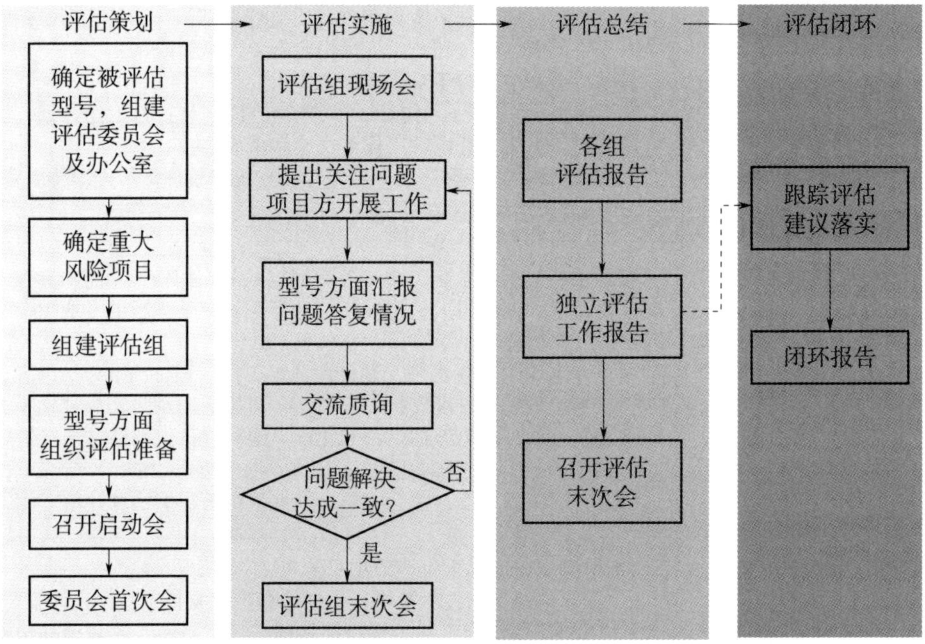

图 3-40　航天型号独立评估工作阶段

（1）评估策划阶段

本阶段的工作思路是解放思想、集思广益，主要任务是紧密结合型号特点完成对评估委员会人选提名，组建评估办公室，同时集团公司有关职能部门与型号两总沟通，确定独立评估重大项目及组建相应的专项评估组。策划阶段结束的标志是召开评估委员会首次会议。评估委员会首次会上要听取型号两总的汇报，制订独立评估工作计划，明确评估内容、工作分工和进度安排。

（2）评估实施阶段

本阶段的工作思路是“大胆质疑、小心求证、关注细节、注重证据”，本阶段的工作任务是按照各评估组关注风险项目分工，严格把关，帮助型号研制单位发现问题，提出解决问题的建议。本阶段工作结束的标志是各评估组召开末次会议，梳理重点关注问题及风险点解决情况，总结评估任务完成情况，形成初步评估结论与建议。

（3）评估总结阶段

本阶段各专项评估组系统梳理评估工作成果，紧紧围绕评估组关注的风险点，回顾分析评估过程所提问题和型号系统对问题的书面答复，对风险的识别和管控措施有效性给出正式评估结论和评估建议，按照统一评估文件要求，编制完成专项评估报告；在此基础上评估办公室汇总整理各专项评估组评估报告，初步编写完成独立评估工作总报告。针对型号设计方案正确性、试验充分性、测试覆盖性等方面的最终评估结论和评估建议，提请评估委员会讨论通过。

（4）评估闭环阶段

评估闭环是体现航天型号独立评估工作深入性的重要特点，由于独立评估工作早于型号发射或飞行试验，因此截至评估工作总结会时，存在型号研制方仍未完成评估问题答复和评估建议未完全落实的情况。对此，评估办公室会持续与型号研制方沟通，跟踪问题答复和建议落实情况，督促型号两总系统负责形成报告或说明，报有关主管部门，完成风险识别管控工作闭环。

3.8.2.5　航天型号独立评估内容

航天型号独立评估工作紧密围绕航天型号核心任务实现，将风险管控理念贯穿到独立评估工作全过程，对影响任务成败的重大技术薄弱环节和潜在技术风险进行全面识别，以系统工程研制的专业视角，全面评估各子系统技术方案、故障预案、试验验证和过程控制等方面的风险点，确认技术指标一致性，全面审查系统间接口考核验证的全面性、重大关键技术及重大工艺攻关情况、研制过程重大技术状态更改控制情况、重大质量问题归零情况、转阶段遗留问题处理情况、关键产品设计裕度合理性、评估可靠性设计方案的正确性、分析和验证工作的合理性充分性、环境条件设计的合理性及仿真模型的正确性和计算结果的合理性等，帮助型号研制单位识别出所有可能影响型号任务成功的重大风险项目、重大技术薄弱环节和潜在技术风险，提出建议和措施，为系统工程风险管控工作提供系统、权威的评估意见。

同时，以航天型号风险识别和分析要求为基础，提出了十个方面的重点评估内容：

1）方案可行性、合理性和正确性；

2）技术指标满足任务要求情况；

3）关键技术成熟度情况；

4）新技术、新材料、新工艺等情况；

5）可靠性、安全性和环境适应性设计、分析、试验、评估的正确性及有效性；

6）系统接口的协调性和匹配性；

7）试验验证、仿真分析的全面性、充分性以及测试覆盖性情况；

8）关键软件研制、关键元器件保证等情况；

9）技术状态控制、生产过程质量控制和质量问题归零等情况；

10）其他薄弱环节和潜在技术风险。

3.8.2.6 航天型号独立评估流程

航天型号独立评估不同于通常意义上的论证、评审，具有持续时间长、介入程度深、与型号联系紧的特点，从评估工作启动开始，专家组就要深入型号研制单位、研制队伍和研制现场，熟悉研制工作情况，围绕型号关键技术风险点，评估双方通过交流提问、型号答复、实施整改、效果评价等环节和上述流程的多轮迭代，确保风险充分识别，确保风险管控措施有效，确保问题闭环，流程如图 3-41 所示。

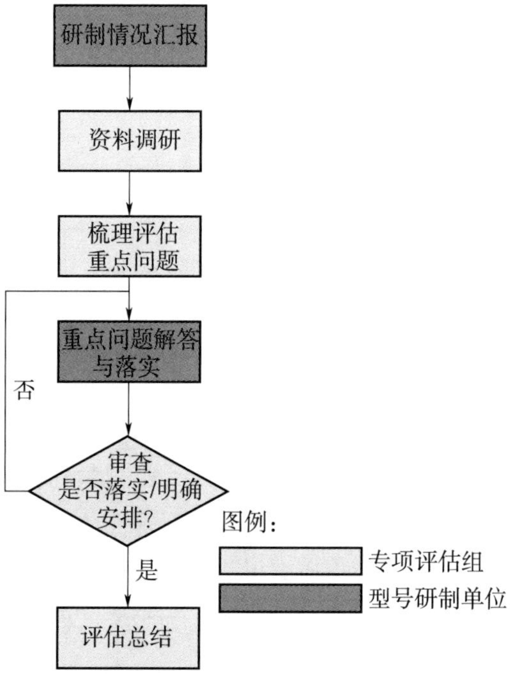

图 3-41 专项评估流程

首先，评估组深入了解型号研制情况，提出评估组关注问题清单，并反馈给被评估型号。

接下来，型号系统组织开展相应工作，对评估组提出的问题进行书面答复，两总和设计师系统要提供有效的资料和依据，必要时提供证实性材料。

评估组听取问题答复，对关键问题涉及的图纸、试验报告、结果、数据要亲自核验，做到眼见为实。对重点关注问题进行分析研究后提出需要进一步核实的问题，型号系统进一步开展复核复算、试验验证等工作，再次反馈情况，评估双方进行充分交流，直至评估组与型号系统就风险识别的充分性、风险管控的有效性和故障预案的正确性可靠性达成共识，实现风险管控措施落实，完成评估问题和评估建议闭环。

此外，航天型号独立评估突破单纯听取研制队伍汇报的评估检查方式，特别关注技术方案涉及的证据，以研制任务书、设计方案、研制报告和过程记录等为依据，综合运用查阅资料、实物考证、交流质询、分析研究、复核复算、试验验证等多种方式，持续与研制队伍保持交流互动，评估过程中，各专项评估组可以采用多种方式开展评估活动，一般包括：

1）听取汇报。评估组听取型号系统研制方案、风险管控、试验验证等专题汇报，并与型号系统深入交流技术问题。

2）查阅资料。评估组查阅型号系统提供的方案设计、产品研制、专项试验、归零报告等技术文件，也可根据评估工作提出需查看的其他相关文件资料。

3）实物考证。评估组从产品、专业等角度开展实物考证工作，证实型号任务完成与技术方案实现情况。

4）交流质询。型号系统针对评估组提出的重点问题开展相关工作，将工作结果反馈给评估组，评估组就反馈情况与被评估型号系统进行沟通。

5）分析与研究。评估组根据被评估型号提供的技术资料等客观证实文件，对重大风险项目进行分析与研究，综合考虑设计、试验和生产等方面的风险要素，梳理形成评估组关注问题清单。

6）复核复算。评估组根据型号系统提供的数据，对重要技术指标组织开展复核复算工作。

7）试验验证。评估组可要求型号系统做进一步试验验证。必要时，评估组可安排第三方进行试验验证。

3.8.2.7　航天型号独立评估机制

（1）独立性保证

航天型号独立评估通过两个方面的独立性来确保评估效果。首先，评估组织实施是由上级单位或用户负责，评估工作不受型号研制单位影响，通过组织方协调，专家可以看到真实完整的技术方案报告和试验验证数据等原始研制资料；其次，坚持专家独立于型号研制团队的原则，全部评估专家均由组织方甄选委派，不仅从立场上保证了独立开展工作的效果，而且不受研制队伍的惯性思维影响，可以突破定式思维局限，大胆、充分质疑识别风险，确保了独立评估实施效果。

（2）专业性保证

针对航天型号研制涉及专业领域广、专业能力要求高的特点，独立评估工作在评估专家选择方面，充分考虑了专家的专业地位、专家来源和专家数量，广泛吸收用户、中科院、高校及有关单位的型号研制领域顶级专家，建立独立评估专家库，涵盖了研制领域内院士和顶级专家。

同时，针对重大风险项目领域分别设置评估组，按照专家工作领域、型号工程经历、专业特长、型号独立评估工作经历，以每个评估组 10~20 位专家的规模，选派专家进入专项评估组，参加相关型号的独立评估工作，从专家团队权威性、专业覆盖面和数量等方面确保了独立评估工作效果。

（3）持续性保证

为抓住风险管控最佳时机，航天型号独立评估一般是在型号研制的初（试）样和正样等关键阶段启动，评估周期是3~6个月，与研制工作同步开展进行。实现风险管控关口前移，提前介入，及早识别发现风险点和方案不足，及时提出研制建议方案并有相对充裕的时间指导、跟踪型号研制队伍及时采取风险管控措施消除隐患，避免将重大风险带到发射场造成不可估量的损失。

3.9 以一体化质量监督为保障促进质量管理要求的末端落实

新时期，集团公司立足自身战略定位和发展需求，在总结质量监督代表制度、运载火箭质量监理制度工作经验的基础上，提出推行航天一体化质量监督建设，通过“统一队伍、统一要求、统一管理”，整体提升集团公司质量监督效能，促进集团公司质量管理由精细到精益再到卓越的转型发展。

随着航天一体化质量监督体系建设的探索实践，一体化质量监督的责任体系和制度体系基本建立，一体化质量监督的方法日趋成熟，一体化质量监督的能力不断提升，为确保重大任务的连续成功发挥了重要保障作用。

3.9.1 航天质量监督发展历程

3.9.1.1 航天质量监督起步阶段

1995年，针对航天严峻质量形势和繁重科研生产任务，宋健国务委员在航天工业总公司会议上首次提出要实施独立的质量监督的要求。同年，刘纪原总经理提出“组织下派质量监督员，监督检查总公司、研究院和部/所/厂的质量规定执行情况”。随后，总公司对建立质量监督代表制度的必要性、作用和工作方法进一步明确。1995年10月，总公司分别向所属院、基地派驻第一批质量监督代表共15人，至此，正式开始质量监督代表的探索试点工作。

1999年，航天科技集团成立，进一步完善了质量监督代表制度，下发了派驻质量监督代表工作管理办法。2008年，集团公司明确：“质量监督代表工作系统是航天质量管理体系的重要组成部分，是独立于质量管理部门和型号系统，以监督检查规章制度执行情况、发现问题、查找薄弱环节为主要工作内容的质量监督把关系统。”长期以来，质量监督代表为确保型号和产品质量发挥了重要作用。

3.9.1.2　航天质量监理探索阶段

2018 年，集团公司为应对严峻的质量形势，加强型号质量管控，确保型号高质量保证成功，提出自 2018 年 1 月 1 日起在液体运载火箭领域试行质量监理制度。集团公司积极探索运载火箭质量监理方式方法，制定了《运载火箭质量监理试行方案》，选聘了 41 人的专职质量监理队伍，建立了质量监理制度规范，按计划和要求对各型号运载火箭及其配套产品开展质量监理工作。质量监理人员深入一线，与型号产品研制生产流程紧密融合，针对被监理型号产品质量管控的薄弱环节，积极与型号系统沟通对接，严格过程现场监理，强化风险识别，在各型号运载火箭及其配套产品的研制过程中发现问题和不符合项，单独出具质量监理意见，跟踪质量问题归零情况并签署归零报告，为确保型号发射任务成功发挥了第三方监理作用。可以说，运载火箭质量监理工作围绕高质量保证成功的目标要求，探索实践了航天型号质量监理的方式方法，进一步强化了航天型号质量监督工作，有效地促进了型号质量保证和单位质量管理体系的持续改进。

3.9.1.3　一体化质量监督创新阶段

虽然集团公司质量监督代表制度和运载火箭质量监理制度工作方法有差异，职责履行有侧重，但都属于集团公司质量监督体系的范畴，发挥了各自作用。由于两支队伍不统一、工作定位不一致、管理方式不协调等，一定程度上影响了整个监督工作的协调性和有效性。面对集团公司发展的新形势新任务，质量监督工作作为集团公司型号质量管理中的重要组成部分，需要立足集团公司战略定位，与时俱进，与运载火箭质量监理制度整合优化，形成一体化的质量监督工作体系，以提升集团公司质量监督整体效能，为高质量保证成功、高效率完成任务、高效益推动航天强国和国防建设发挥更大作用。为此，集团公司提出了一体化质量监督的系列创新举措。

2019 年 5 月，集团公司制定并下发了《质量监督一体化建设方案》，明确了“统一队伍、统一要求、统一管理，形成统一协调的集团公司质量监督体系”的总体思路。同年 10 月，集团公司专门制定了《质量监督工作管理办法》，进一步规范航天质量监督工作，以提升质量监督的规范性、有效性和科学性。

3.9.2　一体化质量监督体系构建与运行

3.9.2.1　工作原则

一体化质量监督工作系统是航天质量管理体系的重要组成部分，代表集团公司对型号研制、生产过程开展面向产品、面向流程、面向组织的独立的质量监督工作，以重大型号及其配套产品为主，兼顾一般型号。

一体化质量监督工作坚持“独立性、权威性、有效性、规范性、及时性”的原则，坚持“突出重点、依据规章、严格要求和实事求是”。工作中坚持“不负责处理质量监督中发现的问题，不替代型号指挥系统和设计师系统决策，不改变型号指挥系统和设计师系统的质量责任”的工作原则。

3.9.2.2 组织架构与职责

集团公司对质量监督实行一体化的管理，由集团公司统一派驻，在各院分别设立质量监督室，明确质量监督室列入派驻院的组织建制，实行在集团公司领导下的集团公司、研究院双重管理，业务工作接受集团公司领导和派驻院的指导，独立履行质量监督职责，对集团公司及派驻院负责。

集团公司质量技术部归口管理质量监督工作，负责组织制定质量监督管理制度、标准和规范并监督检查落实情况，指导各质量监督室开展独立的质量监督工作，督导检查各院质量监督问题整改闭环管理情况，审定年度质量监督计划，会同有关部门对质量监督人员进行履职考核。

集团公司型号主管部门按照主管业务领域，负责明确年度质量监督任务，对年度质量监督工作计划提出指导意见并监督实施，组织协调质量监督过程重大事项，协同处理研制过程中涉及本型号领域的监督问题，对质量监督人员履职考核提出建议。

质量监督室承担型号（产品）质量监督职责，每个质量监督室配置质量监督总代表 1 人、质量监督副总代表 1~4 人及质量监督代表若干人。负责建立健全质量监督室管理制度，制订、实施年度质量监督计划和季度质量监督计划，按照集团公司质量监督工作要求对派驻院承研承制型号及其配套产品开展质量监督。负责对重大型号（关键产品）转阶段、出厂、质量问题归零出具独立质量监督报告或签署把关意见；负责对型号（产品）研制、生产、试验的关键过程和影响型号任务成败的关键节点开展独立的现场监督；参与重大质量问题调查分析工作。

研究院及相关部 / 所 / 厂负责将质量监督室制订的质量监督计划纳入本单位的研制生产计划，密切配合质量监督人员开展工作。承研承制单位、被监督型号及产品队伍应按照质量监督人员要求提供相关文件资料和质量记录，通知质量监督人员参加有关现场质量监督活动。对质量监督人员提出的问题和整改要求，责任单位及时组织研究处理、举一反三，并跟踪落实情况。

集团公司质量监督管理办公室负责研究质量监督相关制度、标准和规范及质量监督工作机制；开展质量监督信息综合分析及管理；组织开展质量监督培训和交流；负责质量监督日常管理及承办集团公司交办的其他事项。

3.9.2.3　工作流程

一体化质量监督以实现“三高”“双一流”为目标，面向产品、面向流程、面向组织开展质量监督工作，主要包括质量监督策划、监督实施、监督总结等工作流程，如图 3-42 所示。

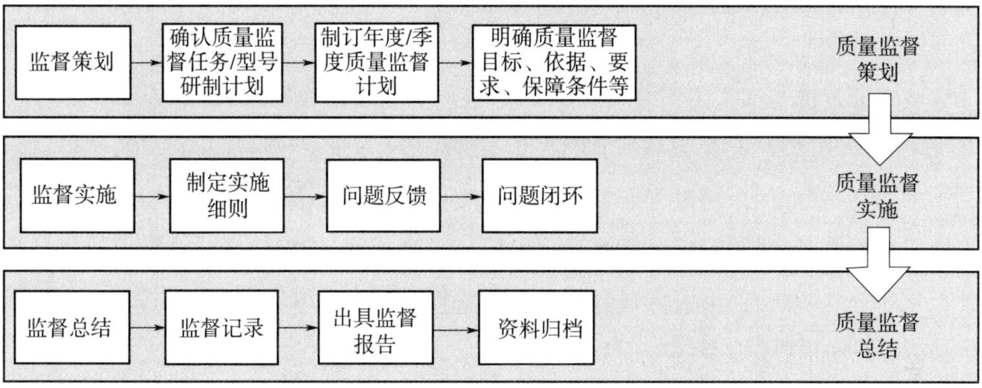

图 3-42　一体化质量监督工作流程图

（1）质量监督策划阶段

质量监督策划阶段的主要任务是质量监督室依据集团公司下达的年度质量监督任务、型号研制计划等开展质量监督年度工作策划，明确被监督型号（产品）、质量监督目标、职责分工、质量监督的内容及要求、质量监督依据、质量监督方法和措施、质量监督室的组织管理、质量监督提供过程的控制、信息沟通等内容，并形成质量监督计划。

策划的输入一般包括：国家、集团公司的相关法律法规、制度、标准和规范；研制计划要求、合同或任务书；型号产品（质量）保证大纲；型号产品研制技术流程；型号产品技术文件等。

策划的输出一般包括：年度质量监督计划、季度质量监督工作计划等。年度质量监督计划是质量监督工作的最重要的输入内容，一般应包括被监督型号（产品），质量监督目标，职责分工，见证、巡查、专项质量监督的内容及要求，质量监督依据，质量监督方法和措施，质量监督室的组织管理，质量监督提供过程的控制，信息沟通等；季度质量监督工作计划应明确一段时期内参加的被监督对象研制过程重要会议、需要查阅的文件资料及记录信息、需要监督的现场等内容，经质量监督总代表批准后实施。

（2）质量监督实施阶段

质量监督实施阶段的主要任务是质量监督室应依据年度质量监督计划、季度质量监督计划以及专项质量监督任务单，明确质量监督产品对象和范围，确定质量监督工作依据，编制监督实施细则，设置见证点，深入现场对型号研制生产过程开展见证、巡查以及专项质量监督等活动。

为确保质量监督工作科学、规范、有效实施，派驻各院质量监督室要针对各院不同型号产品的研制特点，制定不同产品的质量监督实施细则，细化质量监督的组织管理模式、工作职责和接口关系，明确研制、生产、试验、交付等过程中的重要节点、关键环节。实施质量监督的具体要求要针对质量监督的工作方式、工作流程和问题处理等重点内容的工作要求进行说明，详细阐明各重点内容的具体要求，并提供可操作的工作用表格和相关模板，指导监督工作的开展。

（3）质量监督总结阶段

质量监督人员应对重大型号（关键产品）转阶段、出厂、质量问题归零，出具独立质量监督报告或签署意见；对过程中发现的重大质量隐患和严重质量问题及时向集团公司上报反馈；对质量监督问题的解决措施进行审核，对措施落实情况进行跟踪，同时对项目研制过程中发生问题的闭环情况进行跟踪；对在监督过程中形成的问题及相关记录信息进行及时收集、整理、标识和保存。

质量监督室按月、年和型号研制关键节点（型号出厂等）向集团公司提交质量监督报告，最终形成型号出厂监督报告、专项监督报告和年度质量监督报告等。

（4）一体化质量监督方式

一体化质量监督工作可采用见证（文件见证、现场见证、停止见证）、日常巡查和专项监督等方式进行，发现存在问题时，可向责任单位发出整改通知单并及时督促闭环纠正。当发现重大问题时，可要求相关单位暂停相关科研生产活动，直到问题得到妥善处理。

面向产品的质量监督主要采用见证的方式，监督产品质量和相关的科研生产活动，与相关标准、规范，以及检验验收质量要求的符合性；面向流程的质量监督主要采用见证、日常巡查和专项监督等方式，监督研制生产过程与产品质量相关的计划流程、技术流程、产品保证流程是否按规定执行；面向组织的质量监督主要采用日常巡查、专项监督等方式，以问题为导向，监督各级领导和员工质量责任制落实情况，以及质量规章制度、标准规范、程序规程的执行情况。

一体化质量监督人员根据需要参加型号（产品）研制生产过程重要质量工作会议、质量问题归零审查会和转阶段评审、出厂评审等会议，调阅相关文件资料，对研制生产活动进行跟踪监督，但不代替责任单位和型号系统承担过程控制和产品验收职责。

对有业务联系或产品配套关系的研究院，不同派驻质量监督组织之间可根据需要建立业务联系以及不定期的问题交流和反馈机制。对跨院设计、生产产品，相关派驻院的质量监督组织可建立必要的联合监督工作机制。

（5）质量监督重点内容

根据质量监督活动的侧重点不同，质量监督的内容主要可分为针对研制流程、关键节点和关键项目三个方面。

① 研制流程质量监督内容

航天产品研制流程一般包括设计、生产、测试、试验等环节，研制流程质量监督内容应覆盖航天产品研制生产过程涉及的各个流程，与产品处于该流程的质量目标相协调。研制流程中各关键过程的主要质量监督内容一般包括以下方面：

（a）设计过程质量监督

质量监督重点一般包括：

a）设计方案合理性；

b）设计评审和设计验证情况；

c）设计输入、输出的各类资料、数据、标准、规范、接口文件等的完整性；

d）产品保证（质量）大纲以及可靠性等通用质量特性大纲的制定和执行情况；

e）新技术、新材料、新器材、新工艺的选用及其验证情况；

f）关键特性的识别分析情况及结果；

g）设计的工艺性分析、审查情况；

h）产品继承性分析情况；

i）设计更改控制情况；

j）测试覆盖性分析情况等。

（b）生产过程质量监督

质量监督重点一般包括：

a）与生产相关的标准、规范、设计文件、工艺方案等；

b）生产（含总装）准备状态检查情况；

c）关键 / 特殊岗位人员资格情况，尤其是特种专业人员资格情况；

d）加工设备和工装能力及状态、检测设备和装置的有效性；

e）环境控制（洁净度、静电防护等）措施执行情况；

f）工艺方案、工艺规程与设计要求、有关标准的符合性；

g）关键产品的开箱和验收工作；

h）关键、强制检验点设置、检验方法及实施结果；

i）不可测项目控制情况；

j）关重件、关重特性、关键工序、特殊过程控制情况；

k）生产过程各种工艺装备、工艺关键岗位人员等变动及控制情况；

l）新工艺鉴定和禁（限）用工艺控制情况；

m）极性检查情况；

n）电子装联过程质量控制情况；

o）关键零部件、单机设备的安装工艺措施执行情况；

p）包装过程、储运过程；

q）多余物控制措施及落实情况；

r）不合格品控制情况；

s）重要超差、代料的控制情况；

t）紧急放行审批和控制情况；

u）生产过程重要质量记录的完整性、可追溯性。

（c）测试过程质量监督

质量监督重点一般包括：

a）测试准备状态检查情况；

b）测试大纲（细则）与要求的符合性；

c）测试设备、条件、人员等与要求的符合性；

d）测试记录、结果的完整性、签署的规范性；

e）测试设备清单及校准状态；

f）测试覆盖性检查结果；

g）极性测试及结果；

h）综合测试情况及其结果；

i）超包络参数分析情况；

j）不合格品控制情况；

k）紧急放行审批和控制情况。

（d）试验过程质量监督

a）试验准备状态检查情况；

b）试验文件、试验技术方案与要求的符合性；

c）试验设备、条件、人员等与要求的符合性；

d）试验过程控制情况；

e）试验充分性保证措施及落实情况；

f）试验记录、结果的完整性，签署的规范性；

g）试验报告的规范性；

h）试验评审结果及其结论；

i）不合格品控制情况；

j）紧急放行审批情况等。

② 关键节点质量监督内容

航天质量监督工作涉及的关键节点主要包括型号转阶段，产品交付，型号出厂，Ⅰ、

Ⅱ类技术状态更改控制，质量问题归零等，与产品处于该节点前后的研制生产环节的质量目标相协调。关键节点的主要质量监督内容一般包括以下方面：

（a）转阶段质量监督

质量监督重点一般包括：

a）专项评审项目完成及结果；

b）前阶段研制工作完成情况；

c）规定试验项目完成情况。

（b）产品交付质量监督

质量监督重点一般包括：

a）交付程序、组织管理与要求的符合性；

b）最终检验结果与要求的一致性；

c）产品数据包与要求的符合性；

d）产品履历书和产品证明书与要求的符合性；

e）超差 / 偏离特许审查情况；

f）交付正式评审结论及待办事项完成情况；

g）例外放行的审查情况；

h）超包络参数分析情况；

i）质量问题归零及举一反三情况；

j）产品交付评审及待办事项落实情况等。

（c）型号出厂质量监督

质量监督重点一般包括：

a）专项评审项目及完成情况；

b）出厂评审应具备条件情况；

c）备查文件审查情况；

d）研制过程监督意见、建议落实情况；

e）型号出厂报告与要求的符合性等。

（d）技术状态更改控制质量监督

质量监督重点一般包括：

a）技术状态更改控制五条要求落实情况；

b）技术状态更改验证充分性；

c）难以通过试验验证的技术状态更改项目分析和复核复算情况；

d）正（试）样阶段的Ⅰ、Ⅱ类技术状态更改控制情况。

（e）质量问题归零质量监督

质量监督重点一般包括：

a）型号产品研制生产过程质量问题归零情况，包括归零报告的规范性和归零工作的符合性等；

b）归零报告的规范性主要包括技术归零、管理归零是否开展，问题定位是否正确，解决措施是否合理有效，评审是否符合要求等；

c）归零工作的符合性主要包括归零工作的实际落实情况以及是否存在问题；

d）型号转阶段前质量问题归零及举一反三情况；

e）产品交付验收前质量问题归零及举一反三情况；

f）型号出厂前质量问题归零及举一反三情况。

③ 关键项目质量监督内容

航天质量监督工作涉及的关键项目主要包括可靠性、软件、元器件、外协外包、风险分析与控制、产品数据包、多余物控制、强制检验点等，与产品在该项目中的质量目标相协调。关键项目的主要质量监督内容一般包括以下方面：

（a）可靠性质量监督

质量监督重点一般包括：

a）可靠性工作计划（大纲）的制订及执行情况；

b）可靠性设计分析情况；

c）可靠性试验验证情况；

d）可靠性关键项目的控制措施及落实结果；

e）可靠性评审开展情况及待办事项落实情况；

f）可靠性指标满足要求情况等。

（b）软件质量监督

质量监督重点一般包括：

a）软件研制文档编制情况；

b）软件研制关键节点评审及待办事项落实情况；

c）A、B 级软件开发过程管理执行软件工程化要求情况；

d）A、B 级软件和进入发射流程的 C 级软件通过第三方评测机构评测情况；

e）第三方进行的软件走查、评测中发现问题的闭环处理情况；

f）回归测试结果满足要求情况；

g）软件三库（开发库、受控库、产品库）的建立及管理情况；

h）软件出、入库过程管理情况及配置管理手续符合情况；

i）对成熟软件产品“沿用”“借用”的适用性分析情况；

j）“软件证明书”“软件质量履历书”填写情况。

（c）元器件质量监督

质量监督重点一般包括：

a）元器件新“五统一”要求落实情况；

b）元器件选用评审和采购批准情况；

c）目录外元器件控制情况；

d）新型元器件选用、质量控制情况；

e）元器件质量保证相关问题的处理情况；

f）超期元器件控制情况；

g）元器件使用过程中相关问题的处理情况等。

（d）外协、外包、外购产品质量监督

质量监督重点一般包括：

a）外协、外包、外购产品供应商管理情况；

b）产品保证要求的传递、落实情况；

c）委托方和供方产品过程质量控制情况；

d）物资的目录外产品选用控制情况；

e）主要外购、外协、外包产品的质量证明文件；

f）关键原材料、标准件入厂复验情况；

g）产品验收情况。

（e）风险分析与质量监督

质量监督重点一般包括：

a）型号风险管理工作计划及执行情况；

b）型号风险识别与分析情况；

c）型号产品成功数据包络线分析情况，超包络参数风险分析情况；

d）型号研制阶段风险控制情况（型号研制阶段残余风险评估结果）；

e）型号后续发射准备阶段、飞行试验（任务）阶段的风险管理策划及准备情况（风险评估情况、应急处置流程及在轨故障应对预案有效性验证情况）。

（f）产品数据包质量监督

质量监督重点一般包括：

a）是否将产品数据包纳入产品研制生产；

b）对产品数据包的策划情况；

c）产品数据包项目清单；

d）数据包的输出内容、工作项目、时机是否明确；

e）数据包的工作项目是否覆盖完全；

f）设计生产人员对数据记录的落实情况；

g）产品完成后进行数据包完整性检查和确认。

（g）多余物控制质量监督

质量监督重点一般包括：

a）多余物防控实施细则制定情况；

b）多余物防控措施落实到位情况；

c）多余物控制过程和结果的量化记录情况；

d）设计过程中多余物控制的环节设置情况；

e）生产过程中多余物控制的环节设置情况；

f）测试过程中多余物控制的环节设置情况。

（h）强制检验点质量监督

质量监督重点一般包括：

a）强制检验点设置符合性；

b）强制检验点设置覆盖性；

c）机构和人员职责是否明确；

d）强制检验点在制造、装配和总装过程中的落实情况；

e）数据记录是否齐全、符合要求。

（6）质量监督信息管理

① 质量监督信息沟通

建立健全质量监督室、被监督型号产品承研（制）单位、质量监督管理办公室、集团公司相关部门等质量监督相关方信息沟通与交流机制，促进质量监督制度、标准、规范等要求的落实，促进质量监督过程问题的识别、反馈和跟踪闭环及重大事项的组织协调。

质量监督室对于监督检查过程中发现并确认的一般质量问题，直接与被监督方单位进行沟通确认和跟踪闭环，并在《质量监督月报 / 季报》中予以反映；发现的重大质量隐患和严重质量问题，经质量监督总代表确认后可行使否决意见，下发科研生产暂停令，并及时向派驻院以及集团公司质量技术部、型号主管部门报告；被暂停事项整改措施经质量监督人员确认符合要求后，由质量监督总代表批准，并经集团公司质量技术部、型号主管部门同意后，方可继续开展后续工作。

各院质量监督室之间应建立协同工作机制，对跨院设计、生产产品，相关派驻单位的质量监督组织可建立必要的联合监督工作机制。质量监督人员在质量监督中发现的问题涉及跨院的，要与相关院派驻质量监督室做好沟通，保证监督问题及时跟踪闭环，确保型号质量监督整体效能的发挥。

质量监督室应对质量监督信息和记录进行收集、整理、标识和保存，每月组织开展监督信息分析工作，以《质量监督月报 / 季报》的方式定期汇总监督工作开展情况，汇总重点质量监督型号、产品及发现的主要问题以及工作中存在的问题和建议等。质量监督管理办公室将各质量监督室上报的年度质量监督计划、质量监督月报汇总整理，对共性问题开展分析，并报送集团公司。

② 质量监督数据的统计分析

质量监督室按照《质量监督发现问题统计表》对质量监督发现问题涉及的领域和问题原因进行划分，统计监督发现问题领域的数量和占比，形成“质量问题分类统计”；依据《质量监督问题原因分类表》，从产品设计、工艺设计、生产过程控制、交付验收、软件、外包外购、管理、其他等 8 个类别，分析发现问题的原因，统计各类问题数量和占比情况，形成各类“问题原因分布图”；对质量监督发现问题闭环情况进行分析，统计问题闭环和未闭环问题数量，计算问题的闭环率。

质量监督发现问题统计表见表 3-11。通过对质量监督发现问题的统计分析，从各类问题数据中找到发展规律和趋势以及频发的共性问题，挖掘背后的管理因素，提出质量监督意见，促进质量问题和薄弱环节的识别和改进，为质量监督效能提升提供有效支撑和保障。

表 3-11　质量监督发现问题统计表

型号领域	产品名称	问题概述	问题分类	问题原因		管理因素	监督建议	责任单位	跟踪确认情况	监督人员	闭环状态
				一级	二级						

③ 航天质量监督信息系统的建设与应用

为支撑质量监督信息的及时报告、规范传递、闭环管理和充分共享，集团公司开发运行了航天质量监督信息系统，架构如图 3-43 所示。系统主要实现三方面功能：一是完善质量监督发现问题中督办、问题转交确认、完成提交等功能；二是将质量监督管理过程中产生的相关信息进行有效收集和集中管理与分析展示；三是促进质量监督信息的有效共享和充分利用。

航天质量监督信息系统的模块主要包括制度标准、质量监督策划、过程监督记录、监督问题管理、监督报告、监督代表人员信息等。主要功能是收集、整理、发布航天产品研制过程质量监督数据、质量监督策划、质量监督报告等，供质量监督管理人员和型号研制人员、各级相关领导使用。对质量监督问题进行管理和统计分析，形成质量监督问题采集、分析、跟踪闭环的动态管理机制。

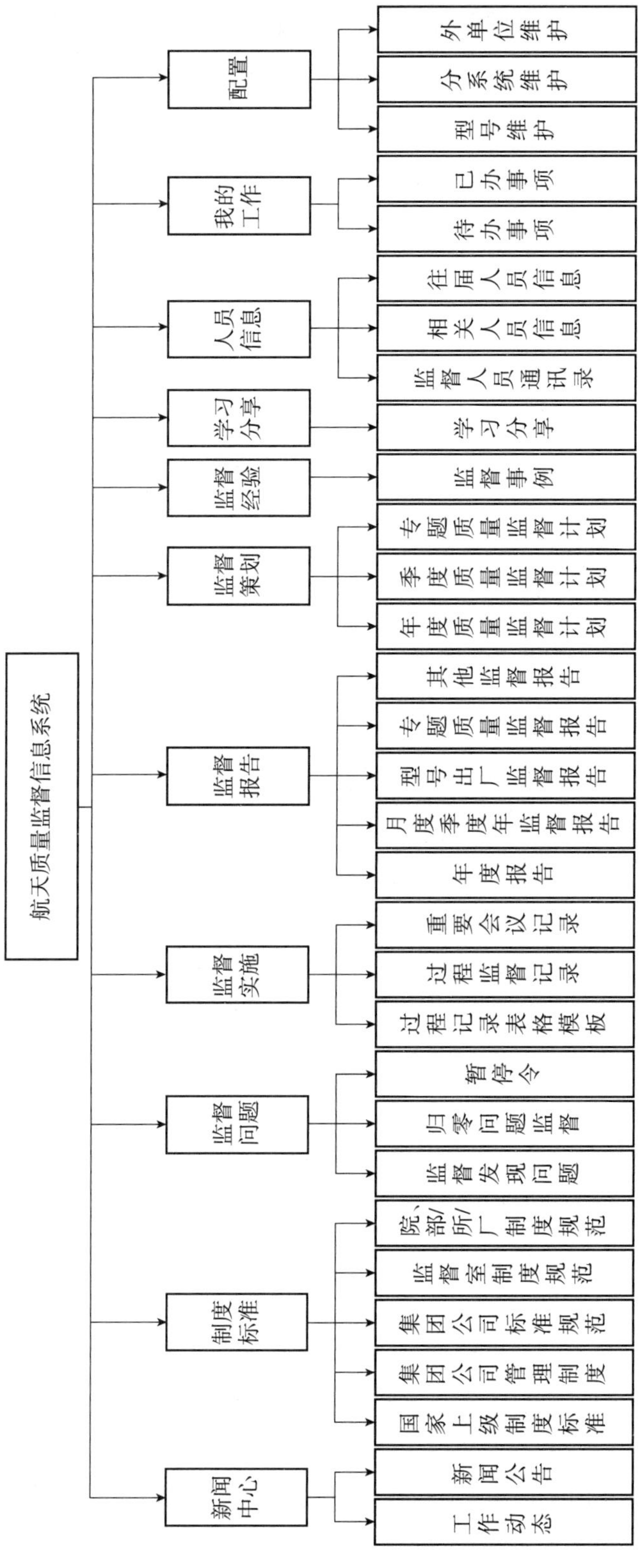

图 3-43 航天质量监督信息系统架构图

质量监督发现问题的填报流程，是质量监督人员在质量监督过程中发现并确认的问题，应在信息系统中进行填报，并转发给被监督型号（产品）的承制单位，被监督方应按要求进行整改，并将整改结果及时在信息系统中填报、反馈质量监督人员，质量监督人员最终对问题整改情况进行跟踪并闭环确认，如图 3-44 所示。

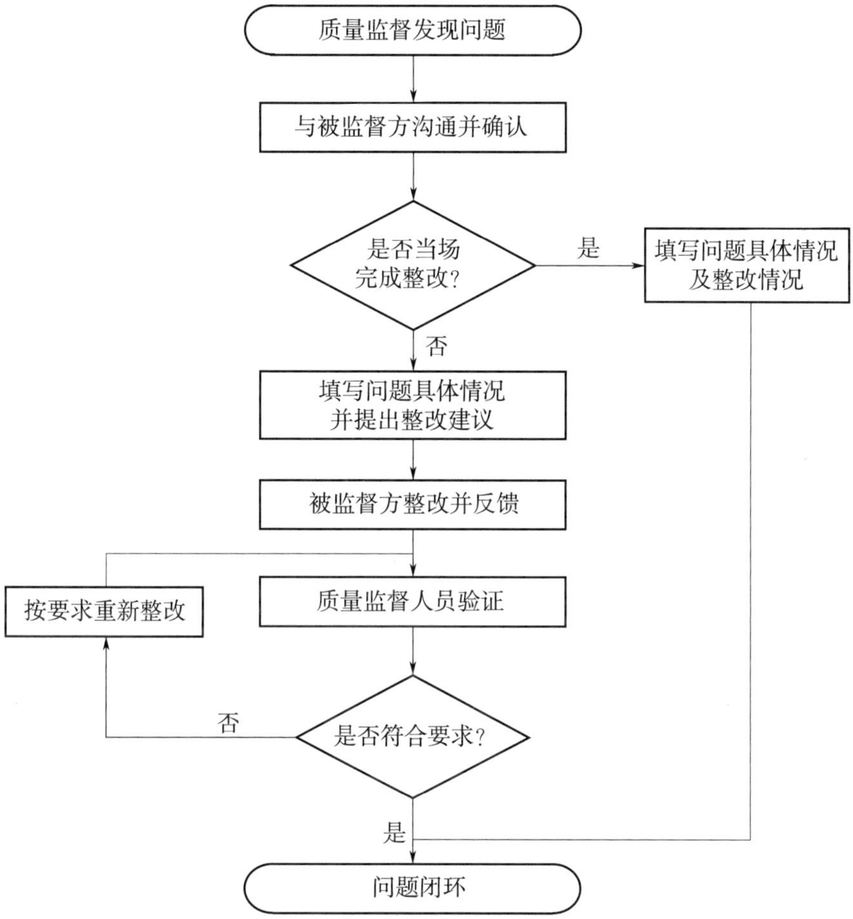

图 3-44　质量监督发现问题填报闭环流程图

（7）质量监督人员考核评价

① 考评项目和内容

航天质量监督人员的考核评价分为过程和结果两个方面，主要对个人履职及工作完成情况、工作效果等进行考评。其中，个人履职及工作完成情况包括组织或参与质量监督室建设情况、质量监督工作策划与实施情况以及质量监督信息沟通与管理情况、工作创新性等方面内容；工作效果包括顾客满意度评价情况、上报发现的问题数量与质量、产品交付后质量情况、型号任务发射结果等方面内容。

② 考评组织及程序

集团公司人力资源部、质量技术部、型号主管部门、质量监督管理办公室成立考评组。考评采用分级考评的方式，派驻各院质量监督总代表负责对质量监督副总代表和质量监督代表给出考评意见，集团公司考评组负责对所有质量监督人员进行综合考评。

派驻各院质量监督副总代表和质量监督代表每年向质量监督总代表提交《质量监督人员年度考评登记表》。质量监督总代表对质量监督副总代表和质量监督进行考评，提出考评结果意见。

派驻各院质量监督总代表每年向集团公司考评组提交当年监督室工作总结并同时提交本人、质量监督副总代表和质量监督代表的《质量监督人员年度考评登记表》。集团公司考评组按职责分工对质量监督人员考评，进行排名并提出质量监督人员考评结果建议，将考评结果报集团公司领导审批后，由集团公司人力资源部公布考评结果，兑现奖惩。

③ 考评方法

集团公司考评组依据《质量监督总代表考核评价准则》对质量监督总代表的个人履职及工作完成情况和工作效果情况进行打分，质量监督总代表对监督室质量监督副总代表和质量监督的个人履职及工作完成情况和工作效果情况进行打分。集团公司考评组汇总所有质量监督人员考评分数，并提出考评结果意见和奖惩建议。

④ 考评结果与应用

质量监督人员的年度考评结果，按照得分从高到低分为优秀、称职、基本称职和不称职，其中优秀的比例不超过总人数的 20%。

质量监督人员实行年薪制，年薪由基薪和绩效年薪两部分构成，绩效年薪根据考核结果按照不低于 30% 的比例发放。年度考核结果为“优秀”的监督人员，全额兑现剩余部分绩效年薪并适当给予精神或物质奖励；年度考核结果为“称职”的监督人员，全额兑现剩余部分绩效年薪；年度考核结果为“基本称职”的监督人员，兑现剩余部分绩效年薪 × 考核得分 /100；年度考核结果为“不称职”的监督人员，扣除剩余部分绩效年薪。

质量监督人员当年考核结果为“不称职”的，予以解聘。当年考核结果为“基本称职”的，集团公司要进行诫勉谈话，连续两年考核结果为“基本称职”的，一般应予以解聘。被监督型号发射任务失利的，取消当年评优资格。

第 4 章
航天质量系统工程的管理实践

伴随着中国航天事业的不断发展，航天科技集团形成了具有中国航天特色的组织管理体系。新时期，航天科技集团的质量管理逐步由精细向精益不断转型发展，以适应高强密度发射、产业化发展、两化深度融合、新技术应用等新形势。各级航天单位、各类航天产品在实践中不断完善航天质量管理模式和方法，努力建设具有中国航天特色、先进适用、科学高效的航天精益质量管理体系。

4.1　航天电子精益质量管理体系建设实践

本节以航天电子技术研究院（以下简称航天电子）为例，介绍航天精益质量管理体系建设实践。航天电子产品具有专业复杂、学科领域广、加工精度高、应用环境复杂、集成化程度高等突出特点，用户对产品质量与可靠性要求高，交付产品质量“零问题”是基本要求。“十三五”以来，航天电子承担的型号配套任务持续大幅增长，参加的发射飞试任务增长了三分之一，结合国家“两高、一低、可持续”（高质量、高效益、低成本、可持续发展）的要求，传统的质量管理已经不能完全适应日益增长的任务需要，一些问题和矛盾逐渐暴露，迫切需要解决。

2021 年，航天科技集团发布了航天精益质量管理体系建设方案，围绕“双一流”战略目标，以及“三高”发展要求，推动建设“架构科学、流程优化、协同高效、持续改进”的航天精益质量管理体系，实现航天型号科研生产质量工作的“全员、全要素、全过程、全数据”管理。

航天电子研判当前任务形势、产品特点和发展需求，立足新发展阶段，贯彻新发展理念，认识到推动质量管理、实现从精细到精益转型升级的必要性和紧迫性，统筹制定和实施了航天电子精益质量管理体系建设方案，全面构建精益质量管理体系。

4.1.1　建设背景

航天电子作为专业技术研究院，既有单机配套，又涉及元器件等基础产品，同时承担部分系统级项目，呈现出领域多、专业多、地域广、层级多、用户多、全竞争的特点。

2005 年，研究院率先建设了以“监督管理”为主的质量管理体系，以精细、量化管理为抓手，以风险管控为重点，持续改进创新，初步形成了具有航天电子特色的质量管理体系。

但是，面对新时期航天型号常态化高强密度发射和研究院产业化发展需要，从提升研究院整体效能的角度考虑研究院在技术发展、质量管控、成本控制、快速反应、数字支撑、高效管理等方面，还存在管理精细化不够、问题解决不彻底、手段方法不先进等问题，科研生产模式和质量管理模式还有待深化，“型号 + 产品”双驱动的发展模式尚不健全，对标“三高”要求仍有差距。

4.1.2 体系建设总体思路

坚持“一体化”“差异化”“产品化”“数字化”“价值化”原则，以研究院和各单位两级质量管理体系为基础，融入精益质量管理要求，推动上下同构一体；以产品化和产品保证为重点，针对不同领域、专业、产品和研制阶段差异化实施，打造一流航天电子产品体系；强化过程质量数据的挖掘和应用，优化流程、降低成本、提升效益，构建以“精准、高效、数字化”为标志的航天电子精益质量管理体系。

建设目标是打造“架构科学、流程优化、协同高效、持续改进”的精益质量管理体系，实现精益质量管理体系与科研生产模式整体协同，实现航天电子数字化质量管理，实现“全业务、全员、全要素、全过程、全数据”质量管控，精准、高效和数字化体系运行，研究院质量管理水平和高质量保证成功能力整体提升。

4.1.3 体系建设重点内容

体系架构：遵循集团公司一体化和一以贯之要求，按战略层、组织层、项目层、产品层、数据层五个模块构建。通过机制建立、方法改进、体系完善和能力提升，推动“精准、高效、数字化”管理。五个模块协同运行，确保产品全寿命周期质量满足要求，确保研究院精益质量管理体系的适宜性、充分性和有效性。航天电子精益质量管理体系架构模型如图 4-1 所示。

4.1.3.1 战略层

（1）定位

战略层是研究院精益质量管理体系的统揽，在“双一流”战略目标和“三高”发展要求的指导下，为组织层、项目层、产品层、数据层工作开展提供战略引领和明确目标。落实新时代质量管理体系建设总体要求，围绕质量战略建立“环境分析、战略部署和战略管控”三大机制，确保质量战略的一以贯之，确保优质高效完成质量目标。

战略层是精益质量管理体系的长远目标和发展方向。院级战略层既要秉承集团公司质量战略的总体目标，又要为部 / 所 / 厂提供指引和方向，院级以确定全院质量方针和建立长效机制为主要内容，部 / 所 / 厂要按照院级战略层要求，明确部 / 所 / 厂级具体的质量战略和质量方针、中长期质量目标，并通过具体的战略部署和监督考核、动态调整，支撑全院质量战略的实施和落地。研究院及部 / 所 / 厂两级战略层架构模型如图 4-2、图 4-3 所示。

（2）重点工作内容

① 发布研究院新时期质量战略

对标“双一流”战略目标和“三高”发展要求，按照院“十四五”发展规划，发布新时期研究院精益质量战略、方针和目标，统一全院思想认识和行动步伐。

② 健全组织环境分析和风险管控机制

优化组织环境分析的方法。基于《内外部环境因素管理程序》，结合新时代质量管理体系建设要求，持续优化内外部环境分析方法，明确研究院、部 / 所 / 厂两级内外部环境分析工作界面，畅通两级要求和结果传递渠道；充分利用先进的分析模型和工具，强化机遇与风险的管控机制，提升分析有效性。基于风险思维开展风险管控，统筹推进全面风险管理，制定院级全面风险管理指南。全面识别分析型号科研生产风险，确定风险等级，针对性制定管控措施，明确管控计划，建立风险管控机制，有效落实风险管控责任，确保风险事项受控。

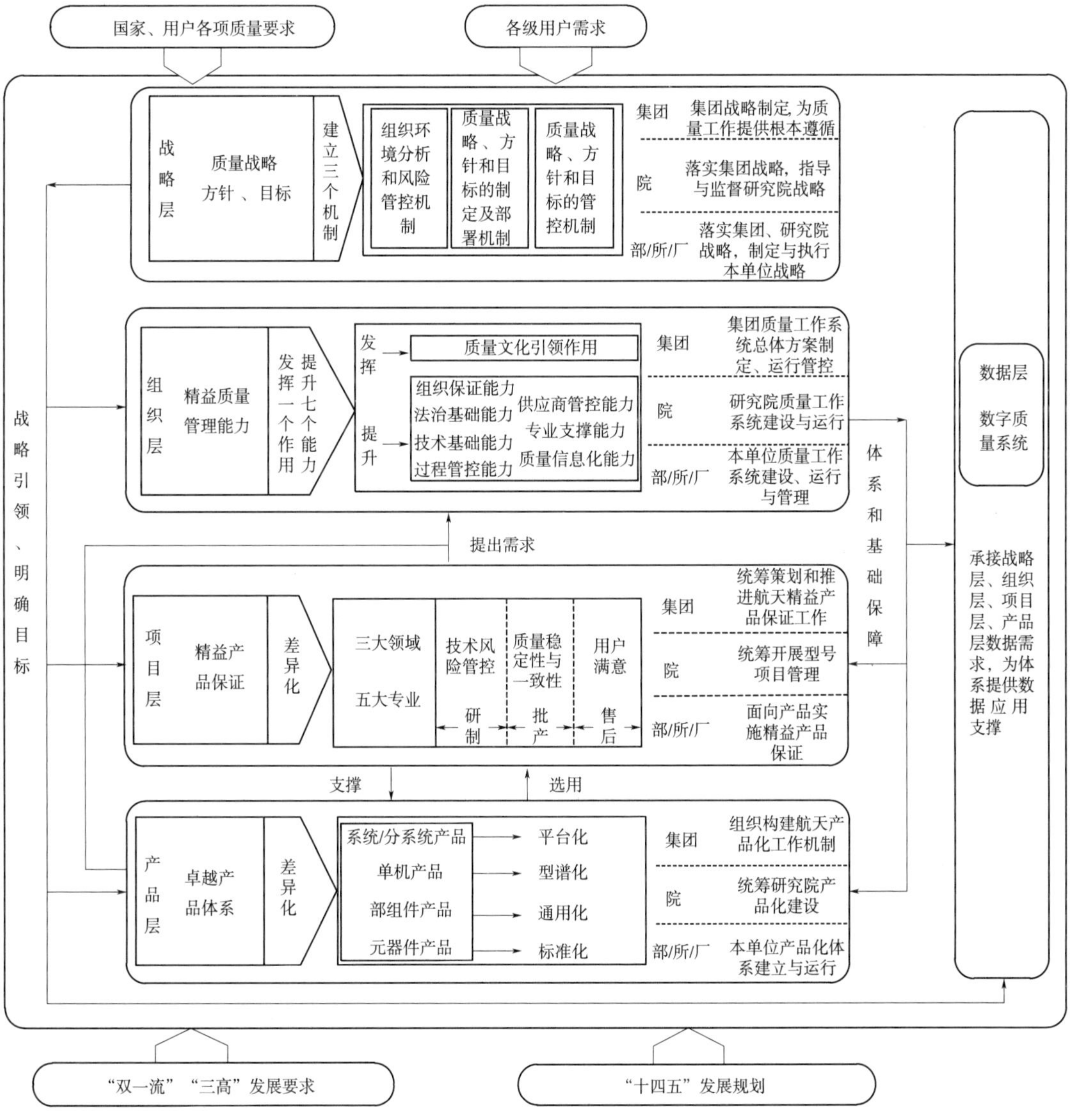

图 4-1　航天电子精益质量管理体系架构模型

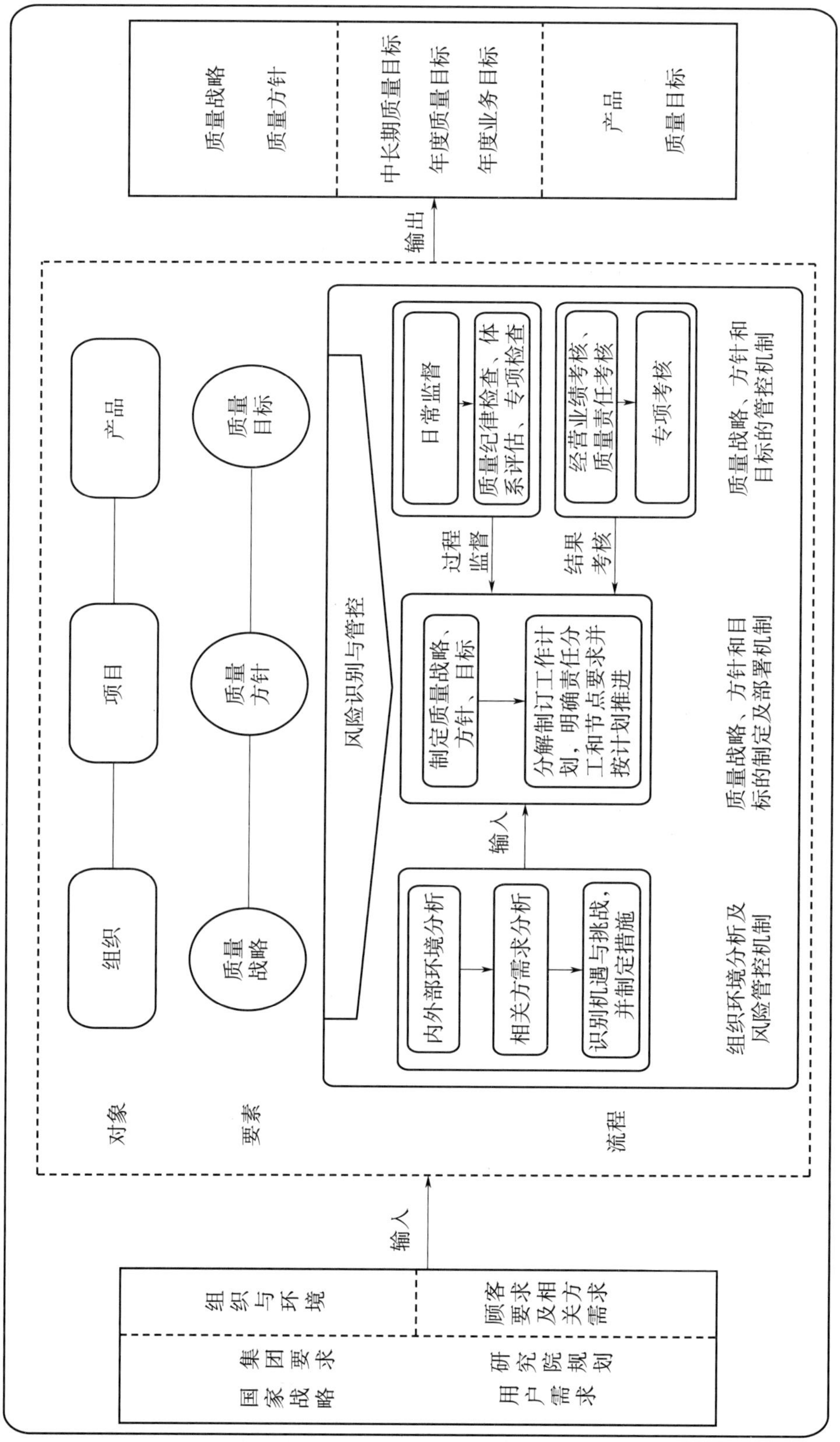

图 4-2 航天电子战略层架构模型

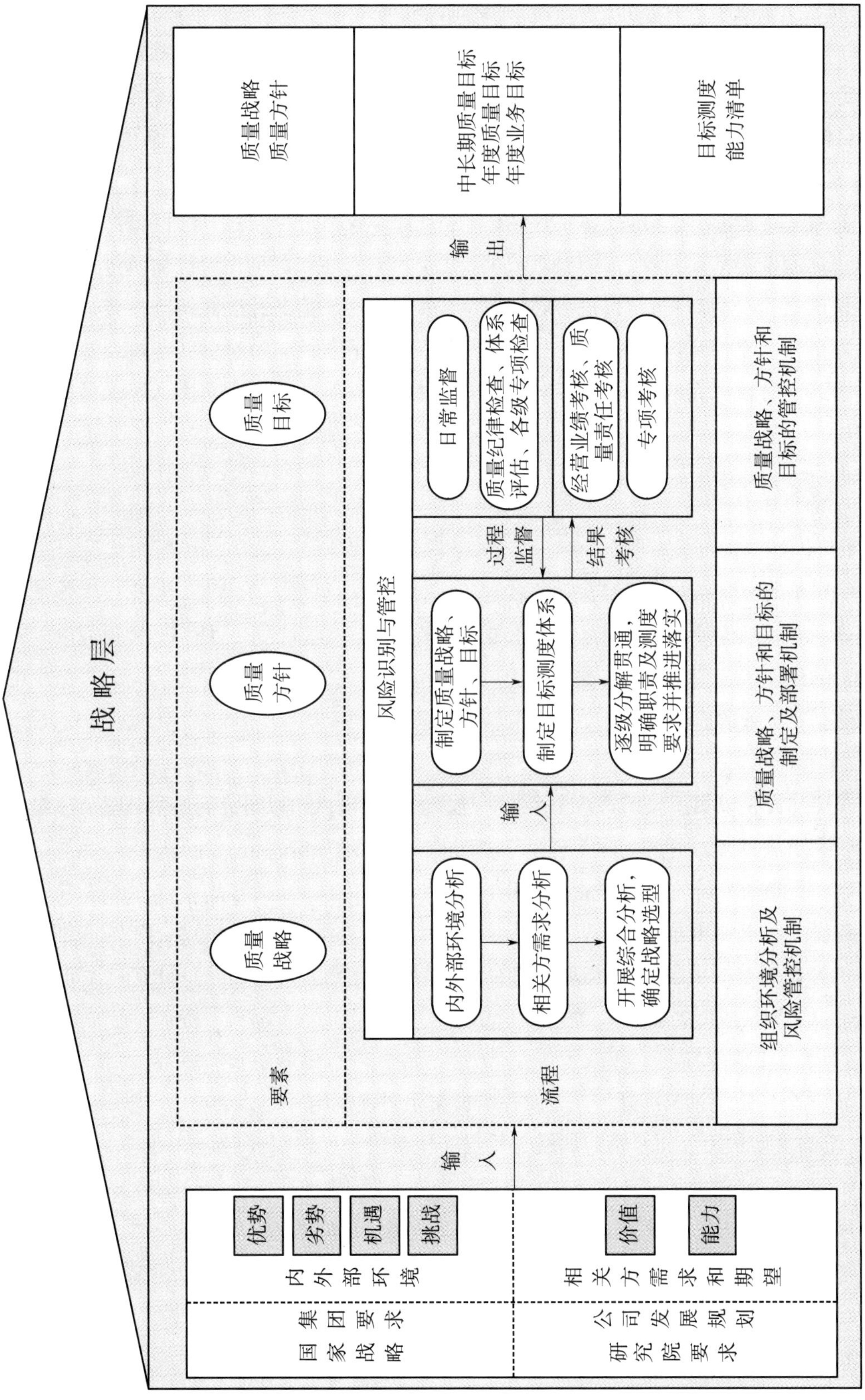

图 4-3　部 / 所 / 厂级战略层架构模型示例

③ 健全质量战略、方针和目标的制定及部署机制

基于《质量、环境、职业健康安全方针、目标管理程序》，明确质量战略、方针和目标的确定、传递和部署的方法，逐步构建研究院目标管理体系。持续动态跟踪与完善战略、方针和目标，确保院及各单位协调协同，支撑各项型号任务和业务管理工作高质量完成。

④ 健全质量战略、方针和目标的管控机制

完善和坚持质量纪律检查、体系评估、日常监督等各类过程监督方法，管控质量战略、方针和目标的推进落实情况，强化监督的针对性、实效性和可量化。优化质量目标的评估和评价机制，定期对质量目标完成情况、体系审核认证情况开展总结与检查，识别与管控风险事项。完善目标考核方法，通过年度经营业绩考核、质量责任考核及专项工作考核等形式，对目标完成情况开展考核，确保质量战略有效传递和落实，确保目标优质高效完成。

4.1.3.2 组织层

（1）定位

组织层是研究院精益质量管理体系的建设主体，为项目层、产品层、数据层工作的实施提供体系和基础保障。重点落实集团公司“八个系统”建设要求，统筹开展研究院“八个系统”的建设、管理和运行工作，着力“发挥一个作用”“提升七个能力”，以组织的成功保证型号任务的成功。

（2）管理模式

组织层建设是以集团公司“八个系统”建设要求为输入，以研究院质量战略、质量方针和中长期质量目标为引领，覆盖全业务过程的质量管理基本要求，既是确保产品质量提高的基础，更是研究院质量管理能力提升的前提。八个方面的内容为厂所开展精益质量管理体系建设提供指导和方向，厂所根据院级要求，结合自身特点进行必要的补充和细化，实现质量管理要求的层层细化落地，最终实现质量管理能力全面提升。研究院及部 / 所 / 厂两级组织层架构模型如图 4-4、图 4-5 所示。

（3）重点工作内容

① 面向全员质量意识提升，充分发挥质量文化引领作用

1）全面贯彻集团公司《新时期航天质量文化手册》。组织开展全员培训，深入开展全员岗位职责、岗位知识、岗位能力的梳理和培训，辨识岗位风险，进一步强化全员质量意识、风险意识、责任意识，筑牢支撑“三高”转型发展的思想文化根基。

2）全面塑造研究院质量文化。总结凝练研究院质量文化精髓，塑造研究院质量文化。将质量意识、风险意识、责任意识有机融入产品实现全过程，增强全员做好质量工作的思想自觉和行动自觉。

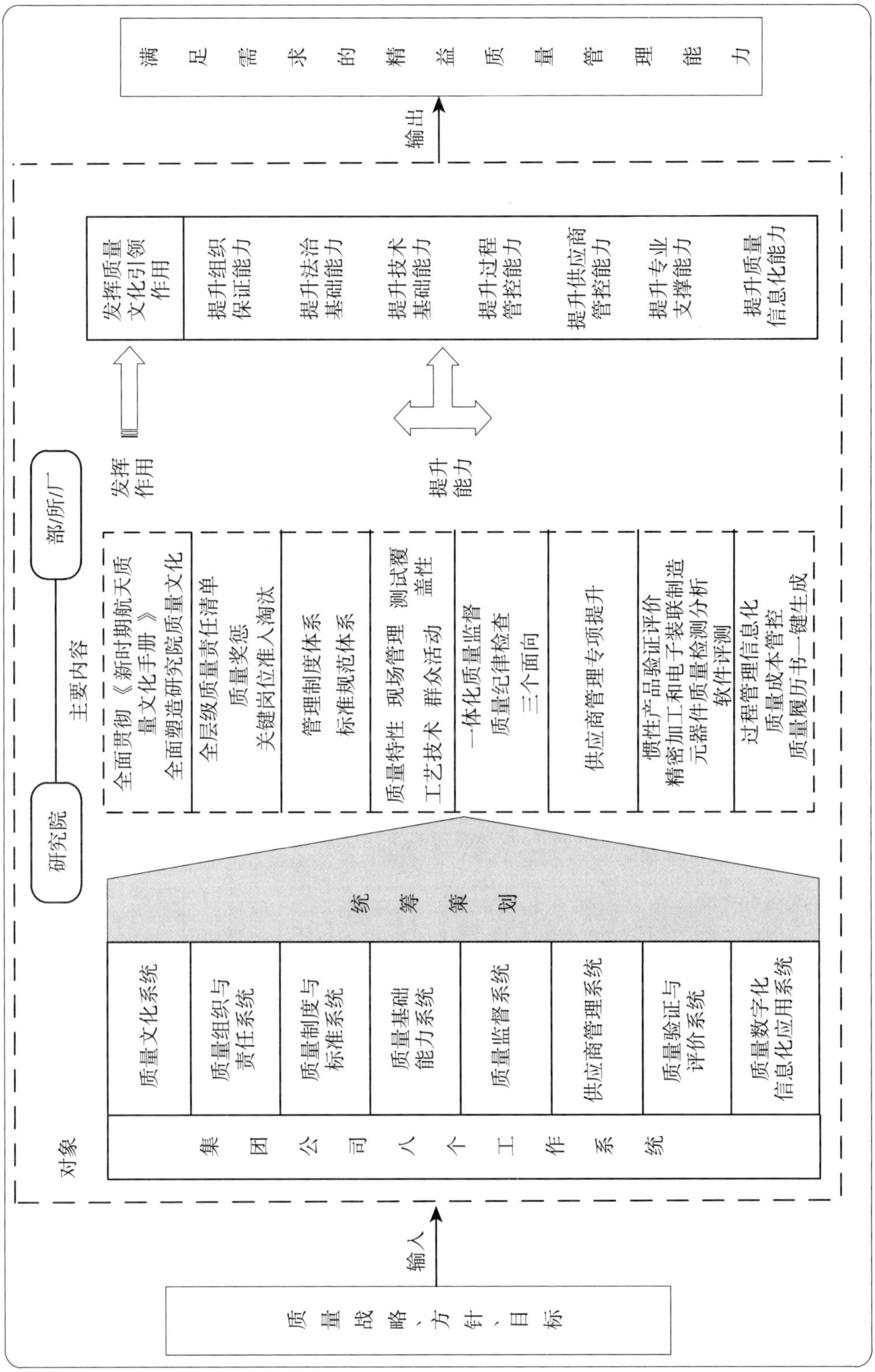

图 4-4　航天电子组织层架构模型

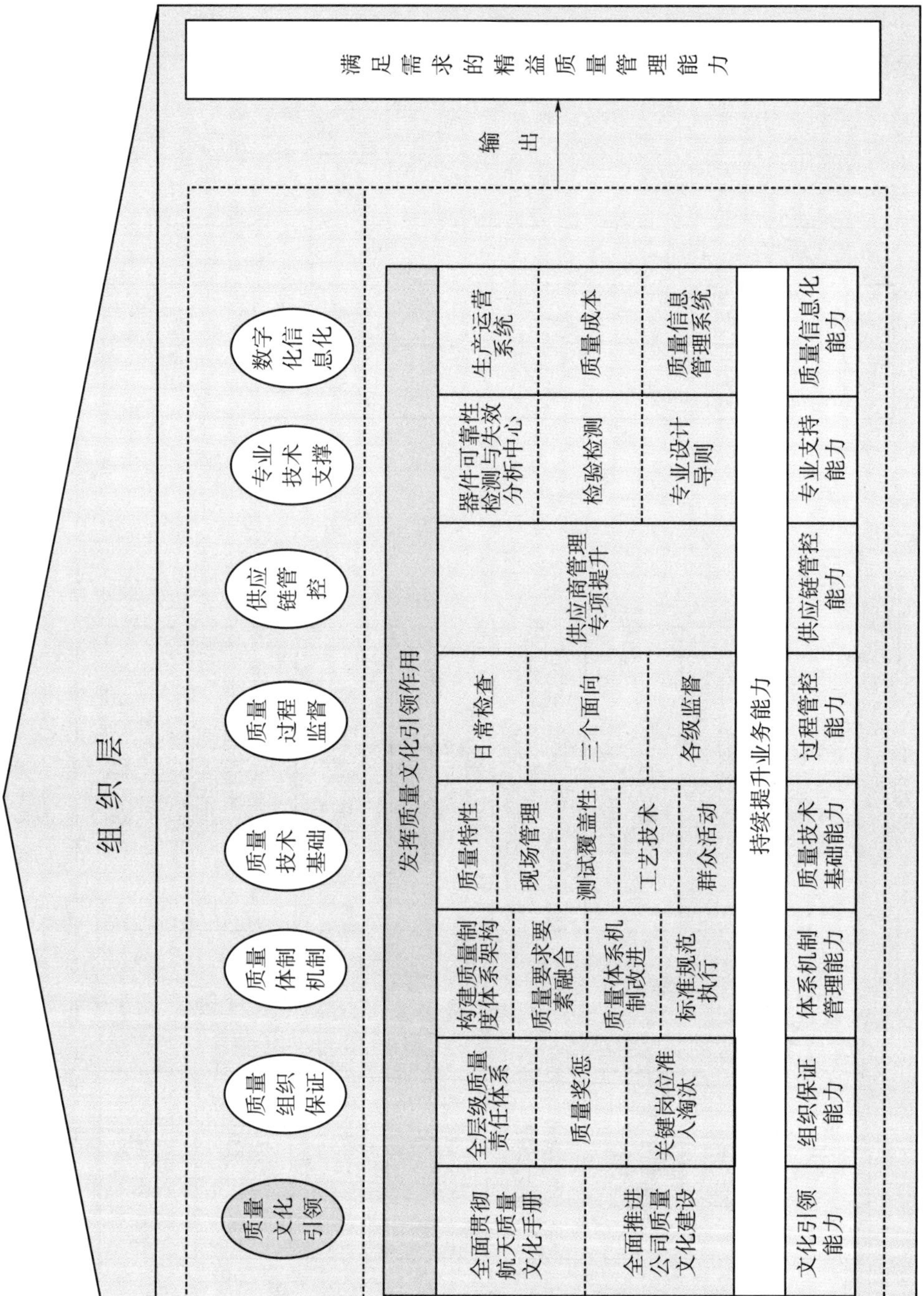

图 4-5 部/所/厂级组织层架构模型示例

② 面向质量责任全覆盖，系统提升组织保证能力

1）全面构建研究院质量责任体系。面向型号，从型号两总到研制队伍梳理建立型号队伍质量责任体系，确保型号质量管理责任清晰明确。面向产品，以精益产品保证为主线梳理建立产品保证队伍质量责任体系，确保产品保证各要素要求有效落实。建立“面向流程、面向岗位、纵向到底、横向到边”的全层级、全岗位质量责任清单，完善岗位“一本通”，推动质量责任全面融入岗位工作流程，对质量职责的落实情况实施闭环管理。

2）完善健全质量奖惩机制。研究构建具有航天电子特点的“高质量保证成功”量化指标体系，从质量结果、质量过程、质量基础工作等维度实施定量评价。持续优化院级监督评价机制，完善质量问题分级分类评价体系，严格落实院级质量奖惩和曝光。对单位、典型产品的高质量保证成功能力实施定量评价，为开展奖惩提供依据，明确针对性改进措施，持续改进薄弱环节。

3）完善关键岗位准入淘汰机制。依据重大型号任务岗位名录，建立关键岗位胜任评价与淘汰机制，确保关键岗位人员熟悉、掌握和带头落实各级质量要求，确保将最优人员配置在重大航天工程任务的关键岗位。对表现优异的关键岗位人员在政策资源上予以适当倾斜，完善畅通晋升机制。

③ 面向制度标准健全完善，系统提升“法治”基础能力

1）完善质量管理制度体系。系统梳理各级质量管理制度，设计构建研究院质量管理制度体系，确保型号产品研制、生产、管理全过程的全覆盖。全面开展质量管理流程的优化，识别浪费环节，并逐步优化。

2）完善质量标准规范体系。持续完善升级质量管理、质量技术标准以及相关产品规范，加强上下级、内外部的对标研究与分析，确保各级标准规范“横向一致、纵向到底”；进一步发挥各类专业平台和技术机构作用，做强航天电子产品、物联网领域国家、行业和团体标准，匹配研究院产业布局和未来发展。

3）完善质量培训体系。贯彻落实集团公司质量培训体系相关要求，推动建立领导人员质量培训考核制度，将质量培训纳入有关领导干部任职资格和履职考核。组织各单位开展全员质量培训，建立质量专业人员持证上岗制度，建立型号科研生产全员质量培训制度，型号科研生产人员 100% 经过质量培训。

④ 面向专业方法建立，系统提升技术基础能力

1）建立质量特性辨识和管控方法。推动建立计算机、机电组件等专业通用质量特性要求模板，规范各专业通用质量特性管控方法和工作流程。持续开发适用于航天电子产品的 FMEA、FTA 及可靠性安全性分析工具，推动成熟质量与可靠性技术的信息化、软件化、集成化。

2）建立测试覆盖性分析确认方法。提出基于风险思维的五维测试覆盖性分析方法，

构建测试覆盖性工作体系模型和多维迭代改进机制，建立适应航天电子产品特点、包含“管理制度、专业指南、测试指标体系、测试规范”的测试覆盖性四级规范体系，持续推动制度健全、流程优化、测试技术改进、自动化测试应用等一系列工作落地，测试不覆盖问题连续两年显著下降，测试工作效率得到极大提升，测试把关能力明显增强。

3）实施现场精益管理提升。推动精益管理在现场的深入应用，从现场布局、生产节拍、过程监控、成本控制、绩效评价等方面系统策划，以“责任分配文件化、管理制度流程化、操作过程标准化、过程控制数据化”支撑现场精准管理，以“作业布局科学化、关键环节精准化、生产节拍最优化、质量管理工具化”支撑现场高效管理，以“应用系统全覆盖、底层数据全贯通、过程信息全采集”为目标建设数字化现场，实现管理流程最优、效率最高。研究院组织对五星级现场开展精益管理评价，突出提质与增效，探索五星级现场“提升、保持、预警、降级”的评价标准，强化标杆现场的动态评价考核。

4）构建新时期制造工艺技术体系。紧密围绕提升型号产品制造工艺能力，提升航天电子专业技术发展能力两条主线，推进产品合格率提升向稳定性控制转变，推进工艺设计细化量化向结构化和知识化转变，推进单项自动化装备研制向柔性化精益制造模式转变，着力实现工艺设计精益化、生产过程自动化、产品检测数据化、制造模式柔性化。

5）强化群众质量活动成效。持续开展 QC 小组活动、质量信得过班组建设、质量月活动等群众质量活动，加强先进质量工具、方法在一线的应用与推广，保持院群众质量活动成绩在航天系统的领先地位。近三年来，研究院 1500 余项 QC 小组研究课题取得了产品合格率稳定性提高、团队工作效率提升、经济效益凸显的“三丰收”，累计节约质量成本和产生经济价值 1.2 亿元。

⑤ 面向产品实现全过程，系统提升过程管控能力

1）完善一体化质量监督机制。推动构建定位准确、职责清晰、流程顺畅、协调统一的一体化质量监督工作体系，研究制定《研究院型号产品出厂质量监督要点指南》，完善各级管控界面，推动一体化质量监督深度融入科研生产流程；以重大型号配套产品为主，兼顾一般型号，面向产品、面向流程、面向组织，采用见证、巡视和专项监督监察等方式开展质量监督，实现监督过程前移，质量监督管控点密集化。

2）完善质量纪律检查机制。持续深入开展具有航天电子特色的质量纪律检查，坚持院级年度查、部 / 所 / 厂季度查、车间月月查、班组日日查的机制。完善院级检查专家队伍的选拔和任用机制，持续推进院级检查的高效化和专业化；建立问题整改效果的评估机制，确保重大、系统性问题开展系统整改，一般性问题得到有效纠正，长期性问题明确整改计划，确保问题整改的深入和有效。

3）完善“三个面向”质量分析机制。研究院创新建立了“问题逐级向下深入挖掘、

分析逐级向上有效支撑”的“三个面向”质量分析会下沉机制。加大“三个面向”质量分析深度和覆盖度，推动质量分析向剖析深度和数据广度拓展，进一步压准压实质量责任，强化问题督导、彻底解决；部 / 所 / 厂领导下沉参加事业部级质量分析会，做好上下两级质量分析融合互动。发布研究院《“三个面向”质量分析实施细则》，围绕重大、突出质量问题开展质量分析，多维度研究质量形势，开展多层次原因分析，增加产品合格率、产品故障率等指标分析，实施基于数据管理的质量分析改进。

⑥ 面向全级次供应商，系统提升供应商管控能力

1）完善供应商管理的制度。搭建研究院供应商管理的制度框架，制定《供应商管理办法》顶层制度，针对型号国产物资、进口物资、外协外包领域的供应商管理，制定针对性的管理办法；针对优选供应商的建立与管理，制定实施细则；针对产品重要程度高、采购需求量大等重点外协外包外购的产品，制定专项的质量保证要求。

2）强化多角度质量问题分析及整改措施管控。组织外协外包外购问题多发部 / 所 / 厂开展专题质量分析，选择典型外协外包外购质量问题及影响较大的进度问题，制定相关要求和模板，组织相关单位在产品“三个清楚”梳理成果基础上，开展“三个面向”的分析工作。

3）强化重点型号产品的外协外包外购过程管控。以重点型号产品为试点，在“三个清楚”梳理成果的基础上，借鉴集团公司火工品穿透式管理经验，推动实施穿透式管理；开展黑匣子产品的识别与管控，加强从产品方案到实物验收全过程的管控。

⑦ 面向竞争与发展，系统提升专业支撑能力

1）提升惯性产品验证评价能力。以国家惯性技术产品质量监督检验中心、先进光电子技术示范型国际科技合作基地为基础，充分发挥研究院惯性产品检测评价领先地位，加大精密检测能力建设和环境试验能力建设投入，持续开展基础支撑性技术、惯性仪表和系统检测技术，以及环境和可靠性试验技术的研究，进一步提升惯性产品系统验证评价能力。

2）提升精密加工和电子装联制造能力。依托研究院精密与超精密加工、电子装联、微组装、单片集成工艺技术中心，紧跟先进制造技术发展趋势，发挥专业优势，集中力量突破核心、重点工艺技术，解决科研生产技术难题，积极参与航天产品特殊过程能力认证联盟组建、标准制定和过程能力认证工作。

3）提升元器件（机电组件）质量检测分析能力。依托元器件可靠性中心、元器件失效分析中心、材料可靠性中心，面向自主可控要求，完善应用验证评估手段，突破元器件高可靠、长寿命设计与验证技术，新材料、新结构器件的失效机理与评价技术，确保满足未来对于元器件高可靠应用的要求。

4）提升软件评测能力。依托研究院软件评测中心，持续拓展资质认证范围，加大能

力建设投入，构建完整的软件评测和 FPGA 验证体系，提升测试自动化和规范性。

⑧ 面向数据化应用，系统提升质量信息化能力

1）推进过程质量管理信息化。完善研究院质量信息管理系统，加快系统的深度应用。全面实现产品数据包的电子化，重点单机产品总成总测车间和精密制造车间要实现产品在线自动化检测、在线质量确认，实现产品电子数据包的在线生成。探索以基于模型的系统工程（MBSE）为基础的产品设计、生产协同及智能化改进模式在重点新研型号全面试点展开应用。

2）推进基于质量成本数据的质量成本管控。加强对质量问题归零成本信息进行有效管理和利用，实现归零问题成本统计分析的全覆盖。深入开展归零成本统计分析，确保质量问题在归零后 1 个月内开展归零成本统计分析工作，完成质量问题归零成本统计分析报告。

3）推动质量履历书的一键式生成。全面推动基于 MES 系统，开展产品过程质量管控的信息化建设，开展信息化模式下的元器件装机汇总表快速生成、过程质量数据的采集、存储和纠错等研究，实现产品质量履历书一键式生成。

4.1.3.3 项目层

（1）定位

项目层是研究院精益质量管理体系要求在型号层面的具体落实，以型号（项目）为对象，推进精益产品保证工作，向组织层提出资源保障需求，以型号为牵引，在产品层选用通用（货架）产品，交付合格型号产品，满足用户需求。以“体系策划”“分级管控”“差异推进”和“精准落实”为原则，以技术风险识别和精益过程控制为核心，全面开展精益产品保证体系建设。

（2）管理模式

作为专业技术研究院，院级本身不直接承担型号任务或产品的研制生产任务，因此项目层的工作院级主要负责建立院级型号产品保证工作系统，按照“领域 + 专业”开展院级产品保证队伍、标准规范和专业技术机构建设，对各单位精益产品保证工作推进情况进行监督、指导和评价。各单位结合承担型号任务特点开展本单位产品保证工作的策划与实施，制定本单位精益产品保证工作方案，重点围绕“型号 + 产品”推进本单位精益产品保证工作，明确产品保证工作项目纳入科研生产统一管理的程序、方法，确保产品保证工作模式与型号研制流程有机融合。将产品保证要求落实到质量管理体系中，对本单位承担产品横向技术流程一致性、技术标准一致性、质量保证措施一致性负责，对交付产品及采购产品质量负责。部 / 所 / 厂两级项目层架构模型如图 4-6 所示。

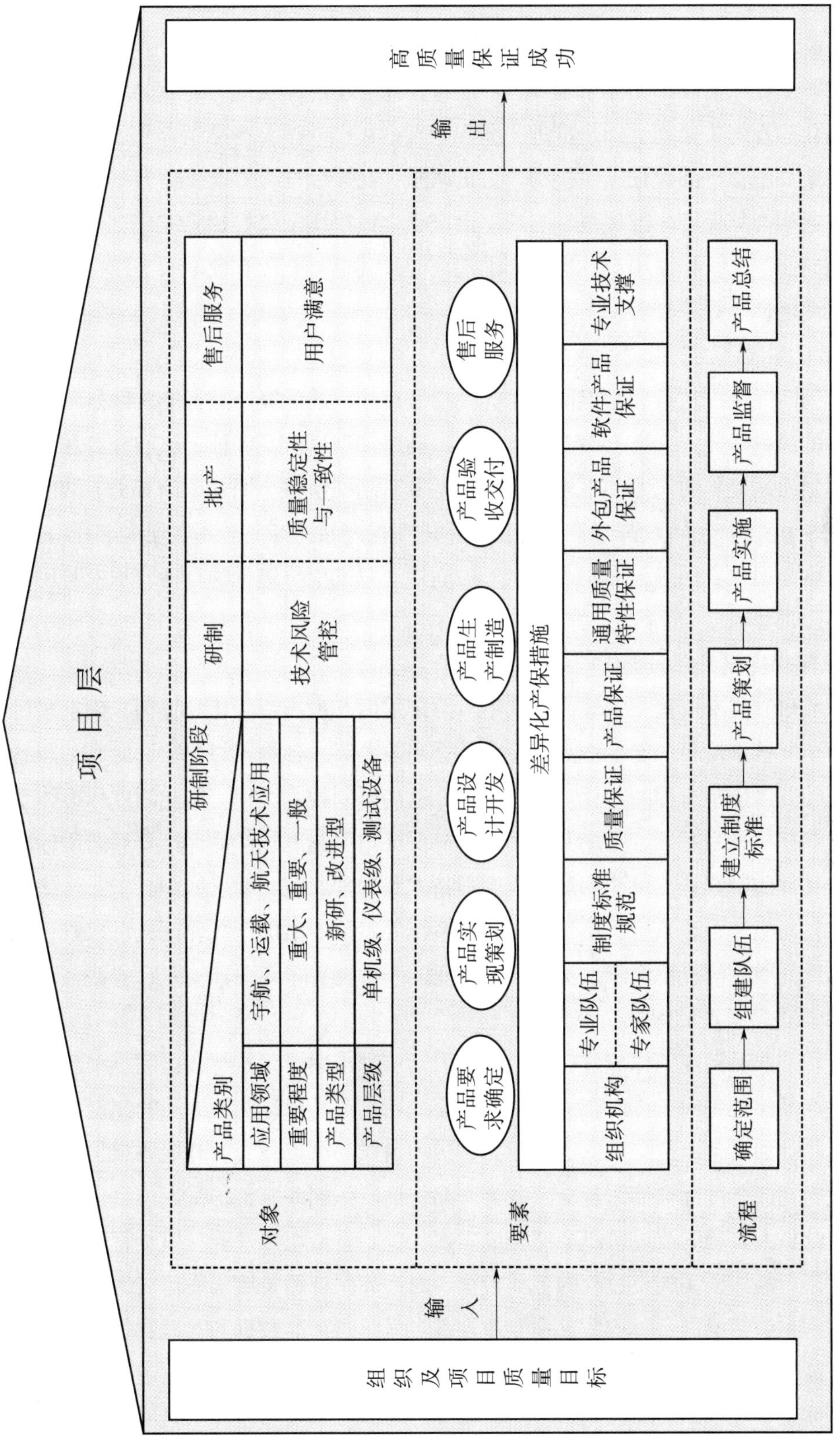

图 4-6　部 / 所 / 厂级项目层构架模型示例

（3）重点工作

① 统筹策划精益产品保证和产品化两项工作

明确“产品化抓前端产品体系设计、产品保证抓后端产品实现”的总要求，推动产品保证和产品化建设同步策划、同步推进、同步管理。在推动核心产品型谱化、系列化的基础上，同步策划精益产品保证组织机构、人员队伍、制度标准、专业支撑等工作。面向型谱产品制定通用产品保证标准规范，实现型谱产品全过程质量管控的精准化、流程化和通用化；面向研制产品，在通用产品保证标准规范的基础上，全面有效融入上级、用户特殊需求，确保满足型号任务要求。

② 分类管控“领域”和“专业”两类产品

以型号为主线推进精益产品保证，作为院型号总体，系统级产品保证首席是本型号产品保证工作的第一责任人，自上而下统筹规划，确保该型号产品保证要求的分解和纵向传递，降低型号研制流程的浪费和不增值，实现型号研制的精益。惯性、计算机、微电子、机电组件等专业实施产品管理，以产品为主线推进精益产品保证在产品实现全过程的落实，产品保证首席是第一责任人，面向产品全寿命周期，以流程价值化为目标，积极与用户沟通，推动实现过程精益。

③ 融入流程优化三方面工作

优化产品研制技术流程，领域产品从型号总体层面开展流程优化和重构，确定多层级覆盖的通用研制技术流程；专业产品要充分结合当前各级、各类用户要求，尤其是产品保证要求，统筹开展研制流程的优化，确定本产品通用研制技术流程。优化制度标准体系，以现有质量管理体系为基础，有序开展精益产品保证顶层制度、产品保证要素通用标准以及过程记录文件的制修订，赋予产品保证人员技术及管理职能、明确履职要求。优化信息化支撑，在科研生产管理系统、质量管理信息系统等系统中增加产品保证人员权限，确保产品保证工作开展的信息化保障，实现产品保证融入研制实际。

④ 分步推进精益产品保证三个阶段工作

为确保精益产品保证工作成效，按“全面启动、基本建成、持续改进”三个阶段，分步推进精益产品保证各项工作。全面启动阶段完成精益产品保证建设方案的制定，明确各项工作的具体计划；各单位均选取 2 个成熟型谱项目作为试点，先行开展各项工作；基本建成阶段全面完成制度标准体系建立，各类产品保证队伍配备完整，试点项目运行有效，试点范围持续扩大。持续改进阶段要结合成熟度评价、质量纪律检查、质量管理体系评估等方法，基于产品保证实施全过程的各类数据，对产品保证相关要素的落实情况及产品保证工作的管理实施情况进行过程监督和专业评价；强化对产品数据和管理数据的分析和应用，支撑产品研制过程的正向检查确认，支撑产品、过程和组织的持续改进，全面建成精益产品保证体系。

4.1.3.4　*产品层*

（1）定位

产品层是研究院精益质量管理体系要求在产品层面的具体落实，以产品为对象，形成与研究院发展相适应的新时期产品化工作模式，向组织层提出资源保障需求，支撑项目层精益产品保证要求在通用（货架）产品的落实。产品化工作是精益质量管理体系产品层的核心，是科研生产模式转型的主要内容和重要抓手，是研究院长期坚持的一项战略性工作。

（2）管理模式

研究院作为组织推进产品化工作的责任主体，负责院产品化总体策划、制度和机制建设，负责院型谱和货架产品体系建设，以及组织协调、监督检查、成果管理、队伍建设，负责将产品化与产品保证工作统筹安排，在推进产品化工作的同时，做好型谱产品的产品保证工作。

各单位作为具体实施产品化工作的责任主体，负责本单位专业产品的型谱化发展，产品成熟度和实现过程卓越等级提升，以及型谱产品推广应用和更新换代，支撑用户和型号选用；负责本单位产品化管理和产品队伍建设，建立健全相关配套机制，确保完成院实施方案确定的任务和目标。

研究院产品层架构模型如图 4-7 所示。

（3）重点工作

① 完善产品体系建设流程

通过持续推进各层级产品“标准化、通用化、产品化”，推进型谱产品集成开发、成熟度提升及推广应用和货架式供应，通过对不同层级产品开展型谱建设、成熟度提升、货架建设、生产线建设等工作，不断持续、迭代，逐步打造一流航天电子产品体系。

② 围绕型谱开展核心部组件、元器件产品统标统型

深入开展院单机核心部组件、元器件的统型，统一研制准则、统筹研制需求、统一产品架构、统一产品型谱、统一技术条件、统一货架标准，制定产品规范和通用技术标准，不断提升院产型谱产品规范标准等级，利用行业和专业优势，力争占据相关标准的主导地位。注重供给侧与需求侧的协同发力，积极配合用户的产品货架、优选目录建设，借力发挥，不断健全自身产品体系。

③ 建设型谱规划为先导的产品研发体制

加强型谱规划的战略引领作用，根据技术储备情况和用户需求，以产品型谱规划为主线，制订跨代产品研发计划，包括针对现有产品升级的新一代产品研发、基于新工作原理的新一代产品研发，加快推进产品型谱发展和更新换代。对列入院重点发展的型谱产品研发项目可经院立项审批后予以支持。

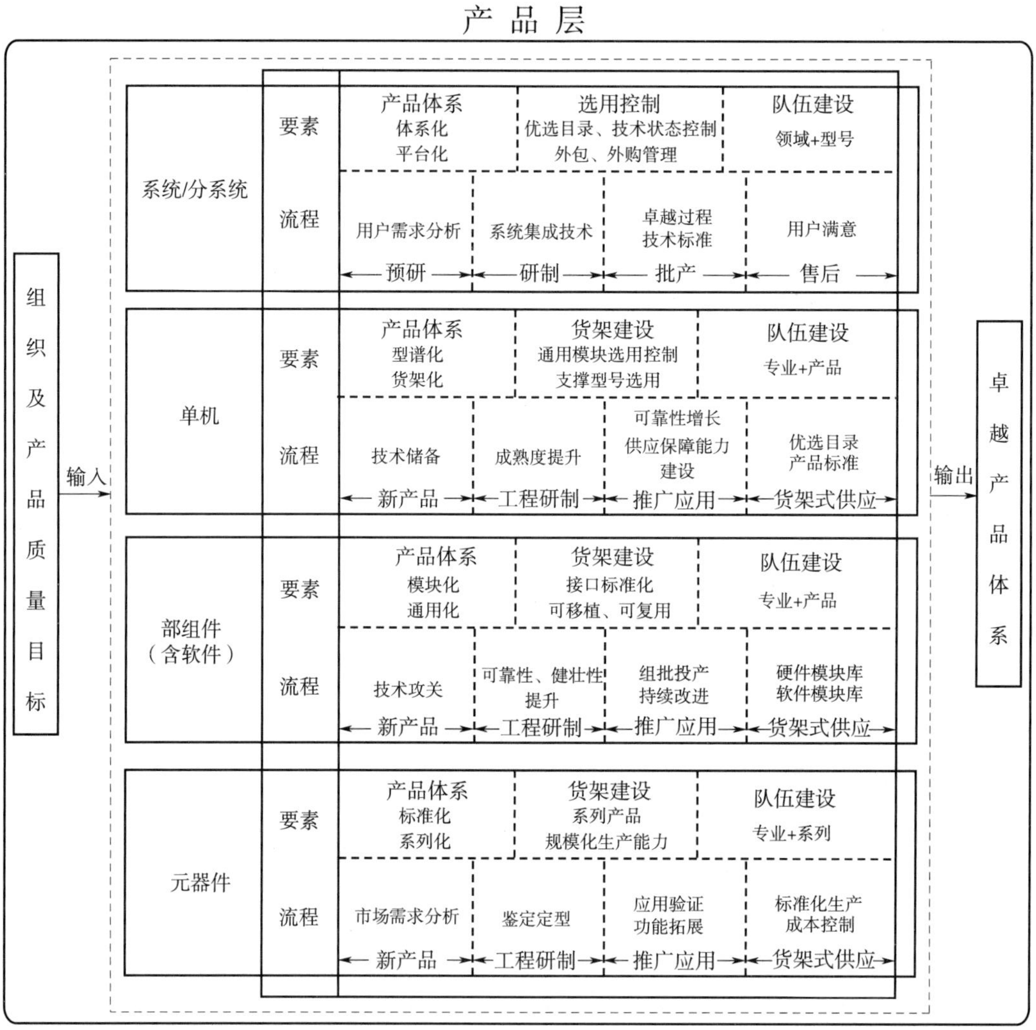

图 4-7 航天电子产品层构架模型

④ 建设以型谱产品货架式供应为主的市场开发

为适应用户需求的快速变化，推动建立可供用户选用的货架产品。各级首席专家按市场需求，以型谱产品为主要选取范围，加快提升型谱产品成熟度，与市场部门一起研究建立货架准入机制，构建可用于外销的成熟产品供应货架，用以支撑各级各类可选用产品的市场开拓。

⑤ 建立型谱产品货架订单式采购及供应模式

借鉴元器件产品营销等商业模式，为用户提供货架产品目录，制定货架产品推介手册，全面介绍现有产品各项技术参数指标、物理特性、软硬件资源、质量保证等，还包括产品在不同订货批量下的供货周期、价格及服务选项等。研究制定货架产品销售合同模板，将产品规范作为主要合同的技术依据，在已定周期、价格、质量保证要求下，用户对货架产品可采取直接订单式采购。改变原有产品交付主要以型号研制进度节点计划要求为主的模式，建立以货架或合同规定的周期节拍下达计划要求，逐步形成基于货架产品选购的订单式采购及供应模式。

4.1.3.5　数据层

（1）定位

数据层是研究院精益质量管理体系的基础支撑层级，承接战略层、组织层、项目层、产品层等四个层级的数据需求，提供数据应用支撑。

（2）建设模式

数据层针对研究院的主要数据类型及来源、数据资产及数据管理资源的结构及交互的描述，进行总体数据架构设计，实现整个体系架构中数据流自下而上和自上而下双向合理有序的流动和应用。

数据层按照全院综合规划、统筹建设、分级部署、上下贯通的基本原则进行建设部署，面向院及部 / 所 / 厂两级组织的质量数据、面向项目的质量数据、面向产品的质量数据，以数据管理和元数据标准规范、数据采集和处理工具、数据库等建设为重点，输出满足各层级质量管理需求的数字质量系统。航天电子数据层架构模型如图 4-8 所示。

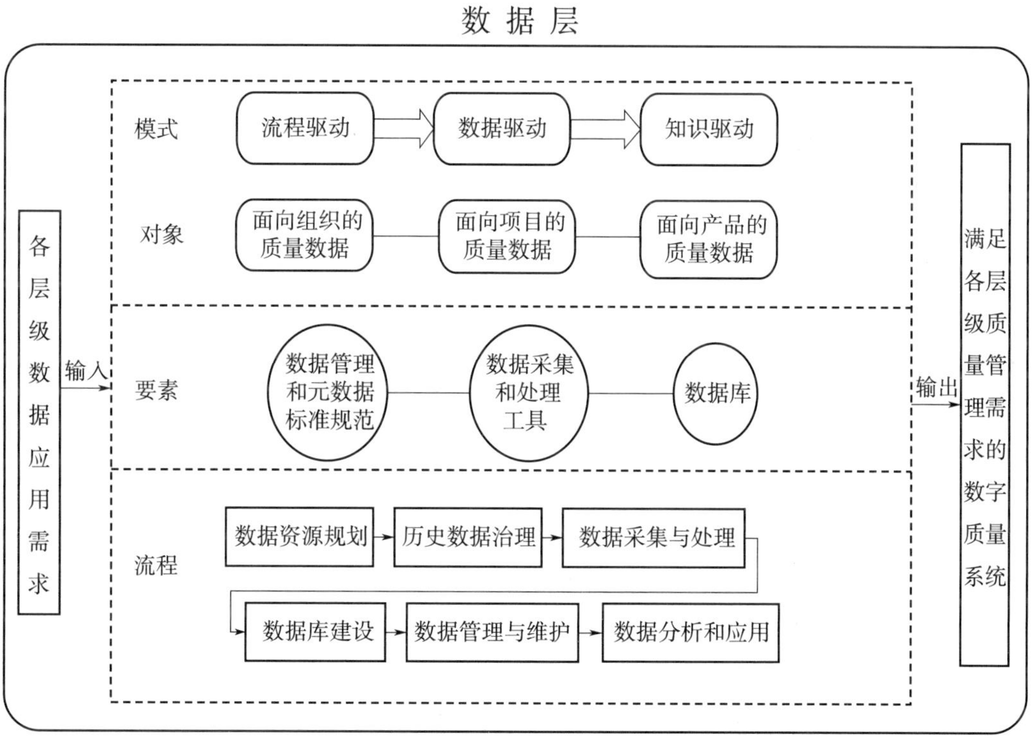

图 4-8　航天电子数据层架构模型

（3）重点工作

① 落实集团公司数字质量系统应用工作

推进系统的二次开发和适应性匹配，满足集团公司、研究院、部 / 所 / 厂三级需求。通过应用系统的协同，促进三级质量数据的有效贯通，充分利用各类资源，统筹开展质量数据资源的采、存、管、用工作。

② 完善研究院质量数据中心体系

建设完善“院本级 + 单机单位”质量数据中心，形成研究院质量数据中心体系。持续推进重点单机单位质量数据中心能力提升，实现与 ERP、TDM 等系统深度集成。探索开展基于新方法、新工具的数据挖掘、分析、展示、利用工作。结合在线自动检测能力提升，应用集成的历史数据提升在线质量数据判读的有效性、准确性。实现各类产品电子数据包快速生成。

③ 持续夯实数字质量信息化基础

生产信息化和两化融合是夯实数字质量工作的基础。两年来，研究院能力快速拓展，MES 系统向一线下沉，PDM 系统多学科协同，ERP 系统集成扩容。优化建设智能仓储物流等 100 余项关键工序，拓展提升智能化加工等 30 余项制造单元，统筹推进接收机等 20 余条数字化生产线建设。后续，航天电子将全面推进信息系统打通穿透集成，加速推进智能单元到智能制造生产线的升级改造工作。

④ 基于数据和流程驱动的质量管控模式

统筹推进数据结构化和数据接口相关工作，全面分析数据在整个研制、生产中的分布，开展有效的数据收集和治理工作，构建过程及结果数据模型和管控模式，强化数据的深入分析和应用，形成数据生成、分析的具体约束和方法，建立以量化数据表征、评判产品研制和质量管控水平的标准和流程，推动各单位形成基于数据和流程驱动的质量管控模式。

4.1.4 工作成效

航天电子按照集团公司精益质量管理体系的整体建设思路和部署，结合自身特点，进一步确定了质量战略、质量方针，更新了中长期质量目标，在原有院和部 / 所 / 厂两级质量管理体系的基础上，进一步梳理职责定位、管理模式，强化了质量工作要求和重点内容的管理力度，细化完善了两级质量管理体系文件和质量管理规章制度体系，初步实现了上下贯通的一体化质量管理体系，为质量管理能力的稳步提升奠定了基础。近三年来，研究院交付产品质量和整体质量能力逐步提升，主要表现在：

（1）院及部 / 所 / 厂两级质量管理体系运行有效性进一步提升

结合航天精益质量管理体系建设，院及部 / 所 / 厂将上级和用户要求进一步梳理，细化完善了两级质量管理体系和质量规章制度、标准规范，不断推进各级质量管理要求的落地，推进了质量管理体系的一体化管控；结合航天精益产品保证要求，研究推进了单机单位推进产品保证工作的方法和途径，产品保证工作得到了进一步推广和落实；将不同用户的型号任务要求进行分级分类，根据各专业产品研制特点和专业特色，实施产品研制过程差异化质量控制，提高了质量管理效率和效能。

（2）任务履约高质高效，产品质量水平和质量管控能力持续提升

在交付单机、元器件数量分别增长 33%、71% 的情况下，全院质量问题数下降了 31%，精心打造了一批满足型号任务需求的航天电子精品。航天电子质量管理成果屡获佳绩，获中国质量协会质量技术奖一等奖 1 项，二等奖 1 项；获得国际 QC 金奖 13 项、国优 QC 成果 6 项、全国质量信得过班组 6 个；创建五星级标杆现场 19 个、四星级现场 50 个。

（3）圆满完成了国家重大型号任务

航天电子整体产品保证水平持续提升，圆满完成以载人航天、探火探月、北斗导航工程等为代表的一批国家重点任务，型号任务完成能力和生产过程管控水平跨上新台阶。实现了交付整机产品批次性质量问题为“零”，出厂后重复性质量问题为“零”的目标，未发生因配套产品造成影响型号发射任务成功的质量问题。

4.2　液体火箭发动机产品保证体系建设实践

本节介绍了液体火箭发动机研制生产单位产品保证体系建设实践。液体火箭发动机是一种系统级热工机械产品，通过将化学推进剂增压输送至燃烧装置进行分解或燃烧反应，将化学能转换为动能，产生推力。作为运载火箭和航天器的核心装置之一，液体火箭发动机工作过程与机理复杂、工作环境严酷、实现过程复杂、可靠性安全性要求高。当前，航天液体动力需求规模不断扩大、发射任务逐年增加，给质量管理体系有效运行带来了较大压力。从后续型号任务迅速增长趋势分析，原有的条件保障水平和质量管理模式已不能有效适应新形势和任务需求。

2020 年，航天科技集团决定实施液体火箭发动机质量专项提升，通过构建体系完善、组织队伍完备、可靠性保证专业支撑到位、标准 / 文件体系覆盖、具备自我持续改进能力的液体火箭发动机产品保证体系，解决当前面临的问题，有效提升液体火箭发动机可靠性保证能力、风险防控能力和型号保证成功的能力。

液体动力研究设计、生产、试验等单位，面对常态化高强密度发射和研制生产任务，面对航天科研生产模式转型发展的自身迫切需求，深入分析近年来的质量问题，梳理、反思产品、流程和组织方面存在的不足，切实推动液体火箭发动机产品保证体系建设工作，推动质量能力提升，夯实高质量保证成功的基础，保障航天重大任务圆满完成。

4.2.1 建设背景

液体火箭发动机体系复杂，力热燃烧等多专业高度耦合，工程难点多、理论要求高，存在大量认知空白。由于传统上主要依靠型号牵引的技术研发路线，导致资源投入不足，开展正向技术研究不够，试验验证不充分，在充分吃透技术、把握规律上存在差距。同时，已进入大批量交付的主推力发动机，其研制模式依然是以研制形成的流程，以验证技术状态和性能指标为主，未能对批量生产阶段后的批产流程进行工程优化，无法有效保证产品的工艺稳定性和质量可靠性，不能完全适应高强密度产品交付要求。

近年来，经过液体火箭发动机研制单位的努力，发动机产品质量取得了长足的进步。但随着当前航天液体动力需求规模不断扩大和发射任务逐年增加，科研生产任务量急增的形势，对质量管理体系提出了更高的要求。

为此，液体火箭发动机研制单位研究制定了液体火箭发动机产品保证体系建设方案，提出了液体火箭发动机产品保证体系建设推进工作思路、目标、主要任务、工作难点及相关措施，全面开展产品保证体系建设与实施工作。

4.2.2 产品保证体系建设目标

4.2.2.1 总目标

液体火箭发动机产品保证体系建设总目标是：利用 2~3 年时间，建成体系完善、组织队伍完备、可靠性保证专业支撑到位、标准 / 文件体系覆盖、具备自我持续改进能力的液体火箭发动机产品保证体系，实现产品保证要素正确执行、产品保证工作流程化、产品可靠性设计精细化、全面正向风险识别与控制常态化，确保设计正确、验证充分、过程受控和产品可信，研制经验得到固化、教训得到转化，杜绝已经认识的风险变成问题、已经发生的问题再次发生，有效提升发动机可靠性保证能力、风险防控能力和型号保证成功的能力。

4.2.2.2 阶段目标

考虑到产品保证体系建设工作的系统性、复杂性、科学性，为确保总体目标的实现，按照目标可达、可测、可接受的原则，划分为三个具体阶段目标。

（1）初步建成阶段

构建院级产品保证工作体系框架，发布相关管理制度，明确产品保证要素、管理范围、工作流程及组织模式；发布产品保证工作制度体系、标准体系；成立可靠性、工艺与材料等院级产品保证技术支撑机构和相关专家组；完成产品保证队伍人员培训、选拔和配置。

（2）迭代改进阶段

迭代补充产品保证专业技术标准，规范液体火箭发动机产品保证工作程序与方法；进一步补充产品保证队伍人员，提升专业技术支撑机构能力。

（3）持续完善阶段

产品保证思想理念融入人员行为习惯；产品保证工作程序、方法工具固化于发动机科研生产全流程和作业文件；形成一套液体火箭发动机产品保证工具箱；各产品保证要素专业能力、手段工具及管理模式达到国内先进水平。

4.2.3　产品保证体系构成

结合产品研制模式和产品特点，建立液体火箭发动机系统产品保证工作体系，包括产品保证组织、产品保证队伍、产品保证专业技术机构、产品保证标准和产品保证文件。

1）产品保证组织：建立与研究院发展战略相适应、符合液体火箭发动机研制特点且职能分工明确、接口界面清晰、业务流程规范的液体火箭发动机产品保证组织，如图 4-9 所示。发挥产品保证工作顶层策划、组织实施作用，对产品保证技术研究、面向产品质量分析、产品保证经验方法的总结固化、产品保证标准规范建立等工作进行统一管理。

2）产品保证队伍：构建产品保证工作流程、设置产品保证岗位、明确责权关系，并围绕发动机领域和重点产品、重点专业，建立产品保证队伍选拔、培训、考核、激励、晋升等配套机制，并完成产品保证队伍配置。

3）产品保证专业技术机构：建成可靠性保证、工艺与材料保证等专业技术支撑机构，并形成功能与定位明确、能力与条件完备、管理关系清楚、运营机制完善、可持续发展的专业机构运行机制。

4）产品保证标准：在院级标准体系框架内，建立包括产品保证目标和原则、通用要求、专用标准、实施规范构成的产品保证标准体系，完成相关标准规范纳入与评估，形成产品保证标准发展规划，启动急需标准制修订工作。

5）产品保证文件：建立包括策划、过程、总结三类文件在内的产品保证文件体系，明确液体火箭发动机内部，以及与型号总体产品（质量）保证文件的逻辑关系和文件间接口，加强各类产品保证文件的数字化生成和信息化管理。

产品保证队伍是实施产品保证活动的核心和主体，依据产品保证标准规范，通过产品保证文件实现产品保证要求的分解、传递和确认；产品保证专业技术机构为产品保证活动和产品保证队伍提供专业的技术支撑，同时开展相关工具方法的研究与应用；产品保证组织负责上述活动和过程的统一管理，确保其流程规范、统一协调。

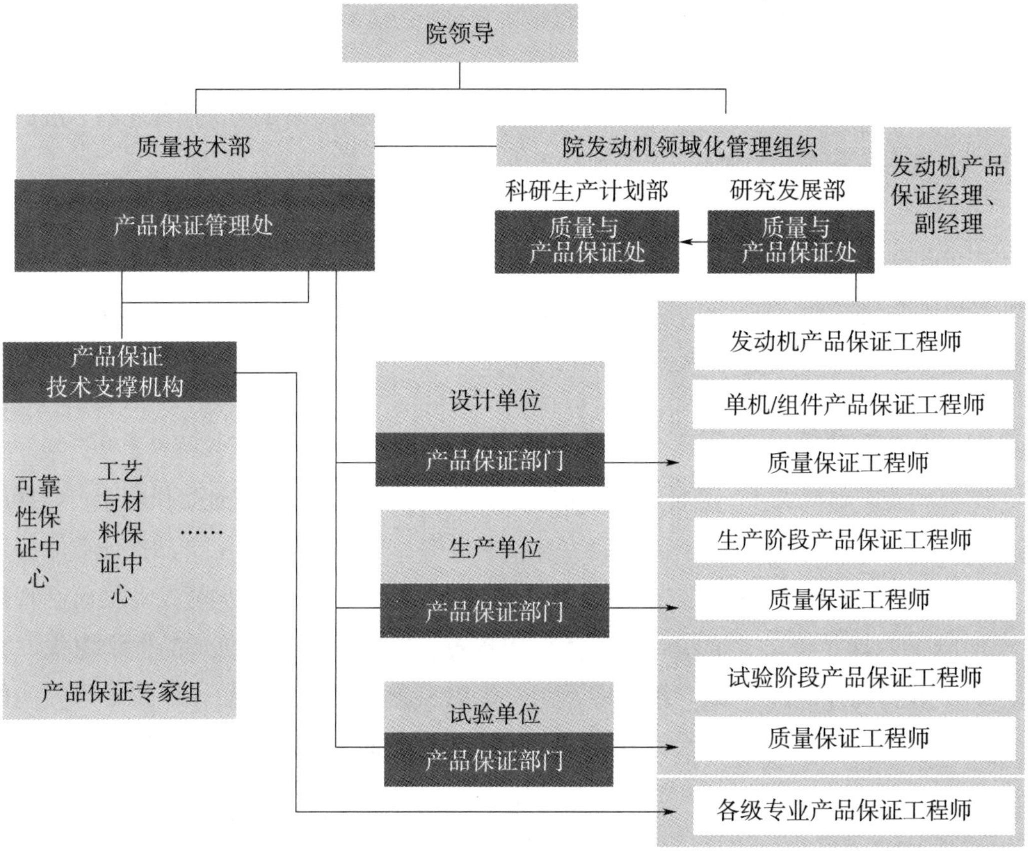

图 4-9　产品保证组织架构图

同时，产品保证组织、队伍和专业技术机构在统一的组织与协调下，将产品保证实践过程中形成的知识、经验、成果总结提炼为标准规范，不断健全产品保证标准体系和文件体系，用于进一步指导和规范实践活动，实现实践—理论—实践的螺旋上升，如图 4-10 所示。

4.2.4　产品保证要素

以航天产品保证要求标准为主要依据，结合液体火箭发动机研制特点及当前面临的主要问题，对发动机产品保证的定义和产品保证要素予以明确：液体火箭发动机产品保证是在发动机产品设计、生产、试验、交付、使用等全过程进行的一系列有组织、有计划的技术和管理活动，重点对技术风险进行充分识别和控制，实现设计正确、验证充分、过程受控、产品可信，保证产品在全寿命周期内满足要求，保障航天任务成功。

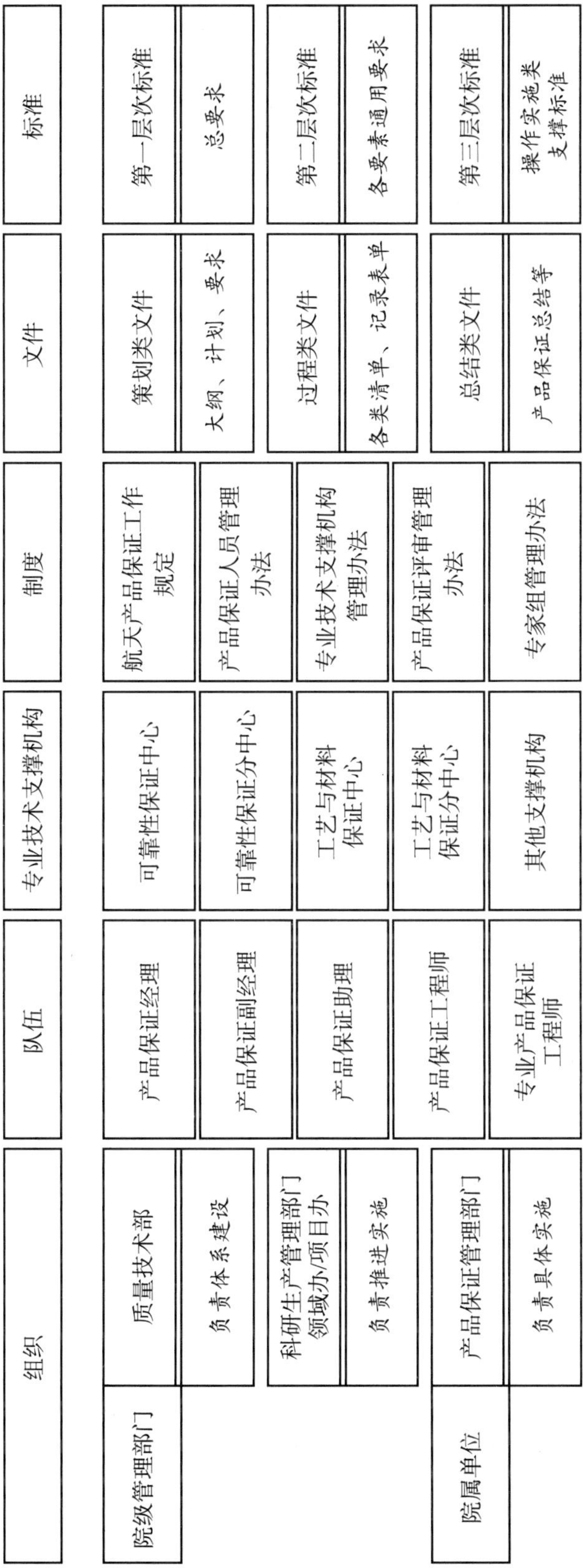

图 4-10　产品保证体系框架

结合液体火箭发动机研制特点以及当前面临的主要问题，充分参考和借鉴国内外先进经验，研究确定了适用于液体火箭发动机的 9 项产品保证要素：产品保证管理，质量保证，可靠性、安全性、维修性和保障性保证，测试性保证，环境适应性保证，工艺与物料保证，软件产品保证，地面设施设备保证，批产阶段产品保证，见表 4-1。

表 4-1　液体火箭发动机产品保证要素表

编号	产品保证要素
01	产品保证管理
02	质量保证
03	可靠性、安全性、维修性和保障性保证
04	测试性保证
05	环境适应性保证
06	工艺与物料保证
07	软件产品保证
08	地面设施设备保证
09	批产阶段产品保证

4.2.5　产品保证体系建设情况

液体火箭发动机研制单位深入贯彻落实“三高”全面发展理念，以提升高质量保证成功的能力为目标，按照“体系化建设、机制化推进、领域化实施、精细化落地、数字化贯通、专业化支撑”（六化）工作模式，扎实推动产品保证体系“初步建成、迭代改进、持续完善”的分阶段目标落实落地，顺利完成了产品保证体系主要建设工作。

在体系化建设方面，完成组织机构优化调整，院、部 / 所 / 厂两级分别设置了产品保证管理部门，配置了相应的管理人员，经过一段时间的持续实践和优化，基本实现了组织机构健全、职责清晰、业务接口有效衔接。有序配齐产品保证队伍，设置产品保证经理、产品保证副经理、产品保证助理、产品保证工程师、专业产品保证工程师的岗位，明确了人员岗位职责和任职条件。建立产品保证标准体系，发布了产品保证策划类通用文件《航天液体火箭发动机产品保证通用要求》，正式确定了产品保证要素及具体的工作项目、工作要求。构建了由策划、过程实施、总结三类文件构成的产品保证文件体系框架。编制了外包产品保证通用要求等重点文件和过程类表单，支撑产品保证策划和实施过程的检查、确认。专业技术支撑能力建设与统筹方面，院和挂靠单位持续强化人员和机制建设，并整合相关专业技术能力，各专业技术支撑机构之间的整体性进一步提升。

构建了产品保证“1+4”的顶层制度体系，包括航天产品保证工作规定基本制度和产品保证人员管理办法、专业技术支撑机构管理办法、专家组管理办法、产品保证评审管理办法等具体制度。

在机制化推进方面，建立了策划总结、月度例会、系统培训、座谈督导、对接协同、内部经验交流和考核激励等工作机制，从不同维度、不同层级、不同要素落实责任、完善资源统筹和决策机制。院领导针对各发动机领域和重点产品研制队伍、专业技术支撑机构、各单位和部分车间 / 处室开展全维度座谈和督导，将工作理念和要求逐级推送到基层，并及时掌握一线实际情况，推进院、部 / 所 / 厂两级体系和机制优化。组织多轮次院级集中培训和专题讲座，产品保证队伍牢固树立了产品保证理念和意识，掌握了基本的产品保证知识和方法。建立了产品保证工作与总体院协同机制，开展产品保证工作专题对接，打通上下游关系，协同推进产品保证工作。

在领域化实施方面，明确了发动机领域是产品保证工作实施的责任主体，负责产品保证工作的顶层策划和实施。各发动机领域建立了领域责任体系及工作机制，促进了领域层面的工作抓总及产品层级的高效集成、产品过程的紧密集成管理。

在精细化落地方面，建立了以发动机领域为责任主体，以“文需一致、文文一致、文实一致”“四可三不同”（即工艺文件应做到可操作、可检查、可量化、可重复，以实现在不同时间、不同地点、不同人员可以重复生产出符合要求的产品）和记录可追溯为标准，设计、工艺、操作及检验上下游“四结合”（设计、工艺、操作、检验四类人员），开展设计文件、工艺文件和记录文件细化、量化问题专项查摆和治理工作，消除生产过程非技术因素风险的工作机制。发布推进液体火箭发动机产品保证精细化落地的指导意见，机制化、常态化开展产品保证精细化落地，为强化产品技术状态控制和生产过程管控奠定了基础。

在数字化贯通方面，结合“产品数字工程研制一体化平台”和集团公司数字质量系统建设，以支撑产品保证工作数据在全院各单位间，面向产品的集成贯通为首要目标，开展了 BOM 管理、质量特性及数据包管理、技术文件管理、技术状态管理、基础资源库管理等专项工作，推动产品设计、生产、试验全过程产品数据贯通和共享应用。

在专业技术支撑方面，专业机构开展型号产品故障模式实例库、故障模式库和发动机试车与飞行数据库建设工作，发布了液体火箭发动机工艺选用目录、材料选用目录；以研制需求为牵引，参与了大振动问题治理、禁（限）用工艺治理、焊缝无损检测率提升等重点技术攻关工作；开展了液体火箭发动机可靠性试验与评估体系建设、涡轮盘强度与寿命评估等研究工作；参与了产品保证策划和实施工作，承担了相关产品保证标准建设任务，专业支撑作用逐步显现。

4.2.6 产品保证实施情况

液体火箭发动机从“先行先试”到“全型号实施”逐步推进产品保证工作，以“四个清单”、产品保证策划、计划和要求为依据，系统开展产品保证活动。重点推进产品保证精细化落地与基线管控、质量确认制实施、强化技术状态控制和薄弱环节治理等工作。

4.2.6.1 产品保证系统实施

基于液体火箭发动机领域、研制与批产阶段以及部 / 所 / 厂全覆盖的原则，兼顾重点型号、重大航天任务及重大工程项目研制，针对典型发动机启动了先行先试工作。各先行先试发动机开展了技术风险分析与识别，制定“四清单”（技术风险项目清单、技术状态控制项目清单、产品保证评审项目清单、关键环节及量化控制项目清单），在此基础上，依据《液体火箭发动机产品保证通用要求》，编制产品保证大纲和计划，向外传递产品保证要求，与外包供方进行了专题对接，并系统实施产品保证。

4.2.6.2 产品保证落地重点工作

在产品保证精细化落地方面，各型发动机推进精细化落地与基线管控，针对经过整改的设计、工艺以及过程记录文件进行了升级换版，并重新签署，对其中的关键环节和要素进行识别，分别建立了生产基线和试验基线，严格控制技术状态变化。

在推进实施质量确认制方面，制定了质量确认与验收放行管理办法，各个领域选取多个型号作为试点，逐步实施，进一步加强过程控制，提升产品质量确认与验收成效，部分发动机已经全面应用到交付产品。

在强化技术状态管理方面，开展强化技术状态控制专项工作，进一步明确了技术状态控制、过程表单规范使用、不合格品审理、飞行成功数据包络分析等重点工作要求，各单位严格按照上级标准和要求，修订了程序文件、健全了不合格品审理和技术状态控制委员会，各领域全面梳理了各型发动机以技术通知单、工艺通知单或临时性技术文件处理长期存在的技术状态偏离的情况，形成了清单，并逐一研究制订了整改措施及计划。研究院结合常规运载二级主机发生器大振动治理工作，通过技术状态管控新标准的使用、产品保证精细化落地、生产基线的建立和管控及以成功数据包络线为重点的质量确认制实施四方面的工作，将已吃透的技术细化落实到产品实物，并管控到位。对于没有吃透技术的环节，通过进一步研究和验证，确定出需要控制的技术状态项及其细节。

在机制化开展薄弱环节治理方面，制定了航天产品薄弱环节治理工作细则，明确了薄弱环节治理工作职责分工、薄弱环节识别线索、启动时机、治理措施落实等要求，常态化开展禁（限）用工艺治理、发动机焊缝无损检测率提升、超差代料治理、“工艺保证”项目控制、可靠性提升等发动机薄弱环节治理。

4.2.7　工作成效

1）液体火箭发动机研制生产队伍和相关管理人员均已树立了产品保证理念，产品保证、设计和工艺等人员已基本掌握产品保证要求和方法。

2）产品保证体系已基本健全，有效性得到初步验证。液体火箭发动机产品保证队伍及管理机构持续健全和优化，车间 / 处室级队伍配置显著增强。院级产品保证标准体系、文件体系框架已建立，标准编制计划已明确并有序推进，文件体系种类和要求不断完善和规范。专业技术支撑机构开始发挥作用。产品保证体系建设工作达到预期目标。

3）院、部 / 所 / 厂、车间 / 处室三级工作机制逐步健全，成为推动产品保证实施的重要手段。各级工作机制有效衔接，运行流畅，与发动机领域工作机制的纵向和横向衔接，形成了完整的工作机制体系，实现了发动机领域两总职责到一线产品保证工程师的逐级分解落实。

4）产品保证实施范围稳步拓展，已覆盖主要型号和流程。推行产品保证工作的发动机型号已基本涵盖目前处于生产交付阶段的所有发动机、在研发动机及重要的姿轨控发动机。所有先行先试发动机产品保证工作除覆盖院内外场所有研制生产流程外，也重点推动外包供方针对相应产品、外包环节实施产品保证。

5）对发动机研制生产的支撑作用逐步显现。研制阶段的发动机通过系统梳理与识别风险，采取针对性控制措施，在研制过程中逐级化解风险，确保了研制工作顺利开展，圆满实现研制目标。批产阶段的发动机通过精细化落地消除生产过程非技术因素风险，建立生产基线、试验基线严格控制技术状态，并建立常态化开展薄弱环节治理机制，显著提升了产品质量稳定性。

4.3　面向专业产品发展的产品化工作实践

本节介绍了某公司面向专业产品推进产品化工作的实践。主要通过组织机构重组、岗位体系重构，构建了专业的产品化队伍，实现了与型号产品研制队伍分离。产品化队伍通过专业分工，人力资源配置得到优化，实现了产品质量和研制生产效率效益的双提升。

4.3.1 概述

某公司主要从事空间飞行器控制和推进系统及其产品的研制，是集研究、开发、设计、生产、试验于一体的综合性工程研制单位。目前已形成机电、光电、电子、推进四大类通用单机产品，包括几十种单机类别，百余种规格。

为了解决“单一垂直管理模式下资源有效利用率低、产品缺少前瞻性规划、技术创新系统性不足”等问题，自 2005 年起公司进行产品化工作探索，提出了一种面向专业产品发展的产品化管理方法。

4.3.2 具体做法

通过组织机构调整和队伍配置变革，厘清职责界面，完善制度体系，优化工作流程，逐步形成新的产品化管理机制，实现产品和型号工作的融合，如图 4-11 所示。

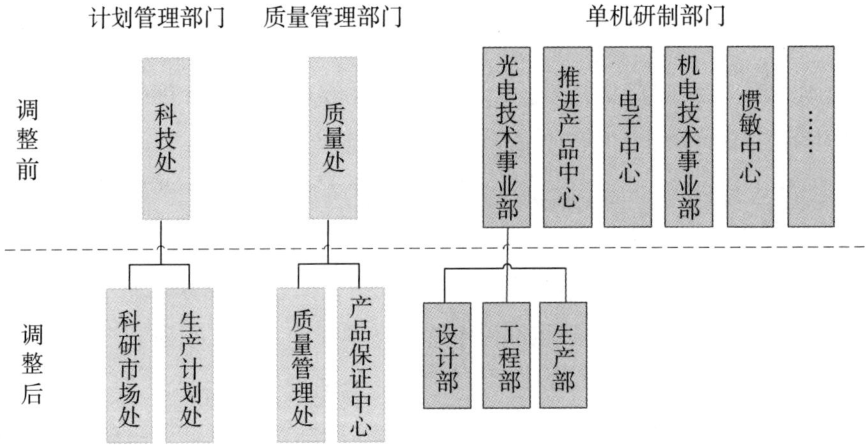

图 4-11 产品化组织架构调整示意图

4.3.2.1 组织机构的重组

对计划管理部门组织机构进行调整，彻底改变型号管理产品级设计、生产的问题。将科技处分为科研市场处、生产计划处。科研市场处负责型号研制管理，生产计划处负责产品研制进度。科研市场处为产品管理处下订单，生产计划处汇总型号任务订单后，统一开展单机产品及通用组件的生产综合策划，生成统一订单后，根据生产线负荷综合排产，最终完成订单生产及货架储备。

为了强化产品技术状态管理，提高产品保证能力，对质量管理部门组织机构进行了调整，将质量处分为质量管理处、产品保证中心。质量管理处负责型号质量管理、质量体系维护。产品保证中心负责单机产品保证和产品化工作。

按照产品类型，设立若干单机研制部门，各部门内部设置设计部、工程部、生产部，实行设计与生产分离。

公司设立专门的产品化主管领导，专职开展产品化工作，为产品化工作稳定、持续开展奠定了良好基础。

4.3.2.2　岗位体系的设立

原有的岗位体系按照型号维度设置，每个型号都有副总师、正 / 副主任设计师岗位，而产品研制队伍没有明确的岗位设置，不利于产品研制人员的发展和队伍的稳定。为此，逐步建立了面向产品研制的岗位体系，为产品研制人员提供了良好的发展通道。

1）实施型号与产品队伍分离，建立产品首席 / 产品总工专家制度。

2）持续完善产品化工作机制，完成设计与调试测试、试验队伍分离。

3）建立产品保证队伍。

4）建立完善的产品研制岗位体系。

通过多年探索与实践，公司完成了科研生产模式由型号维度向产品维度转型，建立了面向产品的管理模式，消除了以型号维度进行产品定制及投产的情况，单机产品全部按照产品化模式进行开发研制，形成了被全员接受的产品化管理体系。

产品队伍按产品化管理模式进行管理，持续不断地对产品进行升级换代，提高产品质量可靠性，最大限度满足各类用户的需求，型号队伍与产品队伍在单机层面形成矩阵关系，如图 4-12 所示。

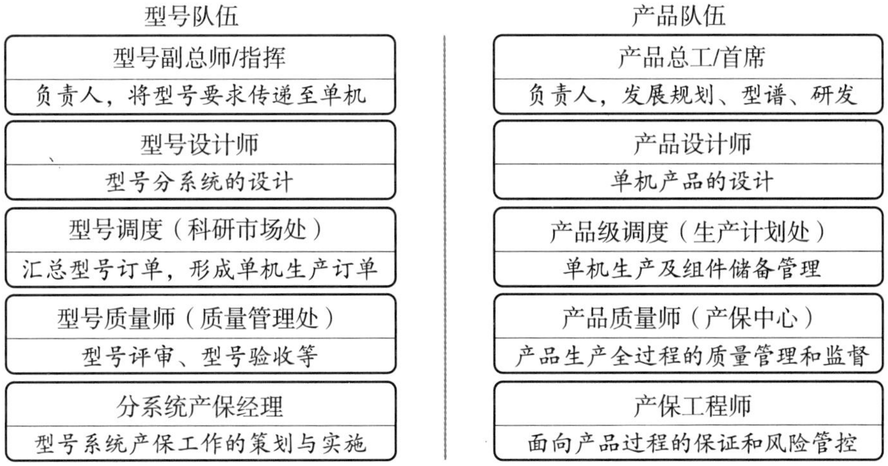

图 4-12　型号队伍与产品队伍关系

4.3.2.3 典型产品岗位配置

按照岗位体系发展规划，某典型产品设立有产品总工程师、产品设计师、产保工程师、产品测试师、产品工艺师等岗位。具体情况如图 4-13 所示。

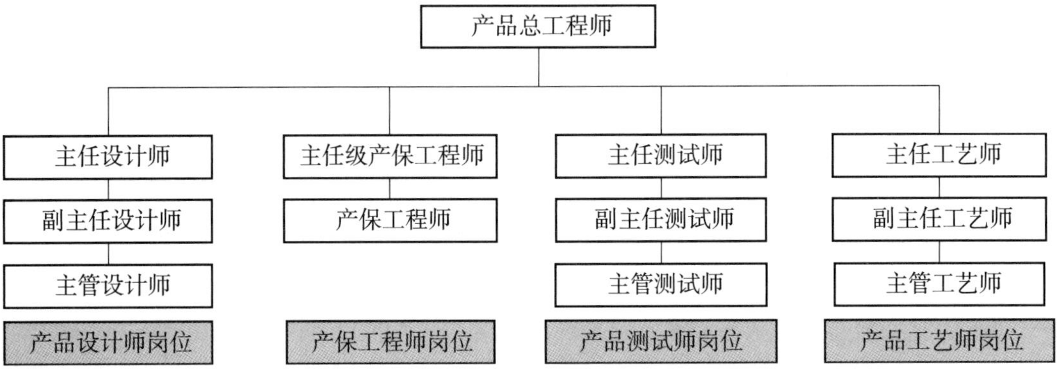

图 4-13　某产品岗位配置图

各岗位职责分工见表 4-2。

表 4-2　某产品各岗位职责分工

岗位名称	主要职责
产品总工程师	产品负责人，负责产品体系建设整体规划、型谱、研发、质量管理等，组织上隶属总师办
产品主任设计师	负责单机产品设计开发
产品副主任设计师	
主管设计师	
产品主任测试师	负责产品测试试验等
产品副主任测试师	
主管测试师	
产品主任工艺师	负责专业工艺技术规划、研究和应用等
副主任工艺师	
主管工艺师	
产保工程师	负责面向产品过程保证和风险管控

4.3.2.4 产品队伍工作开展情况

本节以某产品为例，介绍产品队伍和产品化工作开展情况。某产品队伍隶属于事业部，事业部下设设计部、工程部、生产部等项目组，将设计人员、工艺人员、生产人员解耦，并有效衔接设计与工艺实现、制造生产，保证了产品研制中心的技术优势和可持续发展。

产品设计部：由产品设计师组成。负责产品的专业技术发展及规划；负责关键技术攻关和核心技术储备；负责新产品设计、工程实现和更新换代。

产品工程部：由产品工艺师组成，负责对产品的工艺进行管理，提高可制造性。

产品生产部：由产品装配师、产品测试师、产品试验师、产品调度师组成，负责产品排产及生产线管理。

总师办：产品总工程师作为产品技术带头人，负责产品的发展规划和技术研发，对产品研制生产的重要环节把关，解决单机产品研制中出现的技术问题。

产品保证与工艺管理中心：产品保证队伍与设计、生产分离。产保工程师对产品研制过程进行全程监督和把关，识别变化、把握关键。

该产品的产品化工作模式主要分为：

1）产品需求统筹阶段。通过充分调研用户需求和国内外领先技术，做好产品型谱规划。同时统一开展所级型号方案审定和通用单机产品实现策划工作，统一规划型号需求，促成有规划的状态统一的产品需求。

2）产品设计开发阶段。单机产品以产品化标识进行设计开发，产品标识与产品技术状态唯一映射，多样化需求实行可配置管理。产品研制试验、产品鉴定试验“全包络”策划实施。

3）产品生产制造阶段。建立产品生产基线，实现产品组批生产。关键通用模块及组件组批储备，提高生产线运行稳定性和连续性。通过两级验收衔接“货架产品”与“型号需求”。

4）产品成熟度提升阶段。以成熟度定级为阶段目标点，在通用单机产品首次交付用户后，完成产品化指标体系的统一和固化，产品达到 3 级成熟度。后续型号选用 3 级及以上成熟度产品时，严控状态变更，并持续开展单机产品薄弱环节治理和版本升级，逐步提升产品成熟度。

4.3.3　工作成效

经过多年产品化工作，公司实现了型号、产品研制队伍分离，产品化队伍实现专业分工，人力资源配置得到优化，在员工数量基本不变的情况下，建立了多品种、小批量宇航产品研制体系，产品状态逐步收敛。目前单机产品平均开发周期缩短 30% 以上，质量问题下降了一个数量级。

4.4　航天产品合格率与稳定性提升实践

本节以阀门产品为例介绍产品合格率与稳定性提升的实践，重点是通过分析产品关键环节的指标，查找制约产品合格率与稳定性提升的薄弱环节，控制过程中的偏差，提升制造技术水平，支撑产品合格率与稳定性的持续改进提升。

4.4.1　概述

阀门是运载火箭增压系统的关键单机，其产品质量的稳定性和合格率关系到火箭总装交付进度，对保成功和提升企业的经济效益具有重要意义。近年来，随着运载火箭高强密度研制发射，阀门产品的需求量日益增多，却在发射场多次出现产品质量问题。为此，某公司以产品合格率稳定性控制专项工作为抓手，以 3.5.2 小节中提到的“六步法”为指导，坚持问题导向，聚焦关键环节，实施过程控制，升级制造技术，提高自动化程度，固化方法，持续改进，确保产品合格率稳步持续提升。

4.4.2　具体做法

4.4.2.1　坚持问题导向，聚焦关键环节

1）对阀门产品历史生产数据进行统计分析，面向问题确定单机产品关键指标。

2）按产品装配关系沿部件、组件、零件逐级展开，确定单机产品指标关联零组件及其指标。

3）对关联零组件的关联指标进行分析，采用 FTA、数据对比等分析方法，确定零组件产品指标和关键影响环节。

4）抓住影响产品合格率的主要矛盾，重点针对系统性偏差问题，制定针对性措施，优化工艺方法和参数，加严过程控制，提高产品合格率。

以某电磁阀产品为例，聚焦导致超差的壳体阀座表面粗糙度和活塞阀的运动间隙两个关键指标，重新设计和研制刀具结构，优化刀具参数，提高刀具刚性，优化机床转速和切削速度；在装配前基于实测值进行零件的选配，加严控制运动副间隙，产品合格率由 56.7% 提高到 83%。

4.4.2.2　分解流程要素，实施过程控制

1）以“控制随机性偏差，预防偶然性偏差”为工作重心，面向阀门产品全级次、制造全流程、全要素，分析人、机、料、法、环等环节可能导致两类制造偏差的因素，实施精细化管控，包括细化、优化工艺要求，合理设置工艺参数范围。

2）明确机床精度要求，限定使用范围。

3）加强量具周期检定管理和检验人员培训考核。

4）细化、量化操作流程和方法，实施阀门装配人员专业化建设。

5）建设数字化装配生产线，实施自动化装配等手段，以实现产品质量稳定性控制。

以高压冷氦电磁阀为例，通过分析阀门装配过程、零件加工过程引入的随机性偏差，确定引起产品合格率波动度的主要因素为操作人员技能、切削工艺参数、加工机床精度、刀具状态等。实施精细化管控后，目前产品合格率波动度降低至 5% 以内。

4.4.2.3　升级制造技术，提高自动化水平

为实现阀门精密制造，公司积极推动先进制造技术研究、产品研发及应用，加快建设数字化生产线 / 单元，提高生产过程的自动化水平，解决现有产品制造对工人技能依赖较强而导致工序质量不稳定、生产效率低的问题，实现过程的精确控制，为产品合格率的稳定性控制提供坚实保障。

近三年来，公司完成了典型阀门壳体自动化加工、发动机泵阀产品自动化检测等生产线建设，实现阀门壳体自动排产、自动上下料、程序版本管控和精密加工，产品质量一致性提升 90%。启动了阀门数字化装配、涡轮泵壳体数字化机加、涡轮转子类零件数字化加工等生产线建设。阀门数字化装配生产线在 2022 年上线后，通过零件自动出入库、数字化配套、自动化装配等技术的应用，可实现阀门装配全过程质量数据自动采集及 100% 可追溯。

4.4.2.4　构建激励机制，持续改进

1）在产品合格率和稳定性控制工作推进过程中，公司印发了工艺、效率、质量提升及改进奖励办法，建立正向激励政策，从产品合格率稳定性控制带来的经营效益中设置专项奖励，激励一线人员。

2）策划了在全公司范围内采用“揭榜挂帅”的举措，激发一线工艺和操作人员申报改进项目，提供专项经费，解决长期困扰生产现场的质量问题，对取得显著效果的项目给予大力度的激励。

3）建立员工个人质量档案，将个人参与技术创新、工艺攻关、质量改进、设备保全等工作纳入正面清单，通过信息化手段，实现对员工质量工作的量化评价，量化评价结果

与人员晋级、职称评定、年终考核等挂钩，逐步建立长效机制。

4）结合公司承制产品及制造工艺特点，将现场工程经验、工艺改进成果、合格率稳定性控制经验纳入工艺规范，并针对同类产品、同类专业的相同作业过程形成标准工序规范；基于智能化工艺设计信息系统确定同类产品工序链条，调取标准工序库中的相关工序内容，实现了工艺设计横向一致，提升产品生产过程的精细化控制水平。

4.4.3 工作成效

4.4.3.1 典型产品合格率持续提升，有力保障产品交付

通过深入推进合格率与稳定性专项工作，采取工艺攻关、精细化管控及设计工艺改进等措施，典型产品质量均得到持续提升，阀门产品的合格率提升 20% 以上，有效保证了产品交付和质量；生产效率提高 15% 左右，有效保证了型号按节点交付。

4.4.3.2 产品制造全过程精细化，夯实稳定性控制基础

以薄弱环节梳理、密封圈安装操作有效性审查等为重点，通过优化工艺流程、量化细化工艺控制要素、改进检验检测方式及强化过程记录等持续开展工艺文件精细化，完成阀门类重要单机及部组件文件一体化及精细化工作，完成零组件工艺文件细化量化改进。通过开展精细化工作，有效提高了相关文件指导性，固化了操作方法，强化了生产过程的精细控制，为产品合格率与稳定性的提升提供重要支撑。

4.5 航天产品标准化建设实践

本节以航天火工品为例介绍了标准化建设的实践，重点是围绕各类航天火工品的质量保证要求和组批验收要求进行研究，梳理形成了统一的标准体系，统一了组批验收标准，以支撑火工品产品研制和质量保证工作。

4.5.1 概述

火工品作为箭上关键单机产品，是不可检测的一次性使用器件，在使用中任何故障或失效都可能导致飞行任务失败的灾难性后果。近年来，火工品出现了一些质量问题，导致总体大型试验甚至是飞行试验的失败。分析火工品质量问题频发的深层次原因，主要有两个方面：

一是火工品产品质量保证标准仍不够全面系统。火工品为一次性使用产品，功能不可检不可测，因此，只有通过在产品设计、工艺、生产、检验、检测、验收、交付、使用全过程中的质量控制，来保证产品的质量。针对航天火工品的研制，之前形成了火工品研制系列标准，包括火工品研制、火工品选用目录和技术文件编制共 3 个系列，该系列标准主要规范了产品设计要求、设计验证、设计鉴定、质量一致性检验等试验要求，但对于产品设计关键特性、工艺、生产、检验检测、验收试验操作等方面，仍未形成统一的质量保证要求。尚未形成覆盖火工品设计、工艺、生产、检验、检测、验收、交付、使用等全过程的通用质量保证标准，针对各类产品技术特点的专用质量保证要求仍为空白，亟须在各类火工品检验、检测和验收等环节形成产品质量保证标准。

二是火工品的少量多批次生产不利于保证产品质量的一致性。航天火工品大部分是针对各型号自身特点单独研制、选用、生产和验收的火工品，多年来形成了“一个型号一个状态”“一种产品多种验收状态”的生产组织模式，造成了航天火工品的品种规格多、投产批量小、验收要求不统一的局面，各型号要求横向不一致的情况较多，产品质量控制难度大。目前的火工品系列标准规范了火工品的研制工作，适用于新研型号火工品选用和研制，但许多成熟型号火工品不在优选目录中，且仍按照各型号技术条件验收。随着航天型号发射数量越来越多，密度越来越高，使得航天火工品的组织生产状态越来越烦琐，周期也越来越长，不仅带来了高额的研制和验收成本，延长了生产周期，工艺稳定性也难以保证，产品质量一致性难以提高。

因此，非常有必要开展火工品的质量保证和组批验收标准研究，从过程和产品两个维度全面梳理形成高指标、严要求的火工品质量保证标准。同时，在各类火工品质量保证标准的基础上，形成多型号共用的火工品组批生产和验收规范，为火工品大批量规模化生产奠定基础，实现火工品研制的提质增效。

4.5.2　具体做法

4.5.2.1　现状调研

对航天主要在研、在飞型号上所使用的火工品（包括分离、动力、姿控等系统）进行清理，形成多型号共用的火工品清单。

对航天火工品设计、工艺、生产、检验、检测、验收、交付、使用全过程的质量保证相关标准及其要求进行梳理和研究，结合标准体系建设工作，形成火工品实现全过程的质量保证相关标准清单。

对目前多型号共用火工品的生产和验收、质量保证现状进行调研分析，从技术条件和质量保证的角度研究组批验收存在的主要问题和可采取的解决措施，进而研究从当前的按型号生产验收转化为产品多型号组批生产验收的可行性。

对现行的航天火工品标准进行统计，国标占 0.25%，国军标占 31.57%，航天行业标准占 4.55%，兵器行业标准占 0.51%，集团公司级标准占 7.83%，院级标准占 12.63%，部 / 所 / 厂级标准占 42.66%，如图 4-14 所示。

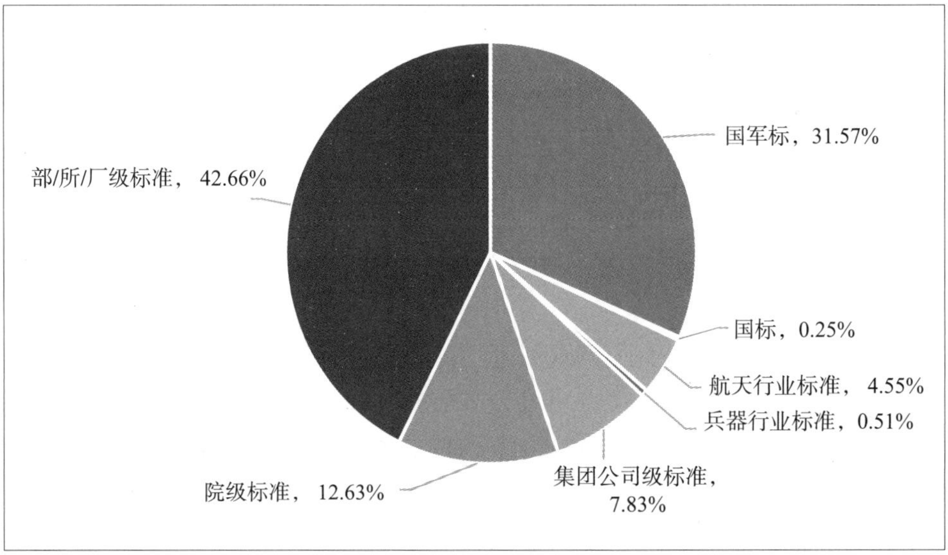

图 4-14 航天火工品标准分级比例图

航天火工品标准根据内容可分为：术语标准、通用质量特性标准、产品保证标准、产品规范、试验测试标准、总装使用维护标准等。

4.5.2.2 火工品组批验收标准

通过对各类火工品的梳理，形成共用产品型谱简表。在分析共用火工品多型号组批生产验收可行的基础上，结合产品的制造验收技术、产品规范及各类火工品产品质量保证要求，规范验收环境试验项目和条件，研究形成组批生产和验收的工作方法，具体如下：

（1）验收准备

1）生产单位按照不同型号相同产品的任务书的包络要求，形成统一的产品规范或制造验收技术条件、图样、工艺文件等，生产单位完成厂内生产和验收，且合格证签署完整。

2）生产单位按要求备齐各项资料。

（2）提交验收

1）产品交付方完成产品档案的归档和全部验收材料的准备。

2）生产单位完成验收资料的准备，并向订货单位提交“验收申请表”，明确验收产品的名称、代号、批次、数量以及可以交付使用的型号等主要信息。

3）订货单位应书面通知任务书提出单位、设计单位、生产单位等相关单位，明确计划验收时间安排和参加验收人员要求等。

（3）预验收

1）订货单位负责组织成立预验收组并确定预验收组组长，预验收组组长明确预验收组成员工作分工，验收组按照分工对产品进行预验收。

2）预验收组重点针对设计质量分析报告、生产质量分析报告中的相关内容，检查生产方质量记录文件与任务书等技术文件，以及质量记录文件与报告内容，报告内容满足任务书等技术文件的符合性、正确性等要求。

3）预验收组对产品材料记录、零件加工记录、半成品管理记录、非带药装配记录、内装火工装置装配记录、火工装置装配记录、验收试验和成品检验记录等生产、试验过程中的关键环节进行抽检。

4）预验收审查通过后，预验收组出具“预验收结论”，将产品提交验收评审，并在验收评审会上汇报预验收情况；预验收审查未通过的，生产单位应在预验收组要求的时间范围内完成整改，预验收组重新开展审查工作。

（4）验收评审

1）在预验收通过后，方可召开产品验收评审会。

2）验收评审组结合预验收过程中提出的意见和存在的问题，组织审查产品设计质量分析报告和产品生产质量报告，评议产品质量是否符合相关要求，并确定相关遗留问题和待办事项。

4.5.3　工作成效

1）结合航天科技集团新型企业标准体系建设和标准内容对比一致性评估梳理，优化完善航天火工品领域标准，形成了航天火工品统一可执行的标准体系，实现了对新型企业标准体系的有效管控，支撑了“一个 CASC，一套标准”建设。

2）在火工品执行标准规范清楚的基础上，明确火工品设计、工艺、生产、检验、检测、验收、交付、使用全过程的通用质量保证要求，以及电点火（起爆）器、隔板点火（起爆）器、爆炸螺栓、小型固体火箭、索类火工品、非电传爆系统等火工品质量保证要求，形成火工品质量保证要求标准清单和各类火工品的质量保证标准，实现同类火工品标准要求“横向一致”，持续提升航天火工品质量保证能力。

3）对于梳理出来的共用火工品，在分析多型号组批生产验收可行的基础上，结合该产品的制造验收技术、产品规范及各类火工品产品质量保证要求，规范验收环境试验项目和条件，形成组批生产和验收的工作流程和方法，以及指导共用火工品组批验收工作流程和方法的标准明细及其主要内容。

4.6 航天型号风险辨识与控制实践

航天是当今世界最具挑战性的高科技领域之一，具有系统复杂程度高、技术难度大、工作环境恶劣等特点，追求高质量、高可靠和一次成功、次次成功是航天人不懈努力奋斗的目标。在型号研制、生产、试验和运行维护过程中，如果不对其中的风险加以有效分析和控制，就有可能出现重大损失。航天科技集团始终坚持以确保航天重大工程任务圆满成功为工作核心，始终坚持以不断强化全员质量意识、风险意识和责任意识为思想先导，始终坚持以解决突出问题和共性薄弱环节为重点方向，始终坚持以体系化推进质量能力持续提升为根本保障，实现了型号发射与飞行任务连续成功的新跨越，有力支撑和保证了各项科研生产任务的顺利进行，为航天科技集团实现“三高”全面发展奠定了更加坚实的质量基础。

4.6.1 航天产品主要风险因素辨识与控制

通过对国内外航天型号发生的严重及以上质量问题背后的原因分析，总结了 12 个维度的规律性原因，如图 4-15 所示。在此基础上，梳理辨识产品设计、工艺、生产、检验、测试和人员等方面存在的制约型号任务成功的风险事项，其中关键特性辨识不充分，试验不充分，操作规程不精细或未严格执行，手工作业环节质量不好控制，未检验检测或检验无效，老产品质量不稳定，产品固有可靠性不高等是导致问题发生的主要因素。

老产品质量不稳定	成败型单点模式	关键特性辨识不充分
技术状态变化	手工作业环节质量不好控制	操作规程不精细或未严格执行
地面或飞行中重复发生	试验不充分	未检验检测或检验无效
产品固有可靠性不高	系统容错策略不足	过程异常处置不当/不彻底

图 4-15 质量问题背后 12 个维度的规律性原因

经分析，影响航天型号产品质量的原因主要有以下三个方面：

1）关键产品质量不稳定，与高质量保证成功的要求不适应，可靠性设计与试验有待进一步加强，质量分析工具和检测、试验、仿真等技术手段缺乏。

2）过程质量管控能力欠缺，高标准保证工作质量和产品质量的能力不足。

3）质量管理的针对性、有效性、科学性不足，质量管理体系与常态化高强密度发射和研制生产任务及航天强国建设的高标准要求不适应。

针对国内外航天型号发生的问题，我们提出了针对性的风险防控措施。

4.6.1.1　以问题为导向，聚焦薄弱环节，采取确保任务成功的针对性措施

1）老产品风险消除或规避到位。认真梳理型号用的老设计、老产品、老标准存在的隐患和风险，确保控制改进工作到位，“三再”（再设计、再分析、再验证）工作落实到位，并及时完成依据标准的升级替代。

2）关键特性辨识充分准确、控制全面有效。确保表征产品实物质量与可靠性的指标体系完整，从设计和生产源头保证产品的三类关键特性（设计关键特性、工艺关键特性、过程控制关键特性）识别到位；针对不可检、不可测环节，按照“四不到四到”“五环节”要求深入开展风险分析，杜绝仅靠人员保证的过程；采用先进的方法、工具和设备，减少“人员保障 + 工艺保证”环节比重，提高过程可检验、可测试比例。

3）仿真、试验做到充分、覆盖、有效。分析确认相关试验依据标准的充分性，建立健全试验标准，试验标准要做到试验要素全面，各项要求要覆盖状态、环境、离散的偏差；要对试验设计方案进行确认，确保按照标准完成试验后有效堵住漏洞和有效消减风险；对于不能从理论分析确认的风险，要组织从产品、分系统、总体维度补充开展仿真试验和专项试验。

4）过程异常现象 / 问题处置彻底。针对生产调试、各类型试验过程中的异常现象和问题，在处置过程中必须要以标准规范为依据，并确保相关方知悉；对于处置所依据的标准规范要求不清晰、针对性不强的，必须立即进行修订；要针对出现异常的产品处置后的风险进行充分、全面分析，明确问题处置、把关、放行的责任；要重点对异常点和异常数据进行深入分析，查清原因，明确风险，必须更改的做到立行立改。

5）地面设备完好、操作流程精准。制定发射场和地面设备检修和备件更换策略，提前开展留守设备和发射设备的巡检巡修，更换相应设备、部组件，根据现场贮存和使用环境采取必要的防护措施，确保发射场和留守设备、发射设备的完好性。各型号要细化确认发射流程，落实发射场流程问题处置预案并有效演练。

6）重大风险规避措施具体、可落实。全面深入分析生产、试验、交付使用过程中可能存在的Ⅲ级及以上风险，制定风险规避措施，落实到具体单位、具体人员，各单位要组织成立部 / 所 / 厂级专家保障团队，协助消减风险。

4.6.1.2　以关键产品和典型产品为重点，制定确保任务成功的针对性措施，提升过程质量管控的精准性

深入分析国内外航天型号近年来发生的严重及以上质量问题所涉及的关键、典型产品，在严格落实超差、返修产品不得在航天重大任务上使用的要求基础上，开展质量控制措施

有效性的确认。重点聚焦以下产品和环节：

1）发动机及增压输送系统。发动机系统围绕执行重大任务产品，针对总体输入要求及试验考核验证覆盖性再确认；对质量问题归零措施在Ⅰ、Ⅱ类单点故障产品的落实情况以及举一反三的彻底性进行再确认；对存在的风险进行再分析，必要时通过地面试验对措施有效性进行验证。针对增压输送系统，配合型号总体针对极限偏差状态进行有效仿真，必要时开展相关试验，规避风险。

2）火工装置及分离类产品。按时序复核火工装置在动作时的可靠性保证措施和极限环境适应情况，确保关键时序火工装置的备保可靠，杜绝“伪冗余”。对于分离类产品（爆炸螺栓等），从设计源头复核产品选用的适宜性。

3）管路活门及执行机构。严控动力系统活门生产和检验过程，细化调试流程和检验规程，严格剔除不合格产品和出现异常现象的产品；针对执行机构类产品，从整个通路开展极性正确性的确认，充分考虑行程极限问题，要有防锁死措施。

4）电源类产品。对于地面电源类产品，开展环境及任务适应性的确认，做好备附件的准备及维护；对于箭上电池，开展发射环境影响情况分析确认；对于空间电源类产品，充分考虑机构运转磨屑多余物、空间环境等因素引入的风险，优化设计、做好防护。

5）接插件产品操作及产品过程操作控制、确认。针对接插件产品的安装、操作、防护等环节，对现场操作和确认所依据操作规程的针对性和有效性进行确认；严格落实产品运输和外场操作的多余物防护和静电防护要求；严格按照规程进行产品安装极性确认，制定规范的安装后测试要求并开展有效测试。

6）软件产品。依据发射、入轨过程关键时序事件链梳理软件的测试覆盖性，以环境差异性为关注点分析测试覆盖的有效性；确保软件更改受控、软件版本受控；确保诸元等需人工输入的参数计算正确，装定准确，审核确认有效。对于运行环境涉及国产化替代元器件的软件产品，要充分分析软件运行环境的差异并补充开展相应的测试，确保软件的健壮性。

4.6.1.3 聚焦研制过程，落实责任，消减风险，做实过程，制定确保任务成功的针对性措施

细化做好研制过程各项工作，提高工作标准，强化资源配置，严控技术状态变化和产品出厂放行，同时有效借鉴先进质量管控经验，提升过程确认有效性。

1）做好人员及产品的双优配置。开展关键岗位人员优化配置，将最优人员配置在重大任务关键岗位；强化发射场一岗、二岗人员同责，强化二岗人员技能培训，提升二岗人员对发射场工作有效性确认的能力。对产品化产品要做到优中选优，优先选用参数在成功数据包络范围内的可靠产品。

2）确保手工操作环节结果一致、可检测。对于手工操作环节，操作规程务必明确，要有针对性的确保操作一致性的措施；要确保手工操作环节结果可以直接检验、检测，再确认要求细致清晰；对于不能直接检验、检测的环节，必须立即制定针对性改进措施。

3）强化过程确认有效性。要确保过程确认节点依据的标准完备，过程节点确认时杜绝漏项，强化过程把关的有效性；针对重大任务型号设置专门的技术保障专家队伍，强化过程确认专家的参与度，专家组要认真履行把关职责；优化评审节点，关注技术难点、型号特点和任务进展，确保正向过程确认可信、有效。

4）严控技术状态变化。聚焦设计、生产、试验过程技术状态变化，将工艺技术状态更改（含原材料关键指标的变化）、地面试验技术状态纳入产品技术状态更改进行严格管控。各配套单位的Ⅱ类以上技术状态变化必须报型号及院级技术状态控制委员会进行评审确认。

5）严控产品出厂放行。聚焦风险闭环，细化型号及关键产品放行准则，聚焦问题处置以及举一反三的完备性；强化质量问题的管理归零，严禁“走过场”；产品放行过程中，要切实有效发挥专业和组织层级的作用；质量监督代表队伍要将重大型号任务作为质量监管的首要任务，严格执行监管要求，各单位要将质量监督代表放行意见纳入型号出厂放行条件。

6）向标杆看齐，学习先进经验。要组织各型号积极借鉴其他型号先进研制、质量管控经验，组织型号间技术、经验交流；各型号队伍要结合本型号及产品特点，及时有效改进提升。

4.6.1.4　以“三个面向”质量分析为抓手，彻查质量风险隐患，严格产品研制过程质量管控

为确保航天科技集团后续航天重大工程的圆满成功，坚决杜绝已出现过的重大和严重质量问题的重复发生，在梳理分析质量问题原因及问题发生过程的基础上，识别影响任务成败的关键产品、关键环节、关键单位，以杜绝同类故障模式和故障机理问题的再次发生为目标，组织开展有针对性的检查确认和举一反三工作。主要提出以下风险管控措施。

（1）梳理分析问题原因，明确工作重点

对本单位出现的质量问题进行梳理分析，针对每个问题，要在质量问题技术归零和管理归零报告的基础上，对导致问题发生的环节、过程控制无效的环节进行再辨识；对采取措施的针对性和有效性、举一反三要求落实的全面性、举一反三的彻底性等方面进行再确认；以“三个面向”质量分析为抓手，识别导致问题发生的重点产品、重点环节和重点单位，明确质量检查确认的工作重点。对于其他单位出现的问题，要结合本单位实际情况进

行反思和举一反三。

（2）聚焦问题原因线索，形成具体要求

在梳理分析重大和严重质量问题的同时，以具体产品（系统）为对象，以发生问题第一环节为质量检查确认的工作起点，同步形成开展检查确认和举一反三的具体要求。

对于主要因技术认知水平和技术能力不足所导致的问题，要重点对同类产品、同类系统是否存在试验验证（含仿真试验）不充分、设计规范执行不到位、可靠性安全性设计存在重大风险等情况进行再分析、再确认，将确认结果纳入设计过程控制要求中，并对在实物产品上的落实情况进行检查确认。

对于因产品实现过程质量控制要求不明确、质量控制要求落实不到位、过程检验测试方法无效或执行深度不够导致的问题，要依据质量问题发生的原因，对同类产品实现的工艺方案及工艺规程、生产过程人员及工具工装保证、检验检测的覆盖性和有效性等各环节进行再确认。重点对同类产品是否存在同类问题、同类工艺是否存在同类隐患、同类操作是否存在同类风险、同类检验测试是否存在同类漏洞等方面进行分析确认。

要以产品的关键特性辨识和过程检验、测试覆盖性分析为主线，以产品的最终使用状态可直接确认、定量确认为目标，明确产品最终状态能够得到检测和确认的第一环节，对产品检验、检测和测试状态的时机、方法、工具、人员等进行分析确认并落实到位；要依据质量问题的故障模式和故障机理，在本单位产品范围内开展深入的举一反三。

（3）认真开展检查确认，消除风险隐患

依据检查确认和举一反三的具体要求，组织力量、调集资源，认真组织开展相关工作。

对于已进场或即将进场开展后续飞行任务的型号，要完成对相关产品实物质量的再确认。

对于已进入到型号总装总测阶段、执行重大飞行任务的型号，要在型号出厂前完成对相关产品实物质量的再确认。

对于其他型号涉及的正在研制生产过程中的产品，要同步依据检查确认和举一反三的具体要求，对过程质量控制要求的全面性、有效性进行再审视。

对于在工作过程中发现的问题和隐患要立即进行整改，对于需上级协调解决的问题要立即上报。

（4）严格重大任务标准，落实“优选优配”

对于航天重大任务，由任务抓总院牵头，对于曾出现过重大和严重质量问题的产品，在严格落实产品成功数据包络要求的基础上，根据不同产品特点，进一步细化各产品优选的具体功能性能指标要求并在型号中严格落实。

对于相关产品的过程控制的关键环节，责任单位要进一步明确人员优配的具体要求，对人员的资质、能力、经验、责任心等方面进行严格把关。

同时，提出航天重大任务“优选优配”要求及其落实情况，对已进场型号，在型号转场发射前完成确认，未出厂型号要在型号出厂评审前完成确认。

4.6.2　中国运载火箭技术研究院风险辨识与控制实践

本节介绍了运载火箭技术研究院从面向组织、面向过程、面向产品、面向发展四个方面开展的风险辨识与控制实践。

4.6.2.1　面向组织，强化风险意识、落实组织责任

1）持续开展质量与风险意识教育。以定期召开工作会、动员会和质量分析会的形式，开展形势任务教育和质量形势分析，统一思想、凝聚力量，强化全员的质量意识、风险意识和责任意识。充分利用各类宣传载体和平台，广泛营造积极氛围，坚定任务成功的信心和决心。

2）强化各级质量责任制的落实。坚持各级领导深入基层，深入一线，深入现场，抓关键，抓短线；坚持单位责任人、型号两总亲自组织确认重要节点、重要风险和薄弱环节。

3）加强发射任务保障。成立独立保成功专家组，集最优势智力资源保成功，提前策划专家组检查把关要素、节点，组织专家组独立把关；充分发挥型号产品保证中心在软件评测、元器件保证、工艺保证等方面的专业支撑作用，出具独立评估意见，作为型号任务出厂放行的前置条件；组织开展型号间的经验交流，确保技术方案、管理经验横向一致。

4）加严型号产品放行标准。制定型号、关键系统和单机放行准则，逐级对标检查；严格落实责任人质量承诺。

5）强化型号全级次供应商风险分析与控制。实施供应商集中管理；全面开展“三个清楚”梳理和全级次供应商风险分析；强化供应商能力培育和考核，对问题多发供应商，组织质量约谈、专项检查，分级组织供应商专题培训，促进航天质量管理要求的有效传递和末端落实。

6）严格质量问题归零。严格质量问题信息报送和闭环机制，坚决杜绝瞒报、漏报、迟报现象，做到“信息上报快、举一反三全、责任落地实、归零标准严”。推行质量问题归零评估机制，提升质量问题归零的严肃性、及时性、有效性。

7）航天重大任务人员定岗定级。统筹安排人力资源，选择优质人力资源，考核上岗，专人专岗，严禁新人员独立承担工作；从总装总测到发射场全流程相对固化人员，不允许临时替岗、换岗；总装总测关键环节，设计师要全程跟产。

4.6.2.2 面向过程，辨识风险、严控风险

1）持续加强型号风险控制。开展风险树分析，有效识别型号的全面风险，对风险项目分阶段进行回归确认；梳理形成型号技术风险项目清单，并制定复核复算、试验验证等风险控制措施。

2）强化飞行时序动作分析与确认。对照任务剖面，对飞行时序动作检查确认或飞行事件链分析进行再确认，重点开展基于飞行动作和失效功能分析的关键指标闭合检查。

3）对Ⅰ、Ⅱ类单点故障模式分析进行再确认。杜绝“假冗余、真单点”；发挥各单位专业横牵作用，对单点产品清单、关重件清单、三类关键特性清单进行再审视；单位责任人、型号两总“眼见为实”检查单点故障模式控制措施落实情况。

4）严控技术状态更改。Ⅰ类更改组织专家或机构独立评估，并经专题评审；Ⅱ类更改由部 / 所 / 厂级 3 名以上独立专家审查，报型号确认；将工艺和试验状态等更改纳入技术状态更改管理。

5）落实不可检、不可测项目的识别与控制。按照测试覆盖性“五要素”分析法，对测试项目是否逐级覆盖进行确认，对不覆盖项目开展风险分析，制定保证措施；提高冗余产品的可测试性，确保冗余功能真实、有效。以Ⅰ、Ⅱ类单点故障模式产品的关键特性为重点，系统分析“四不到四到”管控情况，制定提升过程可检、可测试水平的措施，最大限度减少只靠工艺保证、人员保障环节。

6）持续开展“三再”工作，稳步开展可靠性增长专项工作。完成供电冗余、桥带（丝）冗余和敏感火工品改进，完成统型改进分离装置的全面验证，在部分型号应用；针对新设计、改进设计产品和未达到可靠性指标要求的产品，补充开展可靠性增长试验或风险分析，给出满足任务要求的明确结论。

7）开展一体化精细规程编制和应用。以关键产品、综合试验、总装总测和发射场为重点，加快推进箭体结构、增压输送、发动机、伺服机构等一体化精细规程编制和应用，实现关键单机装配、总装总测、发射场一体化文件应用全覆盖。

8）严格总装总测和发射场管控。落实“一步一令、一令一动”的要求；细化完善成败型、易错、难操作、盲操作、难检测等关键操作项目，落实表格化检查和多媒体记录要求；强化出厂测试、发射场测试判读，设计师“眼见为实”并签字。

9）深入推进发射场精细化流程建设和正向质量确认。将发射场工作项目细化到每个操作、状态检查和数据判读，建立“一本通”式的岗位作业指导书。

4.6.2.3 面向产品，严格验收、做实优选

1）严格产品验收与优选。推行产品验收规范，坚持用数据说话，严肃执行产品紧急和例外放行要求，推动产品验收由会议验收向产品过程确认和结果确认转变。开展成功数

据包络分析，优先选用合格包络产品，对指标离散性大、数据临界、变化趋势不符合预期的关键产品不得用于航天重大任务。

2）确保关键产品质量与可靠性。对影响成败产品的三类关键特性识别的全面性、100% 检验和量化设置的有效性，标准符合性，禁限用工艺和氢脆控制正确性等进行确认。影响成败产品的关键特性不得超差放行、返修使用；关键件、重要件不允许疲劳赶工生产，关重特性不得超差放行、返修使用。

3）严格返修产品控制。围绕Ⅰ、Ⅱ级焊缝，影响成败产品及影响发射流程产品，开展补焊、返修复查；运动副、密封副配合不允许返修使用；对返修人员资质、设备、环境、检验、多余物等次生风险防控、质量记录等进行确认。

4）严格开展物资质量检查确认。对物资复验标准变化、订货验收协议的落实情况，关键原材料 100% 入厂复验情况等进行复核；关注影响成败的关键重要物资的质量控制情况。

5）加强软件产品质量保证。围绕虽软件完全沿用但硬件进行国产化替代的情况，做好软件沿用可行性分析；围绕技术状态更改，做好影响域分析、接口匹配性分析、测试充分性分析、基于实现的软件需求双向确认、第三方回归测试、软件评测中心复核等工作；涉及技术状态变化的 A、B 级软件要独立验收。

6）严控产品实物状态。在产品交付前、型号出厂前完成“九新”复查，重点关注生产、试验过程新工艺、新环境、新设备、新人员情况；对关键工艺参数、工装设备、转产等工艺状态变化项目，以及长期停产后恢复生产等项目按首件鉴定标准进行工艺鉴定。

7）开展极性确认。以零部组件和元器件为颗粒度，自下而上逐级清理有极性要求的项目，形成极性项目清单；规范极性检查方法，自上而下逐级确认极性正确性，确保极性项目有可靠的检验保证措施和可追溯记录。

8）提升产品检验检测能力。对不可检测项目进行再识别，特别要关注影响成败的产品；对不可检测项目要尽量将其转化为可直接检测的方法并验证，确实无法检测的应明确可量化的旁证措施；结合测试覆盖性分析，消除整机级不可检测项目。

9）加强地面设备检修维护。完善检修维护要求，结合产品质量状况、历史质量问题，做好地面设备、商用仪器设备更新及备件准备，对设备状况、数量，使用履历、更换方案等查漏补缺；严格落实研制程序和质量要求，开展地面设备更新改造、大修等工作，关注“与各方握手见面”和“联调联试”的充分性，强化故障预案完备性。

4.6.2.4　面向发展，回归体系、提升能力

1）统筹推进院一体化质量管理体系建设。完成新时代质量管理体系建设试点示范。对接航天精益质量管理体系建设要求，形成院实施方案并推进落实。

2）推进精益产品保证实施。推进液体火箭动力系统产品保证工作；建立产品保证中心，构建精细化产品保证流程；推进落实“两个一切”专题研究确定的工作项目。

3）持续开展共性问题专项治理。发挥总体牵引作用，与配套单位联动开展液体火箭动力系统、火工品、氢脆、电缆网等高发问题的专项治理，及时总结固化成果。

4）深入工艺基础建设。发布新时期工艺能力提升总体方案。持续完善工艺管理与工艺技术体系，完成年度研究任务。

5）开展标准全面升级。针对老旧院标准，开展院标准复审和修订。聚焦影响产品质量的核心标准，开展多层级的标准宣贯与监督检查。

4.6.3 中国空间技术研究院风险辨识与控制实践

本节介绍了空间技术研究院开展风险辨识与控制的实践，重点是建立了整套的工作机制，确保了多项任务的圆满成功。

4.6.3.1 开展形势任务教育，全面动员，坚定型号任务圆满成功的信心和决心

（1）广泛发动思想，凝聚誓夺全胜的思想共识

空间技术研究院紧密围绕航天重大任务，在全院开展形势任务教育和保成功专题动员，从“讲政治”的高度深化落实集团公司各项要求，进一步强化全员责任担当，坚定誓夺型号发射任务圆满成功的信心和决心。

（2）强化组织领导，落实责任，实施航天重大任务专项管控

院成立空间站、火星任务领导小组和协调保障组；各级领导落实责任、靠前指挥、率先冲锋，深入一线梳理薄弱环节、全力解决问题，确保各项工作稳步推进。

（3）严格落实要求，建立航天重大任务“四优”机制

院明确了“通用产品优用、专用产品优控、研制队伍优选、资源保障优配”要求，深入研究出台有力措施，在重大工程任务中全面实施，全力以赴保成功。

1）通用产品优用：通过一致性比对和成功包络分析，优先选用好产品。

2）专用产品优控：加严设计、生产、测试、试验等全过程质量控制。

3）研制队伍优选：优选能力和经验丰富的人员，建立岗位准入制度。

4）资源保障优配：优化配置相关研制、生产和试验等保障资源。

（4）坚守载人航天高标准，强化“更严、更慎、更细、更实”的工作作风

型号研制队伍进一步强化“要求更严、工作更细、标准更高、作风更硬”的载人航天标准和工作作风，如图 4-16 所示，筑牢“一次做对”的质量理念，扎实把好质量关，确保任务万无一失。

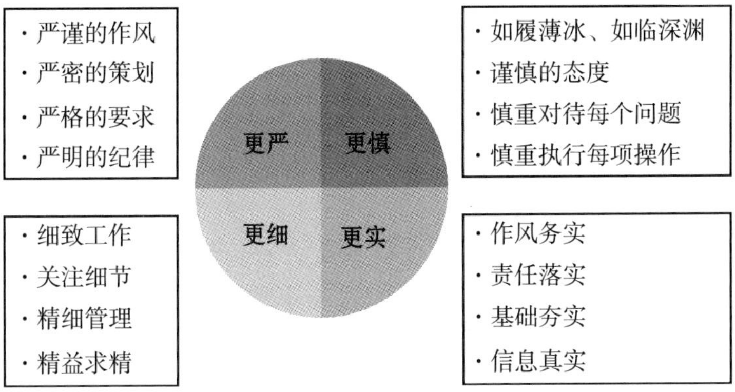

图 4-16　载人航天标准和工作作风

4.6.3.2　精准施策，有效防范化解航天重大任务风险

针对空间站和火星任务特点，院组织最强专家力量，全面开展系统故障容限再设计、产品特性再分析、单点产品再确认等质量活动，与兄弟单位协同工作，确保措施到位、风险可控。

加强风险识别与控制，重点开展产品设计符合性再确认、极性检查再确认、“四不到四到”再检查、技术风险再确认、单点失效模式再复核、故障预案再完善。

开展软件设计专项复核，故障自主诊断策略再确认、故障自主恢复策略再复核、软件配置项再确认、软件健壮性设计再复核、在轨重构功能再复核、在轨维护功能再确认。

全面落实质量确认制要求，严格发射场过程质量确认，强化“4+2”流程管理，完善工作流程，规范要素模板，改进工具方法，提前演练风险操作。

4.6.3.3　统筹资源，坚决打赢密集任务攻坚战

针对航天重大任务并行、同步实施的特点，院提前策划、精心部署，形成了“技术上联合、管理上统筹”的工作机制。

1）飞控方面：组建联合试验队，成立飞控专家队伍；全面梳理空间站与火星飞控任务需求，有效保障任务顺利实施。

2）队伍方面：各型号独立配备两支总装和两支测试队伍，具备同时执行发射场、飞控和 AIT 能力。

3）设备方面：通过测试流程优化、测试设备的动态统筹调配，可全面支持空间站发射和在轨运营任务。

4）能力方面：以“建立一套具有中国特色的空间站工程在轨运行管理体系”为目标，开展在轨支持中心及数字空间站建设。

4.6.4 上海航天技术研究院风险辨识与控制实践

本节介绍了上海航天技术研究院为保证航天重大任务成功开展的风险辨识与控制实践。

4.6.4.1 加强学习动员，提升航天重大任务保成功的责任意识

深刻认识对航天重大工程任务保成功的极端重要性，把广大干部职工的思想和行动统一到保成功上来。深刻理解并落实“最优质的产品、最优秀的人才、最优良的保障”要求，真正把责任担起来，把短线和风险把控住，把质量和进度保证好，集全院之力把影响高质量保证成功的问题解决掉。

4.6.4.2 强化组织领导，压实航天重大任务保成功责任

为落实航天重大任务保成功责任，成立了以院长为组长的重大任务保成功领导小组，按领域成立以副院长为组长的重大任务保成功工作组，组织、协调、监督、指导各型号、各单位开展重大任务保成功工作，压实全员全线全过程全链条保成功责任。

4.6.4.3 加严质量要求，提高航天重大任务保成功的工作标准

1）强化技术风险再确认。对影响任务成败的Ⅰ、Ⅱ类单点故障模式识别的完整性、应对措施的有效性进行再确认，重点检查应对风险的措施在产品实物上的落实情况，消除可能存在的隐患，确保型号风险可控。

2）真正做到优中选优。将最优人员配置到关键岗位，优先选用参数在成功数据包络范围内的可靠产品，明令禁止使用数据异常、离散、单调、临界及超差、让步、返工返修产品。

3）发挥型号两总保成功的灵魂作用。型号两总深入一线，靠前指挥，对影响任务成败关键单机和系统的测试数据及质量履历要眼见为实，亲自确认，做到“状态清楚、环境见底、边界受控”。

4.6.4.4 结合型号特点，采取针对性措施

（1）空间站和飞船型号

扎实开展飞行事件保证链、故障预案再完善及长寿命试验验证工作。结合任务剖面、配合总体开展飞行任务再分解，对涉及研究院电源和对接机构产品的事件和动作保证链再确认，深化推演电源产品故障预案，将确认结果落实到故障预案卡、飞行程序和飞控操作文件中。持续开展太阳电池电路高低温寿命试验和对日定向装置寿命试验，确保寿命指标验证充分。

精准发射场产品保证工作，严控操作测试风险。固化载人航天二期发射场管理经验，形成发射场技术管理和产品保证工作专题策划，严控发射场机械组件机电匹配测试等关键环节和易错环节风险，明确等级为三星以上的风险控制措施，做到操作测试前主管副总师检查措施落实到位、过程表格记录实时确认到位，确保第一时间将风险控制到位。

狠抓首飞产品保成功工作计划落地。落实总体下发的质量工作要求，细化、本地化质量工作举措。重点开展影响首飞成败的 I 类单点故障模式再识别、再确认，电源分系统试验充分性、结果有效性再分析，空间机构可靠展收技术独立评估等方面工作。

（2）卫星型号

强化首飞型号专家审查把关，消除潜在技术风险。对型号潜在技术风险、薄弱环节、关键产品等开展供配电、姿轨控、活动部件等专项审查；结合任务特点，识别型号研制风险，组织院内外专家开展独立评估，确保风险受控。

做实型号关键产品成功包络线分析，保证产品质量。采集型号各阶段、各过程、各分系统的各类数据，实现过程数据可追溯，并与上天产品开展数据比对；对影响任务成败的关键产品开展成功数据包络线分析，确保装星产品性能指标无临界、无偏离，做到产品优中选优。

加强卫星型号 AIT 及发射场过程风险控制，确保操作安全。识别 AIT 过程中影响型号成败的关键产品，明确 AIT 涉星操作、卫星加断电等的操作禁忌，量化风险防范措施。针对发射场测试、展开、加注等关键性、危险性、高难度风险项目，制定检查确认表格，压准压实责任，落实“操作检验好、测试判读好、状态确认好”要求。

（3）运载型号

固化发射场经验，提前做好操作演练。按“首飞”标准，组建工程经验丰富的参试队伍；总结固化前期发射场试验经验，细化完善发射场操作文件；对重要操作提前演练，确保发射任务圆满成功。

严格质量确认，消除隐患和薄弱环节。成立专项保障组，对产品状态、质量进行审查把关；型号两总亲自确认关系成败的飞行产品质量；针对火箭在发射场及飞行过程中发生的质量问题开展“三个面向”质量分析，全面复查影响成败的产品质量，真正解决产品质量和可靠性问题。

统筹资源，确保全年高密度发射顺利实施。发挥专职测发队伍优势，提升测发效率，释放设计师资源；精准实施现役型号发射场流程优化，实现发射场周期再缩短 10%；推进箭上产品、地面设备统型，提升研制交付和统筹使用效率。

4.7 航天工程质量管理数字化创新与实践

当前，全球正在经历广泛而深刻的数字化革命，当今社会已进入数字化时代，数字化转型是推动质量强国、航天强国建设的重要推手，也是推动航天科技集团“三高”全面发展的主要着力点。本节主要围绕加快建设质量强国、航天强国的要求，介绍数字航天建设、质量管理数字化建设等方面的创新实践。

4.7.1 数字化转型是航天高质量发展的必然选择

4.7.1.1 数字化转型是新工业革命的必然趋势

人类的工业化进程已迎来信息化革命，必须抓住信息化发展的历史机遇。1775 年前后蒸汽机的发明开始了人类文明史上的工业革命。人类的工业化进程经历了三次革命，即机械化、电气化和自动化，工业化的水平在不断提升。现在进行的第四次革命即信息化革命。2013 年德国推出工业 4.0，标志着第四次工业革命正式拉开序幕。《中国制造 2025》的发布，推出了中国实施制造强国战略第一个十年的行动纲领。中国航天作为中国制造业的重要领域，必须在第四次工业革命中勇立潮头。

4.7.1.2 数字化转型是落实国家战略的必然要求

近年来，我国高度重视发展数字经济，将其上升为国家战略。航天科技集团需要把握的重点就是：“深度融合”的落脚点是实体经济；“数字产业化和产业数字化”的落脚点是产业数字化；“赋能”的目的是实现产业升级，“催生”高质量发展的新模式。

4.7.1.3 数字化转型是实现航天高质量发展的必经之路

2021 年，航天科技集团第八次工作会进一步强调，必须立足新发展阶段，完整、准确、全面贯彻新发展理念，积极融入新发展格局，形成“三高”全面发展的新局面。“高质量保证成功”是指用高水平的全覆盖、全级次、全要素、全寿命周期的质量标准、质量体系、质量文化和质量管理能力，保证型号任务成功率稳定上升，保证产品和服务得到用户满意，保证集团的信誉和口碑得到市场的认可。“高效率完成任务”是指运用现代管理理念、管理技术和管理工具，改进优化工作流程、生产工艺和操作规范，有效配置各种资源，有效降低生产经营管理成本，做到工作一流、过程一流、结果一流，以高水平的效率变革推进各项工作任务完成。“高效益推动航天强国和国防建设”是指按照整体效益最佳原则，高水平推进经营管理模式变革、管理体制机制优化、资产保值增值，整体效益不断提升，各类风险控制能力不断提高，以持续稳健的综合实力推动航天强国和国防建设。

20 世纪 90 年代后期，国家启动了载人航天、月球探测、火星探测、北斗导航、新一代火箭研制等重大航天工程，科研生产任务井喷式增长，我们面临着组织管理更为复杂，工程研制难度更大，持续发展要求更高的新形势、新任务、新目标、新课题，也要求我们必须全方位加快数字化转型。

4.7.2　数字航天建设为航天高质量发展赋能

4.7.2.1　数字航天建设愿景目标

航天科技集团确立了数字航天建设的愿景目标，以两化深度融合为主线，以流程、模型、数据为核心要素，以流程驱动、模型驱动、数据驱动为动能，以产品、组织、基础为对象的全组织、全领域、全流程、全场景的数字化建设，最终实现面向全对象的数字孪生体系，为航天高质量发展赋能。

按照航天强国建设蓝图，确立了数字航天建设“三步走”战略。2025 年，基本实现数字航天，推进航天数字化科研生产和管理模式全方位升级和深度变革重构，全面提升集团公司核心竞争力，实现数字化发展。2030 年，全面实现数字航天，推动组织管理体系创新，实现航天数字化产品、数字化研制、数字化管理和数字化产业协同发展，建成智能航天，支撑跻身航天强国之列。2045 年，高水平全面实现数字航天，成为全球领先的智能化装备制造商及高品质航天装备、航天产品与服务提供商，具备高效的全球资源整合与配置能力，占据全球太空经济产业链高端，建成智慧航天，支撑全面建成航天强国。

4.7.2.2　数字航天建设总体思路

数字航天建设是一场变革，转意识是前提，转组织是根本，转方法是手段、转路径是载体。其中，转意识和转组织最为关键，是重点也是难点，必须用改革的手段推动数字化建设。通过“统一的型号模型体系贯穿型号产品全寿命周期；统一的数字验证与确认模式贯穿型号研制全过程；统一的数字交付要求贯穿型号供应商全级次；统一的业务管控模型贯穿科研生产管理全要素；统一的数据标准贯穿科研生产全环节；统一的协同研制云平台贯穿科研生产全场景”为核心的“六统一、六贯穿”推动科研生产和管理模式变革，实现三级体系的网络贯通，如图 4-17 所示。

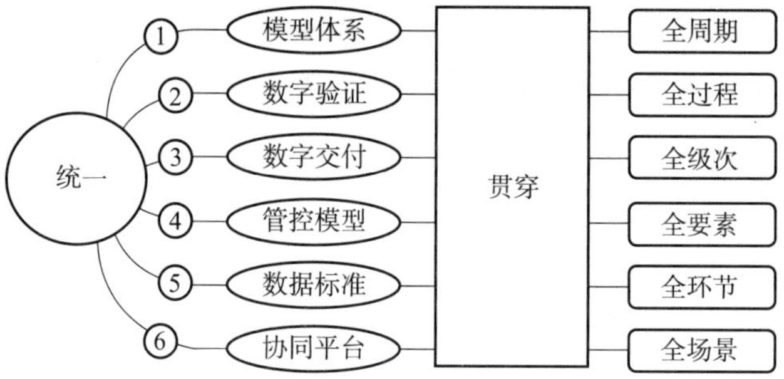

图 4-17 “六统一、六贯穿”的数字航天建设总体思路

4.7.2.3 数字化为航天科研生产全流程赋能

研发设计方面，打通从设计到制造的全三维流程，实现新一代运载火箭三维设计制造协同，如图 4-18 所示，实现在遥感、导航、通信、深空探测、载人等航天器领域的全面应用。总体与分系统协调与迭代效率大幅提升。

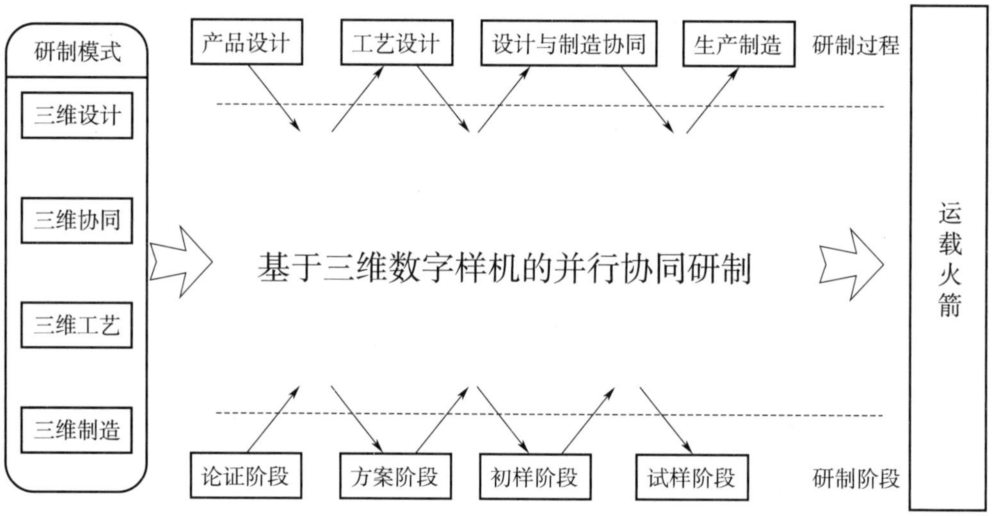

图 4-18 运载火箭三维设计制造协同

生产制造方面，建立数字化制造单元 / 生产线，为产能提升和过程高质量赋能。以新一代运载火箭工艺流程为主线，建设制造执行与生产管控系统，构建伺服机构智能化加工、阀门壳体自动化加工等数字化制造单元，实现自动化、智能化生产，生产效率和产品合格率稳步提升，过程产品合格率均达到 100%。

试验测试方面，数字化建设为试验测试能力水平和效率提升赋能。利用虚拟振动试验、虚拟热试验及虚拟磁试验系统，提前对航天器地面环境试验方案进行虚拟验证和试验预示，改变没有实物不能进行试验、没有实物做不充分试验的局面。

服务保障方面，数字化建设为航天器在轨支持服务赋能。建立航天器在轨飞行数据服务中心，支持航天器在轨故障报警、异地专家协同故障定位与处理、航天器在轨状态健康评估。“数字空间站”作为在轨空间站的“数字孪生”，可高质量保障空间站工程建设和在轨稳定运行。

4.7.3　质量管理数字化创新实践为成功夯实基础

4.7.3.1　航天数字质量建设总体思路

用数字化构建“航天精益质量管理体系”。以集团公司、院两级质量数据中心建设为主线，利用数字化技术手段，将面向集团公司三级组织以及型号、产品的质量管理作为一个有机整体统筹建设，建成覆盖全领域、全级次、全过程的航天数字化质量管理系统，实现质量战略、要求在组织、型号、产品层面的一以贯之，实现组织、型号、产品之间质量工作的协调协同，构建完善的航天精益质量管理体系。

用信息化实现“航天精益质量管理体系”的高效运行。利用信息化手段支撑航天精益质量管理体系的建设、运行及评价，围绕质量管理业务工作流和数据流，推进面向组织、项目、产品的质量管控数字化、网络化、智能化发展，推动业务模式转型升级。以需求为牵引持续完善航天精益质量管理体系，健全面向组织、面向产品、面向过程的质量监督评价与持续改进机制，不断优化体系运行流程，不断完善体系建设内容，不断提高过程绩效、组织能力、用户满意度及产品与服务质量。

用智能化持续提升“航天精益质量管理能力”。坚持目标导向、问题导向和结果导向，围绕型号全寿命周期管理、型号产品双驱动和差异化管控的发展需求，通过质量数据的智能化分析应用，精准识别面向组织、面向项目、面向产品质量管控的短板和薄弱环节，提高质量管控能力，提高质量管控效率，提高质量管控的精准性。围绕核心业务流程开展质量工作流程价值分析，推动数据驱动的研制生产过程质量管控工作，通过质量数据的智能化分析应用，高效识别质量工作流程增值环节，识别浪费和不足，优化质量工作流程，实现价值流程有序高效流动，持续提高航天精益质量管理能力。

4.7.3.2　基于全组织的数字化，支撑航天精益质量体系建设

航天精益质量体系的主体部分包括“战略层、组织层、项目层、产品层、数据层”五个方面，组织层、项目层、产品层主要落实并支撑战略层要求，数据层承接并支撑组织层、项目层、产品层的需求，五个方面协同运行，实现全员、全要素、全过程、全数据质量管理。数字化建设必须与业务体系同步规划，一体化构建。离开业务的数字化是无源之水、无本之木，没有数字化支撑的业务体系不可能实现高质量的转型。

4.7.3.3 基于全数据的航天风险辨识与控制体系建设

航天风险辨识与控制体系主要体现在以技术风险为主线实施全过程全数据风险辨识与控制，如图 4-19 所示。航天工程的最突出特征就是高风险，因此科学、有效、全面辨识和控制风险是航天工程质量与可靠性管理的重要内容，基于全数据的风险辨识，其目的就是将传统的以定性经验型风险辨识转变为基于数据的定量科学的风险辨识上来。聚焦型号风险和组织风险两大类风险，细分为八类子风险，按照八类子风险建立风险评估模型和数据包，实现数据驱动的“型号风险”和“组织风险”的辨识，用标准指导风险辨识的行为，用制度确定风险管控的流程，用工具支撑风险辨识的实施。

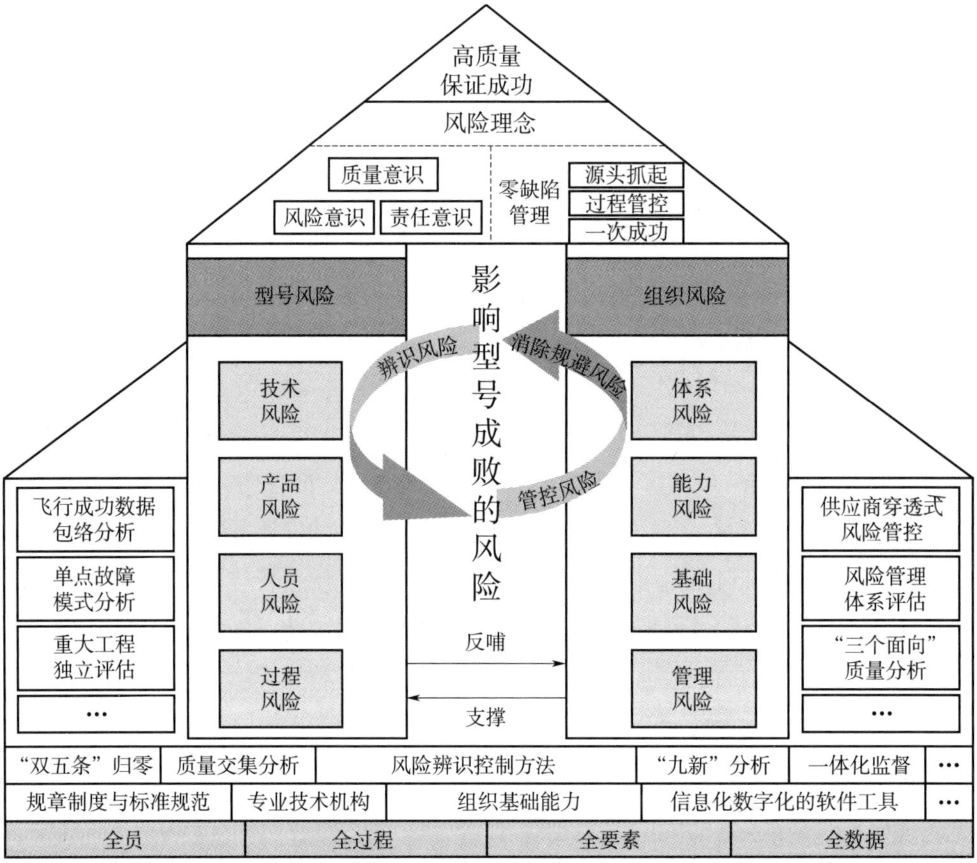

图 4-19 航天风险辨识与控制体系

4.7.3.4 信息化支撑实现穿透式供应链风险管理模式

航天工程是全国大协作的复杂系统，外协外包产品质量是制约航天工程质量的薄弱环节，2017 年开始航天科技集团构建以质量为中心的“全领域、全级次、全过程、全要素”四全供应商管理体系。全领域指覆盖航天四大工程领域；全级次指纵向覆盖总体、分系统、整机、零部组件等各层级，横向覆盖一次配套、二次配套、三次配套等全级次；全过程指覆盖供应商寻源、准入、采购、评价等全过程；全要素指覆盖质量、成本、能力、服务等全要素。目前，航天科技集团建设的供应商信息化管理系统和采购管理系统，已经在线运行，实现供应商的在线评价和在线采购。如果没有网络化信息系统的支撑，没有大数据的应用，就不可能实现供应商风险穿透式管理和控制。

4.7.3.5　基于全模型构建数字化产品质量验证评价体系

航天是以科研为主体，以新技术的不断探索和应用为主体的科研活动，与生俱来的是航天的高风险。通过航天发展的历史总结出两个基本规律，“一切通过地面试验、一切通过总体”是消除风险和管控风险的有力手段，但是仅仅依靠实物试验和对实物状态的管控方式已经不能适应新形势、新任务的要求，必须建立全流程的数字化产品验证与评价体系，实现与实物试验的迭代，才能高质量地实现航天科研生产的一次成功。基于模型的需求验证、方案设计验证、工艺方案验证、装配操作的可达性验证等已成为航天质量控制的重要手段，也已纳入质量保证流程。

4.7.3.6　独具特色的航天电子数据包建设和应用

电子数据包是航天产品质量表征的载体，是产品验收评价的载体，是产品交付的重要组成部分，由航天科技集团和研究院制定统一的电子数据包标准和模板，由部 / 所 / 厂针对具体产品建立产品验收和交付数据包，由上游单位进行验收评价。通过电子数据包管理系统的建设，实现主要产品的在线验收和评价。

4.7.3.7　基于数据驱动，创新提出和应用成功包络风险辨识方法

飞行成功数据包络分析是针对航天产品小子样的特点，创新提出的基于“数据驱动”的风险辨识方法。通过对产品关键特性按照包络线、包络面、包络域与已飞行成功数据的包络分析，识别存在的技术与产品风险并进行风险的精准控制。随着飞行子样的增加，不断实现对关键特性数据库和包络线的升级迭代。在应用飞行成功数据包络分析方法过程中，准确辨识产品的关键特性是前提，建立产品的设计关键特性、工艺关键特性和过程关键特性数据库是基础，在此基础上构建出关键特性的成功包络线，进行产品的包络分析。按照成功包络、成功不包络、超差包络、超差不包络等进行分类辨识风险。目前，该方法已形成航天科技集团标准，针对航天关键产品建立了飞行试验数据库，开发了辅助分析工具，并应用于各型号。

4.7.4　航天工程质量管理数字化取得丰硕成果

将基于 MBD 的全三维协同设计、数字模装、装配仿真、人机工程仿真、VR、全寿

命周期模型技术状态管控等的数字化技术，充分应用到航天重大任务中。近几年最突出的成果标志是航天新研型号已经全部实现了用数字模装代替实物模装。数字化全面支撑“一站、两船、三箭”空间站工程建造。在数字火箭方面，长征五号系列火箭零部件总数超过10万个，工作量是中型火箭的3.5倍左右，全系统实现全三维数字化设计和系统级数字化仿真，全面提升设计质量和效率。数字化技术助力长征八号运载火箭刷新了最短研制周期记录，从立项到首飞成功，历时不到3年。长征七号系列火箭实现全箭100%零部组件的数字化定义和无纸化设计，实现三维设计数据100%受控，相对于传统纸质传递方式的效率提升80%以上，全箭设计反复和工程更改次数减少50%以上，推动了我国运载火箭数字化研发设计能力跨越式发展，综合技术达到国际先进水平。中国空间站的建设实现了从方案设计到工艺、制造、总装全流程的三维协同设计，构建了涵盖4大专业、9大分系统、700余台高置信度单机设备模型的数字空间站，与在轨空间站、地面电性空间站共同构成“三个空间站”运营体系，天地同步，虚实映射。

参考文献

[1] 钱学森 . 钱学森系统科学思想文选［M］. 北京：中国宇航出版社，2011.

[2] 刘纪原 . 中国航天事业发展的哲学思想［M］. 北京：北京大学出版社，2013.

[3] 栾恩杰 . 航天系统工程运行［M］. 北京：中国宇航出版社，2010.

[4] 袁家军 . 神舟飞船系统工程管理［M］. 北京：机械工业出版社，2006.

[5] 杨双进，王晓玲 . 航天软件工程手册［M］. 北京：中国宇航出版社，2022.

[6] 师宏耕，贾成武，鲍智文 . 航天精细化质量管理［M］. 北京：中国宇航出版社，2020.

[7] 李京苑，胡云 . 归零——中国航天质量的核心方法［M］. 北京：首都经济贸易大学出版社，2022.

[8] 鲁宇 . 航天工程技术风险管理方法与实践［M］. 北京：中国宇航出版社，2014.

[9] 德费欧 . 朱兰质量手册：通向卓越绩效的全面指南［M］.7 版 . 中国质量协会，译 . 北京：中国人民大学出版社，2021.

[10] 袁宝华 . 论质量与管理［M］. 北京：人民出版社，2017.

[11] 杨钢 . 质与量的未来［M］. 北京：机械工业出版社，2020.

[12] 汪应洛 . 系统工程［M］.4 版 . 北京：机械工业出版社，2008.

[13] 殷瑞钰 . 工程知识论［M］. 北京：高等教育出版社，2020.

[14] 许国志 . 系统科学与工程研究［M］. 上海：上海科技教育出版社，2000.

[15] 美国洛克希德导弹和空间公司 . 美国系统工程管理［M］. 王若松，等译 . 北京：航空工业出版社，1991.

[16] 德尔纳 . 失败的逻辑［M］. 王志刚，译 . 上海：上海科技教育出版社，2018.

[17] 美国国家航空航天局 . NASA 系统工程手册［M］.2 版 . 朱一凡，等编译 . 北京：电子工业出版社，2012.

[18] 栾恩杰 . 系统工程思想的演化：古代先贤的系统工程观到当代复杂系统工程方法［J］. 工程管理科技前沿，2022，41（5）：1-8.

[19] 栾恩杰，陈红涛，赵滟，等 . 工程系统与系统工程［J］. 工程研究——跨学科视野中的工程，2016，8（5）：480-490.

[20] 栾恩杰 . 中国航天的系统工程［J］. 航天工业管理，2019（10）：16-22.

[21] 刘海燕，王宗水，汪寿阳 . 我国系统科学与工程研究的演化与发展［J］. 系统工程学报，2017，32（3）：289-304，345.

[22] 于景元，周晓纪 . 从综合集成思想到综合集成实践——方法、理论、技术、工程［J］. 管理学报，2005（1）：4-10.

[23] 于景元 . 钱学森的现代科学技术体系与综合集成方法论［J］. 中国工程科学，2001（11）：10-18.

[24] 杨双进，樊灵芳，王立炜．航天型号研制的风险管理方法研究及应用［C］．首届中国航天质量论坛论文集（质量与可靠性增刊），2006.

[25] 李明华，杨双进，王立炜．航天型号研制风险管理模式研究［C］．首届中国航天质量论坛论文集（质量与可靠性增刊），2006.

[26] 杨双进，贾成武，卿寿松．关于航天质量工作准则的思考［J］．质量与可靠性，2019（3）：1-5，10.

[27] 杨双进．航天型号发射失败的内在逻辑——偶然中有必然，必然中有逻辑［J］．质量与可靠性，2021（6）：1-5，11.

[28] 杨双进，王卫东，鲍智文．“三个面向”质量分析方法的研究与应用实践［J］．质量与可靠性，2021（2）：1-5.

[29] 杨双进．航天产品保证与产品质量保证应用研究［J］．质量与可靠性，2020（1）：1-5.

[30] 杨双进．航天工程质量管理数字化创新与实践［J］．中国质量，2023（3）：30-33.

[31] 杨双进，于潇，陈强，等．航天卓越标准体系建设思考［J］．航天标准化，2022（4）：1-4.

[32] 杨双进．关于新时期航天企业集团标准化转型的思考［J］．航天工业管理，2020（1）：4-7.

[33] 杨双进，陈强．航天企业集团标准化专业组建设的思考与实践［J］．中国航天，2022（6）：36-40.

[34] 杨双进，于潇，陈强，等．航天产品化工作模式及队伍优化配置研究［J］．航天工业管理，2022（12）：3-7.

[35] 杨双进，刘明全，黄迅．航天产品合格率提升与稳定性控制方法与实践［J］．航天工业管理，2021（11）：3-8.

[36] 田富俊．穿透式管理的应用情景、类型与模式［J］．企业管理，2017（5）：115-117.

[37] 全国质量管理和质量保证标准化技术委员会．质量管理体系　要求：GB/T 19000—2016［S］．北京：中国标准出版社，2016.

[38] 全国质量管理和质量保证标准化技术委员会．质量管理体系　基础和术语：GB/T 19000—2016［S］．北京：中国标准出版社，2016.

[39] 全国质量管理和质量保证标准化技术委员会．质量管理　组织的质量　实现持续成功指南：GB/T 19004—2020［S］．北京：中国标准出版社，2020.

结束语

航天科技集团始终把高质量发展摆在突出位置，进入新时期，航天质量管理工作坚持系统工程思想，探索形成了体系化抓质量工作的新布局，实现了质量工作从精细到精益的转型发展，高质量保证了以载人航天、探月探火、卫星导航等为代表的航天重大任务的圆满完成。航天历史上运载火箭连续成功最高纪录是 102 次，自 2020 年 5 月至 2023 年 5 月，中国长征运载火箭已经实现了连续成功 145 次，谱写了新时代高质量保证成功的新篇章，树立了新时代的丰碑。